冷库制冷工程设计实例图集

王　军　编著

黄河水利出版社

·郑州·

内容提要

本书从实际应用的角度，全面地介绍了冷库制冷工程设计中应遵循的基本原则和应执行的条款，并列举了数个实例，使读者能够很好地将应执行的条款与实际设计内容进行对照，便于理解和掌握有关规定。

本书内容丰富，实用性强。既有设计参数，又有设计实例，“强制规范”条款与计内容有机结合起来。本书既可作为设计人员的应用手册，也可作为施工人员、管理人员和大中专学生的参考资料。

图书在版编目(CIP)数据

冷库制冷工程设计实例图集 / 王军编著. —郑州：黄河水利出版社，2011.7

ISBN 978-7-5509-0075-2

Ⅰ. ①冷… Ⅱ. ①王… Ⅲ. ①冷藏库-制冷工程-设计图集 Ⅳ. ①TB657.1-64

中国版本图书馆 CIP 数据核字(2011)第 129790 号

策划组稿：马广州　电话：0371-66023343　E-mail：magz@yahoo.cn

出 版 社：黄河水利出版社

地址：河南省郑州市顺河路黄委会综合楼 14 层　邮政编码：450003

发行单位：黄河水利出版社

发行部电话：0371-66026940、66020550、66028024、66022620(传真)

E-mail：hhslcbs@126.com

承印单位：黄河水利委员会印刷厂

开本：787 mm×1 092 mm　1 / 8

印张：26

字数：600 千字　印数：1—2 000

版次：2011 年 7 月第 1 版　印次：2011 年 7 月第 1 次印刷

定价：98.00 元

前　言

近年来，随着市场经济的发展，人民生活水平的提高，冷库作为食品低温流通的中枢，其数量及容量也在迅速增加。因此，制冷工程设计成为冷冻冷藏项目中主要内容之一，在低温物流领域占有越来越重要的地位。同时，由于人们对能源的消耗越来越大，对环境的污染也越来越严重，因此国家为抑制能源的浪费，保护环境，相继出台了一些政策、法规和国家标准。为保证工程的设计质量和国家相关政策的贯彻执行，住房和城乡建设部出台了施工图审图制度，加强了对“强制规范”条款执行情况的检查，确保设计质量，使设计更加完善。但随着众多新政策和新规范的颁布，人们对新政策和新规范的适应总会有一个过程，要缩短适应过程，就需要进行技术交流，共同提高设计水平。由于目前国内各级设计单位多，设计水平和设计能力参差不齐，制图方法、图面质量、设计深度等均有所不同，尤其对于刚刚踏入设计行业的同行，需要全面学习和掌握工业与民用建筑工程的设计内容、设计深度和设计方法，以便在较短的时间内能够胜任自己的工作；也为高校和中专相关专业在校生，在做课程设计和毕业设计时，能有一个实际工程设计的参考范本作为依据，我们特编写了《冷库制冷工程设计实例图集》一书。

本书内容集规定、规范、标准、技术措施、各种设计方案等为一体，覆盖面广，简明易懂，前后对照，实用性强，对迅速提高相关人员的设计知识和设计水平具有一定的帮助。本册书的前半部分主要内容包括：制图标准、基本规范、要求总汇、设计深度要求、冷库制冷工程设计应执行的规范条款及相应的措施和施工设计文件审查要点等内容；后半部分附有 9 套工程设计实例，每个实例均有不同的特点，相应在设计中也采用了不同的设计方案，还有一些新技术的尝试。最可贵之处在于本书中所有的工程图纸都是在工程实践中得到应用和检验的，最贴近实际。希望能为广大新设计人员、监理人员、施工技术人员以及相关专业技术管理人员提供一套较为完整的设计参考用书。该书可作为工程设计人员、施工人员的实用参考用书，也可作为高校和中等专业学校有关师生作为课程设计、毕业设计的辅助教学用书。

本书由王军编著，周光辉教授、李刚教授对书稿进行了审阅。参加编写整理、绘图、审图的人员还有孙昆峰、王海霞、陈雁、毕文峰等。在编写和校审过程中，得到了众多兄弟院校和设计院等同行的热情支持和帮助，在此致以真诚的谢意。

由于设计是在不同的时期、不同条件下完成的，且工程的所在地有所不同，甲方对设计的要求和设计院所执行的设计标准有所不同，因此在某些设计中可能存在不妥之处，请读者见谅。当参考图集中图例符号和有关规定、做法与国家及地方现行规范、标准有不一致之处时，应以规范、标准为准。

由于编者水平有限，对书中错误及不妥之处，恳请同行、读者批评指正。

编　者

2011 年 4 月

目　录

第一章　制冷工程设计的制图标准及深度要求

一、制冷工程制图标准

(一)图线及比例

1. 图线的宽度 b

应根据图线的比例、类型和使用方式，按《暖通空调制图标准》(GB/T 50114—2001)中 2.1 条的规定选用。基本宽度宜选用 0.18 mm、0.35 mm、0.5 mm、0.7 mm、1.0 mm。若图样中仅使用两种线宽的情况，线宽宜为 b、$0.25b$；三种线宽宜为 b、$0.5b$、$0.25b$。制冷专业制图采用的各种线形，宜符合表 1-1 的规定。

表 1-1　线形

名称	线形	线宽	一般用途
粗实线	————	b	单线表示的管道
中粗实线	————	$0.5b$	本专业设备轮廓、双线表示的管道
细实线	————	$0.25b$	建筑物轮廓；尺寸、标高、角度等标注线的引出线；非本专业设备轮廓
粗虚线	— — — —	b	排气或热氨管道
中粗虚线	— — — —	$0.5b$	本专业设备及管道被遮挡的轮廓
细虚线	— — — —	$0.25b$	地下管沟、改造前风管的轮廓线；示意性连线
中粗波浪线	～～～	$0.5b$	单线表示的软管
细波浪线	～～～	$0.25b$	断开界线
单点长画线	——·——	$0.25b$	轴线、中心线
双点长画线	——··——	$0.25b$	假想或工艺设备轮廓线
折断线	——√——	$0.25b$	断开界线

注：图样中也可以使用自定义图线及含义，但应明确说明，且其含义不应与《暖通空调制图标准》(GB/T 50114—2001)相反。

2. 比例

总平面图、平面图的比例，宜与工程项目设计的主导专业一致，其余可按表 1-2 选用。

表 1-2　比例

图名	常用比例	可用比例
剖面图	1 : 50、1 : 100、1 : 150、1 : 200	1 : 300
局部放大图、管沟断面图	1 : 20、1 : 50、1 : 100	1 : 30、1 : 40、1 : 50、1 : 200
索引图、详图	1 : 1、1 : 2、1 : 5、1 : 10、1 : 20	1 : 3、1 : 4、1 : 15

(二)图样画法

1. 一般规定

(1)各工程、各阶段的设计图纸应满足相应的设计深度要求。

(2)本专业设计图纸编号应独立。

(3)在同一套工程设计图纸中，图样线宽组、图例、符号等应一致。

(4)在工程设计中，宜依次表示图纸目录、选用图集（纸）目录、设计施工说明、图例、设备及主要材料表、总图、工艺图、系统图、平面图、剖面图、详图等。当单独成图时，其图纸编号应按所述顺序排列。

(5)图样需用的文字说明，宜以“注:”、“附注:”或“说明:”的形式在图纸右下方、标题栏的上方书写，并用“1、2、3…”进行编号。

(6)一张图纸内绘制平、剖面等多种图样时，宜按平面图、剖面图、安装详图，从上至下、从左至右的顺序排列；当一张图幅绘有多层平面图时，宜按建筑层次由低至高、由下至上顺序排列。

(7)图纸中的设备或部件不便用文字标注时，可进行编号。图样中只注明编号，其名称宜以“注:”、“附注:”或“说明:”表示。如还需表明其型号（规格）、性能等内容，应用“明细栏”表示，示例如图 1-1 所示。装配图的明细栏按现行的国家标准《技术制图——明细栏》(GB 10609.2—89)执行。

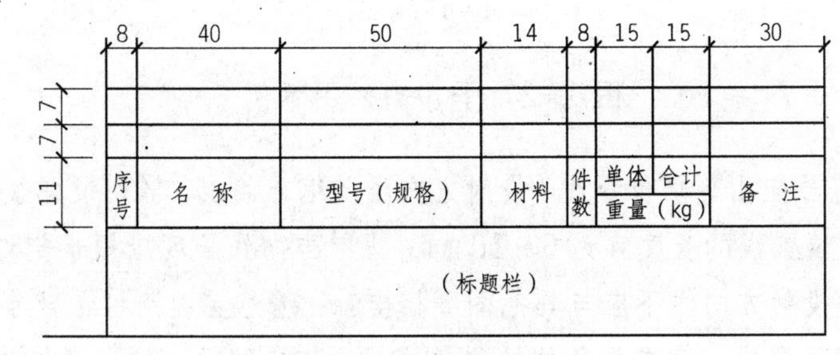

图 1-1　明细栏示例

(8)初步设计和施工图设计的设备表至少应包括序号（或编号）、设备名称、技术要求、数量、备注栏；材料表至少应包括序号（或编号）、材料名称、规格或物理性能、数量、单位、备注栏。

2. 管道和设备布置平面图、剖面图及详图

(1)管道和设备布置平面图、剖面图应以直接正投影法绘制。

(2)用于制冷空调系统设计的建筑平面图、剖面图，应用细实线绘出建筑轮廓线和与制冷空调

系统有关的门、窗、梁、柱、平台等建筑构配件，并标明相应定位轴线编号、房间名称、平面标高。

(3)管道和设备布置平面图应按假想除去上层板后俯视规则绘制，否则应在相应垂直剖面图中表示平剖面的剖切符号，如图 1-2 所示。

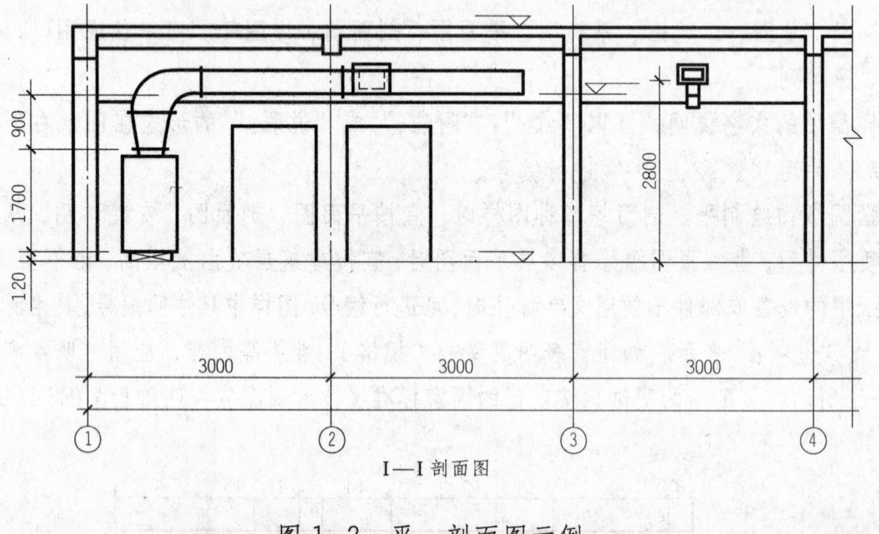

图 1-2　平、剖面图示例

(4)剖视的剖切符号应由剖切位置线、投射方向线及编号组成，剖切位置线和投射方向线均应以粗实线绘制。剖切位置线的长度宜为 6～10 mm；投射方向线长度应短于剖切位置线，宜为 4～6 mm；剖切位置线和投射方向线不应与其他图线相接触；编号宜用阿拉伯数字，标在投射方向线的端部；转折的剖切位置线，宜在转角的外顶角处加注相应编号，见《房屋建筑制图统一标准》（GB 50001—2010）的图 6.1.1。

(5)断面的剖切符号用剖切位置线和编号表示。剖切位置线宜为 6～10 mm 的粗实线；编号可用阿拉伯数字、罗马数字或小写拉丁字母，标在剖切位置线的一侧，并表示投射方向，见《房屋建筑制图统一标准》（GB 50001—2010）的图 6.1.2。

(6)平面图上应注出设备、管道定位（中心、外轮廓、地脚螺栓孔中心）线与建筑定位（墙边、柱边、柱中）线间的关系；剖面图上应注出设备、管道（中、底或顶）标高。必要时，还应注出距该层楼（地）板面的距离。

(7)剖面图，应在平面图上尽可能选择反映系统全貌的部位垂直剖切后绘制。当剖切的投射方向为向下和向右，且不致引起误解时，可省略剖切方向线。

(8)建筑平面图采用分区绘制时，制冷空调专业平面图也可分区绘制。但分区部位应与建筑平面图一致，并应绘制分区组合示意图。

(9)平面图、剖面图中的水、冷管道可用单线绘制，风管不宜用单线绘制（方案设计和初步设计除外）。

(10)平面图、剖面图中的局部需另绘详图时，应在平、剖面图上标注索引符号。索引符号的画法如图 1-3 所示。右图为引用标准图或通用图时的画法。

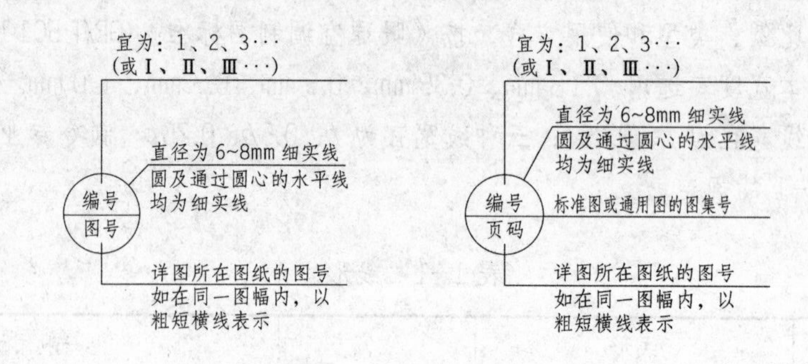

图 1-3　索引符号的画法

(11)为表示某一（些）室内及其在平面图上的位置，应在平面图上标注内视符号。内视符号如图 1-4 所示。

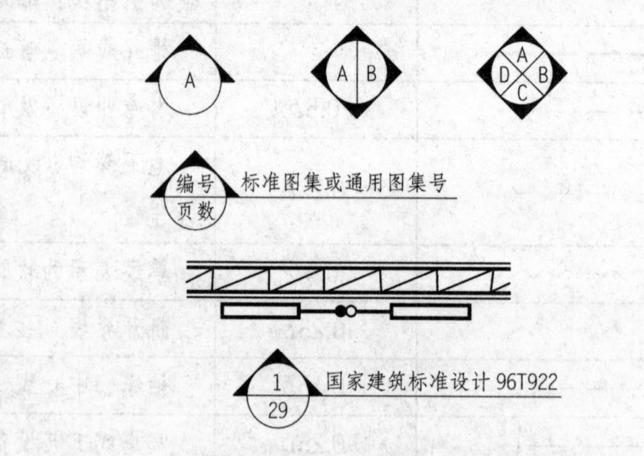

图 1-4　内视符号画法

3. 管道系统图、原理图

(1)管道系统图应能确认管径、标高及末端设备，可按系统编号分别绘制。

(2)管道系统图如采用轴测投影法绘制，宜采用与相应的平面图一致的比例，按正等轴测或正面斜二轴测的投影法则绘制。

(3)在不致引起误解时，管道系统图可不按轴测投影法绘制。

(4)管道系统图的基本要素应与平、剖面图相对应。

(5)水、冷管道及通风、空调管道系统图均可用单线绘制。

(6)系统图中的管线重叠、密集处，可采用断开画法。断开处宜以相同的小写拉丁字母表示，也可用细虚线连接。

(7)室外管网工程设计宜绘制管网总平面图和管网纵剖面图。

(8)原理图不按比例和投影规则绘制。

(9)原理图基本要素应与平、剖面图及管道系统图相对应。

4．系统编号

(1)一个工程设计中同时有制冷、空调、通风等两个及以上的不同系统时，应进行系统编号。

(2)制冷空调系统编号、入口编号，应由系统代号和顺序号组成。

(3)系统代号由大写拉丁字母表示，见表 1-3，顺序号由阿拉伯数字表示，如图 1-5 所示。当一个系统出现分支时，可采用图 1-5(b)的画法。

表 1-3　系统代号

序号	字母代号	系统名称	序号	字母代号	系统名称
1	N	(室内)供暖系统	9	X	新风系统
2	L	制冷系统	10	H	回风系统
3	R	热力系统	11	P	排风系统
4	K	空调系统	12	JS	加压送风系统
5	T	通风系统	13	PY	排烟系统
6	J	净化系统	14	P(Y)	排风兼排烟系统
7	C	除尘系统	15	RS	人防送风系统
8	S	送风系统	16	RP	人防排风系统

(4)系统编号宜标注在系统总管处。

(5)竖向布置的垂直管道系统，应标注立管号，如图 1-6 所示。在不致引起误解时，可只标注序号，但应与建筑轴线编号有明显区别。

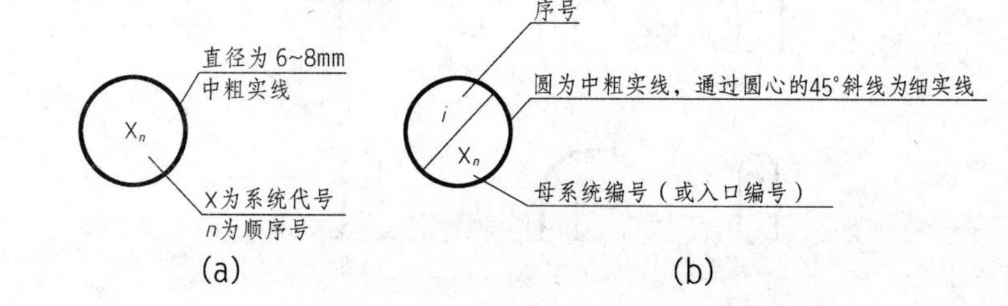

图 1-5　系统代号、编号的画法

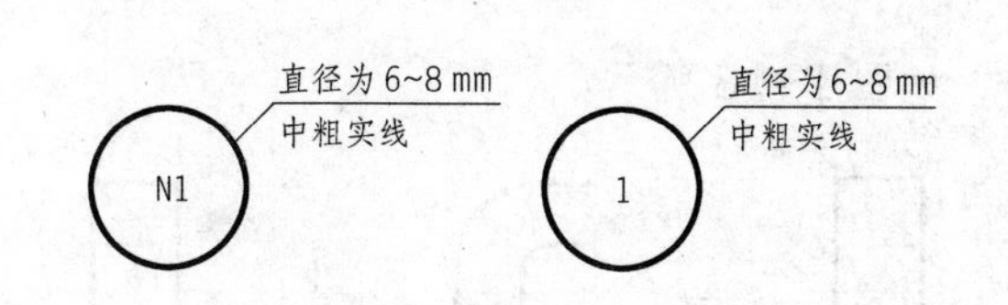

图 1-6　立管号的画法

5．系统标高、管径（压力）、尺寸标注

(1)在不宜标注垂直尺寸的图样中，应标注标高。标高以米为单位，精确到厘米或毫米。

(2)标高符号应以直角等腰三角形表示，详见《房屋建筑制图统一标准》(GB 50001—2010)的 10.8 节。当标准层较多时，可只标注与本层楼（地）板面的相对标高，如图 1-7 所示。

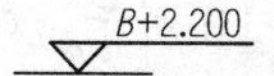

图 1-7　相对标高的画法

(3)水、冷管道所注标高未予说明时，表示管中心标高。

(4)水、冷管道标注管外底或顶标高时，应在数字前加“底”或“顶”字样。

(5)矩形风管所注标高未予说明时，表示管底标高；圆形风管所注标高未予说明时，表示管中心标高。

(6)低压流体输送用焊接管道规格应标注公称通径或压力。公称通径的标记由字母“*DN*”后跟一个以毫米表示的数字组成，如 *DN*20、*DN*32；公称压力的代号为“*PN*”。

(7)输送流体用无缝钢管、螺旋管或直缝焊接钢管、铜管、不锈钢管，当需要注明外径和壁厚时，用“*D*(或 ϕ)外径×壁厚”表示，如“*D*108×4”、“ϕ108×4”。在不致引起误解时，也可采用公称通径表示。

(8)金属或塑料管用“*d*”表示，如“*d*10”。

(9)圆形风管的截面定型尺寸应以 “ϕ”后跟以毫米为单位的数值表示。

(10)矩形风管（风道）的截面定型尺寸应以“*A*×*B*”表示。“*A*”为该视图投影面的边长尺寸，“*B*”为另一边尺寸。*A*、*B* 的单位均为毫米。

(11)平面图中无坡度要求的管道标高可以标注在管道截面尺寸后的括号内，如“*DN*32(2.50)”、“200×200(3.10)”。必要时，应在标高数字前加“底”或“顶”字样。

(12)水平管道的规格宜标注在管道的上方，竖直管道的规格宜标注在管道的左侧。双线表示的管道，其规格可标注在管道轮廓线内。如图 1-8 所示。

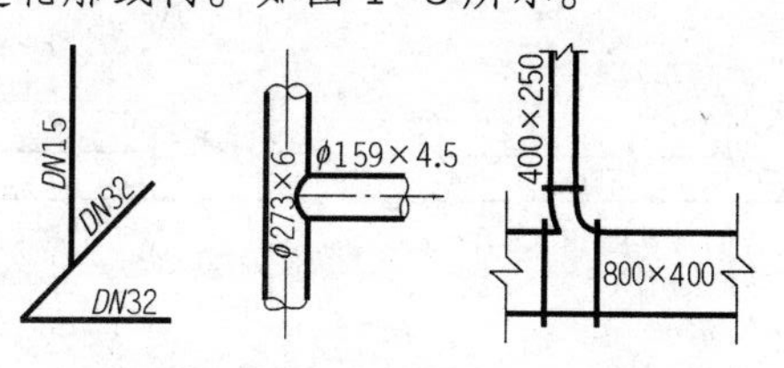

图 1-8　管道截面尺寸的画法

(13)当斜管道不在图 1-9 所示 30°范围内时，其管径（压力）、尺寸应平行标注在管道的斜上方。否则，用引出线水平或 90°方向标注。如图 1-9 所示。

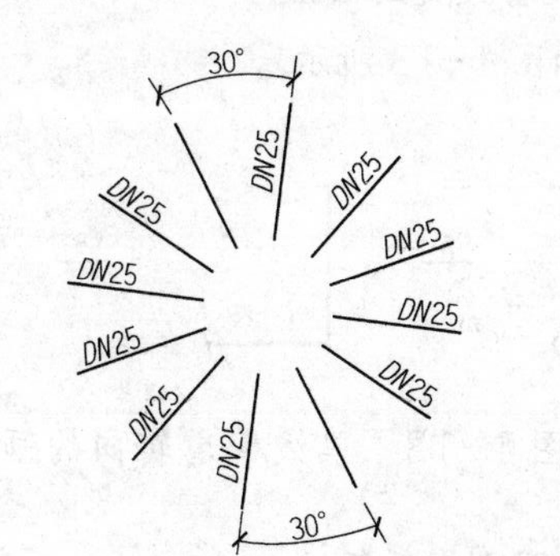

图 1-9　管径(压力)的标注位置示例

(14)多条管线的规格标注方式如图1-10所示。管线密集时采用中间图画法，其中短斜线也可统一用圆点。

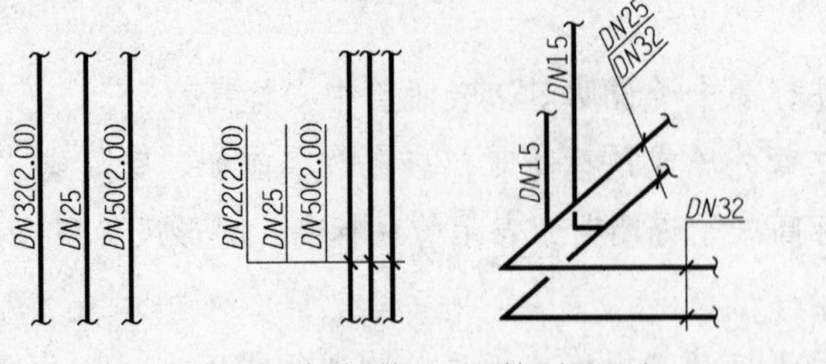

图1-10　多条管线规格的画法

(15)风口、散流器的规格、数量及风量的表示可用图1-11所示方法。

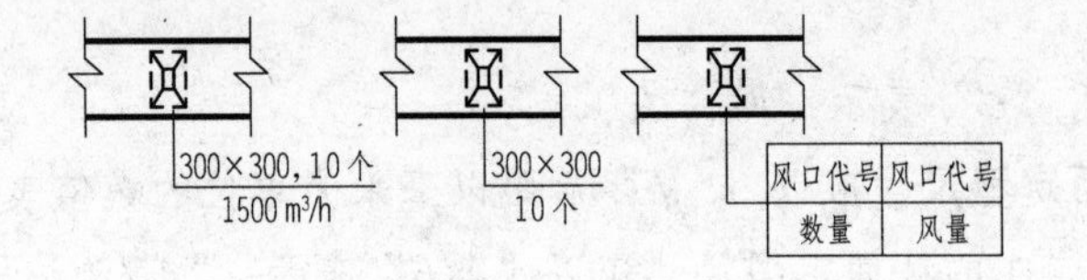

图1-11　多风口、散流器的表示方法

(16)图样中尺寸标注应按《房屋建筑制图统一标准》(GB 50001—2001)的图10.1~10.7节执行。

(17)平面图、剖面图上如需标注连续排列的设备或管道的定位尺寸或标高，应至少有一个自由段，如图1-12所示。

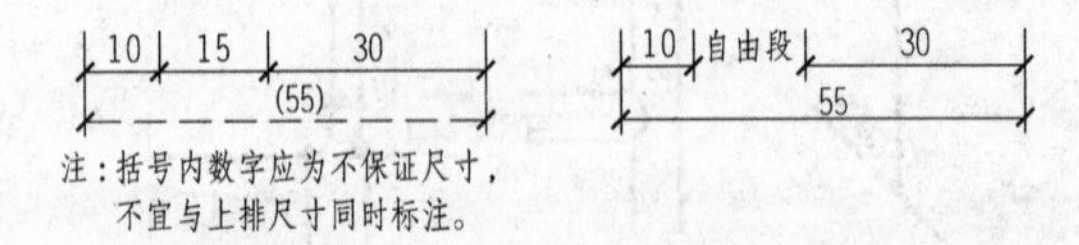

图1-12　定位尺寸的表示方法

(18)设备加工(制造)图的尺寸标注、焊缝符号可按现行国家标准《机械制图——尺寸注法》(GB 4458.4—84)、《技术制图——焊缝符号的尺寸、比例及简化表示法》(GB 12212—90)执行。

6. 管道转向、分支、重叠及密集处的画法

(1)单线管道转向的画法，如图1-13所示。

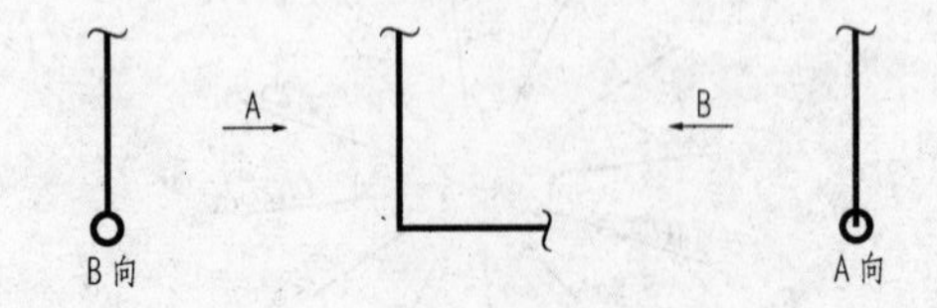

图1-13　单线管道转向的画法

(2)双线管道转向的画法，如图1-14所示。

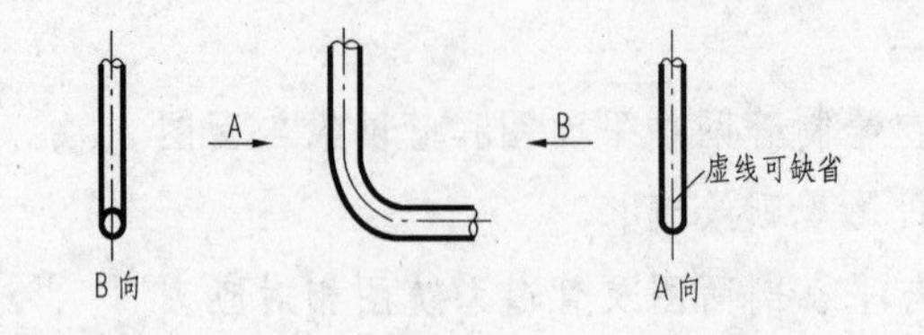

图1-14　双线管道转向的画法

(3)单线管道分支的画法，如图1-15所示。

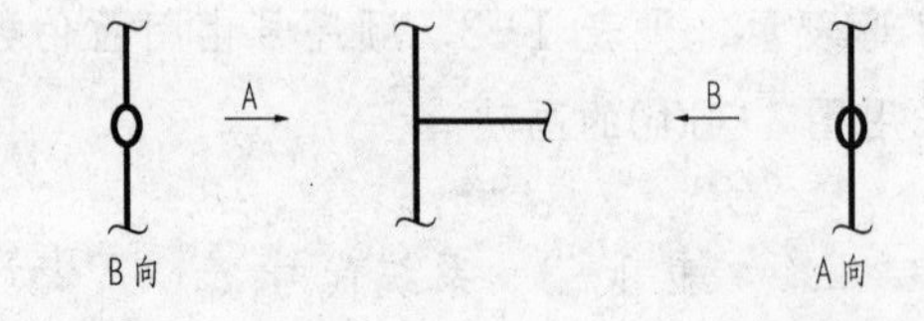

图1-15　单线管道分支的画法

(4)双线管道分支的画法，如图1-16所示。

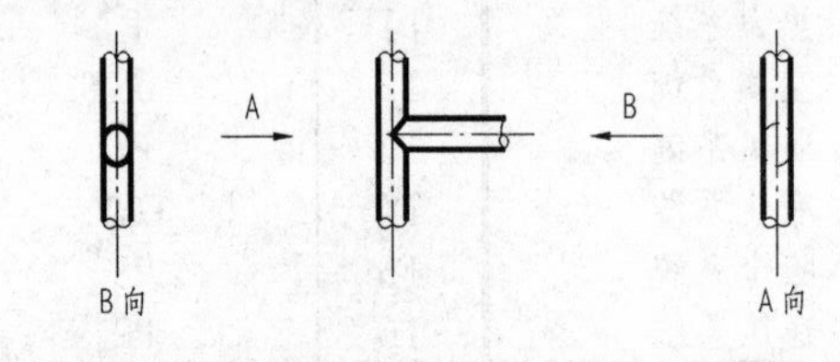

图1-16　双线管道分支的画法

(5)送风管转向的画法，如图1-17所示。

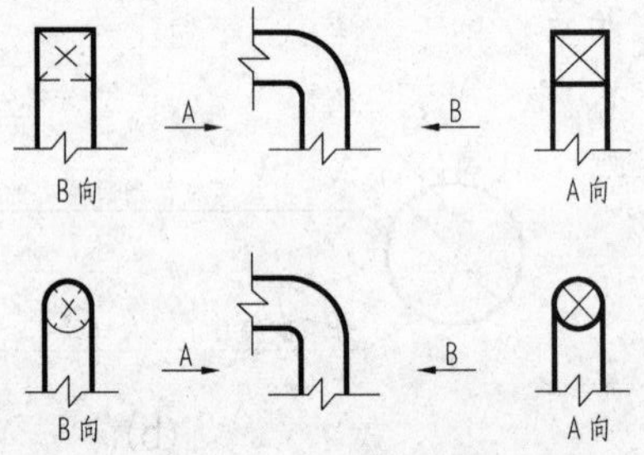

图1-17　送风管转向的画法

(6)回风管转向的画法，如图1-18所示。

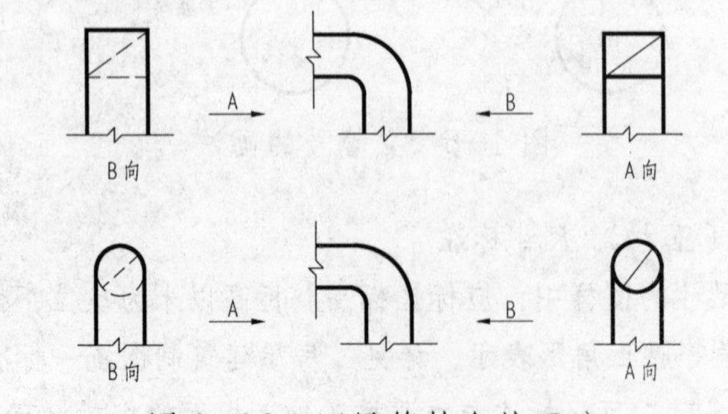

图1-18　回风管转向的画法

(7)平面图、剖视图中管道因重叠、密集需断开时，应采用断开画法，如图 1-19 所示。

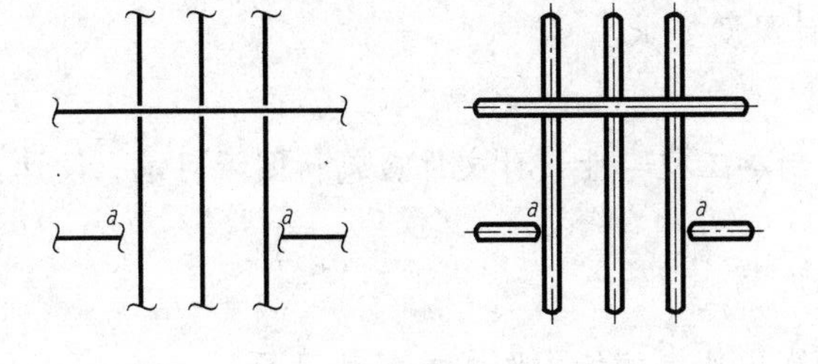

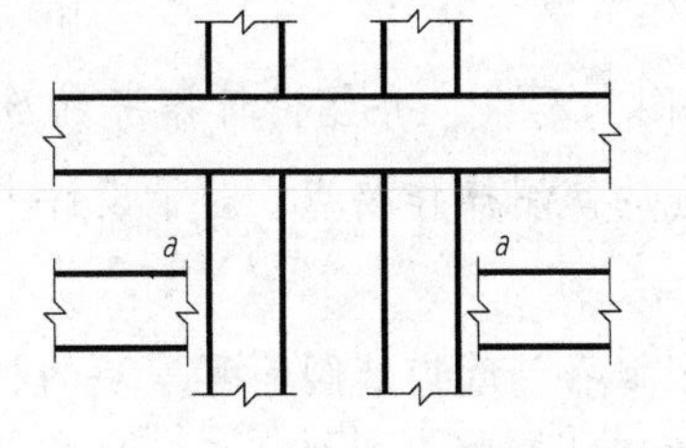

图 1-19　管道断开画法

(8)管道在本图中断，转至其他图面表示（或由其他图面引来）时，应注明转至（或引来）的图纸编号，如图 1-20 所示。

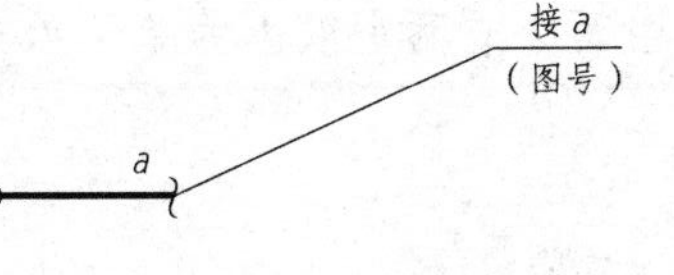

图 1-20　管道在本图中断的画法

(9)管道交叉的画法，如图 1-21 所示。

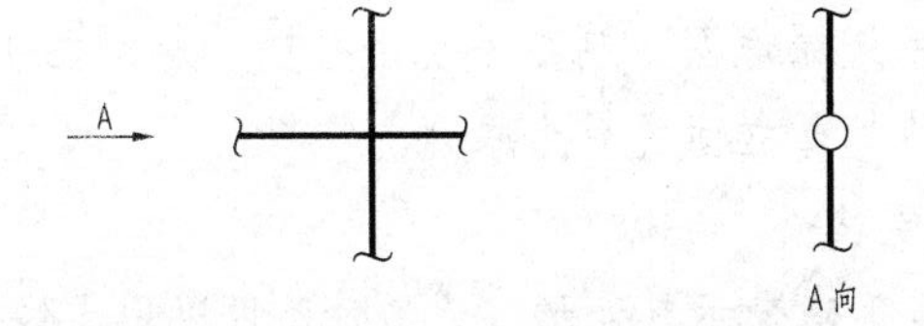

图 1-21　管道交叉的画法

(10)管道跨越的画法，如图 1-22 所示。

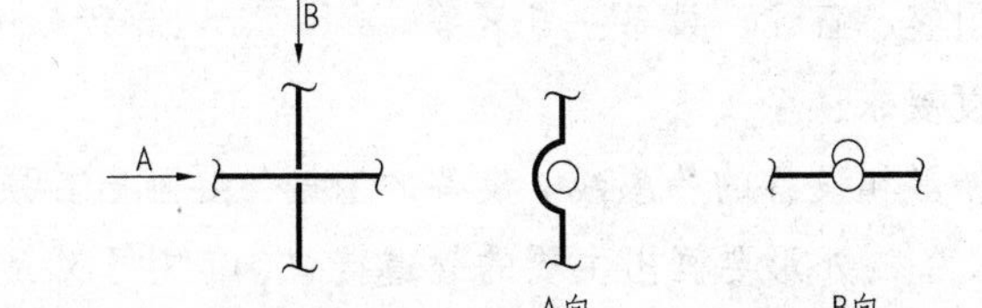

图 1-22　管道跨越的画法

二、制冷工程常用设计规范及手册

(一)制冷专业常用设计规范、标准

(1)《建筑气候区划标准》(GB 50178—1993)；
(2)《工业设备及管道绝热工程设计规范》(GB 50264—1997)；
(3)《输送流体用无缝钢管》(GB/T 8163—1999)；
(4)《工业金属管道设计规范》(GB 50316—2000)；
(5)《制冷和供热用机械制冷系统安全要求》(GB 9237—2001)；
(6)《工业金属管道设计规范》(GB 50316—2000) (2008 年版)；
(7)《设备及管道绝热技术通则》(GB/T4272—2008)；
(8)《设备及管道绝热设计导则》(GB/T 8175—2008)；
(9)《冷库设计规范》(GB 50072—2010)；
(10)《采暖通风与空气调节设计规范》(GB 50019—2003)；
(11)《公共建筑节能设计标准》(GB 50189—2005)；
(12)《高层民用建筑设计防火规范》(GB 50045—2005)；
(13)《建筑设计防火规范》(GB 50016—2006)；
(14)《工业设备及管道绝热工程施工及验收规范》(GBJ 126—89)；
(15)《工业设备及管道绝热工程质量检验评定标准》(GB 50185—93)；
(16)《工业金属管道工程施工及验收规范》(GB 50235—97)；
(17)《制冷设备、空气分离设备安装工程施工及验收规范》(GB 50274—98)；
(18)《机械设备安装工程施工及验收通用规范》(GB 50231—98)；
(19)《压缩机、风机、泵安装工程施工及验收规范》(GB 50275—98)；
(20)《冷藏库建筑工程施工及验收规范》(SBJ 11—2000)；
(21)《制冷系统安装工程施工及验收规范》(SBJ 12—2000)；
(22)其他专项设计规范；
(23)当地法规、制度等。

(二)制冷专业常用设计手册、技术措施

(1)《全国民用建筑工程设计技术措施》(暖通空调、动力 2009)；
(2)《建筑设备专业设计技术措施》(中国建筑工业出版社)；
(3)《冷库制冷设计手册》(中国农业出版社)；
(4)《实用制冷工程设计手册》(中国建筑工业出版社)；
(5)《实用制冷与空调工程设计手册》(机械工业出版社)；
(6)《冷库制冷技术》(中国财政经济出版社)；
(7)《建筑设备施工安装通用图集 91B6——空调与通风工程》华北标办 1993；
(8)《建筑设备施工安装通用图集 91BX1》2000 版　华北标办 2001；
(9)其他相关设计手册。

(三)制冷专业常用标准图集

(1)《建筑设备施工安装通用图集 91SB》(华北地区建筑设计标准化办公室)；

(2)《冷库工艺制作安装通用图》(上海市通用图集);

(3)《国家标准图集》(中国建筑标准设计研究所);

(4)《建筑工程设计施工系列图集》(空调 制冷工程)(中国建材工业出版社);

(5)国家标准类专项图集。

三、对制冷设计深度的有关规定

(一)制冷工程扩初设计(两段设计)深度要求

1. 扩初设计内容

制冷工程扩初设计应有设计说明书，除小型、简单工程外，扩初设计还应包括设计图纸、设备表、计算书。

2. 设计说明书

(1)设计依据。本工程采用的主要法规和标准，与本专业有关的批准文件和建设方的要求，其他专业提供的本工程设计资料等。

(2)设计范围。根据设计任务书和有关设计资料，说明本专业设计的内容和分工。

(3)生产指标、冷加工和贮藏对象、设计的基础资料等。

(4)冷加工工艺简介。简述冷加工工艺过程，说明冷库装卸运输等情况。

(5)制冷方案概述。主要指蒸发温度回路的划分，制冷系统的供液方式、融霜方式、自动化程度以及冷却用水方式等。

(6)机房和库房设备简介。

(7)库房特性表。包括库房温、湿度条件，冷却设备面积，制冷负荷以及蒸发面积的配比等。

(8)需要提请在设计审批时解决或确定的主要问题。

3. 设备表

列出主要设备的名称、型号、规格、数量等(见表1-4)。

表1-4 设备表

设备编号	名称	规格型号	单位	数量	备注

注：型号、规格栏应注明该设备主要技术数据，但不能注厂家及经销商。

4. 设计图纸

制冷工程扩初设计图纸一般包括图例、制冷系统原理图、库房和制冷机房平面图。除通风管道外，各种管道均用单线绘制。

5. 计算书(内部使用)

(1)计算依据。主要指货源情况、气象水文资料、冷库规模和性质及其平面布置图等。

(2)制冷负荷计算。

(3)主要机器设备的选型计算。

(4)主要风道尺寸的计算。

(二)制冷工程施工设计深度要求

1. 施工图设计内容

在施工图设计阶段，制冷工程专业设计文件应包括图纸目录、设计与施工说明、设备表、设计图纸、计算书。

2. 图纸目录

先列出新绘图纸，后列出选用的标准图或重复利用图。

3. 设计说明与施工说明

(1)设计说明。主要是简述设计意图和要求，介绍设计概况和冷间内、外参数，冷负荷，系统形式和控制方法，必要时需说明系统的使用操作要点。对于设计内容比较简单的可以不另写说明书，而以附注形式列在图纸上。

(2)施工说明。指对本工程的机械、设备、管道、阀门等安装的特殊要求的文件，它与施工图具有同等效力。应说明设计中所要求使用的材料和附件，系统试压、试漏、抽真空技术要求，施工安装要求及施工注意事项。对于比较简单的工程或设计单位对制冷工艺比较熟悉的，可不单独书写安装说明书，而以附注的形式列在施工图纸上。

(3)采用通用图例。图例应放置在设计说明页或首页中，也可单独成图。

(4)当本专业的设计内容分别由两个或两个以上的单位承担设计时，应明确交待配合的设计分工范围。

4. 技术数据

在施工图阶段，设备表中设备规格型号应标明，技术数据要详细。

5. 施工图纸

1)主要工艺图纸

主要工艺图纸包括制冷系统原理图、制冷系统透视图(轴测图)、制冷管道安装平面图及必要的剖面图(张数以表达清楚管道立面关系为原则)。

(1)制冷系统原理图深度要求：

①要画出所有设备，并能正确表示其外形，必要时还可以用虚线或局部剖视图来表示某些内部构造。

②注明所有管道、阀门的尺寸和型号，并标明管内流体的流向。

③对所有机器设备，都应标注位号，并在设备一览表上填明其数量、规格、技术参数等。

④图面上应有图标、图签、备注、设备一览表等。

(2)设备平面布置图深度要求：

①要画出设备基础的外形和设备的轮廓线。设备的基础，要画出其预留孔位置的中心线，以便反映设备的定位朝向；设备的外形要画出主要的管道接口，但对于外形比较复杂的设备(如压缩机)，可以不画出设备，只画出其基础即可。

②有两台以上同一型号的设备，只要画出一台实际外形，其余的可以简化表示，或只画出其基础外形。

③建筑物(包括建筑物轮廓线、楼板、墙、梁、柱、楼梯、门、窗等)和构筑物(操作平台、

地沟等）都要按比例绘制，并和建筑施工图相一致。

④建筑物各柱间的主要尺寸、总长、总宽等应按建筑图标注，并注明该平面的层次、标高。

⑤设备位号和建筑物轴线号均要填写完整，并和制冷系统原理图、建筑图相一致。

⑥一个车间的设备布置平面图，应尽可能表示出与其他车间的相互关系，其他车间的轮廓线用双点画线表示。

⑦必要时，平面图应按不同标高分别绘制。如：

设备布置平面图	操作平台
±0.000 平面	+2.400 平面

等，对于设备基础的标高、预留孔尺寸等，由设备基础条件图表示。

⑧设备布置平面图上应有图标、图签、设备一览表、备注等栏，并须经各专业设计人员会签。

(3)管道安装图深度要求：

①管道安装图除要画出设备的外形和基础外，还要画出所有的连接管道、阀门和仪表等。

②管道安装图除平面图外，还要结合适当的剖视图，剖切位置以能用最少剖视图来表达清楚为原则。安装图一般按厂房层次或按不同标高来绘制。如：

管道安装图	管道安装图	管道安装图
±0.000 平面	+4.000 平面	Ⅱ—Ⅱ剖面

等。

③管道安装图可以以机房、库房、制冰间为单元分别绘制并尽量取一致的比例。

④对所有管道、阀门都要注明尺寸和型号，并用箭头标出管内介质的流向。本车间与其他车间连接的管道，也可用文字说明清楚，如“ϕ76×3.5 回汽管由 101 冻结间来”等。

⑤管道的安装坡度可直接标在管道上，也可以附在说明栏里。

⑥对于尺寸较大的阀件以及管道的弯曲半径，也要按比例画出。

⑦安装图上建筑物部分的要求同设备布置图。

(4)制冷系统透视图（轴测图）深度要求：

透视图的深度要求与管道安装图相同。

2)设备安装图

表达中间冷却器、低压循环贮液器、冷风机、空气幕等设备的具体安装图。

3)非标设备的制作图

表达调节站、加氨站、顶排管、搁架排管、送风道、吊冰架、加水器等非标设备的制作要求。

4)向土建提出的条件图

一次条件图：机器、设备基础图，机械、设备平面布置图；二次条件图：建筑物的预留洞、预埋件图。

5)其他图纸

如大样图、隔热层包扎图、套用的标准图及有关资料。

6. 设计计算书（供内部使用、备查）

(1)计算书内容视工程的繁简程度，按照国家有关规定、规范及本单位技术措施进行计算。

(2)采用计算机计算时，计算书应注明软件名称，附上相应的简图及输入数据。

(3)制冷工程计算书包括以下内容：

①计算依据。包括基础资料、设计参数、各冷间的冷藏或加工能力及其平面布置等。

②制冷方案设计。主要指制冷剂的选择、压缩级数的确定、蒸发温度回路的划分、系统的供液方式等。

③制冷负荷计算。包括冷间及制冰耗冷量计算、冷却设备及机器设备负荷计算。

④制冷机器、设备、管道、风道、阀件等的选择计算。

⑤制冷设备及其管道隔热厚度计算等。

第二章　冷库制冷工程设计应执行的规范条款及相应的措施

一、库址选择和总平面设计

(一)库址选择要求

(1)应符合当地总体规划的要求，并应经当地规划部门批准。

(2)库址宜选择在城市规划的物流园区中，且应位于周围集中居住区夏季最大频率风向的下风侧。使用氨制冷工质的冷库，与其下风侧居住区的防护距离不宜小于 300 m，与其他方位居住区的卫生防护距离不宜小于 150 m。

(3)库址周围应有良好的卫生条件，且必须避开和远离有害气体、灰沙、烟雾、粉尘及其他有污染口的地段。

(4)应选择在交通运输方便的地方。

(5)应具备可靠的水源和电源以及排水条件。

(6)宜选在地势较高和工程地质条件良好的地方。

(7)肉类、水产等加工厂内的冷库和食品批发市场、食品配送中心等的冷库库址还应综合考虑其特殊要求。

(二)总平面要求

(1)应满足生产工艺流程、运输、管理和设备管线布置合理等综合要求。

(2)当设有铁路专用线时，库房应沿铁路专用线布置。

(3)当设有水运码头时，库房应靠近水运码头布置。

(4)当以公路运输为主时，库房应靠近冷库运输主出入口布置。

(5)肉类、水产类等加工厂的冷库应布置在该加工厂洁净区内，并应在其污染区夏季最大频率风向的上风侧。

(6)食品批发市场的冷库应布置在该市场仓储区内，并应与交易区分开布置。

(7)在库区显著位置应设风向标。

(8)冷库总平面位置应做到近远期结合，以近期为主，对库房占地、铁路专用线、水运码头、设备管线、道路、回车场等资源应统筹规划、合理布置，并应兼顾今后扩建的可能。

(9)两座一、二级耐火等级的库房贴邻布置时，贴邻布置的冷库总长度不应大于 150m，总占地面积不应大于 10 000 m²。库房应设置环形消防车道。贴邻库房两侧的外墙均应为防火墙，屋顶的耐火极限不应低于 1 h。

(10)库房与制冷机房、变配电所和控制室贴邻布置时，相邻侧的墙体，应至少有一面为防火墙，屋顶耐火极限不应低于 1 h。

(11)冷库与其他建（构）筑物的卫生防护距离应符合当地环保部门有关规定。

(12)制冷机房或制冷机组应靠近用冷负荷最大的冷间布置，并应有良好的自然通风条件。

(13)变配电所应靠近制冷机房布置。

(14)库区的主要道路和进入库区的主要道路应铺设适于车辆通行的混凝土或沥青路面等硬路面。路面应平坦，不积水，场区应有良好的排水系统。

(15)厂区绿化应符合当地规划部门要求。

二、冷库设计

(一)库房建筑要求

(1)库房布置应符合下列要求：

①应满足生产工艺流程要求，运输线路宜短，应避免迂回和交叉。

②冷藏间平面柱网尺寸和层高应根据贮藏食品的主要品种、包装规格、运输堆码方式、托盘规格和堆码高度以及经营管理模式等使用功能确定，并应综合考虑建筑模数及结构选型。

③当采用氟制冷机组时，可设置于库房穿堂内。

④冷间应按不同的设计温度分区、分层布置。

⑤冷间建筑应尽量减少其隔热围护结构的外表面积。

(2)每座冷库冷藏间耐火等级、层数和面积应符合表 2-1 的要求。

表 2-1　每座冷库冷藏间耐火等级、层数和面积

冷藏间耐火等级	最多允许层数	冷藏间的最大允许占地面积和防火分区的最大允许建筑面积(m²)			
		单层、多层		高层	
		冷藏间占地	防火分区	冷藏间占地	防火分区
一、二级	不限	7 000	3 500	5 000	2 500
三级	3	1 200	400	—	—

注：1.当设地下室时，只允许设一层地下室，且地下冷藏间占地面积不应大于地上冷藏间建筑的最大允许占地面积，防火分区不应大于 1 500 m²；

2.建筑高度超过 24 m 的冷库为高层冷库；

3.本表中“—”表示不允许建高层冷库。

(3)冷藏间与穿堂之间的隔墙应为防火墙，该防火隔墙的耐火极限不应低于 3 h，该防火隔墙上的冷藏门可为非防火门。

(4)冷藏间的分间应符合下列规定：

①应按贮藏食品的特性及冷藏温度等要求分间。

②有异味或易串味的贮藏食品应设单间。

③宜按不同经营模式和管理需要分间。

(5)库房应设穿堂，温度应根据工艺需要确定。

(6)库房的公路站台设计宜符合下列规定：

①站台宽度不宜小于5 m。

②站台边缘停车侧面应装设缓冲橡胶条块，并应涂有黄、黑相间防撞警示色带。

③站台上应设罩棚，靠站台边缘一侧如有结构柱，柱边距站台边缘净距不得小于0.6 m；罩棚挑檐挑出站台边缘的部分不应小于1.00 m，净高应与运输车辆的高度相适应，且应设有组织排水。

④根据需要可设封闭站台，封闭站台宜与冷库穿堂合并布置。

⑤封闭站台的宽度及其内的温度可根据使用要求确定，其外围护结构应满足相应的保温要求。

⑥封闭站台的高度、门洞数量应与货物吞吐量相适应，并应设置相应的冷藏门和连接冷藏车的密闭软门套。

⑦在站台的适当位置应布置满足使用需求的上、下站台的台阶和坡道。

⑧封闭站台的门洞尺寸及数量应与货物吞吐量相适应。

(7)库房的铁路站台应符合下列规定：

①站台宽度不宜小于7 m。

②站台边缘顶面应高出轨顶1.1 m，边缘距铁路中心线的水平距离为1.75 m。

③站台长度应与铁路专用线装卸作业段的长度相同。

④站台上应设罩棚，罩棚柱边与站台边缘净距不应小于2 m，缘高和挑出长度应符合铁路专用线的限界规定。

⑤在站台适当的位置应布置满足使用要求的上、下台阶和坡道。

(8)多层、高层库房应设置电梯。电梯轿厢的选择应充分利用电梯的运载能力。

(9)库房设置电梯的数量应按下列规定计算：

①5 t型电梯运载能力可按34 t/h计；3 t型电梯运载能力可按20 t/h计；2 t型电梯运载能力可按13 t/h计。

②以铁路运输为主的冷库及港口中转冷库的电梯数量应按一次进出货吞吐量和装卸允许时间确定。

③全部为公路运输的冷库电梯数量应按日高峰进出货吞吐量和日低谷进出货吞吐量的平均值确定。

④在以铁路、水运进出货吞吐量确定电梯设置的情况下，电梯位置可兼顾日常生产和公路进出货使用的需要，不宜再另设电梯。

(10)库房的楼梯间应设在靠穿堂附近，并应采用不燃材料建造，通向穿堂的门应为乙级防护门；首层楼梯出口应直通室外或距直通室外的出口不大于15 m。

(11)带水作业的加工间和温度高、湿度大的房间不应与冷藏间毗连，生产流程必须毗连时，应考虑有良好的通风条件。

(12)建筑面积大于1 000 m^{2}的冷藏间应至少设两个门(含隔墙上的门)，面积不大于1 000 m^{2}的冷藏间可只设一个门。冷藏门的内侧应设有应急内开门锁装置，并应有醒目的标识。

(13)冻结物冷藏间的门洞内侧应设置构造简易、可以更换的回笼间。

(14)冷藏门的外侧应设置冷风幕或在其冷藏门内侧设置耐低温的透明塑料门帘。

(15)库房的计量设备应根据进出货操作流程短捷的原则和需要设置。

(16)库房附属的办公室、安保值班室、烘衣室、更衣室、休息室及卫生间等与库房生产、管理直接有关的辅助房间可布置于穿堂附近，多层、高层冷库应设置在首层(卫生间除外)，但应至少有一个独立的安全出口，卫生间内应设自动冲洗(或非手动式冲洗)的便器和洗手盆。

(17)在库房内严禁设置与库房生产、管理无直接关系的其他用房。

(二)库房的隔热

(1)库房隔热材料的选择应符合下列要求：

①热导率宜小。

②不应有散发有毒或异味等对食品有污染的物质。

③宜为难燃或不燃烧材料，且不易变质。

④宜选用温度变形系数小的块状隔热材料。

⑤易于现场施工。

⑥正铺贴于地面、楼面的隔热材料，其抗压强度不应小于0.25 MPa。

(2)围护结构隔热材料的厚度应按下式计算：

$$d=\lambda\left[R_0-\left(\frac{1}{a_w}+\frac{d_1}{\lambda_1}+\frac{d_2}{\lambda_2}+\cdots+\frac{d_n}{\lambda_n}+\frac{1}{a_n}\right)\right] \qquad (2-1)$$

式中 d——隔热材料的厚度，m；

λ——隔热材料的热导率，W/(m·℃)；

R_0——围护结构总热阻，m^2·℃/W；

a_w——围护结构外表面传热系数，W/(m^2·℃)；

a_n——围护结构内表面传热系数，W/(m^2·℃)；

d_1、d_2、…、d_n——围护结构除隔热层外各层材料的厚度，m；

λ_1、λ_2、…、λ_n——围护结构除隔热层外各层材料的热导率，W/(m·℃)。

(3)冷库隔热材料设计采用的热导率值应按下式计算确定：

$$\lambda=\lambda'\cdot b \qquad (2-2)$$

式中 λ——设计采用的热导率，W/(m·℃)；

λ'——正常条件下测定的热导率，W/(m·℃)；

b——热导率的修正系数，可按表2-2规定采用。

表2-2 隔热材料热导率的修正系数b值

序号	材料名称	b	序号	材料名称	b
1	聚氨酯泡沫塑料	1.4	7	加气混凝土	1.3
2	聚苯乙烯泡沫塑料	1.3	8	岩棉	1.8
3	聚苯乙烯挤塑板	1.3	9	软木	1.2
4	膨胀珍珠岩	1.7	10	炉渣	1.6
5	沥青膨胀珍珠岩	1.2	11	稻壳	1.7
6	水泥膨胀珍珠岩	1.3			

注：加气混凝土、水泥膨胀珍珠岩的修正系数，应为经过烘干的块状材料并用沥青等不含水黏结材料贴铺、砌筑时的数值。

(4)冷间外墙、屋面或顶棚设计采用的室内、外两侧温度差Δt，应按下式计算确定：

$$\Delta t = \Delta t' \cdot \alpha \qquad (2-3)$$

式中 Δt——设计采用的室内、外两侧温度差，℃；

$\Delta t'$——夏季空气调节室外计算日平均温度与室内温度差，℃；

α——围护结构两侧温差修正系数，可按表 2-3 规定采用。

表 2-3 围护结构两侧温差修正系数 α

序号	围护结构部位	α
1	$D>4$ 的外墙： 冻结间、冻结物冷藏间 冷却间、冷却物冷藏间、冰库	 1.05 1.10
2	$D>4$ 相邻有常温房间的外墙： 冻结间、冻结物冷藏间 冷却间、冷却物冷藏间、冰库	 1.00 1.00
3	$D>4$ 的冷间顶棚，其上为通风阁楼，屋面有隔热层或通风层： 冻结间、冻结物冷藏间 冷却间、冷却物冷藏间、冰库	 1.15 1.20
4	$D>4$ 的冷间顶棚，其上为不通风阁楼，屋面有隔热层或通风层： 冻结间、冻结物冷藏间 冷却间、冷却物冷藏间、冰库	 1.20 1.30
5	$D>4$ 的无阁楼屋面，屋面有通风层： 冻结间、冻结物冷藏间 冷却间、冷却物冷藏间、冰库	 1.20 1.30
6	$D\leq4$ 的外墙：冻结物冷藏间	1.30
7	$D\leq4$ 的无阁楼屋面：冻结物冷藏间	1.60
8	半地下室外墙外侧为土壤时	0.20
9	冷间地面下部无通风等加热设备时	0.20
10	冷间地面隔热层下有通风等加热设备时	0.60
11	冷间地面隔热层下为通风架空层时	0.70
12	两侧均为冷间时	1.00

注：1.D为围护结构热惰性指标；
2.负温穿堂可按冻结物冷藏间选取α值；
3.表内未列的其他室温等于或高于0℃的冷间可参照各项中冷却间的α值选用。

(5)围护结构总热阻 R，可按表 2-4~表 2-8 确定。

①冷间外墙、屋面或顶棚的总热阻，根据设计采用的室内、外温度差Δt值，可按表 2-4 的规定选用。

表 2-4 冷间外墙、屋面或顶棚的总热阻 R_0 （单位：$m^2\cdot$℃/W）

设计采用的室内、外温度差Δt(℃)	面积热流量(W/ m^2) 7	8	9	10	11
90	12.86	11.25	10.00	9.00	8.18
80	11.43	10.00	8.89	8.00	7.27
70	10.00	8.75	7.78	7.00	6.36
60	8.57	7.50	6.67	6.00	5.45
50	7.14	6.25	5.56	5.00	4.55
40	5.71	5.00	4.44	4.00	3.64
30	4.29	3.75	3.33	3.00	2.73
20	2.86	2.50	2.22	2.00	1.82

②冷间隔墙总热阻应根据隔墙两侧设计室温按表 2-5 的规定选用。

表 2-5 冷间隔墙总热阻 R_0 （单位：$m^2\cdot$℃/W）

隔墙两侧设计室温	面积热流量(W/ m^2) 10	12
冻结间-23℃——冷却间 0℃	3.80	3.17
冻结间-23℃——冻结间-23℃	2.80	2.33
冻结间-23℃——穿堂 4℃	2.70	2.25
冻结间-23℃——穿堂-10℃	2.00	1.67
冻结物冷藏间-18~-20℃——冷却物冷藏间 0℃	3.30	2.75
冻结物冷藏间-18~-20℃——冰库-4℃	2.80	2.33
冻结物冷藏间-18~-20℃——穿堂 4℃	2.80	2.33
冷却物冷藏间 0℃——冷却物冷藏间 0℃	2.00	1.67

注：隔墙总热阻已考虑生产中的温度波动因素。

③冷间楼面总热阻可根据楼板上、下冷间设计温度按表 2-6 的规定选用。

表 2-6 冷间楼面总热阻 R_0

楼板上、下冷间设计温度（℃）	R_0（$m^2\cdot$℃/W）
35	4.77
23~28	4.08
15~20	3.31
8~12	2.58
5	1.89

注：1.楼板总热阻已考虑生产中温度波动因素；
2.当冷却物冷藏间楼板下为冻结物冷藏间时，其楼板热阻不宜小于 4.08 $m^2\cdot$℃/W。

④直接铺设在土壤上的冷间地面总热阻可根据冷间设计温度按表 2-7 的规定选用。

表 2-7　直接铺设在土壤上的冷间地面总热阻 R_0

冷间设计温度（℃）	R_0（m²·℃/W）
0～-2	1.72
-5～-10	2.54
-15～-20	3.18
-23～-28	3.91
-35	4.77

注：当地面隔热层采用炉渣时，总热阻按表中数据乘以 0.8 的修正系数。

⑤铺设在架空层上的冷间地面总热阻根据冷间设计温度按表 2-8 选用。

表 2-8　铺设在架空层上的冷间地面总热阻 R_0

冷间设计温度（℃）	R_0（m²·℃/W）
0～-2	2.15
-5～-10	2.71
-15～-20	3.44
-23～-28	4.08
-35	4.77

⑥冷间外墙、屋面、隔墙当采用价格高的隔热材料时，一般可采用单位面积热流量较大的总热阻；当采用价格低的隔热材料时，可采用单位面积热流量较小的总热阻。

(6)库房围护结构外表面和内表面传热系数（a_w、a_n）和热阻（R_w、R_n）可按表 2-9 规定采用。

表 2-9　库房围护结构外表面和内表面传热系数 a_w、a_n 和热阻 R_w、R_n

围护结构部位及环境条件	a_w (W/(m²·℃))	a_n (W/(m²·℃))	R_w或 R_n (m²·℃/W)
无防风设置的屋面、外墙的外表面	23	—	0.043
顶棚上为阁楼或有房屋和外墙外部紧邻其他建筑物的外表面	12	—	0.083
外墙和顶棚的内表面、内墙和楼板的表面、地面的上表面：			
(1)冻结间、冷却间设有强力鼓风装置时	—	29	0.034
(2)冷却物冷藏间设有强力鼓风装置时	—	18	0.056
(3)冻结物冷藏间设有强力鼓风装置时	—	12	0.083
(4)冷间无机械鼓风装置时	—	8	0.125
地面下为通风架空层	8	—	0.125

注：地面下为通风加热管道和直接铺设于土壤上的地面以及半地下室外墙埋入地下的部位，外表面传热系数均可不计。

(7)围护结构的总热阻必须大于下式计算出的最小总热阻：

$$R_{\min}=\frac{t_g-t_d}{t_g-t_l}bR_w \qquad (2-4)$$

式中　$R_{\min}$——围护结构最小总热阻，m²·℃/W；

t_g——围护结构高温侧的气温，℃；

t_d——围护结构低温侧的气温，℃；

t_l——围护结构高温侧空气的露点温度，℃；

b——热阻的修正系数，围护结构热惰性指标 $D\leqslant 4$ 时，b=1.2，其他围护结构 b=1.0。

(8)围护结构热惰性指标 D 可按下式计算：

$$D=R_1S_1+R_2S_2+\cdots \qquad (2-5)$$

式中　D——围护结构热惰性指标；

R_1、R_2……——各层材料的热阻，m²·℃/W；

S_1、S_2……——各层材料的蓄热系数，W/(m²·℃)；

(9)相邻同温冷间的隔墙以及上、下相邻两层均为同温冷间之间的楼板可不设隔热层。

(10)当冷库底层冷间设计温度低于 0 ℃时，地面应采取防止冻胀的措施；当地面下为岩层或砂砾层且地下水位较低时，可不做防止冻胀处理。

(11)冷库底层冷间设计温度等于或高于 0 ℃时，地面可不做防止冻胀处理，但仍应设置相应的隔热层。在空气冷却器基座下部及周围 1 m 范围内的地面总热阻 R_0 不应小于 3.18 m²·℃/W。

(12)冷间围护结构热惰性指标不大于 4 时，其隔热层外侧宜设通风层。

(13)库房屋面及外墙外侧宜涂白色或浅色。

(三)库房的隔汽和防潮

(1)当围护结构两侧设计温差等于或大于 5℃时，应在隔热层温度较高的一侧设置隔汽层。

(2)围护结构蒸汽渗透阻可按下式验算：

$$H_0\geqslant 1.6\times(P_{sw}-P_{sn})/\omega \qquad (2-6)$$

式中　H_0——围护结构隔热层高温侧各层材料(隔热层以外)的蒸汽渗透阻之和，m²·h·Pa/g；

ω——蒸汽渗透强度，g/(m²·h)；

P_{sw}——围护结构高温侧空气的水蒸气分压力，Pa；

P_{sn}——围护结构低温侧空气的水蒸气分压力，Pa。

(3)当围护结构隔热层选用现喷(或灌注)硬质聚氨酯泡沫塑料材料时，隔汽层不应选用热熔性材料。

(4)库房隔汽层和防潮层的构造应符合下列规定：

①库房外墙的隔汽层应与地面隔热层上、下的防水层和隔汽层搭接。

②楼面、地面的隔热层上、下、四周应做防水层或隔汽层，且楼面、地面隔热层的防水层或隔汽层应全密封。

③隔墙隔热层底部应做防潮层，且应在其热侧上翻铺 0.12 m。

④冷却间或冻结间隔墙的隔热层两侧均应做隔汽层。

（四）库房地面通风与防冻

(1)冷间地面的防冻设计形式应根据库房布置、投资费用、能源消耗和经常操作管理费用等指标经技术经济比较后选定。

(2)采用自然通风管的地面防冻设计应符合下列规定：

①自然通风管应两端直通，并坡向室外。直通管段总长度不宜大于 30 m，其穿越冷间地面下的长度不宜大于 24 m。

②自然通风管管径宜采用内径 250 mm 或 300 mm 的水泥管，管中心距离不宜大于 1.2 m，管口的管底宜高出室外地面 150 mm，管口应加网栅。

③自然通风管的布置宜与当地的夏季最大频率风向平行。

(3)采用机械通风的地面防冻设计应符合下列规定：

①机械通风的支风道管径宜采用内径 250 mm 或 300 mm 的水泥管，管中心距离可按 1.5~2.0 m 等距布置，管内风速应均匀，一般不宜小于 1 m/s。

②机械通风的主风道断面尺寸不宜小于 0.8 m×1.2 m（宽×高）。

③采暖地区机械通风的送风温度宜取 10℃，排风温度宜取 5℃。

④地面加热层的温度宜取 1~2℃，并应在该加热层设温度监控装置。

(4)采暖地区机械通风地面防冻加热负荷和机械通风量计算按式（2-7）~式（2-11）实施。

①采暖地区地面防冻的加热计算，应采用稳定传热计算公式。部分土壤热物理系数按表 2-10 的规定确定。

表 2-10　部分土壤热物理系数

土壤名称	密度(kg/m³)	导热系数(W/(m·℃))	土壤条件	
			质量湿度(%)	温度(℃)
亚黏土	1610	0.84	15	融土
碎石亚黏土	1980	1.17	10	融土
砂土	1975	1.38	28	8.8
砂土	1755	1.50	42	11.7
黏土	1850	1.41	32	9.4
黏土	1970	1.47	29	7.7
黏土	2055	1.38	24	8.8
黏土加砂	1890	1.27	23	9.7
黏土加砂	1920	1.30	27	10.6

②采暖地区机械通风地面防冻加热负荷应按下式计算：

$$Q_f = \alpha(Q_r - Q_{tu}) \times \frac{24}{T} \qquad (2\text{-}7)$$

式中 Q_f——地面加热负荷，W；

α——计算修正值，当室外年平均气温小于 10 ℃时宜取 1，当室外年平均气温为 10~14 ℃时，宜取 1.15；

Q_r——地面加热层传入冷间的热量，W；

Q_{tu}——土壤传给地面加热层的热量，W；

T——通风加热装置每日运行的时间，一般不小于 4 h。

③机械通风地面加热层传入冷间的热流量 Q_r 应按下式计算：

$$Q_r = F_d(t_r - t_n)K_d \qquad (2\text{-}8)$$

式中 Q_r——地面加热层传入冷间的热流量，W；

F_d——冷间地面面积，m²；

t_r——地面加热层的温度，℃；

t_n——冷间内的温度，℃；

K_d——冷间地面的传热系数，W/(m²·℃)。

④土壤传给地面加热层的热流量 Q_{tu} 应按下式计算：

$$Q_{tu} = F_d(t_{tu} - t_r)K_{tu} \qquad (2\text{-}9)$$

式中 Q_{tu}——土壤传给地面加热层的热流量，W；

F_d——冷间地面面积，m²；

t_{tu}——土壤温度，℃；

t_r——地面加热层的温度，℃，宜取 1~2℃；

K_{tu}——土壤传热系数，W/(m²·℃)。

注：土壤温度应采取地面下 3.2 m 深处历年最低两个月的土壤平均温度，见表 2-11。当缺少该项资料时，可按当地年平均气温减 2 ℃计算。

表 2-11　主要城市地面下 3.2 m 深处历年最低两个月的土壤平均温度

城市名称	3.2 m 深处地温(℃)				
	月份	温度值	月份	温度值	平均值
北京	3	9.4	4	9.4	9.4
上海	3	14.8	4	14.5	14.7
天津	3	10.6	4	10.2	10.4
哈尔滨	4	2.4	5	2.1	2.3
长春	4	3.8	5	3.4	3.6
沈阳	4	5.4	5	5.7	5.6
乌兰浩特	3	2.4	4	2.2	2.3
呼和浩特	4	4.6	5	4.6	4.6
兰州	3	8.6	4	8.8	8.7
西宁	3	5.9	4	6.2	6.1
银川	4	6.7	5	7.0	6.9
西安	3	11.9	4	12.0	12.0
太原	3	8.4	4	7.9	8.2
石家庄	3	11.2	4	11.4	11.3
郑州	3	12.3	4	12.5	12.4
乌鲁木齐	3	6.5	4	6.6	6.6

续表 2-11

城市名称	3.2 m深处地温(℃)				
	月份	温度值	月份	温度值	平均值
南昌	3	16.0	4	15.7	15.9
武汉	4	15.6	5	15.8	15.7
长沙	3	16.6	4	16.4	16.5
南宁	3	22.0	4	22.0	22.0
广州	3	21.9	4	22.0	22.0
昆明	4	15.1	5	15.1	15.1
拉萨	2	7.6	3	7.6	7.6
成都	3	15.4	4	15.8	15.6
贵阳	3	15.3	4	15.4	15.4
南京	3	14.0	4	13.7	13.9
合肥	4	15.0	5	15.5	15.3
杭州	3	15.6	4	15.2	15.4
济南	3	13.8	4	13.6	13.7
蚌埠	3	14.1	4	14.0	14.1
齐齐哈尔	4	2.7	5	2.5	2.6
海拉尔	6	0.5	7	0.4	0.5

⑤土壤传热系数 K_{tu}应按下式计算：

$$K_{tu}=\frac{1}{\frac{\delta_{tu}}{\lambda_{tu}}+\sum\frac{\delta_{i-n}}{\lambda_{i-n}}} \tag{2-10}$$

式中 K_{tu}——土壤传热系数，W/(m²·℃)；

δ_{tu}——土壤计算厚度，一般采用 3.2 m；

λ_{tu}——土壤的热导率，W/(m·℃)；

δ_{i-n}——加热层至土壤表面各层材料的厚度，m；

λ_{i-n}——加热层至土壤表面各层材料的热导率，W/(m·℃)。

⑥机械通风送风量应按下式计算：

$$V_s=1.15\times\frac{3.6Q_f}{C_k\cdot\rho_k(t_s-t_p)} \tag{2-11}$$

式中 V_s——送风量，m³/h；

Q_f——地面加热负荷，W；

C_k——空气比热容，kJ/(kg·℃)；

ρ_k——空气密度，kg/m³；

t_s——送风温度，宜取 10℃；

t_p——排风温度，宜取 5℃。

(5)架空的地面防冻设计应符合下列规定：

①架空式地面的进出风口底面高出室外地面不应小于 150 mm，其进出风口应设网栅。在采暖地区架空式地面的进出风口增设保温的启闭装置。

②架空式地面的架空层净高不宜小于 1 m。

③架空式地面的进风口宜面向当地夏季最大频率风向。

(6)采用不冻液为热媒的地面防冻设计应符合下列规定：

①供液温度不应高于 20℃，回液温度宜取 5℃。

②管内液体流速不应小于 0.5 m/s。

③加热管应设在冷间地面隔热层下的混凝土垫层内，并应采用钢筋网将该加热管固定。

④采用金属管作为加热管时应采用焊接连接，采用非金属管作为加热管时地面下不应安装可拆卸接头。加热管在垫层混凝土施工前以 0.6 MPa (表压)的水压试漏，并经 24h 不降压为合格。

(7)当地面加热层的热源采用制冷系统的冷凝热时，压缩机同时运行的最小负荷值应能满足地面加热负荷的需要。

(8)当冷间地面面积小于 500 m²，且经济合理时，也可采用电热法进行地面防冻。

(五)库房冷负荷计算

1．冷却设备负荷和机械负荷的计算

(1)冷却设备负荷应按下式计算：

$$Q_s=Q_1+pQ_2+Q_3+Q_4+Q_5 \tag{2-12}$$

式中 Q_s——冷间冷却设备负荷，W；

Q_1——冷间围护结构热流量，W；

Q_2——冷间内货物热流量，W；

Q_3——冷间通风换气热流量，W；

Q_4——冷间内电动机运转热流量，W；

Q_5——冷间操作热流量，W，但对冷却间及冻结间则不计算该热流量；

p——冷间内货物冷加工负荷系数，冷却间、冻结间和货物不经冷却而进入冷却物冷藏间的货物冷加工负荷系数 p应取 1.3，其他冷间 p取 1。

(2)冷间机械负荷应分别根据不同蒸发温度按下式计算：

$$Q_j=(n_1\sum Q_1+n_2\sum Q_2+n_3\sum Q_3+n_4\sum Q_4+n_5\sum Q_5)R \tag{2-13}$$

式中 Q_j——某蒸发温度的机械负荷，W；

n_1——冷间围护结构热流量的季节修正系数，当冷库全年生产无明显淡旺季区别时宜取 1；

n_2——冷间货物热流量折减系数，应根据冷间的性质确定，冷却物冷藏间宜取 0.3～0.6(冷藏间的公称体积为大值时取小值)，冻结物冷藏间宜取 0.5～0.8(冷藏间的公称体积为大值时取大值)，冷加工间和其他冷间应取 1。

n_3——同期换气系数，宜取 0.5～1.0(“同时最大换气量与全库每日总换气量的比数”大时取大值)；

n_4——冷间用的电动机同期运转系数，见表 2-12；

n_5——冷间同期操作系数，见表 2-12；

R——制冷装置和管道等冷损耗补偿系数，一般直接冷却系统宜取 1.07，间接冷却系统宜取 1.12。

表 2-12　冷间内电动机同期运转系数 n_4 和冷间同期操作系数 n_5

冷间总间数	n_4 或 n_5	冷间总间数	n_4 或 n_5
1	1	≥5	0.4
2~4	0.5		

注：1.冷却间、冷却物冷藏间、冻结间 n_4 取 1，其他冷间按本表取值；
2.冷间总间数应按同一蒸发温度且用途相同的冷间间数计算。

2. 冷负荷计算

(1)围护结构的热流量应按下式计算：

$$Q_1 = K_w F_w \alpha (t_w - t_n) \tag{2-14}$$

式中　Q_1——围护结构热流量，W；

K_w——围护结构的传热系数，W/(m²·℃)；

F_w——围护结构的传热面积，m²；

α——围护结构两侧温差修正系数，按表 2-3 采用；

t_w——围护结构外侧的计算温度，℃；

t_n——围护结构内侧的计算温度，℃；

围护结构的传热面积 F_w 计算应符合下列规定：

①屋面、地面和外墙的长、宽度应自外墙外表面至外墙外表面或外墙外表面至内墙中或内墙中至内墙中计算(如图 2-1 中的 l_1、l_2、l_3、l_4)。

②楼板和内墙长、宽度应自外墙内表面至外墙内表面或外墙内表面至内墙中或内墙中至内墙中计算(如图 2-1 中的 l_5、l_6、l_7、l_8)。

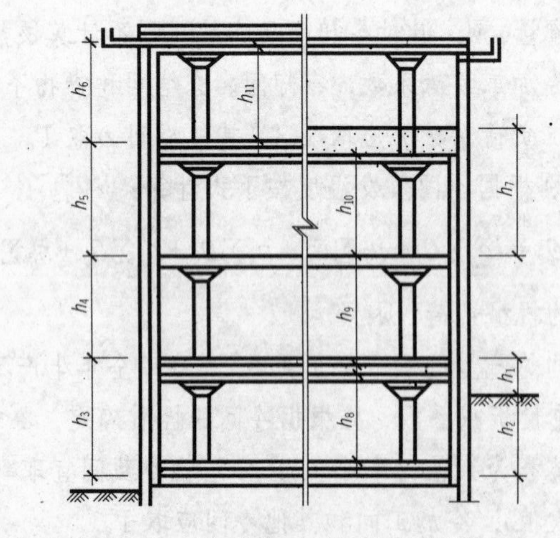

图 2-1　外墙和内墙高度例图

③外墙的高度：地下室或底层，应自地坪的隔热层下表面至上层楼面计算(如图 2-2 中的 h_1、h_2、h_3)；中间层应自该层楼面至上层楼面计算(如图 2-2 中的 h_4、h_5)；顶层应自该层楼面至顶层隔热层上表面计算(如图 2-2 中的 h_6、h_7)。

④内墙的高度：地下室、底层和中间层，应自该层地面、楼面至上层楼面计算(如图 2-2 中的 h_8、h_9)；顶层应自该层楼面至顶部隔热层下表面计算(如图 2-2 中的 h_{10}、h_{11})。

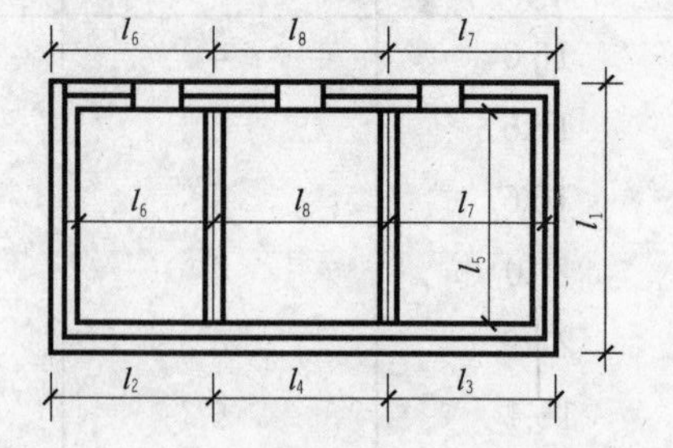

图 2-2　屋面、地面、楼面、外墙和内墙长、宽度例图

围护结构外侧的计算温度 t_w 应按下列规定取值：

①计算外墙、屋面和顶棚时，围护结构外侧的计算温度应按夏季空气调节日平均温度计算。

②计算内墙和楼面时，围护结构外侧的计算温度应取其邻室的室温。当邻室为冷却间或冻结间时，应取该类冷间空库保温温度。空库保温温度冷却间应按 10℃，冻结间应按-10℃计算。

③冷间地面隔热层下设有加热装置时，其外侧温度按 1~2℃计算；如地面下部无加热装置或地面隔热层下为自然通风架空层时，其外侧的计算温度应采用夏季空气调节日平均温度。

(2)货物热流量应按下式计算：

$$Q_2 = Q_{2a} + Q_{2b} + Q_{2c} + Q_{2d} = \frac{1}{3.6} \times \left[\frac{m(h_1 - h_2)}{t} + mB_b \frac{C_b(t_1 - t_2)}{t} \right] + \frac{m(Q' + Q'')}{2} + \frac{m(Q' + Q'')}{2} + (m_z - m)Q'' \tag{2-15}$$

式中　Q_2——冷间货物热流量，W；

Q_{2a}——冷间食品热流量，W；

Q_{2b}——冷间包装材料和运载工具热流量，W；

Q_{2c}——货物冷却时的呼吸热流量，W；

Q_{2d}——冷间货物冷藏时的呼吸热流量，W；

m——冷间的每日进货量，kg；

h_1——货物进入冷间初始温度时的比焓，kJ/kg；

h_2——货物进入冷间终止温度时的比焓，kJ/kg；

t——货物冷加工时间,h，对冷藏间取 24 h，对冷却间、冻结间取设计冷加工时间；

B_b——货物包装材料或运载工具质量系数，见表 2-13；

C_b——包装材料或运载工具的比热容，kJ/(kg·℃)；

t_1——包装材料或运载工具进入冷间时的温度，℃；

t_2——包装材料或运载工具在冷间内终止降温时的温度，宜取该冷间的设计温度，℃；

Q'——货物冷却初始温度时单位质量的呼吸热流量，W/kg；

Q''——货物冷却终止温度时单位质量的呼吸热流量，W/kg；

m_z——冷却物冷藏间的冷藏质量，kg；

$\frac{1}{3.6}$——1 kJ/h 换算成 $\frac{1}{3.6}$ W 的数值。

注：①仅鲜水果、鲜蔬菜冷藏间计算 Q_{2c}、Q_{2d}；

②如冻结过程中需加水，应把水的热流量加入货物热流量计算公式内。

表 2-13　货物包装材料和运载工具质量系数 B_b

序号	食品类别	质量系数 B_b	
1	肉类、鱼类、冰蛋类	冷藏	0.1
		肉类冷却或冻结(猪单轨叉挡式)	0.1
		肉类冷却或冻结(猪双轨叉挡式)	0.3
		肉类、鱼类、冰蛋类(搁架式)	0.3
		肉类、鱼类、冰蛋类(吊笼式或架子式手推车)	0.6
2	鲜蛋类	0.25	
3	鲜水果	0.25	
4	鲜蔬菜	0.35	

冷间的每日进货量 m 应按下列规定取值：

①冷却间或冻结间应按设计冷加工能力计算。

②存放果蔬的冷却物冷藏间，不应大于该间计算吨位的 10% 计算。

③存放鲜蛋的冷却物冷藏间，不应大于该间计算吨位的 5% 计算。

④无外库调入货物的冷库，其冻结物冷藏间每间每日进货量，宜按该库每日冻结加工量计算。

⑤有从外库调入货物的冷库，其冻结物冷藏间每间每日进货量可按该间计算吨位的 5%～15%计算。

⑥冻结量大的水产冷库，其冻结物冷藏间的每日进货量可按具体情况确定。

包装材料或运载工具进入冷间时的温度应按下列规定取值：

①在本库进行包装的货物，其包装材料或运载工具温度的取值应按夏季空气调节日平均温度乘以生产旺月的温度修正系数，该系数按表 2-14 取值。

表 2-14　包装材料或运载工具进入冷间时的温度修正系数

进入冷间月份	1	2	3	4	5	6	7	8	9	10	11	12
温度修正系数	0.10	0.15	0.33	0.53	0.72	0.86	1.00	1.00	0.83	0.62	0.41	0.20

②自外库调入已包装的货物，其包装材料温度应为该货物进入冷间时的温度，其运载工具温度按本条①款“运载工具温度”计算。

货物进入冷间时的温度应按下列规定计算：

①未经冷却的屠宰鲜肉温度应取 39℃，已经冷却的鲜肉应取 4℃。

②从外库调入的冻结货物温度按-10～-15℃计算。

③无外库调入货物的冷库，进入冻结物冷藏间的货物温度，应按该冷库冻结间终止降温时或产品包装后的货物温度确定。

④冰鲜鱼、虾整理后的温度应取 15℃。

⑤鲜鱼虾整理后进入冷加工间的温度，按整理鱼虾用水的水温确定。

⑥鲜蛋、水果、蔬菜的进货温度，按冷间生产旺月气温的月平均温度计算。

(3)通风换气热流量应按下式计算：

$$Q_3 = Q_{3a} + Q_{3b} = \frac{1}{3.6} \times \left[\frac{(h_w - h_n) n V_n \rho_n}{24} + 30 n_r \rho_n (h_w - h_n) \right] \quad (2\text{-}16)$$

式中　Q_3——通风换气热流量，W；

Q_{3a}——冷间换气热流量，W；

Q_{3b}——操作人员需要的新鲜空气热流量，W；

h_w——冷间外空气的比焓，kJ/kg；

h_n——冷间内空气的比焓，kJ/kg；

n——每日换气次数可采用 1～2 次；

V_n——冷间内净体积，m^3；

ρ_n——冷间内空气密度，kg/m^3；

24——1 d 换算成 24 h 的数值；

30——每个操作人员每小时需要的新鲜空气量，m^3/h；

n_r——操作人员数量。

注：①本条只适用于贮存有呼吸的食品的冷间；

②有操作人员长期停留的冷间如加工间、包装间等，应计算操作人员需要新鲜空气的热流量 Q_{3b}，其余冷间不计。

(4)电动机运转热流量应按下式计算：

$$Q_4 = 1000 \sum P_d \xi b \quad (2\text{-}17)$$

式中　Q_4——电动机运转热流量，W；

P_d——电动机额定功率，kW；

ξ——热转化系数，电动机在冷间内时应取 1，电动机在冷间外时应取 0.75；

b——电动机运转时间系数，对空气冷却器配用的电动机取 1，对冷间内其他设备配用的电动机可按实际情况取值，如按每昼夜操作 8 h 计，则 $b=\frac{8}{24}$。

(5)操作热流量应按下式计算：

$$Q_5 = Q_{5a} + Q_{5b} + Q_{5c} = q_d F_d + \frac{1}{3.6} \times \frac{n'_k n_k V_n (h_w - h_n) M \rho_n}{24} + \frac{3}{24} n_r q_r \quad (2\text{-}18)$$

式中　Q_5——操作热流量，W；

Q_{5a}——照明热流量，W；

Q_{5b}——每扇门的开门热流量，W；

Q_{5c}——操作人员热流量，W；

q_d——每平方米地板面积照明热流量，冷却间、冻结间、冷藏间、冰库和冷间内穿堂可取 2.3 W/m²，操作人员长时间停留的加工间、包装间等可取 4.7 W/m²；

F_d——冷间地面面积，m²；

n'_k——门樘数；

n_k——每日开门换气次数，可按图 2-3 取值，对经常开门的冷间，每日开门换气次数可按实际情况采用；

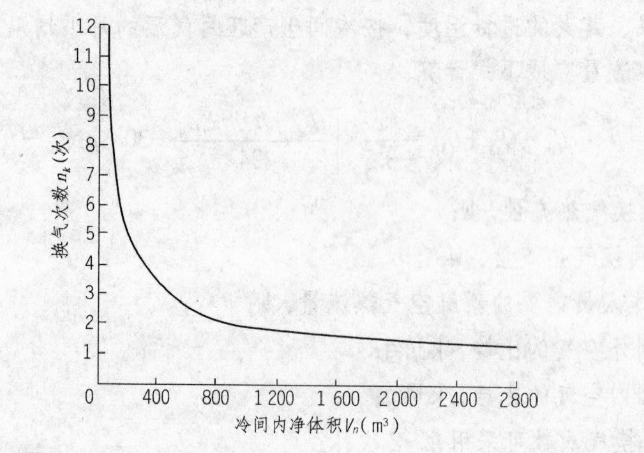

图 2-3　冷间开门换气次数

V_n——冷间内净体积，m³；

h_w——冷间外空气的比焓，kJ/kg；

h_n——冷间内空气的比焓，kJ/kg；

M——空气幕效率修正系数，可取 0.5，如不设空气幕，应取 1；

ρ_n——冷间内空气密度，kg/m³；

$\frac{3}{24}$——每日操作时间系数，按每日操作 3 h 计；

n_r——操作人员数量；

q_r——每个操作人员产生的热流量，W，冷间设计温度高于-5 ℃时，宜取 297 W，冷间设计温度低于-5 ℃时，宜取 395 W。

注：冷却间、冻结间不计 Q_5 这项热流量。

(6)服务于机关、学校、工厂、宾馆、商场等小型服务性冷库，当其冷间总的公称容积在 500 m³以下时，冷间冷却设备负荷 Q_s' 应按下式计算：

$$Q_s' = Q_1 + pQ_2 + Q_4 + Q_{5a} + Q_{5b} \tag{2-19}$$

式中　Q_s'——小型服务性冷库冷间冷却设备负荷，W。

(7)小型服务性冷库冷间机械负荷 Q_j' 应分别根据不同蒸发温度按下式计算：

$$Q_j' = (\Sigma Q_1 + n_2\Sigma Q_2 + n_4\Sigma Q_4 + n_5\Sigma Q_{5a} + n_5\Sigma Q_{5b})\frac{24}{\tau}R \tag{2-20}$$

式中　Q_s'——同一蒸发温度的冷间的机械负荷，W；

τ——制冷机组每日工作时间，宜取 12～16 h。

注：冻结间不计算 Q_{5a} 和 Q_{5b} 这两项热流量。

(六)冷间冷却设备选型及布置

1．冷间冷却设备选型

(1)冷间冷却设备的选型应根据食品冷加工或冷藏的要求确定，一般应符合下列要求：

①所选用的冷却设备的使用条件，应符合设备制造厂家提出的设备技术条件的要求。

②冷却间、冷却物冷藏间的冷却设备应采用空气冷却器。

③包装间的冷却设备宜采用空气冷却器。

④冻结物冷藏间的冷却设备，宜选用空气冷却器。当食品无良好的包装时，可采用顶排管、墙排管。

⑤对食品的冻结加工，应根据不同食品冻结工艺的要求，选用相应的冻结装置。

⑥包装间、分割间、产品整理间等人员较多房间的空调系统，严禁采用氨直接蒸发制冷系统。

(2)冷却设备的传热面积应按下式计算：

$$F_s = \frac{Q_s}{K_s\Delta t_s} \tag{2-21}$$

式中　F_s——冷却排管的传热面积，m²；

Q_s——冷间冷却设备负荷，W；

K_s——冷间冷却设备的传热系数，W/(m²·℃)；

Δt_s——冷间温度与冷却设备蒸发温度的计算温度差，℃；

光滑顶排管和光滑墙排管的传热系数应按下式计算：

$$K = K'C_1C_2C_3 \tag{2-22}$$

式中　K——光滑管在设计条件下的传热系数，W/(m²·℃)；

K'——光滑管在特定条件下的传热系数，W/(m²·℃)，按表 2-15 的规定选用；

C_1——构造换算系数，和管子间距 S 与管外径 d_w 之比有关，按表 2-16 的规定选用；

C_2——管径换算系数，按表 2-16 的规定选用；

C_3——供液方式换算系数，按表 2-16 的规定选用。

表 2-15　氨双层光滑蛇形顶排管和氨光滑 U 形顶排管在特定条件下的传热系数 K'

（单位：W/(m²·℃)）

冷间内的空气温度 θ_n(℃)	计算温度差 Δt(℃)				
	6	8	10	12	15
0	8.14	8.61	8.96	9.19	9.42
−4	7.79	8.02	8.26	8.49	8.72
−10	7.09	7.44	7.68	7.91	8.02
−12	6.86	7.21	7.44	7.68	7.91
−15	6.63	6.98	7.21	7.44	7.68
−18	6.40	6.75	6.98	7.21	7.44
−20	6.28	6.63	6.86	7.09	7.33
−23	6.16	6.40	6.63	6.86	7.09
−15	6.05	6.28	6.51	6.75	6.98
−30	5.82	6.16	6.40	6.51	6.75

注：表列数值为外径 38 mm 光滑管，管间距与管外径之比为 4，冷间相对湿度 90%，霜层厚度 6 mm 时的传热系数。

表 2-16　各型排管换算系数

排管形式	C_1		C_2	C_3	
	$S/d_w=4$	$S/d_w=2$		非氨泵供液	氨泵强制供液
双层光滑蛇形顶排管	1.0	1.0	$\left(\frac{0.038}{d_w}\right)^{0.18}$	1.0	1.1
光滑U形顶排管	1.0	1.0	$\left(\frac{0.038}{d_w}\right)^{0.18}$	1.0	1.0

氨搁架式冻结设备的传热系数应按表 2-17 的规定采用。

表 2-17　氨搁架式冻结设备的传热系数　　　(单位：W/(m²·℃))

空气流动状态	自然对流	风速 1.5 m/s	风速 2.0 m/s
传热系数	17.4	20.9	23.3

(3)冷间内空气温度与冷却设备中制冷剂蒸发温度的计算温度差，应根据提高制冷机效率、节省能源、减少食品干耗、降低投资等因素，通过技术经济比较确定，并应符合下列规定：

①顶排管、墙排管和搁架式冻结设备的计算温度差，可按算术平均温度差采用，并不宜大于10℃。

②空气冷却器的计算温度差，应按对数平均温度差确定，可取7~10℃。冷却物冷藏间使用的空气冷却器也可采用更小的温度差。

2. 冷间冷却设备布置

(1)冷间冷却设备的布置应有利于提高库房体积利用系数，便于安装、检修、操作和除霜。冷间内排管与墙面的净距离不应小于150 mm，与顶板或梁底的净距离不宜大于250 mm。落地式空气冷却器水盘底与地面之间架空距离不应小于300 mm。

(2)冷间冷却设备每一通路的压力降，应控制在制冷剂饱和温度降低1℃的范围内。

(3)根据冷间的用途、空间，空气冷却器的性能，贮存货物的种类和要求的温湿度条件，可采用无风道或有风道的空气分配系统。

(4)无风道空气分配系统，宜用于装有分区作用的吊顶式空气冷却器或装有集中落地式空气冷却器的冷藏间，空气冷却器应保证有足够的气流射程，并应在冷间货堆上部有足够的气流扩展空间。同时应采取技术措施使冷空气较均匀地布置整个冷间。

(5)风道空气分配系统，可用于空气强制循环的冻结间和冷却间，以及冷间狭长，设有集中落地式空气冷却器而货堆上部又缺少足够的气流扩展空间的冷藏间。该空气分配系统应设置送风风道，并利用货物之间的空间作为回风道。

(6)冷却间、冻结间的气流组织应符合下列要求：

①悬挂白条肉的冷却间，气流应均匀下吹，肉片间平均风速应为0.5~1.0 m/s。采用二阶段冷却工艺时，第一阶段风速应为2.0 m/s，第二阶段风速应为1.5 m/s。

②悬挂白条肉的冻结间，气流应均匀下吹，肉片间平均风速应为1.5~2.0 m/s。

③盘装食品冻结间的气流应均匀横吹，盘间平均风速应为1.0~3.0 m/s。其他类型加工制作的食品，其冻结方式可按合同的相关约定进行设计。

(7)冷却物冷藏间内，货垛间平均风速应为0.3~0.5 m/s；冻结物冷藏间内，货垛间平均风速不宜大于0.25 m/s。

(8)冷却物冷藏间的通风换气应符合下列要求：

①冷却物冷藏间宜按所贮货物的品种设置通风换气装置，换气次数每日不宜少于1次。

②面积大于150 m²或虽小于150 m²但不经常开门及地下室(或半地下室)的冷却物冷藏间，宜采用机械通风换气装置。进入冷间的新鲜空气应先经冷却。

③当冷间外新鲜空气的温度低于冷间内空气温度时，送入冷间的新鲜空气应先经预热处理。

④新鲜空气的进风口应设置便于操作的保温启闭装置。

⑤冷间内废气应直接排至库外，出风口应设于距冷间内地坪0.5 m处，并应设置便于操作的保温启闭装置。

⑥新鲜空气入口和废气排出口不宜设在冷间的同一侧面的墙上。若在同侧开设，排出口应在新鲜空气入口的下侧，两者垂直距离不宜小于2 m，水平距离不宜小于4 m。

(9)设于冷库常温穿堂内的冷间新风换气管道，在其紧靠冷间壁面的管段的外表面，应设隔热材料进行保温，其保温长度不小于2 m；对设于冷库穿堂内库房排气管道应将其外表面全部用隔热材料进行保温。

(10)冷间通风换气的排气管道应坡向库外，而进气管道在冷间内的管段应坡向空气冷却器。

(七)库房给水、排水

(1)空气冷却器(冷风机)冲霜水宜回收利用。冲霜水量应按产品样本规定。冲霜淋水延续时间按每次15~20 min计算。

(2)速冻装置及对卫生有特殊要求冷间的冷风机冲霜水宜采用一次性用水。

(3)空气冷却器(冷风机)冲霜配水装置前的自由水头应满足冷风机要求，但进水压力不应小于49 kPa。

(4)冷库冲霜水系统调节站应集中设置，并应设置泄空装置。当环境温度低于0℃时，应采取防冻措施。有自控要求的冷间，冲霜水电动阀前后段应设置泄空装置，并应采取防冻措施。

(5)冲霜给水管应有坡度，坡向空气冷却器。管段上应设泄空装置并应有防结霜措施。

(6)当给排水管道穿过冷间及库体保温时，保温墙体内外两侧的管道上应采取保温措施，其管道保温层的长度不应小于1.5 m。冷库穿堂内给排水管道明露部分应采取保温或防止结露的措施。

(7)多层冷库穿堂或楼梯间应设室内消火栓，当温度低于0℃时，应采取防冻措施。如需启动水泵才能满足消防水压要求，消火栓箱内应设消防水泵启动按钮。库区及氨压缩机房门外应设消火栓。

(8)冷却间、制冷压缩机房的地面应设地漏，地漏水封高度不应小于50 mm。电梯井、地磅坑等易于集水处应有排水及防止水流倒灌设施。

(9)冷库建筑的地下室、地面架空层应设排水设施。

(10)冷风机水盘排水、蒸发式冷凝器排水、贮存食品或饮料的冷藏库房的地面排水不得与污废水管道系统直接连接，应采取间接排水的方式。

(11)多层冷库中各层冲(霜)水排水，应在排入冲(霜)排水主立管前设水封装置。

(12)不同温度冷间的冲(霜)水排水管，应在接入冲(霜)排水干管前设水封装置。

(13)冷风机采用热氨融霜或电融霜时，融霜排水可直接排放。房内融霜排水管道可采用电伴热保温。

(14)冲(融)霜排水管道的坡度和充满度应符合现行国家标准《建筑给水排水设计规范》(GB 50015)的规定。

(15)冷却物冷藏间设在地下室时，其冲(融)霜排水的集水井（池）应采取防止冻结和防止水流倒灌的措施。

(16)冲(融)霜排水管道出水口应设置水封或水封井。寒冷地区的水封及水封井应采取防冻措施。

(八)库房电气与自动控制

1．库房电气

(1)冷间内的动力及照明配电、控制设备宜集中布置在冷间外的穿堂或其他通风干燥场所。当布置在低温潮湿的穿堂内时，应采用防潮密封型配电箱。

(2)冷间内照明灯具应选用符合食品卫生安全要求和冷间环境条件、可快速点亮的节能型照明灯具，一般情况不应采用白炽灯具。冷间照明灯具显色性指数不宜低于60。

(3)大、中型冷库冷间照明照度不宜低于50lx，穿堂照度不宜低于100lx。小型冷库冷间照度不宜低于20lx，穿堂照度不宜低于50lx。视觉作业要求高的冷库，应按要求设计。

(4)冷间内照明灯具的布置应避开吊顶式空气冷却器和顶排管，在冷间内通道处应重点布灯，在货位内可均匀布置。

(5)建筑面积大于 100m^2的冷间内，照明灯具宜分成数路单独控制，冷间外宜集中设置照明配电箱，各照明支路应设信号灯。当不集中设置照明配电箱，各冷间照明控制开关分散布置在冷间外穿堂上时，应选用带指示灯的防潮型开关或气密式开关。

(6)库房宜采用 AC220V/380V TN-S或TN-C-S配电系统。冷间内照明支路宜采用 AC220V 单相配电，照明灯具的金属外壳应接专用保护线(PE 线)，各照明支路应设置剩余电流保护装置。

(7)冷间内动力、照明、控制线路应根据不同的冷间温度要求，选用适用的耐低温的铜芯电力电缆，并宜明敷。

(8)穿过冷间保温层的电气线路应相对集中敷设，且必须采取可靠的防火和防止产生冷桥的措施。

(9)采用松散保温材料(如稻壳)的冷库阁楼层内不应安装电气设备及敷设电气线路。

(10)冷藏间内宜在门口附近设置呼唤按钮，呼唤信号应传送到制冷机房控制室或有人值班的房间，并应在冷藏间外设有呼唤信号显示。设有呼唤信号按钮的冷藏间，应在冷藏间内门的上方设长明灯。设有专用疏散门的冷藏间，应在冷藏间内疏散门的上方设置长明灯。

(11)库房电梯应由变电所低压配电室或库房分配电室的专用回路供电。高层冷库当消防电梯兼作货梯且两类电梯贴邻布置时，可由一组消防双回路电源供电，末端双回路电源自动切换配电箱应布置在消防电梯间内。

(12)库房消火栓箱信号应传送到制冷机房控制室或有人值班的房间显示和报警。

(13)当库房地坪防冻采用机械通风或电伴热线时，通风机或电伴热线应能根据设定的地坪温度自动运行。

(14)当冷间内空气冷却器下水管防冻用电伴热线、库房地坪防冻用电伴热线及冷库门用电伴热线采用 AC220V 配电时，应采用带有专用接地线(PE 线)的电伴热线，或采用具有双层绝缘的电伴热线，配电线路应设置过载、短路及剩余电流保护装置。

(15)经计算需要进行防雷设计时，库房宜按三类防雷建筑物设防雷设施。

(16)库房的封闭站台、多层冷库的封闭楼梯间内和高层冷库的楼梯间内应设置疏散照明。高层冷库的消防电梯机房间内应设置备用照明，备用照明的照度不应低于正常照明的50％。当采用自带蓄电池的应急照明灯具时，应急照明持续时间不应小于30 min。当有特殊要求时冷藏间内可布置应急照明及电话，冷间穿堂可布置广播及保安监视系统。

(17)大、中型冷库，高层冷库公路站台靠近停车位一侧墙上，宜设置供机械冷藏车(制冷系统)使用的三相电源插座。

(18)盐水池制冰间的照明开关及动力配电箱应集中布置在通风、干燥的场所。制冰间照明、动力线路宜穿管暗敷，照明灯具应采用具有防腐(盐雾)功能的密封型节能灯具。

(19)速冻设备加工间内当采用氨直接蒸发的成套快速冻结装置时，在快速冻结装置出口处的上方应安装氨气浓度传感器，在加工间内应布置氨气浓度报警装置。当氨气浓度达到100 ppm或150 ppm时，应发出报警信号，并应自动开启事故排风机，自动停止成套冻结装置的运行，漏氨信号应同时传送至机房控制室报警。加工间内事故排风机应按二级负荷供电，过载保护应作用于信号报警而不直接停风机。氨气浓度报警装置应有备用电源。加工间内应布置备用照明及疏散照明，备用照明照度不应低于正常照明的10％。当采用自带蓄电池的照明灯具时，应急照明持续时间不应小于30 min。

(20)冷间内同一台空气冷却器(冷风机)的数台电动机，可共用一块电流表，共用一组控制电器及短路保护电器，每台电动机应单独设置配电线路、断相保护及过载保护。当空气冷却器电动机绕组中设有温度保护开关时，每台电机可不再设置断相保护及过载保护，同一台空气冷却器的多台电动机可共用配电线路。

2．库房自动控制

(1)氟制冷系统应符合下列规定：

①当采用单台氟制冷机组分散布置时，冷间温度、空气冷却器除霜应能自动控制，制冷系统全自动运行。

②当设有集中的制冷机房，采用多机头并联机组时，冷间温度、机组能量调节应能自动控制，制冷系统可人工指令运行，也可全自动运行。当空气冷却器采用电热除霜时，应设有空气冷却器排液管温度超限保护。

(2)氨制冷系统应符合下列规定：

①小型冷库制冷系统宜手动控制，应实现制冷工艺提出的安全保护要求。低压循环贮液桶及中间冷却器供液及氨泵回路宜实现局部自动控制，宜设计集中报警信号系统。

②大、中型冷库及有条件的小型冷库宜采用人工指令开停制冷机组、制冷系统自动运行的分布式计算机/可编程控制器控制系统。空气冷却器除霜宜采用人工指令或按累计运行时间编程，除霜过程自动控制。

③有条件的冷库宜采用制冷系统全自动运行及冷库计算机管理系统。

(3)冷库应设置温度测量、显示及记录系统(装置)。冷间门口宜有冷间温度显示。有特殊要求的冷库，可在冷间门外设置温度记录仪表。

(4)冷藏间内温度传感器不应设置在靠近门口处及空气冷却器或送风道出风口附近，宜设置在靠近外墙处和冷藏间的中部。冻结间和冷却间内温度传感器宜设置在空气冷却器回风口一侧。温度传感器安装高度不宜低于 1.8 m。建筑面积大于 100 m²的冷间，温度传感器数量不宜少于 2 个。

(5)冷间内空气冷却器动力控制箱宜集中布置在电气间内或分散布置在冷间外的穿堂内，不应在空气冷却器现场设置电动机的急停按钮/开关。

三、制冷机房、变配电所和控制室设计

(一)氨制冷机房、变配电所和控制室建筑

(1)氨压缩机房的防火要求应符合现行国家标准《建筑设计防火规范》(GB 50016)中火灾危险性乙类建筑的有关规定。

(2)氨制冷机房平面开间、进深应符合制冷设备布置要求，净高应根据设备高低和采暖通风的要求确定。

(3)氨制冷机房的屋面应设置通风间层及隔热层。

(4)氨制冷机房的控制室和操作人员值班室应与机器间隔开，并应设固定密闭观察窗。

(5)机器间内的墙裙、地面和设备基座应采用易于清洗的面层。

(6)变配电所与氨压缩机房贴邻共用的隔墙必须采用防火墙，该墙上应只穿过与配电室有关的管道、沟道，穿过部位周围应采用不燃材料严密封塞。

(7)氨制冷机房和变配电所的门应采用平开门并向外开启。

(8)氨制冷机房、配电室和控制室之间连通的门均应为乙级防火门。

(二)氟制冷机房、变配电所和控制室建筑

氟制冷机房如单独设置，应根据制冷工艺要求布置其设备、管线，满足制冷工艺要求，并应按照氨制冷机房的相应要求执行。

(三)制冷压缩机和辅助设备

1．制冷压缩机和辅助设备的选择

(1)冷库所选用的制冷压缩机及辅助设备的使用条件和技术条件应符合产品制造商要求的技术条件。

(2)制冷压缩机的选择应符合下列要求：

①应根据各蒸发温度机械负荷的计算值分别选定，不另设备用机。

②选配制冷压缩机时，各制冷压缩机的制冷量宜大小搭配。

③制冷压缩机的系列不宜超过两种。如仅有两台机器，应选用同一系列。

④应根据实际使用工况，对制冷压缩机所需的驱动功率进行核算，并通过其制造厂选配适宜的驱动电机。

(3)冷库制冷系统中采用的中间冷却器、气液分离器、油分离器、冷凝器、贮液器、低压贮液器、低压循环贮液器等，应通过校核计算进行选定，并应与制冷系统中设置的制冷压缩机的制冷量相匹配。对采用氨制冷系统的大、中型冷库，高压贮液器的选用应不少于 2 台。

(4)制冷设备的设计灌氨量宜按表 2-18 规定选用。

表 2-18　制冷设备的设计灌氨量

设备名称	灌氨量(体积百分比，%)	设备名称	灌氨量(体积百分比，%)
冷凝器	15	上进下出式空气冷却器	40~50
洗涤式油分离器	20	下进上出式排管	50~60
贮氨器	70	下进上出式空气冷却器	60~70
再冷却器	100	排管	50~60
氨液分离器	20	空气冷却器	70
立式低压循环贮液器	30~35	搁架式冻结设备	50
卧式低压循环贮液器	25	平板式蒸发器	50
上进下出式排管	25		

注：1．灌氨量的氨液密度按 650 kg/m³ 计算；

2．洗涤式油分离器、中间冷却器和低压循环贮液器的灌氨量，如有产品规定，则按产品规定取值。

(5)中间冷却器的选型应根据其直径和蛇形管冷却面积的计算确定。

①中间冷却器的直径按下式计算：

$$d_z = \sqrt{\frac{4\lambda V}{3\,600\pi \omega_z}} = 0.0188\sqrt{\frac{\lambda V}{\omega_z}} \tag{2-23}$$

式中　d_z——中间冷却器的直径，m；

λ——氨压缩机高压机的输气系数，应按产品规定取值；

V——氨压缩机高压机的理论输气量，m³/h；

ω_z——中间冷却器内的气体速度，不应大于 0.5 m/s。

②中间冷却器的蛇形管冷却面积按下式计算：

$$F_z = \frac{Q_z}{K_z \Delta t_z} \tag{2-24}$$

式中　F_z——中间冷却器蛇形管的冷却面积，m²；

Q_z——中间冷却器蛇形管的热流量，W；

K_z——中间冷却器蛇形管的传热系数，W/(m²·℃)，应按产品规定取值，当无规定时，宜采用 465~580 W/(m²·℃)；

Δt_z——中间冷却器蛇形管的对数平均温度差，℃，按式(2-25)计算：

$$\Delta t_z=\frac{t_l-t_c}{\ln\frac{t_l-t_z}{t_c-t_z}} \quad (2\text{-}25)$$

式中 t_l——冷凝温度，℃；

t_z——中间冷却温度，℃；

t_c——中间冷却器蛇形管的出液温度，℃，应比中间温度高 3～5 ℃。

(6)油分离器的直径按下式计算：

$$d_y=\sqrt{\frac{4\lambda V}{3\,600\pi\,\omega_y}}=0.018\,8\sqrt{\frac{\lambda V}{\omega_y}} \quad (2\text{-}26)$$

式中 d_y——油分离器的直径，m；

λ——氨压缩机的输气系数(双级压缩时取高压级的输气系数)，应按产品规定取值；

V——氨压缩机的理论输气量(双级压缩时取高压级的理论输气量)，m^3/h；

ω_y——油分离器内的气体速度，m/s，填料式油分离器宜采用 0.3～0.5 m/s，其他型式的油分离器宜采用不大于 0.8 m/s。

(7)洗涤式油分离器的进液口应低于冷凝器出液总管 250～300 mm。

(8)冷凝器的选择应符合下列规定：

①采用水冷式冷凝器时，其冷凝温度不应超过 39℃；采用蒸发式冷凝器时，其冷凝温度不应超过 36℃。

②冷凝器冷却水进出口的温度差，对立式壳管式冷凝器应取 1.5～3℃，对卧式壳管式冷凝器应取 4～6℃。

③冷凝器的传热系数和热流密度应按产品生产厂家提供的数据采用。

④对使用氢氟烃及其混合物为制冷剂的中、小型冷库，宜选用风冷式冷凝器。

⑤冷凝器的传热面积按下式计算：

$$F_l=\frac{Q_l}{K_l\Delta t_l}=\frac{Q_l}{q_l} \quad (2\text{-}27)$$

式中 F_l——冷凝器的传热面积，m^2；

Q_l——冷凝器的热负荷，W；

K_l——冷凝器的传热系数，W/(m²·℃)；

Δt_l——冷凝器的对数平均温度差，℃；

q_l——冷凝器的热流密度，W/m²。

(9)贮液器的体积应按下式计算：

$$V_z=\frac{\varphi}{\beta}V\sum q_m \quad (2\text{-}28)$$

式中 V_z——贮液器的体积，m^3；

φ——贮液器的体积系数，按下列规定取值：当冷库公称体积小于或等于 2 000 m^3 时，应为 1.2，当冷库公称体积为 2 001～10 000 m^3 时，应为 1，当冷库公称体积为 10 001～20000 m^3 时，应为 0.8，当冷库公称体积大于 20 000 m^3 时应为 0.5，如冷库有部分蒸发器因生产淡季或抢修而需抽空时，体积系数可酌情增大；

β——贮液器的氨液充满度，应取 70%；

V——冷凝温度下氨饱和液体的比体积，m^3/kg；

$\sum q_m$——制冷装置中每小时氨液的总循环量，kg/h。

(10)低压循环贮液器的选择应根据其直径和体积的计算确定：

①低压循环贮液器的直径：

$$d_d=\sqrt{\frac{4\lambda V}{3\,600\pi\,\omega_d\xi_d n_d}}=0.018\,8\sqrt{\frac{\lambda V}{\omega_d\xi_d n_d}} \quad (2\text{-}29)$$

式中 d_d——低压循环贮液器的直径，m；

λ——氨压缩机的输气系数(双级压缩时取低压级的输气系数)，应按产品规定取值；

V——氨压缩机的理论输气量(双级压缩时取低压级的理论输气量)，m^3/h；

ω_d——低压循环贮液器内的气体速度，立式低压循环贮液器不应大于 0.5 m/s，卧式低压循环贮液器不应大于 0.8 m/s；

ξ_d——低压循环贮液器截面面积系数，立式低压循环贮液器采用 1，卧式低压循环贮液器采用 0.3；

n_d——低压循环贮液器气体进气口的个数，立式低压循环贮液器为 1，卧式低压循环贮液器为 1 或 2(按实际情况确定)。

②低压循环贮液器的体积应按下列规定计算：

上进下出式供液系统：

$$V_d=\frac{1}{0.5}\times(\theta_q V_q+0.6V_h) \quad (2\text{-}30)$$

式中 V_d——低压循环贮液器的体积，m^3；

θ_q——冷却设备蒸发器的设计灌氨量体积百分比(%)；

V_q——冷却设备蒸发器的体积，m^3；

V_h——回气管的体积，m^3。

下进上出式供液系统：

$$V_d=\frac{1}{0.7}\times(0.2V_q'+0.6V_h+t_bV_b) \quad (2\text{-}31)$$

式中 V_q'——各冷间中，冷却设备灌氨量最大一间蒸发器的体积，m^3；

V_b——一台氨泵的流量，m^3/h；

t_b——氨泵由启动到液体自系统返回低压循环贮液器的时间，可采用 0.15～0.2 h。

注：当低压循环贮液器兼作排液筒使用时，应考虑排液所需的体积。

(11)氨泵的选择应满足下列要求：

①氨泵的体积流量应按下式计算：

$$q_v=n_xq_zV_x \quad (2\text{-}32)$$

式中 q_v——氨泵体积流量，m^3/h；

n_x——循环倍数，对负荷较稳定、蒸发器组数较少、不易积油的蒸发器的下进上出供液系统，采用 3～4 倍，对负荷有波动、蒸发器组数较多、容易积油的蒸发器的下进上出供液系统，采用5～6倍，上进下出供液系统，采用7～8倍；

q_z——氨泵所供同一蒸发温度的氨液蒸发量，kg/h；

V_x——蒸发温度下氨饱和液体的比体积，m^3/kg；

②氨泵的排出压力必须克服氨泵出口至蒸发器进液口的沿程及局部阻力损失、氨泵中心至最高的蒸发器进液口上升管段静压阻力损失、加速度阻力损失。蒸发器节流阀前应维持足够的压力，以克服蒸发器及回气管的沿程、局部、上升管段静压、加速度阻力损失，并有一定裕量使多余氨液顺利流回低压循环贮液器。

③氨泵进液处压力应有不小于0.5 m制冷剂液柱的裕度。

(12)排液桶的容积应按下式计算：

$$V_p=\frac{V_1\varphi}{\beta} \tag{2-33}$$

式中　V_p——排液桶容积，m^3；

V_1——冷却设备容积最大的一间冷间内蒸发器的总容积，m^3；

φ——冷却设备注氨量的百分数(%)，见表2-18；

β——排液桶的充满度(%)，宜取70%。

2．制冷压缩机和辅助设备的布置

(1)对采用重力供液方式的回气管路系统，当存在下列情况之一时，应在制冷机房内增设气液分离器：

①服务于两层及两层以上的库房；

②设有两个或两个以上的制冰池；

③库房的气液分离器与制冷压缩机房的水平距离大于50 m。

(2)冷库制冷系统辅助设备中的冷冻油应通过集油器进行排放。

(3)大、中型冷库制冷系统中为不凝性气体的，应通过不凝性气体分离器进行排放。

(4)制冷机房的布置应符合下列规定：

①制冷设备布置应符合工艺流程及安全操作规程的要求，并适当考虑设备部件拆卸和检修的空间。尽可能布置紧凑，以节省机房建筑面积。

②制冷机房内主要操作通道的宽度应不大于1.3 m，制冷压缩机突出部分到其他设备或分配站之间的距离不应小于 1 m。两台压缩机突出部位之间的距离不应小于 1 m，并有抽出机器曲轴的可能，制冷机与墙壁以及非主要通道不小于0.8 m。

③设备间内的主要通道的宽度不应小于1.2 m，非主要通道的宽度不应小于0.8 m。

④水泵和油处理设备不宜布置在机器间或设备间内。

(四)机器设备安全保护与自动控制

(1)制冷压缩机安全保护装置除应由制造厂依照相应的行业标准进行配置外，尚应设置下列安全部件：

①活塞式制冷压缩机排出口处应设止逆阀，螺杆式制冷压缩机吸气管处应增设止逆阀。

②制冷压缩机冷却水出水管上应设断水停机保护装置。

③应设事故紧急停机按钮。

(2)冷凝器应设冷凝压力超压报警装置。水冷式冷凝器应设断水报警装置，蒸发式冷凝器应设压力表、安全阀及风机故障报警装置。

(3)制冷剂泵应设下列安全保护装置：

①液泵断液自动停泵装置。

②泵的排液管上应设压力表、止逆阀。

③泵的排液总管上应设旁通泄压阀。

(4)所有制冷容器、制冷系统加液站集管，以及制冷剂液体、气体分配站集管上和不凝性气体分离器的回气管上，均应设压力表或真空压力表。

(5)制冷系统中采用的压力表或真空压力表均应采用制冷剂专用表，压力表的安装高度距观察者站立的平面不应超过3 m。选用精度应符合下列规定：

①位于制冷系统高压侧的压力表或真空表不应低于1.5级。

②位于制冷系统低压侧的真空压力表不应低于2.5级。

③压力表或真空压力表的量程不得小于工作压力的1.5倍，不得大于工作压力的3倍。

(6)低压循环贮液器、气液分离器和中间冷却器应设超高液位报警装置，并应设有维持其正常液位的供液装置，不应用同一只仪表同时进行控制和保护。

(7)贮液器、中间冷却器、气液分离器、低压循环贮液器、低压贮液器、排液桶、集油器等均应设液位指示器，其液位指示器两端连接件应有自动关闭装置。

(8)安全阀应设置泄压管。氨制冷系统的安全总泄压管出口应高于周围50 m内最高建筑物(冷库除外)的屋脊5 m，并应采取防止雷击、防止雨水、杂物落入泄压管内的措施。

(9)制冷系统中的气体、液体及融霜热气分配站的集管、中间冷却器冷却盘管进出口部位，应设测温用的温度计套管或温度传感器套管。

(10)设于室外的冷凝器、油分离器等设备，应有防止非操作人员进入的围栏。设于室外的制冷机组、贮液器，除应设围栏外，还应有通风良好的遮阳设施。

(11)冻结间、冷却间、冷藏间等冷间内不宜设置制冷阀门。

(12)冷库冷间使用的空气冷却器宜设置人工指令自动融霜装置及风机故障报警装置。

(13)冻结间在不进行冻结加工时，宜通过其设置的自动控温装置，使房间温度控制在(-8±2)℃范围。

(14)有人值守的制冷压缩机房宜设控制室或操作人员值班室，其室内噪声声级应控制在85 dB(A)以下。

(15)对使用氨作制冷剂的冷库制冷系统，宜装设紧急泄氨器，在发生火灾等紧急情况下，将氨液溶于水，排至经当地环境保护主管部门批准的消纳贮缸或水池中。

(16)对使用氨作制冷剂的冷库制冷系统，其氨制冷剂总的冲注量不应超过40 000 kg，具有独立氨制冷系统的相邻冷库之间的安全隔离距离不应小于30 m。

(五)制冷机房电气

(1)氨压缩机房应设置氨气体浓度报警装置，当空气中氨气浓度达到100ppm或150ppm时，应自动发出报警信号，并应自动开启制冷机房内的事故排风机。氨气浓度传感器应安装在氨制冷机组及贮氨容器上方的机房顶板上。

(2)氨制冷机房应设事故排风机，在控制室排风机控制柜上和制冷机房门外墙上应安装人工启停控制按钮。

(3)大、中型冷库氟制冷机房应设置气体浓度报警装置，当空气中氟气体浓度达到设定值时，应自动发出报警信号，并应自动开启事故排风机。气体浓度传感器应安装在制冷机房内距地面0.3 m处的墙上。

(4)氟制冷机房应设事故排风机，在机房内排风机控制柜上和制冷机房门外墙上应安装人工启停控制按钮。

(5)事故排风机应按二级负荷供电，当制冷系统因故障被切除供电电源停止运行时，应保证排风机的可靠供电。事故排风机的过载保护应作用于信号报警而不直接停风机。气体浓度报警装置应设置备用电源。

(6)氨制冷机房应设控制室，控制室可位于机房一侧。氨制冷压缩机组启动控制柜、冷凝器水泵及风机、机房排风机控制柜、氨气浓度报警装置、制冷机房照明配电柜等宜集中布置在控制室。

(7)每台氨制冷压缩机组及每台氨泵均应在启动控制柜(箱)上安装电流表，每台氨制冷机组控制台上应安装紧急停车按钮/开关。

(8)氟制冷机房可不单设控制室，各制冷设备控制柜、排风机控制柜等可布置在氟制冷机房内。

(9)各台制冷压缩机组宜由低压配电室按放射式配电。对不设制冷机房分散布置的小型氟制冷压缩机组，也可采用放射式与树干式相结合的配电方式。

(10)制冷压缩机组的动力配线可采用铜芯绝缘电线穿钢管埋地暗敷，也可采用铜芯交联电缆桥架或敷设在电缆沟内。氟制冷机房内的动力配线一般不应敷设在电缆沟内，当确有需要时，可采用充沙电缆沟。

(11)制冷机房照明宜按正常环境设计。照明方式宜为一般照明，设计照度不应低于150 lx。

(12)制冷机房及控制室应设置备用照明，大、中型冷库制冷机房及控制室备用照明照度不应低于正常照明的50%，小型冷库制冷机房及控制室备用照明照度不应低于正常照明的10%。当采用自带蓄电池的应急照明灯具时，应急照明持续时间不小于30 min。

四、制冷管道

(一)管道与吊架

(1)冷库制冷系统管道的设计，应根据其工作压力、工作温度、输送制冷剂的特性等工艺条件，并结合周围环境和各种荷载条件进行。

(2)冷库制冷系统管道的设计压力应根据其采用的制冷剂及其工作状况按表2-19确定。

表2-19　冷库制冷系统管道设计压力选择表　（单位：MPa）

制冷剂	管道部位	
	高压侧	低压侧
R717	2.0	1.5
R404A	2.5	1.8
R507	2.5	1.8

(3)冷库制冷系统管道的设计温度，可按表2-20分别按高、低压侧设计温度选取。

表2-20　冷库制冷系统管道设计温度选择表

制冷剂	高压侧设计温度(℃)	低压侧设计温度(℃)
R717	150	43
R404A	150	46
R507	150	46

(4)冷库制冷系统低压侧管道的最低工作温度，可依据冷库不同冷间冷加工工艺的不同，按表2-21所示确定其管道最低工作温度。

表2-21　冷库不同冷间制冷系统(低压侧)管道的最低工作温度

冷库中不同冷间承担不同冷加工任务的制冷系统管道	最低工作温度(℃)	相应的工作压力(绝对压力)(MPa)		
		R717	R404A	R507
产品冷却加工、冷却物冷藏、低温穿堂、包装间、暂存间、盐水制冰及冰库	-15	0.236	-15.82 ℃ 0.36	0.38
用于冷库一般冻结、冻结物冷藏及快速制冰及冰库	-35	0.093	-36.42 ℃ 0.16	0.175
用于速冻加工、出口企业冻结加工	-48	0.046	-46.75 ℃ 0.10	0.097

(5)在满足表2-19~表2-21的技术条件进行设计时，对无缝管管道材料的选用应符合表2-22的规定。

表2-22　冷库制冷系统高压侧及低压侧管道材料选用表

制冷剂	R717	R404A	R507
管材牌号	10、20	10、20 T_2、TU_1、TU_2 0Cr18Ni9 1Cr18Ni9	10、20 T_2、TU_1、TU_2 0Cr18Ni9 1Cr18Ni9
标准号	GB/T 8163	GB/T 8163 GB/T 17791 GB/T 14976	GB/T 8163 GB/T 17791 GB/T 14976

(6)制冷管道管径的选择应按其允许压力降和允许制冷剂的流速综合考虑确定，其允许压力降和允许速度宜按表2-23和表2-24采用。制冷回气管允许的压力降相当于制冷剂饱和温度降低1℃；而制冷排气管允许的压力降，则相当于制冷剂饱和温度升高0.5℃。

表 2-23　制冷管道允许压力降

类别	工作温度(℃)	允许压力降(kPa)
回气管或吸气管	-45	2.99
	-40	3.75
	-33	5.05
	-28	6.16
	-15	9.86
	-10	11.63
排气管	90~150	19.59

注：1.回气管或吸气管允许压力降相当于饱和压力降低 1 ℃；
2.排气管允许压力降相当于饱和压力升高 0.5 ℃。

表 2-24　制冷管道允许速度　　（单位：m/s）

管道名称	允许速度	管道名称	允许速度
吸气管	10~16	节流阀至蒸发器的液体管	0.8~1.4
排气管	12~25	溢流管	0.2
冷凝器至贮液器的液体管	<0.6	蒸发器至氨液分离器的回气管	10~16
冷凝器至节流阀的液体管	1.2~2.0	氨液分离器至液体分配站的供液管(限于重力供液)	0.2~0.25
高压供液管	1.0~1.5	氨泵系统中低压循环贮液器至氨泵的供液管	0.4~0.5
低压供液管	0.8~1.0		

(7)制冷管道布置应符合下列要求：

①低压侧制冷管道的直线段超过 100 m，高压侧制冷管道直线段超过 50 m，应设置一处管道补偿装置，并应在管道的适当位置设置导向支架和滑动支、吊架。

②制冷管道穿过建筑物的墙体(除防火墙外)、楼板、屋面时，应加套管，套管与管道间的空隙应密封，但制冷压缩机的排气管道与套管间的间隙不应密封。低压侧管道套管的直径应大于管道隔热层的外径，并不得影响管道的热位移。套管应超出墙面、楼板、屋面 50 mm，管道超过屋面时应设防雨罩。

③热气融霜用的热气管，应从制冷压缩机排气管除油装置以后引出，并应在其起端装设截止阀和压力表，热气融霜压力不得超过 0.8 MPa(表压)。

④在设计制冷系统管道时，应考虑能从任何一个设备中将制冷剂抽走。

⑤制冷系统管道的布置，对其供液管应避免形成气袋，回气管应避免形成液囊。

⑥当水平布置的制冷系统的回气管外径大于 108 mm 时，其变形元件应选用偏心异径管接头，并应保证管道底部平齐。

⑦制冷系统管道的走向及坡度，对使用氨制冷剂的制冷系统，应方便制冷剂与冷冻油分离；对使用氢氟烃及其混合物为制冷剂的制冷系统，应方便系统回油。

⑧系统管道的坡度宜按表 2-25 的规定采用。

表 2-25　系统管道的坡度(水平管段)　　(%)

管道名称	坡度方向	坡度参考值
压缩机至油分离器的排气管	坡向油分离器	0.3~0.5
与安装在室外冷凝器相连接的排气管	坡向冷凝器	0.3~0.5
冷凝器至贮氨器的出液管	坡向贮液器	0.1~0.5
压缩机吸气管	坡向气液分离器或低压循环贮液器	0.1~0.3
液体分配站至蒸发器(排管)的供液管	坡向蒸发器(排管)	0.1~0.3
蒸发器(排管)至气体分配站的回气管	坡向蒸发器(排管)	0.1~0.3

⑨对于跨越厂区道路的管道，在其跨越段上不得装设阀门、金属波纹管补偿器和法兰、螺纹接头等管道组成件，其路面以上距管道的净空高度不应小于 4.5 m。

(8)制冷管道所用的弯头、异径管接头、三通、管帽等管件应采用工厂制作件，其设计条件应与其连接管道的设计条件相同，其壁厚也应与其连接的管道相同。热弯加工的弯头，其最小弯曲半径应为管子外径的 3.5 倍，冷弯加工的弯头，其最小弯曲半径应为管子外径的 4 倍。

(9)制冷系统中所用的阀门、仪表及测控元件都应选用与其使用的制冷剂相适应的专用元器件。

(10)与制冷管道直接接触的支、吊架零部件，其材料应按管道设计温度选用。

(11)水平制冷、剂管道支吊架的最大间距，应依靠制冷管道强度和刚度的计算结果确定，并取两者中的较小值作为其支、吊架的间距。

(12)当按刚度条件下计算管道允许跨距时，由管道自重产生的弯曲挠度不应超过管道跨距的 0.002 5。

(二)制冷管道和设备的保冷、保温与防腐

(1)凡制冷管道和设备能导致冷损失的部位、能产生凝露的部位和易形成冷桥的部位，均应进行保冷。

(2)制冷管道和设备保冷的设计、计算、选材等均应按现行国家标准《设备及管道绝热技术通则》(GB/T 4272)及《设备及管道绝热设计导则》(GB/T8175)的有关规定执行。

(3)穿过墙体、楼板等处的保冷管道，应采取不使管道保冷结构中断的技术措施。

(4)融霜用热气管应采取保温措施。

(5)制冷系统管道和设备经排污、严密性试验合格后，均应涂防锈底漆和色漆。冷间制冷光滑排管可仅刷防锈漆。

(6)制冷管道及设备所涂敷色漆的色标应符合表 2-26 的规定。

表 2-26　制冷管道及设备的色漆

管道或设备名称	颜色(色标)
制冷高、低压液体管	淡黄(Y06)
制冷吸气管	天酞蓝(PB09)
制冷高压气体管、安全管、均压管	大红(R03)
放油管	黄(YR02)
放空气管	乳白(Y11)
油分离器	大红(R03)
冷凝器	银灰(B04)
贮氨器	淡黄(Y06)
气液分离器、低压循环贮液器、低压贮液器、中间冷却器、排液筒	天酞蓝(PB09)
集油器	黄(YR02)
制冷压缩机及机组、空气冷却器	按产品出厂涂色涂装
各种阀门	黑色
截止阀手轮	淡黄(Y06)
节流阀手轮	大红(R03)

(7)制冷管道和设备保冷、保温结构所选用的黏结剂，保冷、保温材料、防锈涂料及色漆的特性应相互匹配，不得有不良的物理、化学反应，并应符合食品卫生的要求。

第三章　与设计相关的知识

一、施工图报审程序

为方便建设单位及设计单位了解审图程序，便于报审，提高工作效率，依据《建筑工程施工图设计文件审查暂行办法》将报审注意事项说明如下：

(1)建设单位应在施工图完成，并取得《建设工程规划许可证》后，在有关部门颁发开工许可证前，到指定的审图机构办理施工图及设计文件审查报批手续。

(2)建设单位报审需到指定审图机构领取并填写《×××建筑工程施工图设计文件审查报审表》一式三份，并按规定提供下列文件和资料的复印件：

①规划管理部门核发的《建设工程规划许可证》。

②批准的立项文件。

③有关部门对消防、抗震、人防、节能等专项审批意见书。

④工程勘察成果报告。

⑤两套完整的施工图设计文件（预审时可先报一套图纸，其中包含结构计算书，同时注明结构计算的软件名称和版本，另加一张建筑总平面布置图)，单位要加盖图纸报审章、节能章，注册建筑师、注册结构师、注册设备师印章。

⑥审查所需的其他资料（由工程的具体情况定）。

(3)对提供的文件和资料经程序性审查合格后，建设单位和审图单位签订审查合同。

(4)建筑工程施工图技术性审查内容：

①是否符合国家有关工程建设强制性标准和规定。

②是否按照已经批准的初步设计文件进行施工图设计，施工图是否达到规定的设计深度标准要求。

③结构设计是否安全。

④是否损害公众利益。

(5)审图时间：

①审图单位在建设单位送审资料报齐之日起 20 个工作日内完成项目的审查工作。

②特级和一级项目在 30 个工作日内完成审查工作，其中重大及技术复杂项目的审查时间适当延长。

(6)施工图审查结果：

①施工图审查合格的，领取《建筑工程施工图设计文件审查意见书》和《××市建筑工程施工图设计文件审查报告》和两套加盖施工图审查章的施工图纸，并退回报审的施工图设计文件。

②对施工图审查暂不合格的图纸，或需进行设计修改的工程，向建设单位发放《建筑工程施工图设计文件审查意见书》，由建设单位通知设计单位进行修改，修改后的图纸编入施工图目录再进行报审。

(7)复审：

①复审合格：按第(6)条①条办理。

②经复审仍有问题的项目，其后期发生的审查工作量，可增加收费，并签订补充协议。

③复审时间，原则上按初次审查时间计算。

(8)审查不合格：

①对审查不合格的项目，在结清审查费后，领取注明审查不合格的《建筑工程施工图设计文件审查意见》和《建筑工程施工图设计文件审查报告》。

②再次送审的，需与审图单位重新签订审查合同。

(9)提出复审申请：

①建设单位对审查报告有不同意见的，请用书面文件提出，审图单位应予以书面答复。

②如建设单位对答复意见仍存在分歧，建设单位可向规划部门提出复审申请。

(10)施工图设计文件一经审查批准，不得擅自进行修改。如遇特殊情况需对已审查过的主要内容进行修改时，须重新报请审图单位批准后实施。

(11)备案与验收：

①建筑工程竣工验收时，有关部门将按照审查批准的施工图设计文件进行验收，因此建设单位应将盖有施工图审查章的图纸一份自己存档，一份交施工单位存档。

②审查单位定期次将每项施工图设计审查文件报送建设工程勘察设计质量监督部门备案。

二、图纸审查样例

(一)审图答复封皮样式

××××××工程审图意见回复（制冷工程专业）

（盖公章）

××××××设计院

××××年 ××月 ××日

(二)审图内容样式

××××工程施工图设计文件审查意见书

第　页共　页

工程名称：　　　　　　　　　　　　　　专业：(制冷工程)

序号	图号	初审意见	审查编号	××××—××—×××	
			问题类别	设计单位修改意见	复审意见
1	冷施—1	说明第三、3条：制冷系统气密性试验应符合《氨制冷系统安装工程施工及验收规范》(SBJ 12—2000)第6.1.1、6.1.2条	[C1T]	已修改	
2	冷施—1	说明第三、4条：注明机房排风机厂家品牌，不符合《建设工程质量管理条例》国务院令第279第二十二条	[C3T]	已修改	
3	冷施—1	核对图纸目录中的图名与实际图纸应一致；说明第四、5条："蒸发排管的作法"，应见"蒸发排管的加工图"	[C4T]	已修改	
4	冷施—2	汽体、液体调节站的集管上应设置压力表，符合《冷库设计规范》(GB 50072—2010)第6.4.4条	[C2T]	已修改	
初审结论		设计修改	复审结论	合格	
审查：×××	电话：******* 审定：×××	设计修改人	×××	电话：*******	

注：1.问题类别：C—设备；X—消防；H—环保；N—节能；Z—住宅功能；T—其他；1—强条，2—一般，3—政府，4—深度。
2.设计单位应逐条在"设计单位修改意见"栏内对初审意见进行答复并加盖公章，当栏内写不下时应填写"详见附页"，并在附页内答复。修改后的图纸(或变更通知单)应与答复意见一致。
3.审查单位应对设计单位修改后的图纸及修改意见认真复审，并将复审结果逐条填在审查单位复审意见栏内。
4.有关消防、人防等需要政府部门批准的问题，请以有关政府部门审批意见为准。

(三)冷间热流量计算表

(1)单位时间内通过围护结构传热引起的热流量 Q_1 计算汇总见表3-1。

表3-1　热流量 Q_1 计算汇总

库号	冷间名称	部位	长(m)	宽(高)(m)	F_w(m²)	K_w(W/(m²·℃))	α	t_w(℃)	t_n(℃)	$Q_1=K_wF_w\alpha(t_w-t_n)$ (W)
合计										

(2)单位时间内冷加工货物引起的热流量 Q_2 计算汇总见表3-2~表3-6。

表3-2　食品热流量 Q_{2a} 计算

库号	冷间名称	日进货量 m(kg)	入库		出库		t(h)	$Q_{2a}=\frac{1}{3.6}\frac{m(h_1-h_2)}{t}$ (W)
			t_1(℃)	h_1(kJ/kg)	t_2(℃)	h_2(kJ/kg)		

表3-3　包装材料和运载工具热流量

库号	冷间名称	日进货量 m(kg)	重量系数 B_b	比热容 C_b (kJ/(kg·℃))	$\Delta t=t_1-t_2$ (℃)	t(h)	$Q_{2b}=\frac{1}{3.6}\frac{mB_bC_b(t_1-t_2)}{t}$ (W)

表3-4　货物冷却时的呼吸热流量

库号	冷间名称	日进货量 m(kg)	入库初温呼吸热 Q' (W/kg)	出库终温呼吸热 Q'' (W/kg)	$Q_{2c}=\frac{m(Q'+Q'')}{2}$ (W)

表3-5　货物冷藏时的呼吸热流量

库号	冷间名称	高温库库容量 m_z(kg)	日进货量 m(kg)	出库终温呼吸热 Q'' (W/kg)	$Q_{2d}=(m_z-m)Q''$ (W)

表3-6　货物热流量 Q_2 计算汇总

库号	冷间名称	Q_{2a}(W)	Q_{2b}(W)	Q_{2c}(W)	Q_{2d}(W)	Q_2(W)

(3)单位时间内通风换气引起的热流量 Q_3 见表3-7~表3-9。

表 3-7　冷间换气热流量 Q_{3a} 计算

库号	冷间名称	h_w (kJ/kg)	h_n (kJ/kg)	每日换气次数 n	冷间内净体积 V_n (m³)	冷间内空气密度 ρ_n (kg/m³)	Q_{3a}(W)

表 3-8　操作人员需要的新鲜空气热流量 Q_{3b} 计算

库号	冷间名称	n_r	ρ_n(kg/m³)	h_w (kJ/kg)	h_n (kJ/kg)	Q_{3b}(W)

表 3-9　通风换气热流量 Q_3 计算

库号	冷间名称	Q_{3a}(W)	Q_{3b}(W)	Q_3(W)

(4)单位时间内电动机运转引起的热流量 Q_4 见表 3-10。

表 3-10　电动机运转引起的热流量 Q_4 计算汇总

库号	冷间名称	Q_4(W)

(5)单位时间内操作管理引起的热流量 Q_5 见表 3-11～表 3-14。

表 3-11　照明引起的热流量 Q_{5a} 计算

库号	冷间名称	q_d (W/m²)	F_d	Q_{5a}(W)

表 3-12　扇门开门引起的热流量 Q_{5b} 计算

库号	冷间名称	V_n (m³)	n'_k	n_k	h_w (kJ/kg)	h_n (kJ/kg)	M	ρ_n (kg/m³)	Q_{5b}(W)

表 3-13　操作人员引起的热流量 Q_{5c} 计算

库号	冷间名称	操作人员 n_r	每个人的热流量 q_r (W)	Q_{5c}(W)

表 3-14　操作管理引起的热流量 Q_5 计算汇总

库号	冷间名称	Q_{5a}(W)	Q_{5b}(W)	Q_{5c}(W)	Q_5(W)

(四)冷却设备负荷和机械负荷计算表

(1)冷间冷却设备负荷计算见表 3-15。

表 3-15　各冷间冷却设备负荷 Q_s 的组成

序号	冷间类别	Q_1	PQ_2	Q_3	Q_4	Q_5	Q_s
1	冷却间	Q_1	$1.3Q_2$	—	Q_4	—	$Q_s=Q_1+1.3Q_2+Q_4$
2	冻结间	Q_1	$1.3Q_2$	—	Q_4	—	$Q_s=Q_1+1.3Q_2+Q_4$
3	冷却物冷藏间	Q_1	Q_2	Q_3	Q_4	Q_5	$Q_s=Q_1+Q_2+Q_3+Q_4+Q_5$
4	冻结物冷藏间	Q_1	Q_2	—	—	Q_5	为冷却排管时 $Q_s=Q_1+Q_2+Q_5$
		Q_1	Q_2	—	Q_4	Q_5	为冷风机时 $Q_s=Q_1+Q_2+Q_4+Q_5$

(2)冷间机械负荷计算见表 3-16。

表 3-16　冷间机械负荷计算汇总

蒸发温度回路	序号	冷间名称	R	$n_1\Sigma Q_1$	$n_2\Sigma Q_2$	$n_3\Sigma Q_3$	$n_4\Sigma Q_4$	$n_5\Sigma Q_5$	Q_j (W)
-10 ℃(或-15 ℃)		冷却间							
		冷却物冷藏间							
		合计							
-28 ℃		冻结物冷藏间							
		合计							
-33 ℃		冻结间							
		合计							
-42 ℃		速冻隧道							
		合计							

实例1　金帝集团1150t高温冷库制冷系统设计

制冷系统设计说明

一、设计依据

1.本设计依据<<冷库设计规范>>(GB50072-2001)、工艺设计提出的相关要求、业主提供的有关资料及会议纪要进行设计。

2.设计参数：

夏季室外计算温度31℃

夏季室外通风计算温度32℃

夏季室外湿球温度27.8℃

室外计算相对湿度79%

夏季室外通风计算相对湿度51%

冷凝温度t_k=37℃

蒸发温度t_o=−10℃

二、供冷场合

1.高温库N001、N002,满装1000t货物,冷量130kW。

2.预冷库N001、N002,满装150t货物,冷量120kW。

三、制冷系统

本工程采用氨(R717)作为制冷剂。选用活塞式单级氨制冷压缩机组，在37/−10℃工况下单台制冷机冷量140kW,两台满足冷间用冷要求。冷凝器采用卧式冷凝器。

四、控制程度

制冷系统采用立式低压循环贮液筒,氨泵供液。低压循环贮液筒设有自动供液,同时还设有液位超高报警装置,并能停止该系统正在运行的压缩机,氨泵设有压差保护。压缩机设有吸气压力过低、排气压力过高、油压差及电机过载保护等。

五、其他

1.设计中有些设备与样本不完全吻合,请按设计要求定货,在设备定货时请与设备制造厂家密切配合。

2.各种手动、自控阀门及过滤器等安装事项参照其附带的安装说明。

3.制冷系统各放空气点放空气时每次只开一个放空气阀。

4.系统中所有管道内外壁均除锈、排污,管道安装完毕且经试压、试漏合格后,外刷防锈漆、面漆各两道。

5.凡支撑隔热层管道的吊支架均设置硬木垫,所需硬木垫均应经防腐处理后方可使用。

6.制冷工艺中设备及管道的安装应符合<<制冷设备、空气分离设备安装工程施工及验收规范>>(GB50274-98)、<<压缩机、风机、泵安装工程施工及验收规>>(GB50275-98)、<<工业设备及管道绝热工程设计规范>>(GB50264-97)及<<氨制冷系统安装工程施工及验收规范>>(SBJ12-2000)的要求,未尽事宜参照国家有关规范之规定。

六、技术要求

1.根据国家规范<<工业金属管道设计规范>>(GB50316-2000)有关规定,本工程管道材料的选择为:设计温度−20℃以上的管道,选用钢号为10或20的无缝钢管;设计温度−45℃以上的管道,选用钢号为16MnDG的无缝钢管。

2.本设计的管道为工业金属管道,类、级别为GC2(1)。

3.制冷系统的管道应采用无缝钢管,其质量应符合现行国家标准<<输送流体用无缝钢管>>(GB/T8163-1999)及<<低温管道用无缝钢管>>(GB/T18984-2003)的要求,应根据管内的最低工作温度选用钢号。制冷管道系统应采用氨专用阀门和配件,其公称压力不应小于2.5MPa(表压),并不得有铜质和镀锌、镀锡的零配件。

技术特性表(压力为表压)

冷凝压力(MPa)	1.33	工作温度(℃)	80
设计压力(MPa)	2.0	设计温度(℃)	100
制冷剂名称	氨(R717)		
焊缝系数φ	1	腐蚀裕度(mm)	1.5

技术特性表(压力为表压)

蒸发压力(MPa)	0.189	蒸发温度(℃)	−10
设计压力(MPa)	1.4	设计温度(℃)	−5
制冷剂名称	氨(R717)		
焊缝系数φ	1	腐蚀裕度(mm)	1.5

图号 WFL01　图名 制冷系统设计说明　工程名称 金帝集团1150t高温冷库　项目名称 制冷机房　工程编号　出图日期　设计人　校核人　审定人　审核人　项目负责人　专业负责人

主要制冷设备及材料表

序号	设备(材料)名称	规格型号	单位	数量	备　注
1	单级活塞式制冷机组	4AV12.5	台	2	
2	氨油分离器	YFA-100	台	1	
3	卧式冷凝器	WNA-100	台	1	
4	贮液器	ZA-1.5	台	1	
5	低压循环贮液筒	CDCA-2.5	台	1	
6	氨泵	40P-40	台	2	
7	集油器	JYA-325	台	1	
8	空气分离器	KFA-32	台	1	
9	紧急泄氨器	JYA-108	台	1	
10	加氨站		组	1	
11	液体调节站		组	1	
12	气体调节站		组	1	
13	落地式顶吹风冷风机	KLL-800	台	1	
14	落地式顶吹风冷风机	KLL-800	台	1	
15	轴流风幕机	DXY-175	台	4	
16	冷库换气风机	T40-4-20	台	2	
17	防爆轴流风机	T40-4-15	台	2	
18	氨用压力表	−0.1~2.5MPa	块	4	
		−0.1~1.5MPa	块	9	
19	安全阀	DN20	套	2	1.85MPa
		DN20	套	1	1.25MPa
20	氨用直通截止阀	DN125	个	2	
		DN100	个	5	
		DN80	个	6	
		DN65	个	6	
		DN50	个	7	
		DN40	个	3	
		DN32	个	21	
		DN25	个	3	
		DN20	个	13	
		DN15	个	2	
		DN10	个	4	
		DN6	个	13	
21	氨用直角截止阀	DN20	个	10	
		DN15	个	2	
22	氨用节流阀	DN32	个	1	
		DN25	个	2	
23	液用止回阀	ZZRN-50Y	个	2	
24	汽用止回阀	ZZRN-65Q	个	2	
25	自动旁通阀	ZZRP-32	个	1	
26	电磁阀	ZCL-25YB	个	1	
27	氨液过滤器	YG65	个	2	
		YG25	个	1	
28	液位控制器	UQK40	个	2	
29	压差控制器	CWK-11	个	2	
30	板式液位计	l=1400mm	支	1	
		l=1100mm	支	1	

说明：材料用量以工程实际消耗为准，表中数量仅供参考。

图纸目录

序号	图号	名　称	页数	备注
1	JFL01	制冷系统设计说明	1	A3
2	JFL02	图纸目录，主要设备及材料表	1	A2
3	JFL03	氨制冷系统原理图	1	A2
4	JFL04	氨机房制冷系统轴测图	1	A2
5	JFL05	氨机房制冷工艺平面图	1	A2
6	JFL06	氨机房剖面图(一)	1	A2
7	JFL07	氨机房剖面图(二)	1	A2
8	JFL08	氨机房设备基础位置图	1	A2
9	JFL09	氨机房设备基础剖面图	1	A2
10	JFL10	冷库制冷系统轴测图	1	A2
11	JFL11	冷库制冷工艺平面图	1	A2
12	JFL12	冷库剖面图	1	A2
13	JFL13	风道加工大样图	1	A2

项目负责人	审定人	设计人	工程编号	工程名称	金帝集团1150t高温冷库	图名	图纸目录，主要设备及材料表	图号	JFL02
专业负责人	审核人	校核人	出图日期	项目名称	制冷机房				

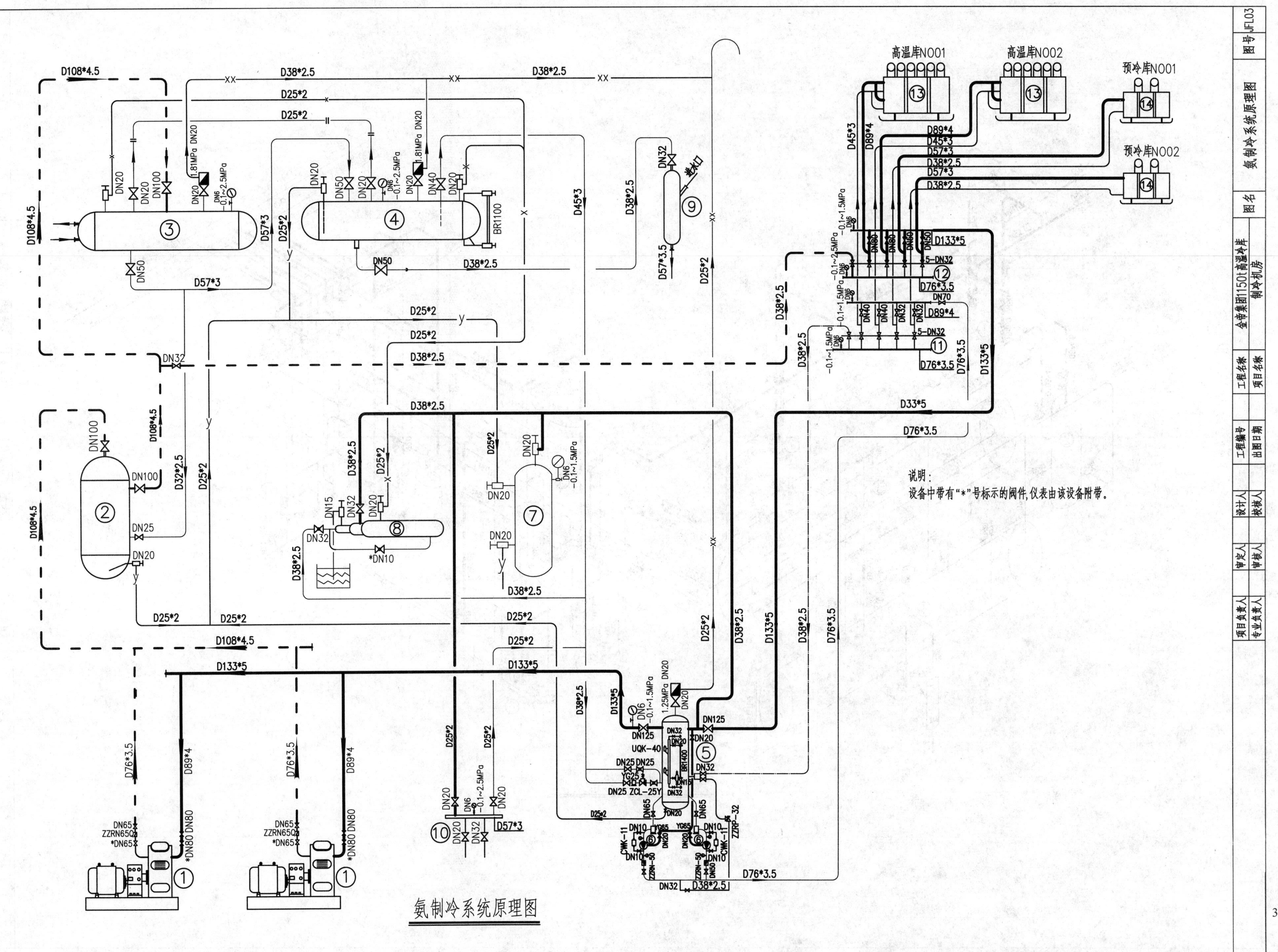
高温库N001
高温库N002
预冷库N001
预冷库N002
说明：
设备中带有“*”号标示的阀件,仪表由该设备附带。
氨制冷系统原理图
图号 JFL03
图名 氨制冷系统原理图
工程名称 金帝集团1150t高温冷库
项目名称 制冷机房
工程编号
出图日期
设计人
校核人
审定人
审核人
项目负责人
专业负责人

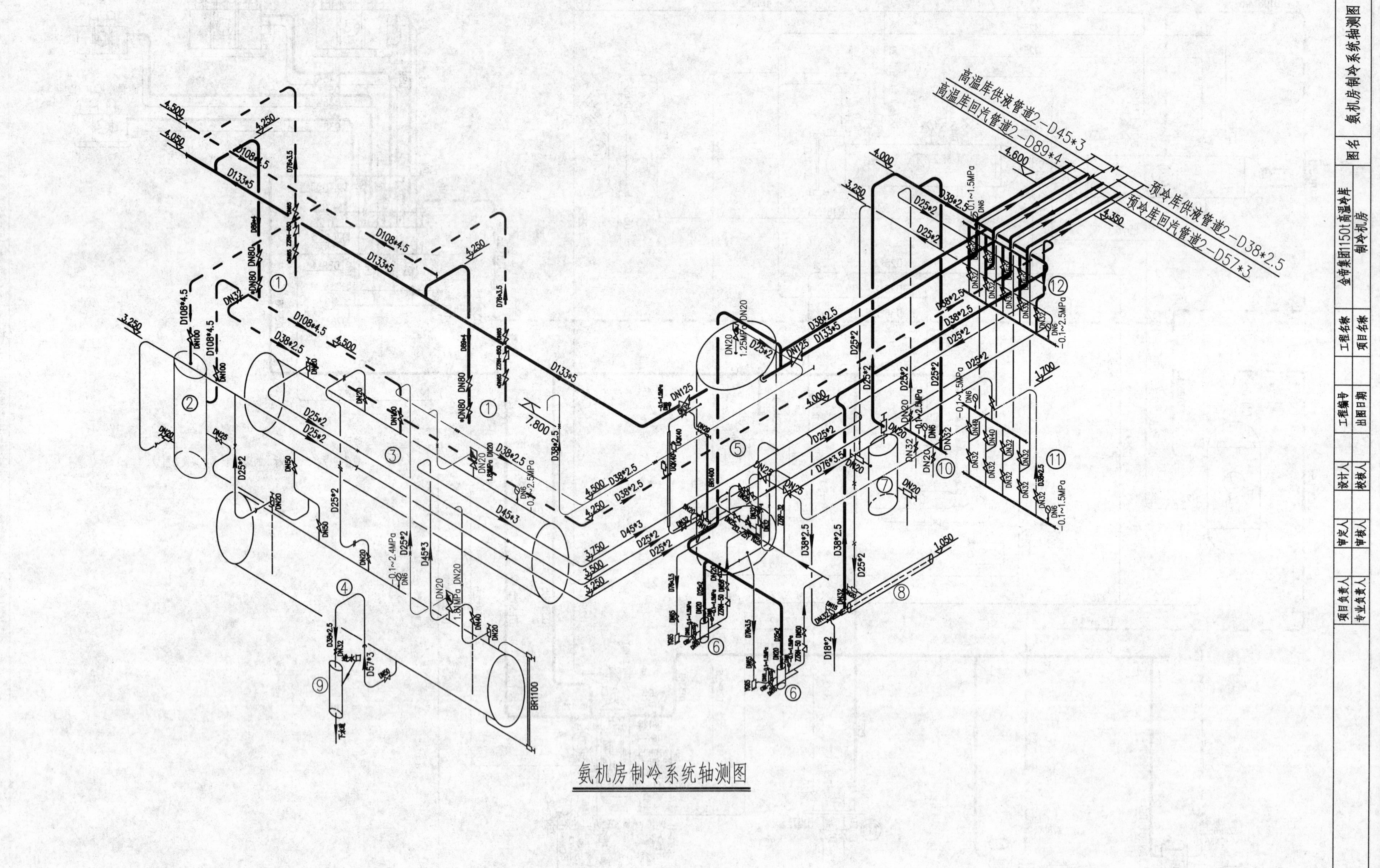

高温库供液管道2-D45*3
高温库回汽管道2-D89*4
预冷库供液管道2-D38*2.5
预冷库回汽管道2-D57*3
BR1100
D108*4.5
D133*5
D25*2
D38*2.5
D45*3
D57*3
D76*3.5
D18*2
DN20
DN32
DN50
DN80
DN100
DN125
DN6
-0.1~2.4MPa
-0.1~2.5MPa
-0.1~1.5MPa
1.25MPa
7.800
4.500
4.250
4.050
3.250
3.500
3.750
4.000
4.600
4.350
1.700
1.050
氨机房制冷系统轴测图
项目负责人
专业负责人
审定人
审核人
设计人
校核人
工程编号
出图日期
工程名称
项目名称
金帝集团1150t高温冷库
制冷机房
图名
氨机房制冷系统轴测图
图号
JFL04

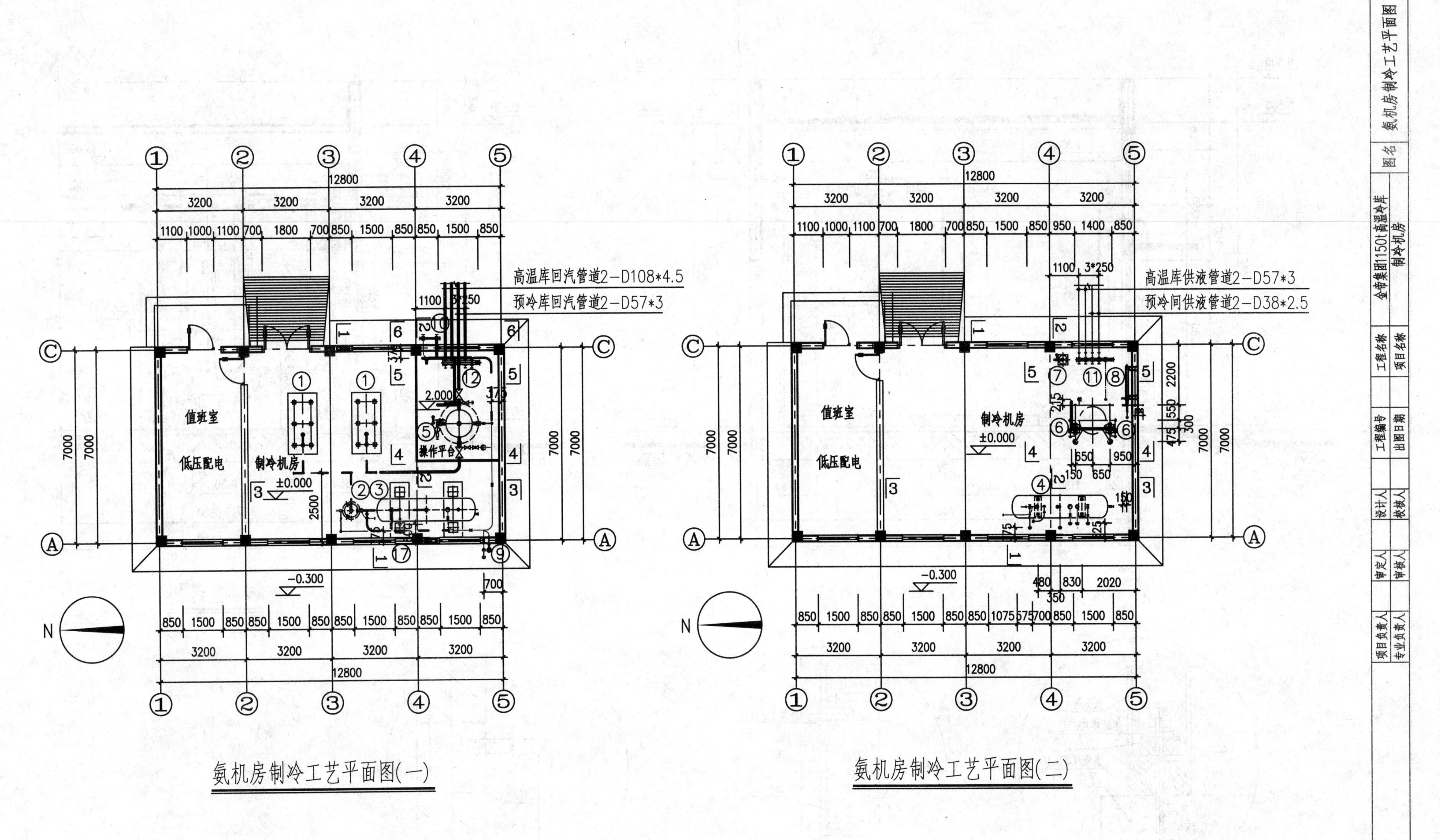

氨机房制冷工艺平面图(一)

氨机房制冷工艺平面图(二)

项目负责人	审定人	设计人	工程编号	工程名称	金帝集团1150t高温冷库	图名	氨机房制冷工艺平面图	图号	JFL05
专业负责人	审核人	校核人	出图日期	项目名称	制冷机房				

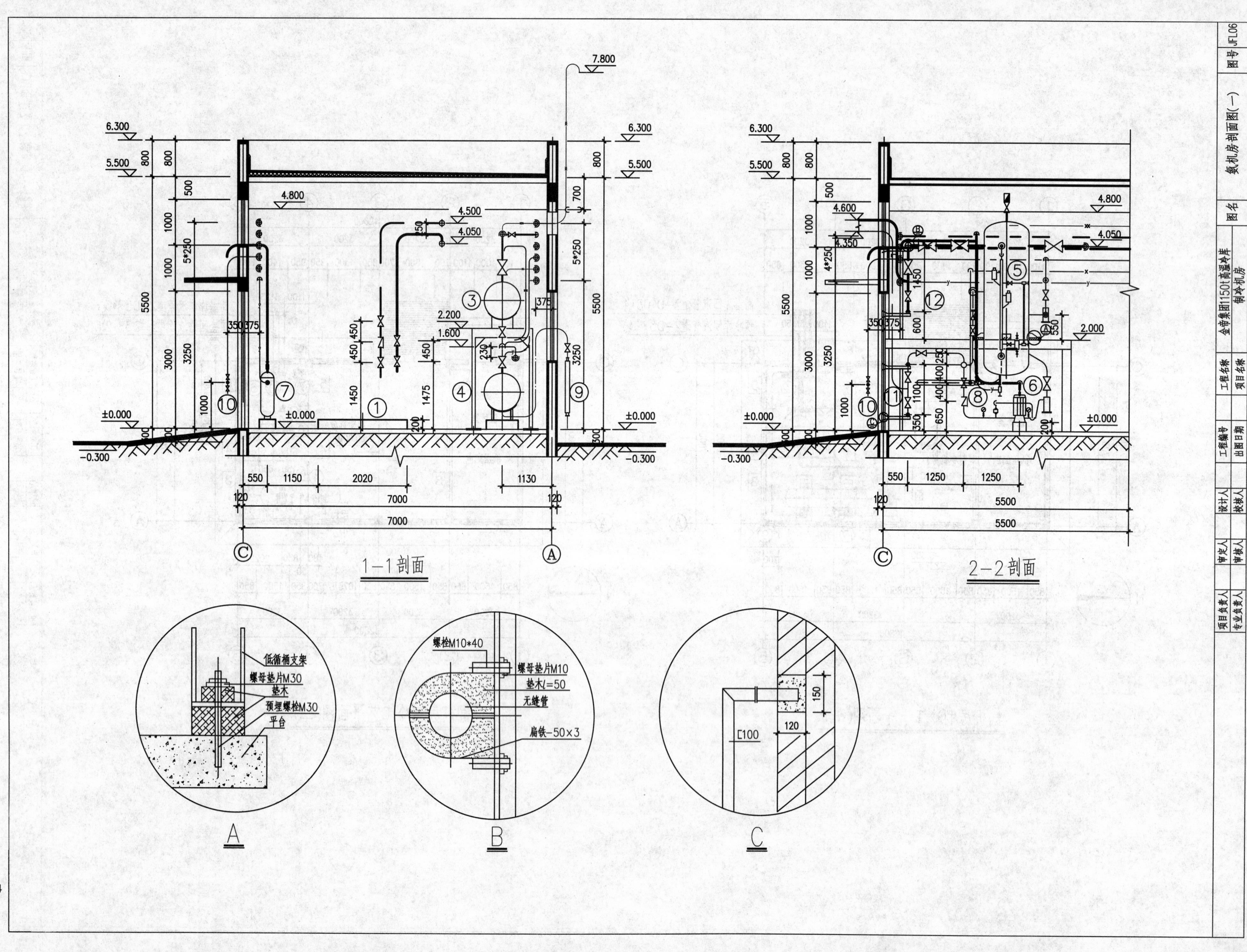
1-1剖面
2-2剖面
A
B
C
低循桶支架
螺母垫片M30
垫木
预埋螺栓M30
平台
螺栓M10*40
螺母垫片M10
垫木l=50
无缝管
扁铁-50×3
C100
项目负责人
专业负责人
审定人
审核人
设计人
校核人
工程编号
出图日期
工程名称
金帝集团1150t高温冷库
项目名称
制冷机房
图名
氨机房剖面图(一)
图号
JFL06

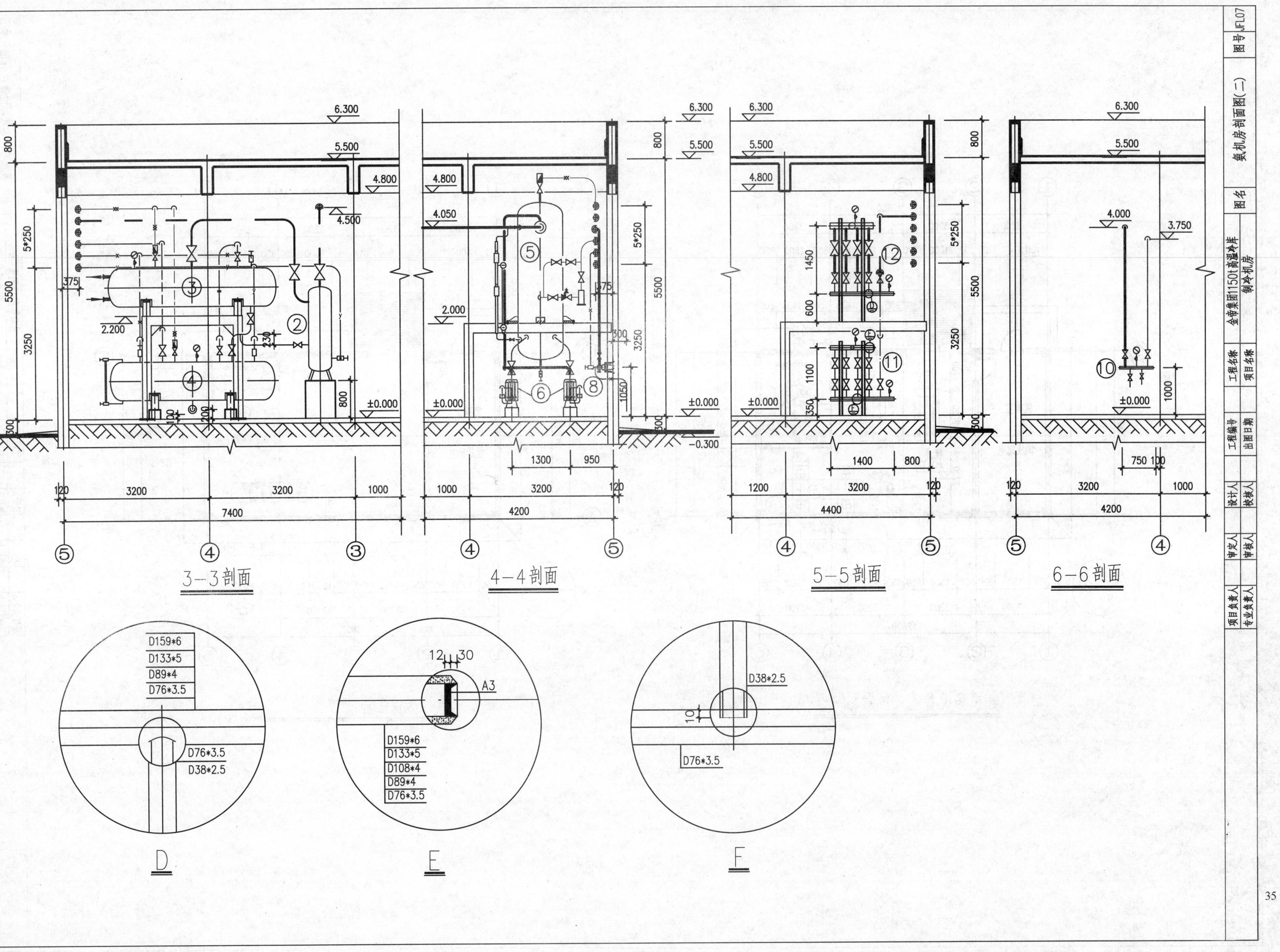

3—3剖面
4—4剖面
5—5剖面
6—6剖面
D
E
F
D159*6
D133*5
D89*4
D76*3.5
D38*2.5
D108*4
A3
图名
氨机房剖面图(二)
图号
JFL07
工程名称
金帝集团1150t高温冷库
项目名称
制冷机房
工程编号
出图日期
设计人
校核人
审定人
审核人
项目负责人
专业负责人

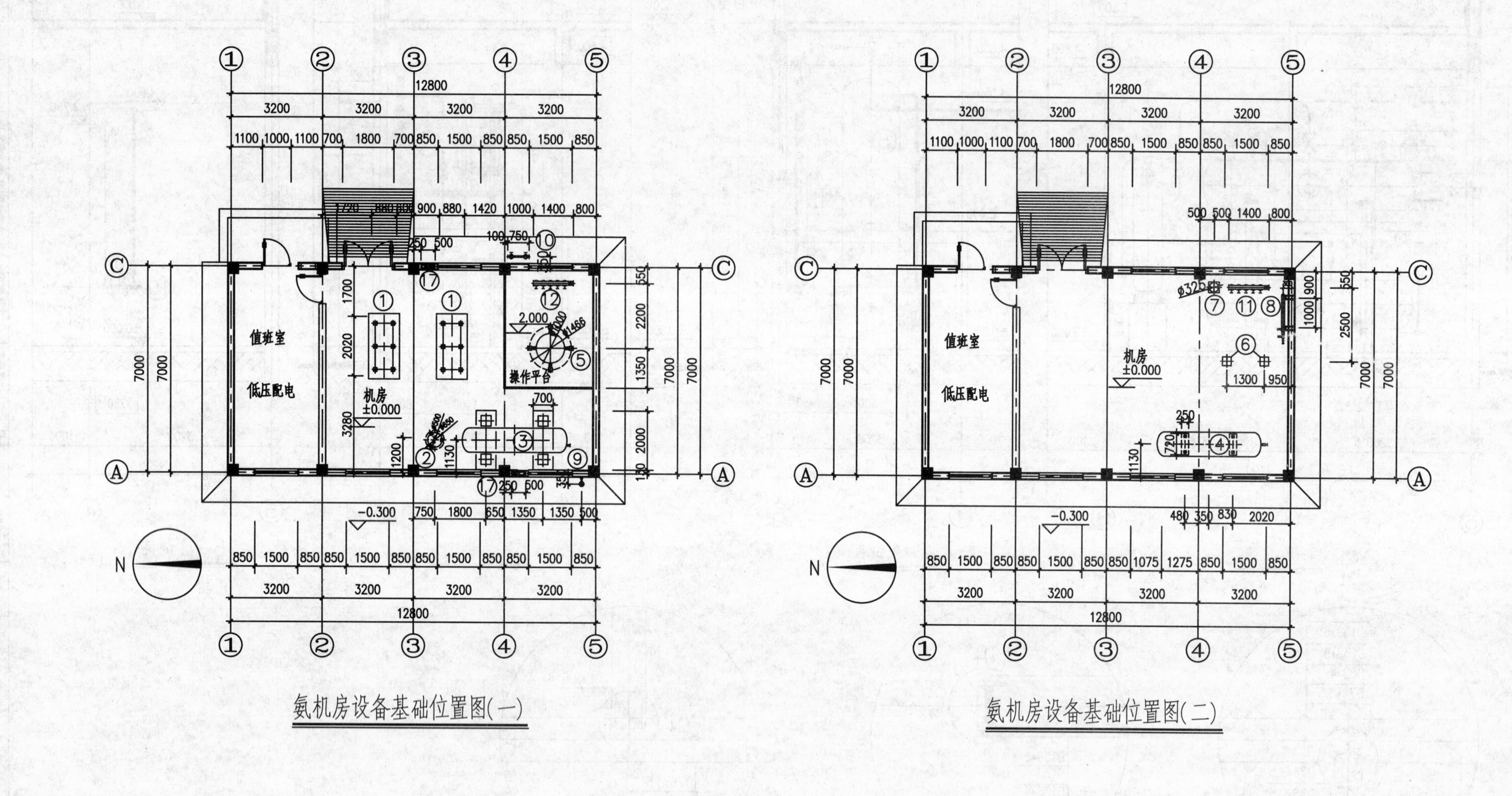

项目负责人		审定人		设计人		工程编号		工程名称	金帝集团1150t高温冷库	图名	氨机房设备基础位置图	图号	JFL08
专业负责人		审核人		校核人		出图日期		项目名称	制冷机房				

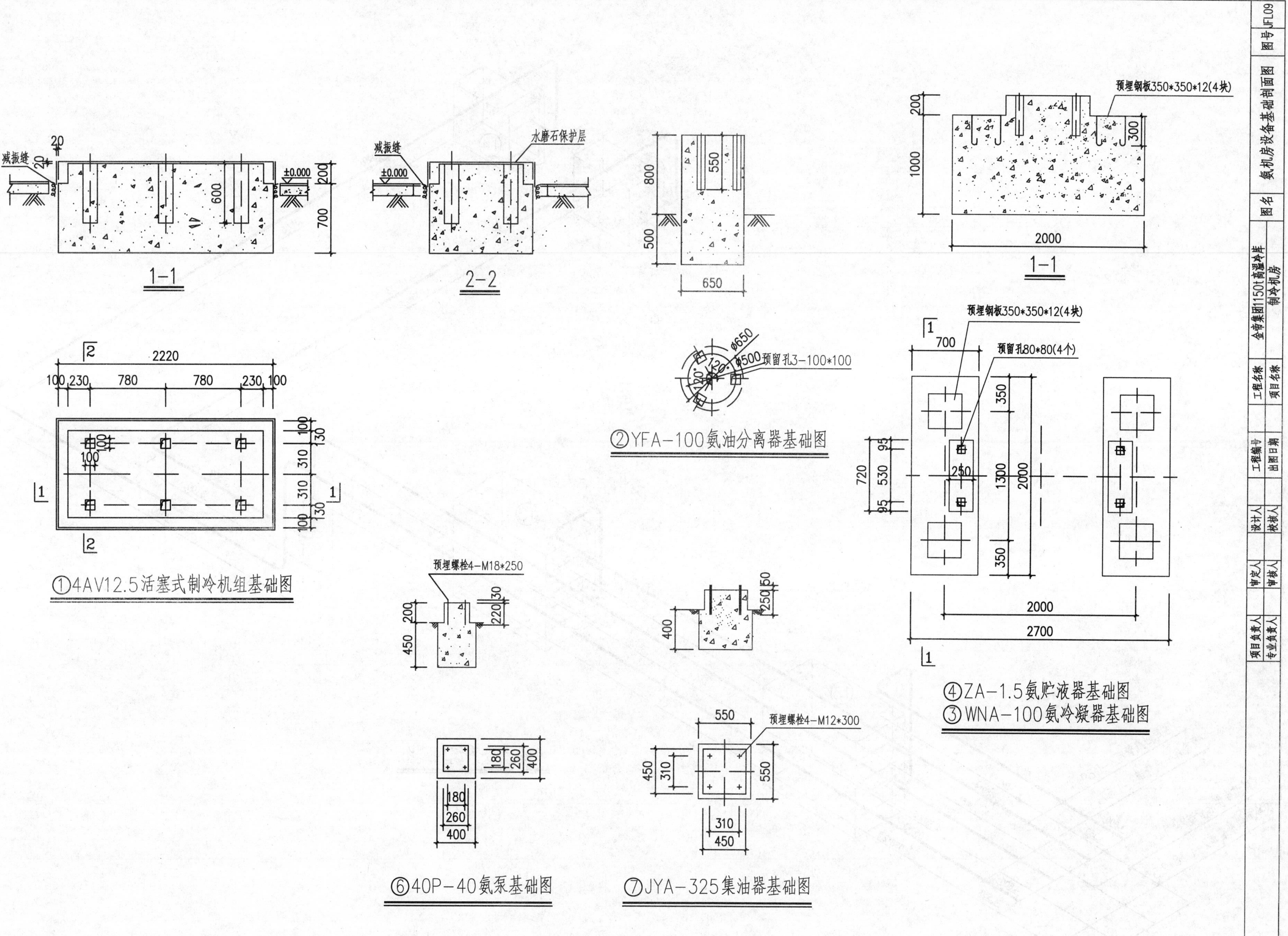

减振缝
20
20
±0.000
600
200
700
1-1
减振缝
±0.000
水磨石保护层
2-2
800
500
550
650
2220
100 230 780 780 230 100
100
100
100 130 310 310 130 100
①4AV12.5活塞式制冷机组基础图
ϕ650
ϕ500
预留孔3-100*100
120°
②YFA-100氨油分离器基础图
预埋钢板350*350*12(4块)
200
1000
300
2000
1-1
预埋钢板350*350*12(4块)
预留孔80*80(4个)
700
720
95 530 95
350 1300 350
250
2000
2700
④ZA-1.5氨贮液器基础图
③WNA-100氨冷凝器基础图
预埋螺栓4-M18*250
200
450
30
220
180 260 400
⑥40P-40氨泵基础图
250
50
400
预埋螺栓4-M12*300
550
450
310
⑦JYA-325集油器基础图
项目负责人
专业负责人
审定人
审核人
设计人
校核人
工程编号
出图日期
工程名称
项目名称
金帝集团1150t高温冷库
制冷机房
图名
氨机房设备基础剖面图
图号
JFL09

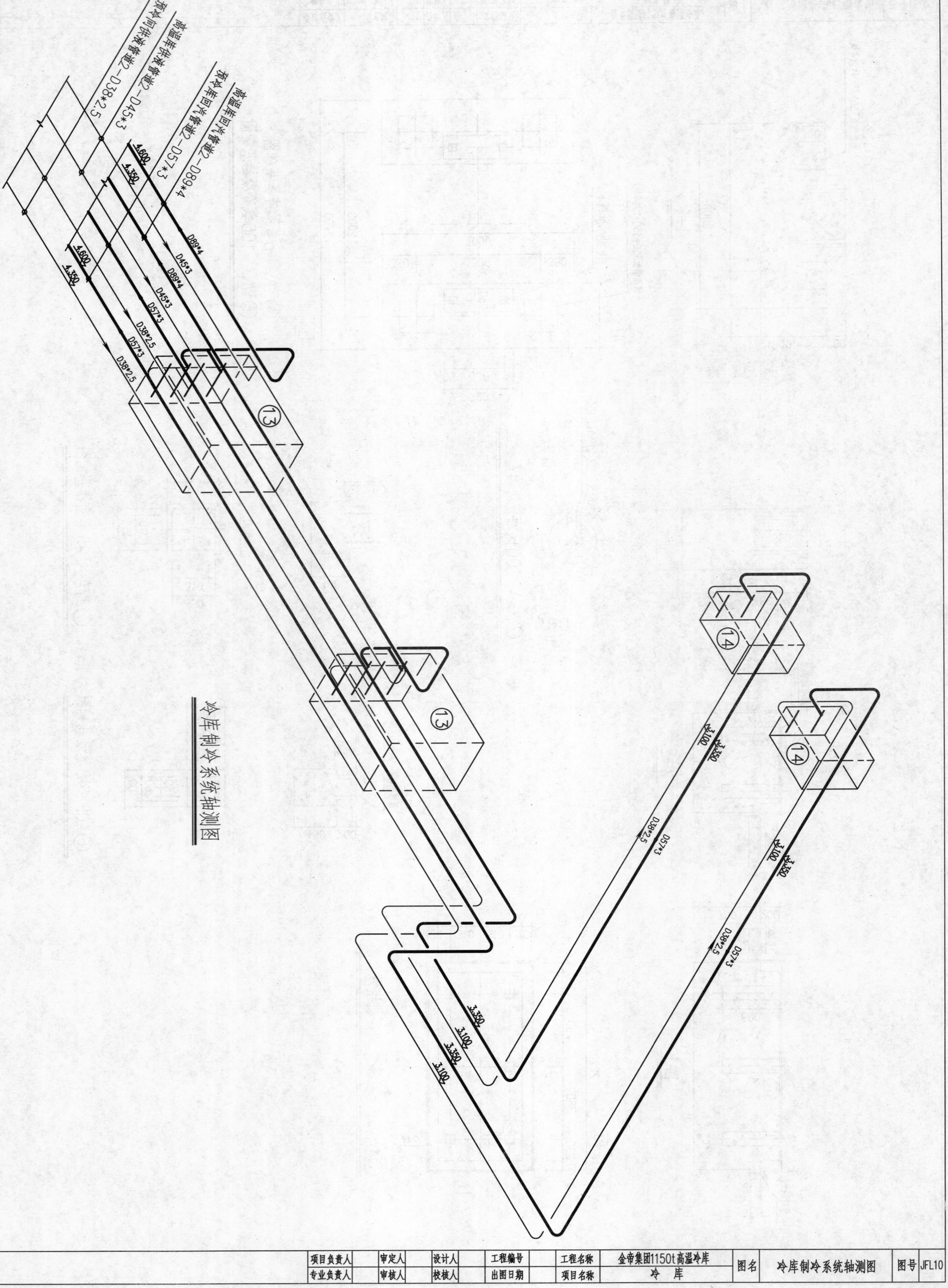
高温库回汽管道2-D89*4
预冷库回汽管道2-D57*3
高温库供液管道2-D45*3
预冷间供液管道2-D38*2.5
4.600
4.350
4.600
4.350
D89*4
D45*3
D89*4
D45*3
D57*3
D38*2.5
D57*3
D38*2.5
⑬
⑬
⑭
⑭
3.100
3.350
D38*2.5
D57*3
3.100
3.350
D38*2.5
D57*3
3.350
3.100
3.350
3.100
冷库制冷系统轴测图

项目负责人		审定人		设计人		工程编号		工程名称	金帝集团1150t高温冷库	图名	冷库制冷系统轴测图	图号	JFL10
专业负责人		审核人		校核人		出图日期		项目名称	冷　库				

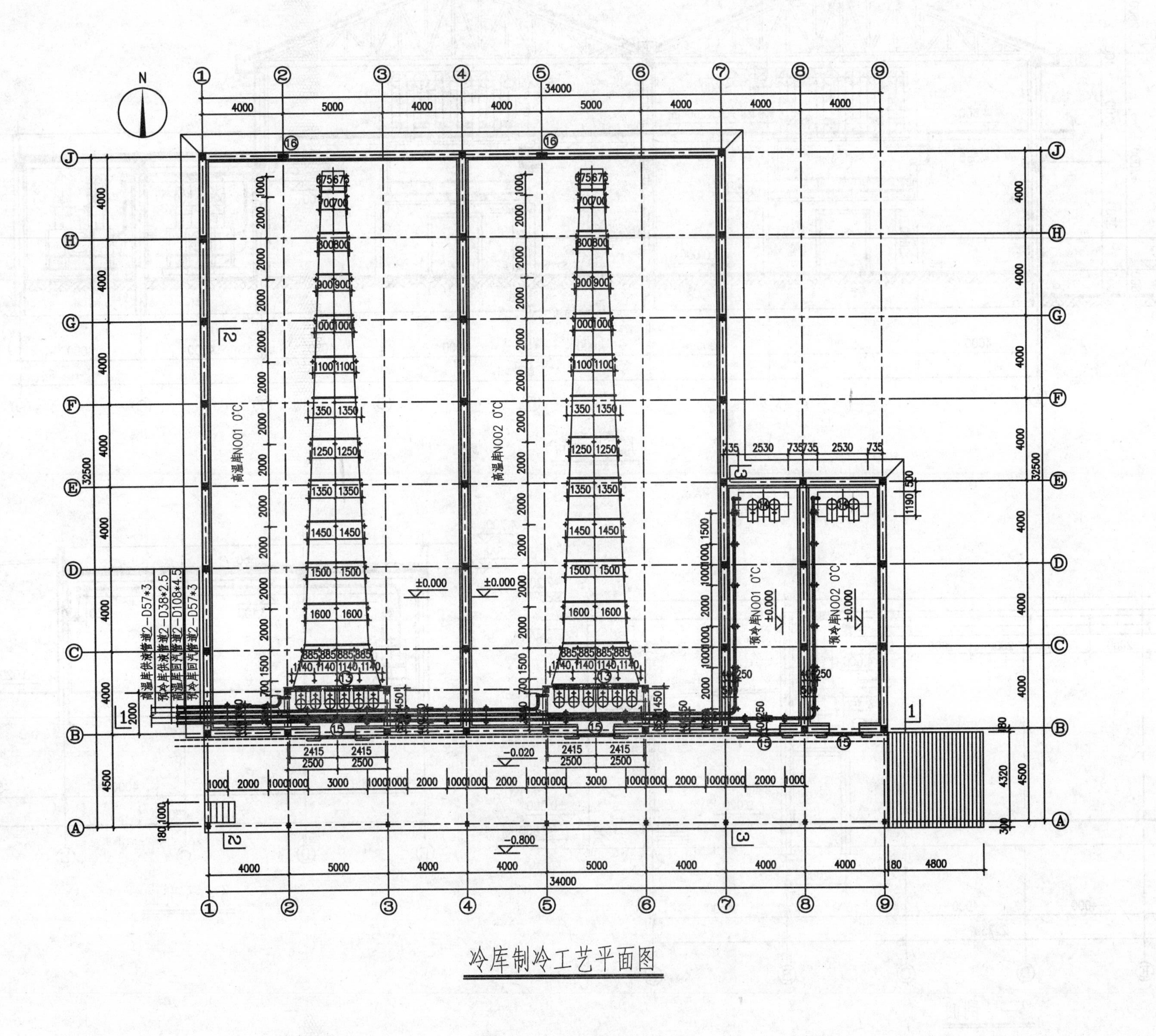

冷库制冷工艺平面图

项目负责人	审定人	设计人	工程编号	工程名称	金帝集团1150t高温冷库	图名	冷库制冷工艺平面图	图号	JFL11
专业负责人	审核人	校核人	出图日期	项目名称	冷　库				

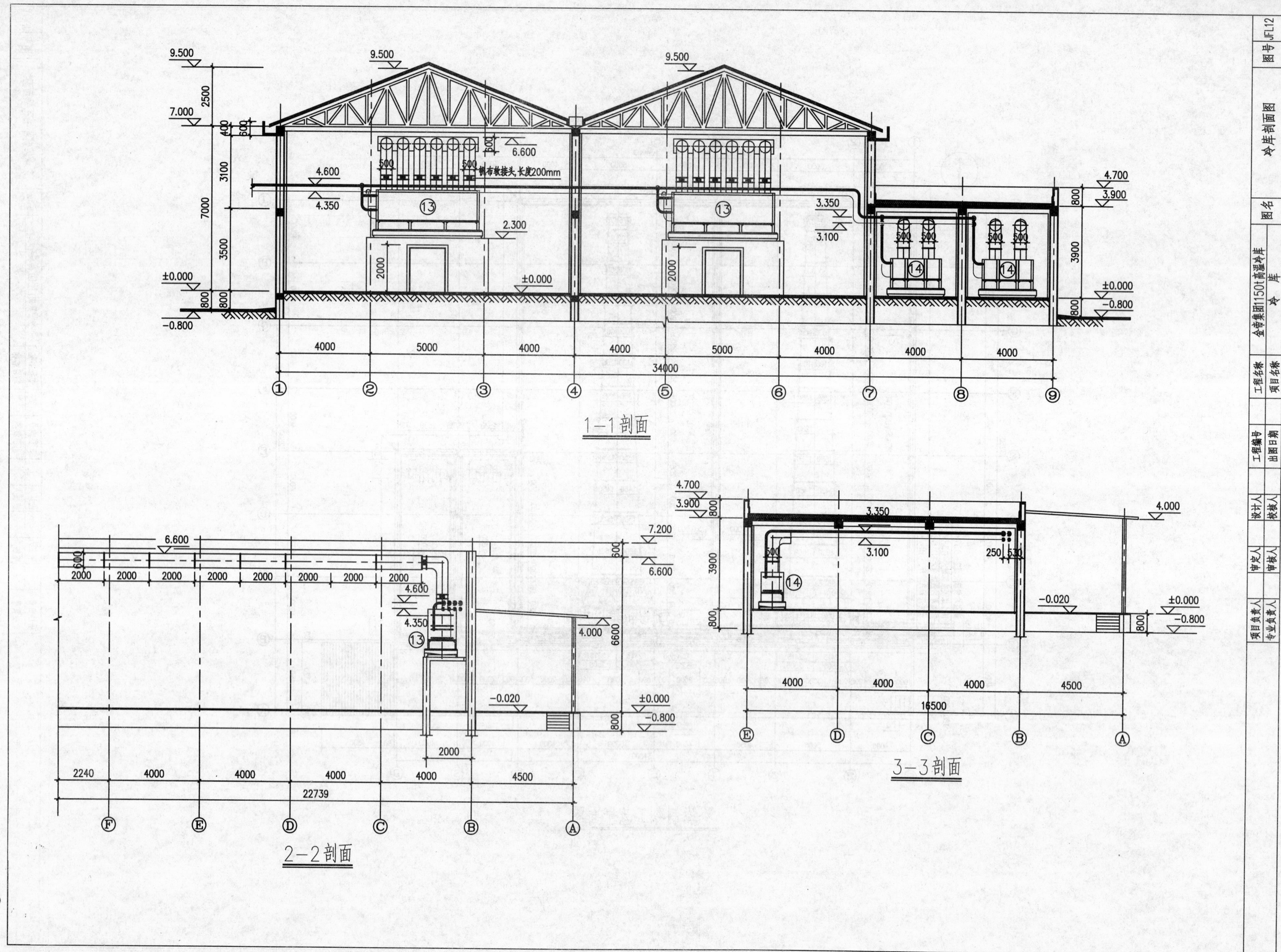
1—1剖面
2—2剖面
3—3剖面
帆布软接头，长度200mm
项目负责人
专业负责人
审定人
审核人
设计人
校核人
工程编号
出图日期
工程名称
金帝集团1150t高温冷库
项目名称
冷　库
图名
冷库剖面图
图号
JFL12

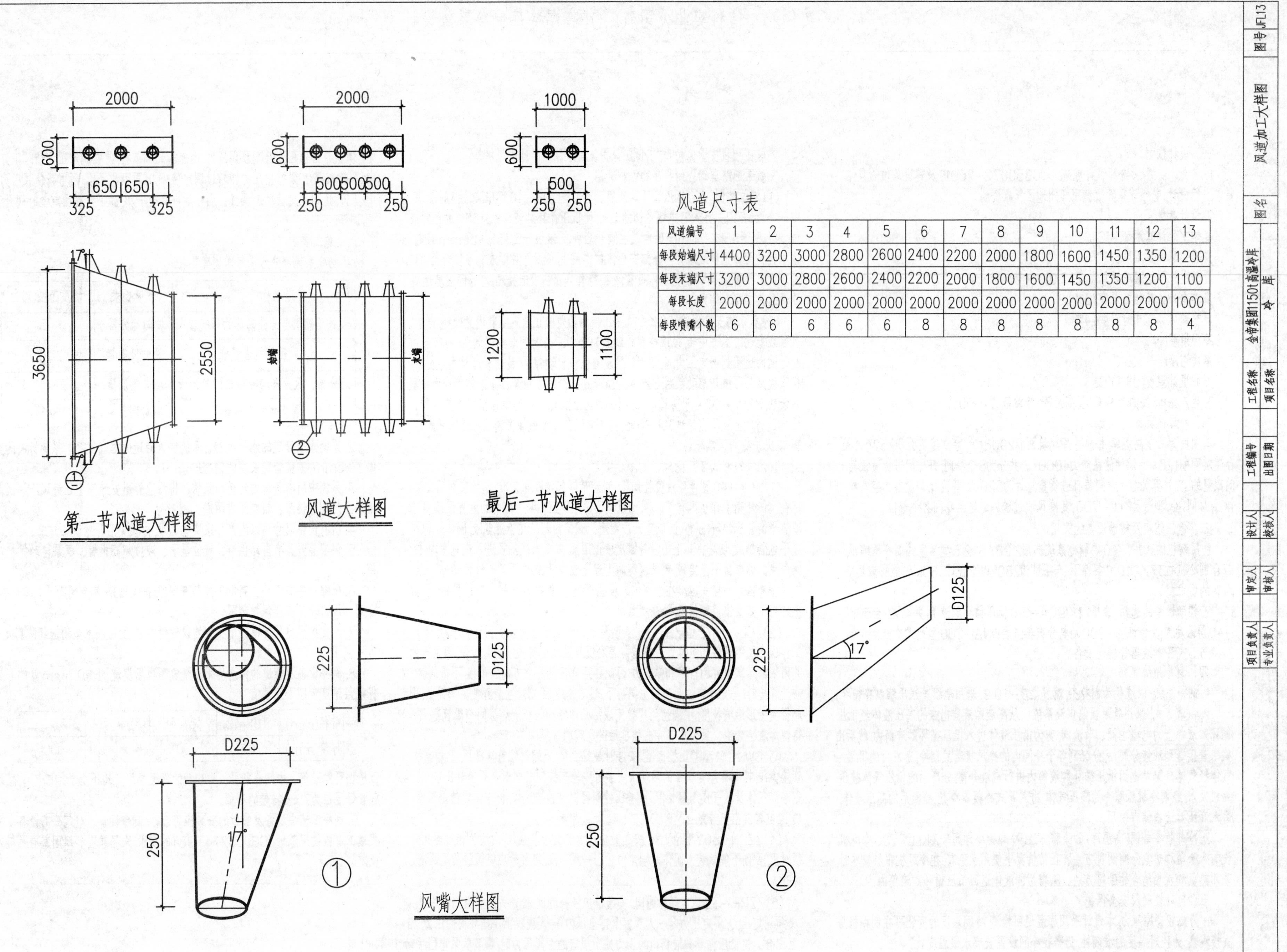

风道尺寸表

风道编号	1	2	3	4	5	6	7	8	9	10	11	12	13
每段始端尺寸	4400	3200	3000	2800	2600	2400	2200	2000	1800	1600	1450	1350	1200
每段末端尺寸	3200	3000	2800	2600	2400	2200	2000	1800	1600	1450	1350	1200	1100
每段长度	2000	2000	2000	2000	2000	2000	2000	2000	2000	2000	2000	2000	1000
每段喷嘴个数	6	6	6	6	6	8	8	8	8	8	8	8	4

制冷系统设计说明

一、设计依据

1.本设计依据<<冷库设计规范>>(GB50072-2001)及建设单位的具体要求进行设计,室外计算参数参照郑州地区气象资料。

2.设计参数:

夏季室外计算温度31°C

夏季通风计算温度32°C

夏季室外平均湿球计算温度27.9°C

夏季室外计算相对湿度75%

夏季通风计算相对湿度44%

冷凝温度t_k=37°C

蒸发温度t_o=-10°C

冷间设计温度(0±1)°C

3.生产指标:冷却物冷藏间(高温库)冷藏能力4000t。

二、冷库概况

该项目为两座高温库,每座冷库建筑面积2908m²,穿堂建筑面积252m²,站台建筑面积125m²,设计储藏能力4000t。共分为8个冷间,每冷间进货量按其储藏量的8%计算为40t,8间每日进货量总计为320t。库内冷却设备为空气冷却器,每间1台,型号为KLL-700,其冷风通过送风道送至冷间各个部位。

三、氨压缩机及辅助设备的选用

1.压缩机的选用:-10℃制冷系统选用2台8AS12.5型活塞式制冷压缩机,每台制冷机在37/-10℃条件下,产冷量为280kW,2台计560kW,能够满足冷负荷的要求。

2.辅助设备的选用:选择1台CDCA-5.0低压循环贮液筒,并配置2台50p-40屏蔽氨泵;1台YFA-200油氨分离器;1台WNA-200型卧式冷凝器;1台ZA-3.5高压贮液器等辅助设备。

四、制冷系统简介

1.制冷系统:以液氨为制冷剂,蒸发温度-10°C,采用单级蒸汽压缩制冷循环。

2.供液方式:采用氨泵强制供液系统。从高液贮液器出来的高压液体经低压循环贮液筒上的电磁主阀、节流阀,变为低压液体进入低压循环贮液筒内,然后由氨泵直接送到液体分配站,分配到各个冷间内的冷风机蒸发制冷,蒸发后的低温气体经气体分配站返回低压循环贮液筒内进行汽液分离,分离后的低压气体被压缩机吸入,经制冷机压缩变为高压气体,进入卧式冷凝器冷凝,冷凝后的高压液体进入高压贮液器储存使用。

3.冷却物冷却间(高温库)的除霜方法:冷却物冷却间采用KLL-700冷风机,设有水除霜和热氨除霜两种方法。正常情况下使用水除霜,在冷风机霜层较厚时,采用热氨和水相结合的除霜方法。除霜后的液体返回低压循环贮液筒内。

五、自动控制及安全保护

1.为减轻查库压力,本设计采用库温巡回检测,冷间温度的变化可在制冷机房直接观察,为校对温度的准确性,仍需在冷间设置玻璃水银温度计。

2.氨压缩机安全保护:有高低压保护、断水保护、油压保护等。

3.氨泵回路自动控制程序和保护装置:

(1)液位控制:每台低压循环贮液筒设置二套UQK-40浮球液位控制器,其中一套控制ZCL-32YB电磁主阀的启闭,使低压循环贮液筒保持35%的正常液位(液位降至35%-30mm时电磁主阀开启供液,液位升至35%+30mm时电磁主阀关闭停止供液);另一套起安全保护作用,当低压循环贮液筒液位升至70%时就发出报警信号,并使氨泵作报警停泵,操作人员应及时处理,当冷间温度达到要求时人工指令停泵。

(2)氨泵的安全保护:CWK-11差压控制器是防止氨泵空转遭受破坏,保护氨泵在上述情况下运转,差压控制器调至0~50kPa,时间继电器调至8~10s,在此时间内达不到调定压力,则证明氨泵没有上液自动停泵(铃响和灯显示),人工排除故障后再重新启动氨泵;ZZRN-50Y逆止阀的作用是防止液体倒流而使氨泵倒转;ZZRP-32自动旁通阀(此阀压力调至30kPa),当氨泵出口液体过剩、压头过高、上液压力超过30KPa时,将液体经自动旁通阀旁通至低压循环贮液筒,以保护冷间正常降温。

4.元件的调试与安装:

(1)UQK-40型浮球液位控制器:安装时以起始液面为准(起始液面用红漆标在阀体外壳下部,画有"A_"为氨液面),并作正侧两个方向的垂直吊线,下部液体平衡管应倾斜15°以上,以免油污堵塞。阀体内部充注低温氨液,阀体外部一般不包隔热层,切忌将其上盖密封橡皮放正压紧,以免水汽抽吸进入汽包室内,使阀失灵。继电器不能接错,要求达到向上浮上液位动作,向下浮下液位动作。连接报警液位计的接头应接在上液位的位置,即电气盒内接线头"o"处,接错,浮球上升将不能发出报警信息,造成严重事故。

(2)ZCL-32YB型电磁主阀:安装及拆卸时应仔细阅读使用说明书,弄清其工作压力及零部件相应位置。安装前若发现肮脏或生锈必须拆卸清理,因主阀的关闭依靠活塞组件的自重和弹簧力,因此要注意正侧两个方向的吊线,不得倾斜。法兰焊接时,当点焊定位后应将主阀拆下,然后续焊,否则法兰烧红使主阀受热,引起挠曲变形影响精度;主阀法兰焊接完成后必须仔细检查烧焊房间一段管道,不得使焊渣、焦渣、氧化皮等存流物日后进入阀内损坏阀芯。

(3)CWK-11型差压控制器:安装时最好立装,下端波纹管接高压,上端波纹管接低压,控制器接在氨泵的两侧。安装时先检查控制器面板是否密封压紧,以免潮湿气体及氨气侵入腐蚀零件;差压控制器安装前应试校,检查调定值是否准确,继电器发出讯号是否及时。

(4)ZZRN-50Y型逆止阀:安装时应注意流向不能装反,两法兰相对螺孔必须对正,否则不便拆装。阀体两端定位止口一深一浅,组装时应使阀口阀尾两端对齐。

(5)ZZRP-32型自动旁通阀:安装前应校验测试,检查关闭是否严密,安装前必须调定压力,调定压力时一人观察泵排出压力,一人观察低压循环筒内压力,相互配合。使低压循环贮液筒内的压力处于规定的主阀压力时,调节氨泵出口手动阀,使氨泵排出压力升到预调压力,迅速转动调节杆,使在调定压力值时正好打开,如果尚未调好,泵排出压力即超过调定值,此时再调也不准,须重新使泵压力由下往上升,达到调定值迅速调好。调好后再复校一次,如正好在调定值时阀开,说明已调好。

六、施工要求

1.制冷系统部分水平管道坡度要求:

管道名称	坡度要求	坡度范围(‰)
氨压缩机至油分离器的排气管	坡向油分器	3~5
氨压缩机进气管	坡向低循桶	3~5
油分器、氨分器与冷凝器的放油管	坡向集油器	2~3
调节站的供液管	坡向调节站	1~3

2.系统水平管道的水平度2‰,系统竖直管道的垂直度2‰,系统标高的允许偏差±5mm,系统管道长度的偏差±5mm。

3.系统中所有管道内外壁均除锈、排污,管道安装完毕且经试压、试漏合格后,外刷防锈漆、银灰漆各两道。

4.所有设备尺寸均以生产厂家实物为准,待核实后开始设备施工。

5.供液装置具有自动供液、液位显示、液位超高报警、氨泵自动保护等措施。

6.压缩机备有压差、高低压控制,断水保护等措施,其余辅助设备均设有安全阀、压力表等安全保护装置。

7.凡支撑隔热层管道的吊支架均设置硬木垫,所需硬木垫均应经防腐处理后方可使用。

8.制冷设备及管道的保温均采用聚氨酯现场发泡,外包0.5mm厚的彩钢板。保温层厚度参照下列数值:

管径(mm)	18~32	38~76	89~159	219~325
厚度(mm)	60	70	80	100

低压循环贮液筒、中间冷却器、排液桶的保温层厚度均不少于125mm,融霜热氨管保温层为75mm厚的石棉。

9.制冷工艺中设备及管道的安装应符合<<制冷设备、空气分离设备安装工程施工及验收规范>>(GBJ50274-98)的要求,未尽事宜参照国家有关规范之规定。

项目负责人	审定人	设计人	工程编号	工程名称	信科实业公司4000t高温冷库	图名	制冷系统设计说明	图号	JFL01
专业负责人	审核人	校核人	出图日期	项目名称	制冷机房				

主要制冷设备及材料表

序号	设备(材料)名称	规格型号	单位	数量	备注
1	制冷压缩机组	8AS12.5	台	4	一期暂安装2台
2	油氨分离器	YFA-200	台	1	
3	卧式冷凝器	DWN-200	台	2	一期暂安装1台
4	高压贮氨器	WCA-3.3	台	2	一期暂安装1台
5	低压循环贮液筒	CDCA-5.0	台	2	一期暂安装1台
6	屏蔽氨泵	50P-40	台	4	一期暂安装2台
7	空气冷却器	KLL-700	台	16	一期冷库安装8台,左右式各4台
8	空气分离器	KF-32	台	1	
9	集油器	JY-500	台	1	
10	加氨站		组	1	
11	液体调节站		台	2	一期暂安装1组
12	汽体调节站		台	2	一期暂安装1组
13	低压集油器	JY-150	台	2	一期暂安装1台
14	贯流式冷风幕	DXY-150	台	16	一期冷库安装8台
15	防爆型轴流风机	T35-11N004	台	2	
16	轴流排风机	T35-11-4	台	16	一期冷库安装8台
17	氨用压力表	−0.1~2.4MPa	块	7	
		−0.1~1.6MPa	块	15	
18	氨用截止阀	A51-7 DN200	个	8	
		A51-7 DN125	个	8	
		A51-7 DN100	个	10	
		A51-7 DN80	个	20	
		A51-7 DN70	个	6	
		A51-7 DN65	个	4	
		A51-7 DN50	个	10	
		A51-7 DN40	个	3	
		A51-7 DN32	个	70	
		A51-7 DN25	个	5	
		A51-4 DN20	个	9	
		A51-4 DN15	个	2	
		A51-4 DN10	个	14	
		A51-4 DN6	个	14	
19	氨用直角阀	A51-4 DN20	个	5	
		A51-4 DN15	个	4	
20	氨用节流阀	A52-4 DN32	个	7	
21	止回阀	ZZRN-100Q	个	4	
		ZZRN-50Y	个	4	
22	压差控制器	CWK-11	个	4	
23	板式液位计	l=1400mm	支	2	
		l=1100mm	支	2	
24	自动旁通阀	ZZRP-32	个	2	
25	液位控制器	UQK-40	个	4	
26	氨液过滤器	YG80	个	4	
		YG-32	个	2	
27	电磁阀	ZCL-32YB	个	2	
28	安全阀	DN25	套	4	
		DN20	套	2	
28	送风道		条	16	一期冷库暂安装8条

说明：材料用量以实际工程消耗为准，表中数量仅供参考。

图纸目录

序号	图号	名称	页数	备注
1	JFL01	制冷系统设计说明	1	A2
2	JFL02	图纸目录,主要设备及材料表	1	A2
3	JFL03	氨制冷系统原理图	1	A1
4	JFL04	氨机房制冷系统轴测图	1	A2
5	JFL05	机房制冷工艺平剖面图	1	A2
6	JFL06	机房剖面图	1	A2
7	JFL07	机房设备基础平剖面图	1	A2
8	JFL08	冷库制冷系统轴测图	1	A2
9	JFL09	冷库制冷工艺平剖面图	1	A2
10	JFL10	风道加工大样图	1	A2

项目负责人		审定人		设计人		工程编号		工程名称	信科实业公司4000t高温冷库	图名	图纸目录,主要设备及材料表	图号	JFL02
专业负责人		审核人		校核人		出图日期		项目名称	制冷机房				

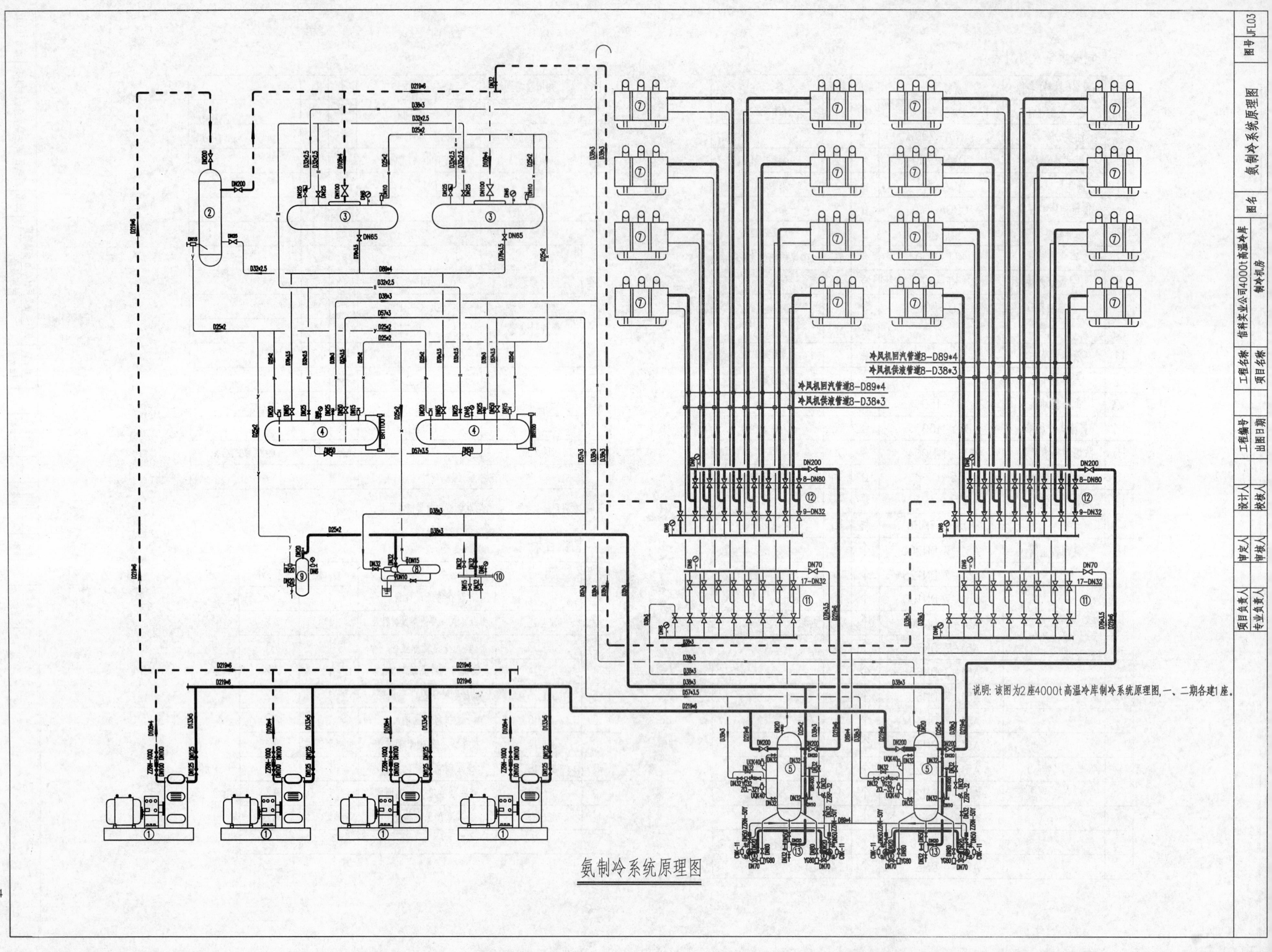

冷风机回汽管道8—D89×4
冷风机供液管道8—D38×3
冷风机回汽管道8—D89×4
冷风机供液管道8—D38×3
说明：该图为2座4000t高温冷库制冷系统原理图，一、二期各建1座。
氨制冷系统原理图
项目负责人
专业负责人
审定人
审核人
设计人
校核人
工程编号
出图日期
工程名称
项目名称
信科实业公司4000t高温冷库
制冷机房
图名
氨制冷系统原理图
图号
JFL03

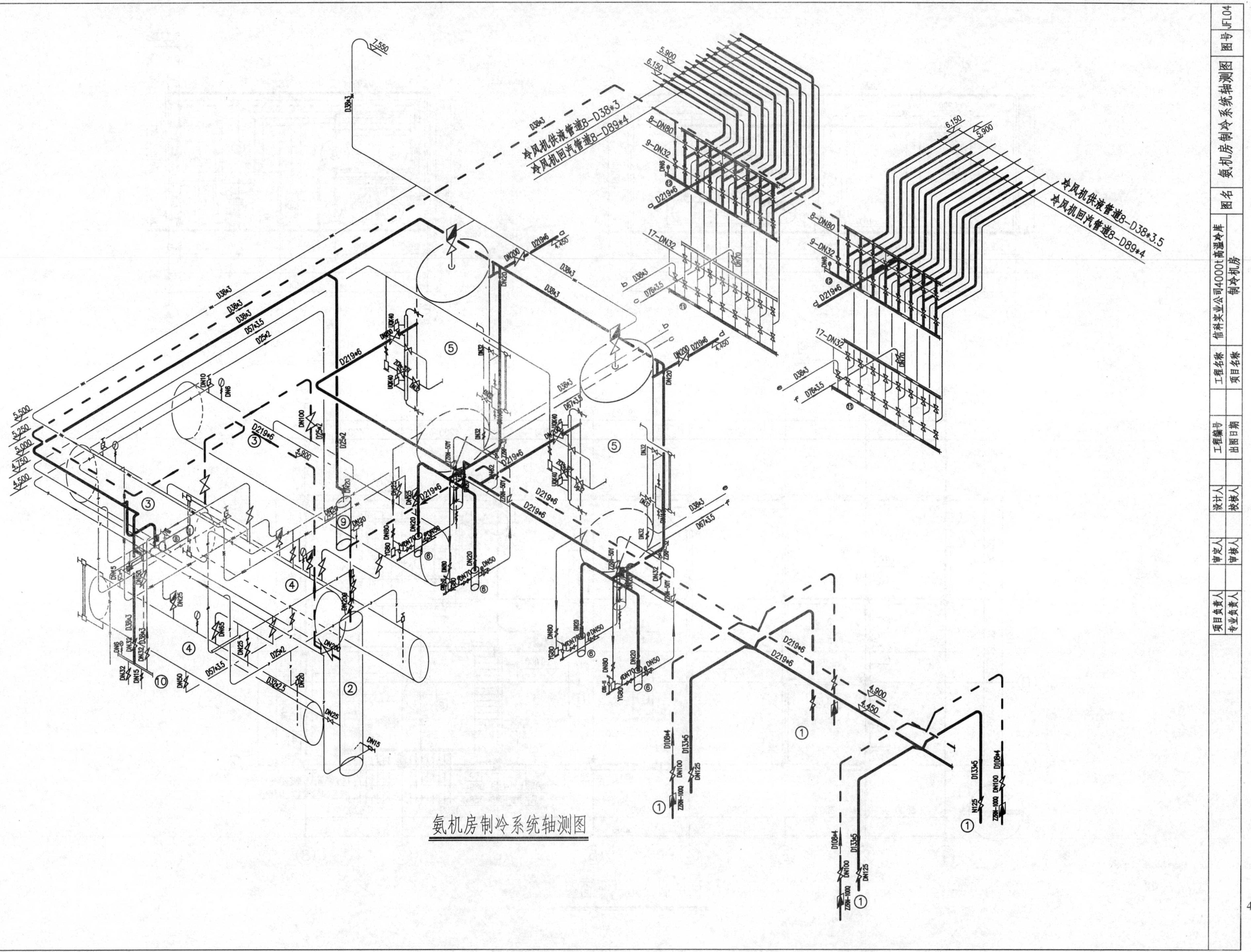

氨机房制冷系统轴测图

项目负责人	审定人	设计人	工程编号	工程名称	信科实业公司4000t高温冷库	图名	氨机房制冷系统轴测图	图号	JFL04
专业负责人	审核人	校核人	出图日期	项目名称	制冷机房				

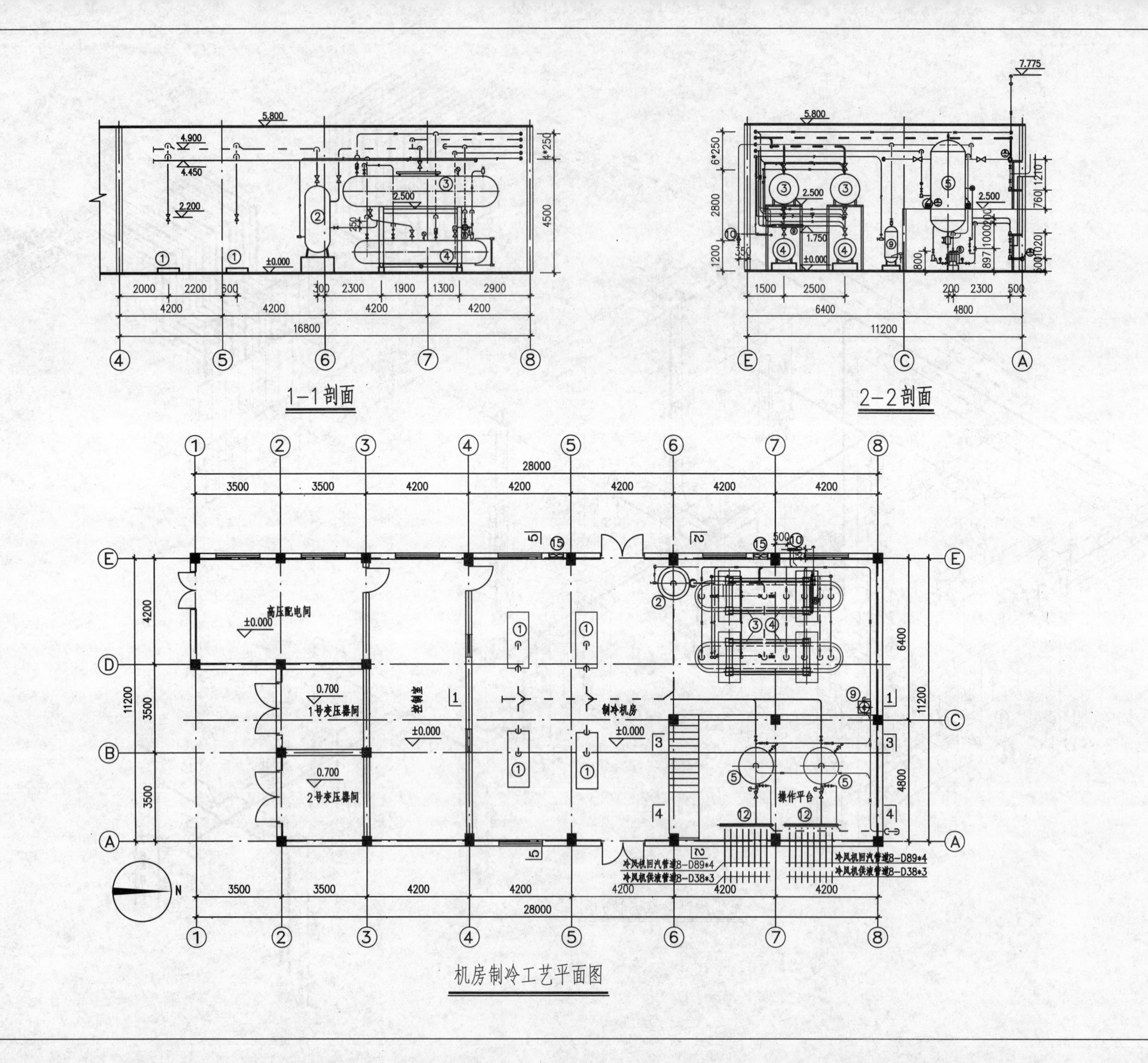

项目负责人	审定人	设计人	工程编号	工程名称	信科实业公司4000t高温冷库	图名	机房制冷工艺平剖面图	图号	JFL05
专业负责人	审核人	校核人	出图日期	项目名称	制冷机房				

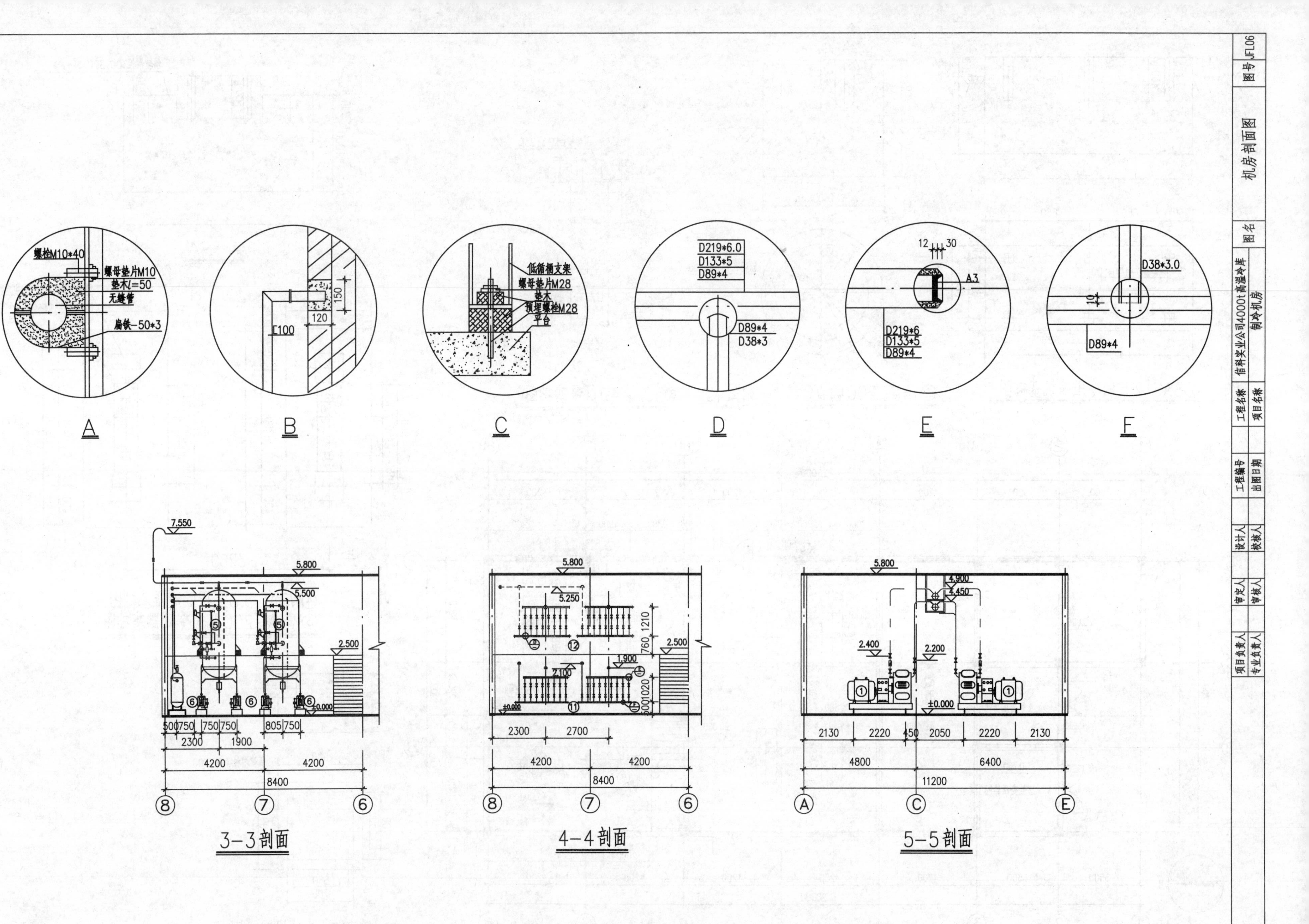
螺栓M10*40
螺母垫片M10
垫木l=50
无缝管
扁铁-50*3
A
150
120
E100
B
低循桶支架
螺母垫片M28
垫木
预埋螺栓M28
平台
C
D219*6.0
D133*5
D89*4
D89*4
D38*3
D
12
30
A3
D219*6
D133*5
D89*4
E
D38*3.0
10
D89*4
F
7.550
5.800
5.500
2.500
±0.000
500 750 750 750 805 750
2300 1900
4200 4200
8400
⑧ ⑦ ⑥
3-3剖面
5.800
5.250
1210
760
2.500
1.900
2.100
1020
600
±0.000
2300 2700
4200 4200
8400
⑧ ⑦ ⑥
4-4剖面
5.800
4.900
4.450
2.400
2.200
±0.000
2130 2220 450 2050 2220 2130
4800 6400
11200
Ⓐ Ⓒ Ⓔ
5-5剖面
图号 JFL06
机房剖面图
图名
信和实业公司4000t高温冷库
制冷机房
工程名称
项目名称
工程编号
出图日期
设计人
校核人
审定人
审核人
项目负责人
专业负责人

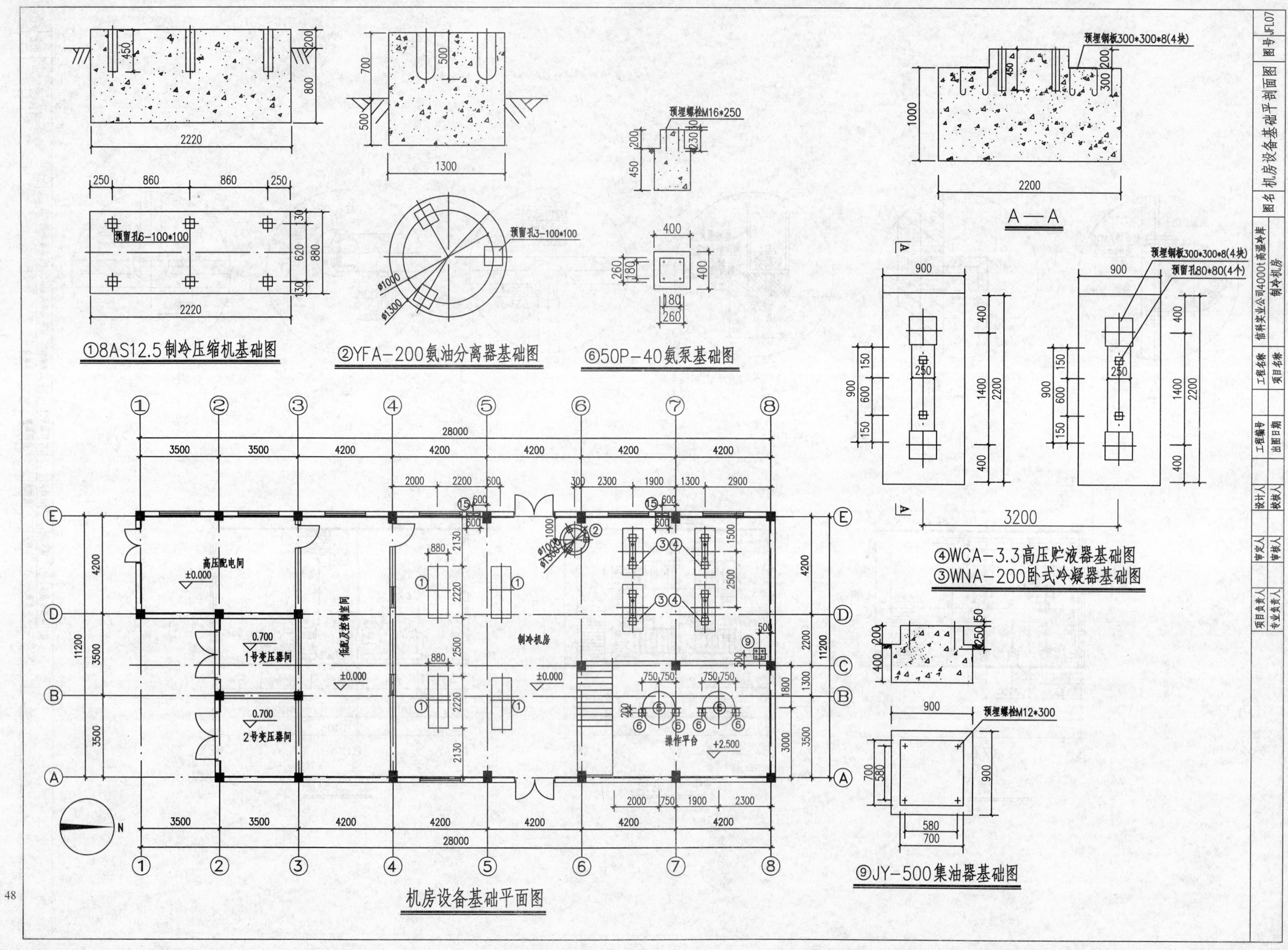
①8AS12.5制冷压缩机基础图
预留孔6-100*100
②YFA-200氨油分离器基础图
预留孔3-100*100
⑥50P-40氨泵基础图
预埋螺栓M16*250
A—A
预埋钢板300*300*8(4块)
预留孔80*80(4个)
④WCA-3.3高压贮液器基础图
③WNA-200卧式冷凝器基础图
预埋螺栓M12*300
⑨JY-500集油器基础图
高压配电间
低配及控制室间
1号变压器间
2号变压器间
制冷机房
操作平台
机房设备基础平面图
项目负责人
专业负责人
审定人
审核人
设计人
校核人
工程编号
出图日期
工程名称
项目名称
信科实业公司4000t高温冷库
制冷机房
图名
机房设备基础平剖面图
图号
JFL07

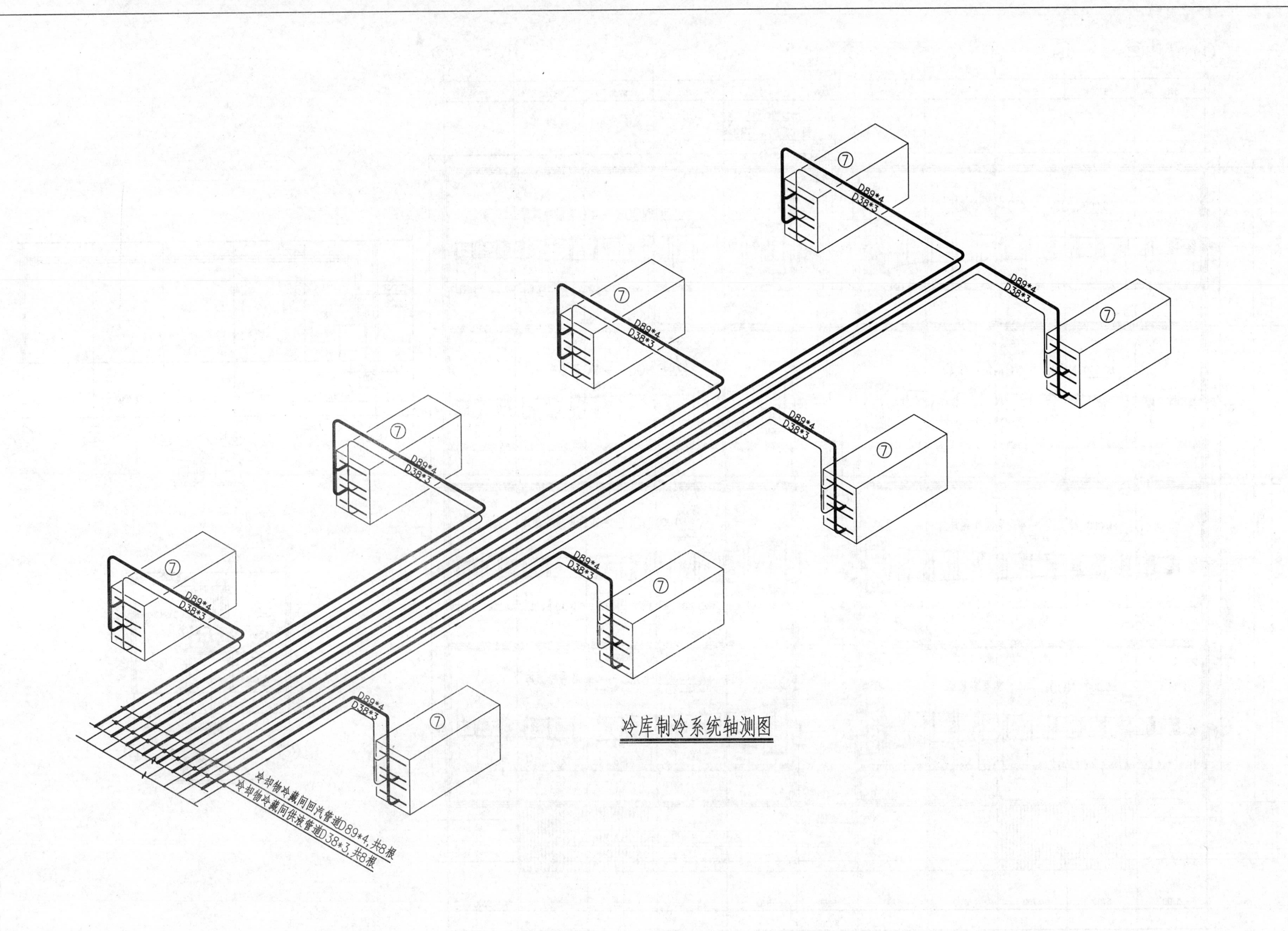

冷库制冷系统轴测图

项目负责人		审定人		设计人		工程编号		工程名称	信科实业公司4000t高温冷库	图名	冷库制冷系统轴测图	图号	JFL08
专业负责人		审核人		校核人		出图日期		项目名称	制冷机房				

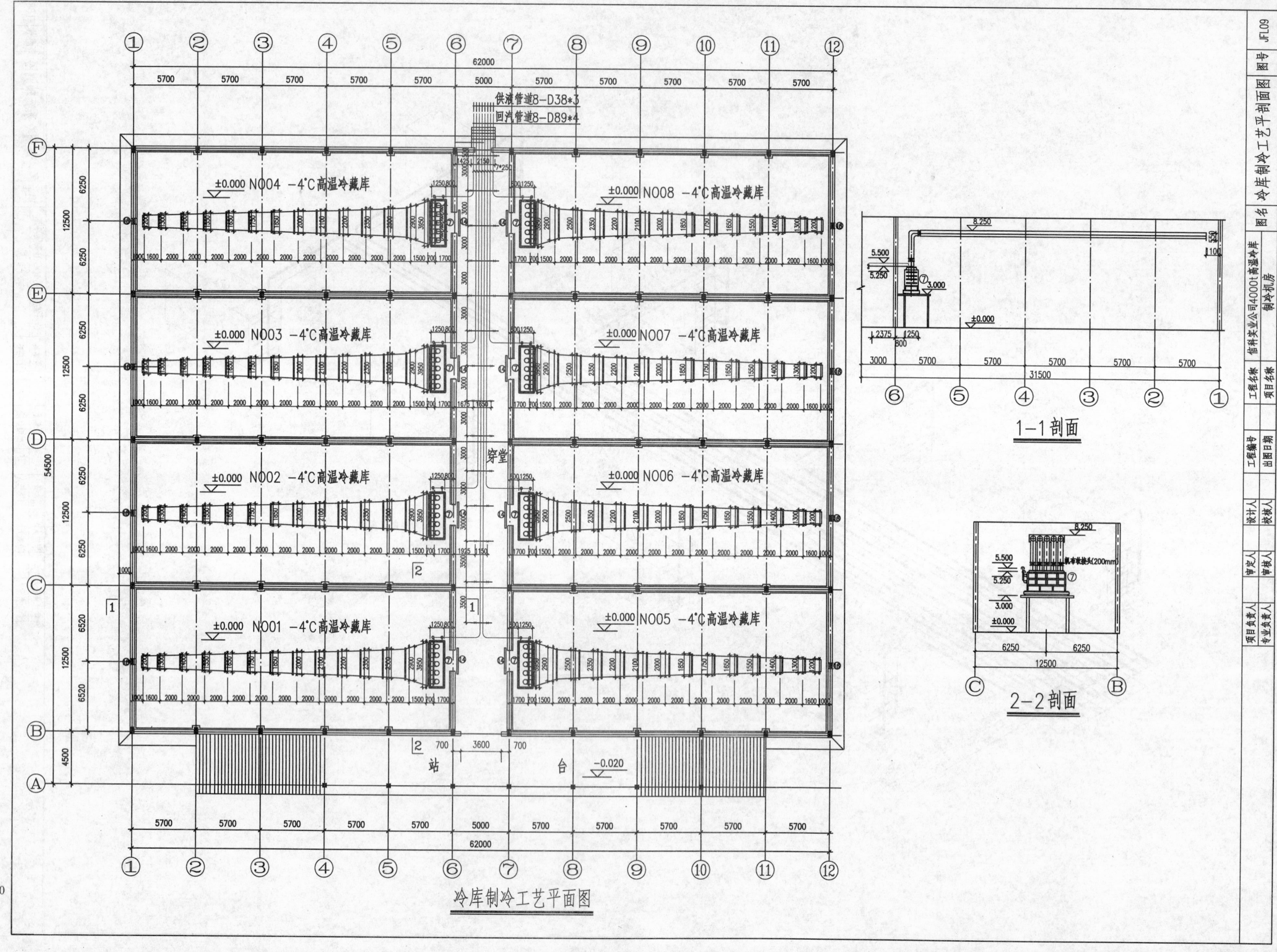

供液管道8-D38*3
回汽管道8-D89*4
±0.000 N004 -4°C高温冷藏库
±0.000 N008 -4°C高温冷藏库
±0.000 N003 -4°C高温冷藏库
±0.000 N007 -4°C高温冷藏库
±0.000 N002 -4°C高温冷藏库
±0.000 N006 -4°C高温冷藏库
±0.000 N001 -4°C高温冷藏库
±0.000 N005 -4°C高温冷藏库
穿堂
站
台
-0.020
62000
54500
冷库制冷工艺平面图
1-1剖面
2-2剖面
项目负责人
专业负责人
审定人
审核人
设计人
校核人
工程编号
出图日期
工程名称
信科实业公司4000t高温冷库
项目名称
制冷机房
图名
冷库制冷工艺平剖面图
图号
JFL09

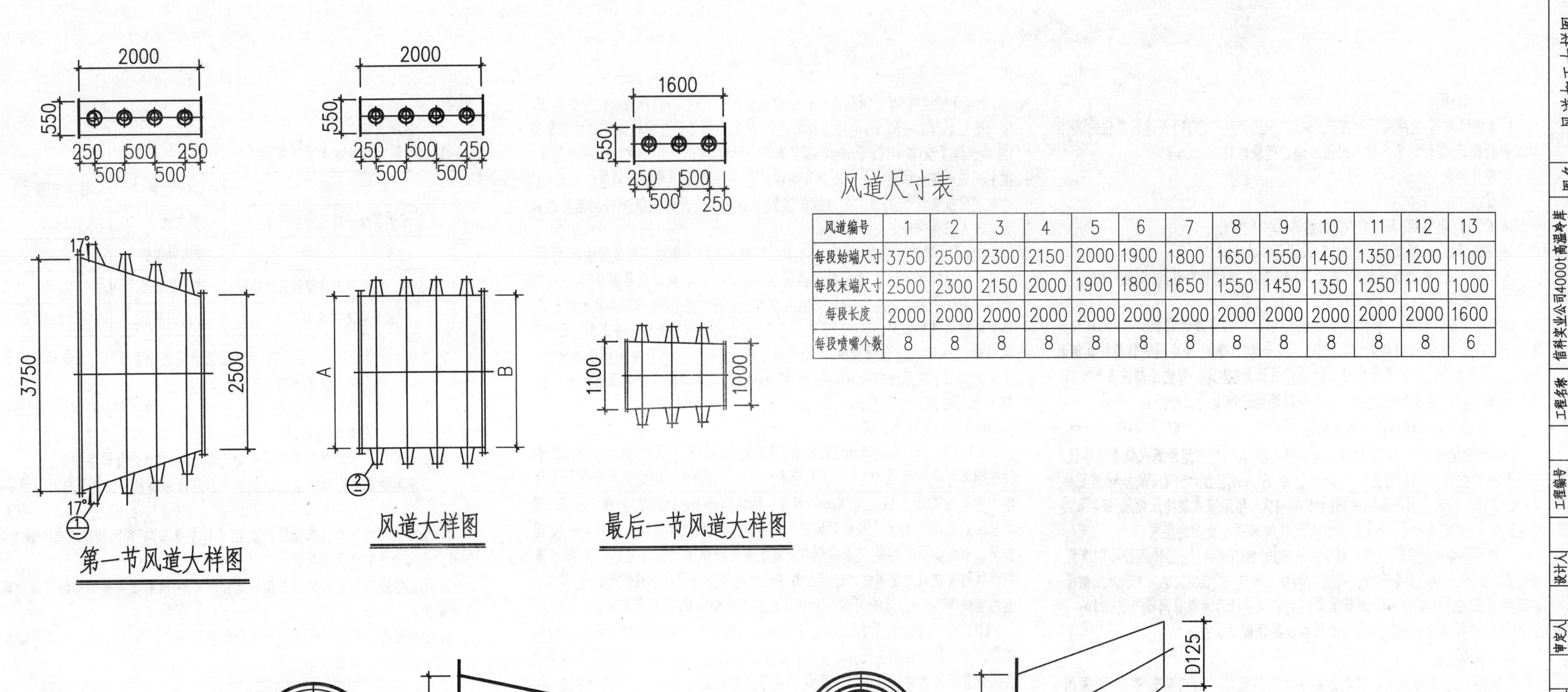

风道尺寸表

风道编号	1	2	3	4	5	6	7	8	9	10	11	12	13
每段始端尺寸	3750	2500	2300	2150	2000	1900	1800	1650	1550	1450	1350	1200	1100
每段末端尺寸	2500	2300	2150	2000	1900	1800	1650	1550	1450	1350	1250	1100	1000
每段长度	2000	2000	2000	2000	2000	2000	2000	2000	2000	2000	2000	2000	1600
每段喷嘴个数	8	8	8	8	8	8	8	8	8	8	8	8	6

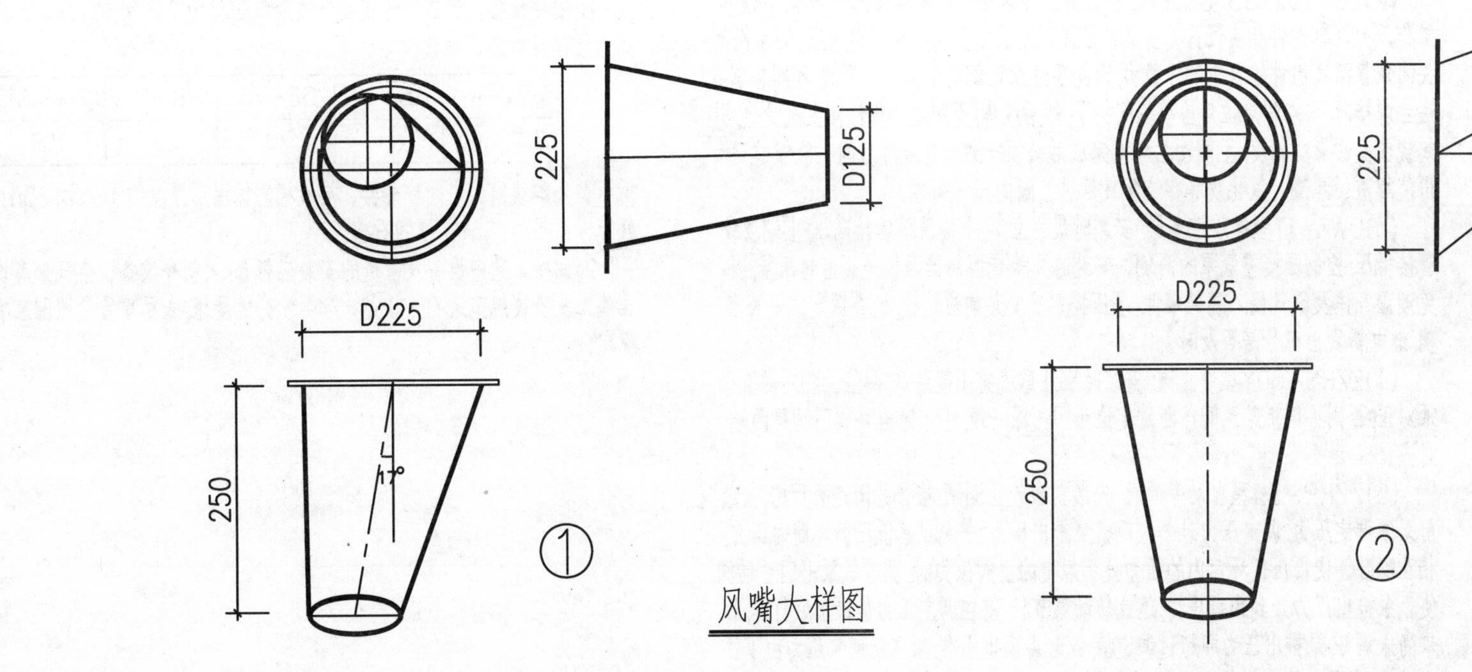

项目负责人	审定人	设计人	工程编号	工程名称	信科实业公司4000t高温冷库	图名	风道加工大样图	图号	JFL10
专业负责人	审核人	校核人	出图日期	项目名称	制冷机房				

实例3　润丰实业公司4000t高温/350t低温冷库制冷系统设计

制冷系统设计说明

一、设计依据

1.本设计依据<<冷库设计规范>>(GB50072-2001)及建设单位的具体要求进行设计，室外计算参数参照漯河地区气象资料。

2.设计参数：

冷凝温度t_k=37°C

蒸发温度：高温库t_o=-10°C，低温库t_o=-28°C

冷间设计温度：高温库(0±1)°C，低温库(-18±1)°C

3.生产指标：冷却物冷藏间(高温库)4000t，冻结物冷藏间(低温库)350t。

二、冷库概况

该冷库为高、低温库，冷库建筑面积3340m²，穿堂建筑面积300m²，站台建筑面积130.5m²，设计储藏能力4350t。共分为10冷间，每冷间进货量按其储藏量的8%计算为35t，9间高温库每日进货量总计为320t。库内冷却设备为空气冷却器，每间1台，型号为KLL-600，其冷风通过送风道送至冷间各个部位。

三、氨压缩机及辅助设备的选用

1.压缩机的选用：-10°C制冷系统选用2台8AS12.5型活塞式制冷压缩机，每台制冷机在37/-10°C条件下，产冷量为280kW，2台计560kW，能够满足冷负荷的要求；-28°C制冷系统选用1台S4-12.5型活塞式制冷压缩机，每台制冷机在37/-28°C条件下，产冷量为50kW，能够满足冷负荷的要求。

2.辅助设备的选用：-10°C制冷系统选用1台CDCA-5.0低压循环贮液筒，并配置2台50p-40屏蔽氨泵；-28°C制冷系统选用1台CDCA-2.5低压循环贮液筒，并配置2台40p-40屏蔽氨泵；1台YFA-150油氨分离器；1台WNA-250型卧式冷凝器；1台WCA-3.3高压贮液器等辅助设备。

四、制冷系统简介

1.低压系统：制冷系统以液氨为制冷剂，蒸发温度-10°C系统(高温库)采用单级蒸汽压缩制冷循环；-28°C系统(低温库)采用双级蒸汽压缩制冷循环。

2.供液方式：采用氨泵强制供液系统。从高压贮液器出来的高压液体经低压循环贮液筒上的电磁主阀、节流阀，变为低压液体进入低压循环贮液筒内，然后由氨泵直接送到液体分配站，分配到各个冷间内的冷风机蒸发制冷，蒸发后的低温气体经气体分配站返回低压循环贮液筒内进行汽液分离，分离后的低压气体被压缩机吸入，经制冷机压缩变为高压气体，进入卧式冷凝器冷凝，冷凝后的高压液体进入高压贮液器储存使用。

3.高低温库的除霜方法：高温库采用KLL-600冷风机，设有水除霜和热氨除霜两种方法。正常情况下使用水除霜，在冷风机霜层较厚时，采用热氨和水相结合的除霜方法。除霜后的液体返回低压循环贮液筒内；低温库的顶排管设置热氨除霜，热氨除霜后的液体返回低压循环贮液筒内。

五、自动控制及安全保护

1.为减轻查库压力，本设计采用库温巡回检测，冷间温度的变化可在制冷机房直接观察，为校对温度的准确性，仍需在冷间设置玻璃水银温度计。

2.氨压缩机安全保护：有高低压保护、断水保护、油压保护等。

3.氨泵回路自动控制程序和保护装置：

(1)液位控制：每台低压循环贮液筒设置二套UQK-40浮球液位控制器，其中一套控制ZCL-32YB电磁主阀的启闭，使低压循环贮液筒保持35%的正常液位(液位降至35%-30mm时电磁主阀开启供液，液位升至35%+30mm时电磁主阀关闭停止供液)；另一套起安全保护作用，当低压循环贮液筒液位升至70%时就发出报警信号，并使氨泵作报警停泵，操作人员应及时处理，当冷间温度达到要求时人工指令停泵。

(2)氨泵的安全保护：CWK-11差压控制器是防止氨泵空转遭受破坏，保护氨泵在上述情况下运转，差压控制器调至0~50kPa，时间继电器调至8~10s，在此时间内达不到调定压力，则证明氨泵没有上液自动停泵(铃响和灯显示)，人工排除故障后再重新启动氨泵；ZZRN-50Y逆止阀的作用是防止液体倒流而使氨泵倒转；ZZRP-32自动旁通阀(此阀压力调至30kPa)，当氨泵出口液体过剩、压头过高、上液压力超过30kPa时，将液体经自动旁通阀旁通至低压循环贮液筒，以保护冷间正常降温。

4.元件的调试与安装

(1)UQK-40型浮球液位控制器：安装时以起始液面为准(起始液面用红漆标在阀体外壳下部，画有"A_"为氨液面)，并作正侧两个方向的垂直吊线，下部液体平衡管应倾斜15°以上，以免油污堵塞。阀体内部充注低温氨液，阀体外部一般不包隔热层，切忌将其上盖密封橡皮放正压紧，以免水汽抽吸进入汽包室内，使阀失灵。继电器不能接错，要求达到向上浮上液位动作，向下浮下液位动作，接错液位计线路将造成严重事故。连接报警液位计的接头应接在上液位的位置，即电气盒内接线头"o"处，接错，浮球上升将不能发出报警信息，造成严重事故。

(2)ZCL-32YB型电磁主阀：安装及拆卸时应仔细阅读使用说明书，弄清其工作压力及零部件相应位置。安装前若发现肮脏或生锈必须拆卸清理；因主阀的关闭依靠活塞组件的自重和弹簧力，因此要注意正侧两个方向的吊线，不得倾斜。法兰焊接时，当点焊定位后应将主阀拆下，然后续焊，否则法兰烧红使主阀受热，引起挠曲变形影响精度；主阀法兰焊接完成后必须仔细检查烧焊房间一段管道，不得使焊渣、焦渣、氧化皮等存流物日后进入阀内损坏阀芯。

(3)CWK-11型差压控制器：安装时最好立装，下端波纹管接高压，上端波纹管接低压，控制器接在氨泵的两侧。安装时先检查控制器面板是否密封压紧，以免潮湿气体及氨气侵入腐蚀零件；差压控制器安装前应试校，检查调定值是否准确，继电器发出讯号是否及时。

(4)ZZRN-50Y型逆止阀：安装时应注意流向不能装反，两法兰相对螺孔必须对正，否则不便拆装。阀体两端定位止口一深一浅，组装时应将阀口阀尾两端对齐。

(5)ZZRP-32型自动旁通阀：安装前应校验测试，检查关闭是否严密，安装前必须调定压力，调定压力时一人观察泵排出压力，一人观察低压循环筒内压力，相互配合。使低压循环筒内的压力处于规定的主阀压力时，调节氨泵出口手动阀，使氨泵排出压力升到预调压力，迅速转动调节杆，使在调定压力值时正好打开，如果尚未调好，泵排出压力即超过调定值，此时再调也不准，须重新使泵压力由下往上升，达到调定值迅速调好。调好后再复校一次，如正好在调定值时阀开，说明已调好。

六、技术要求

1.制冷系统部分水平管道坡度要求：

管道名称	坡度要求	坡度范围(‰)
氨压缩机至油分离器的排气管	坡向油分	3~5
氨压缩机进气管	坡向低循桶	3~5
油分器、氨分器与冷凝器的放油管	坡向集油器	2~3
调节站的供液管	坡向调节站	1~3

2.系统水平管道的水平度2‰，系统竖直管道的垂直度2‰，系统标高的允许偏差±5mm，系统管道长度的偏差±5mm。

3.系统中所有管道内外壁均除锈、排污，管道安装完毕且经试压、试漏合格后，外刷防锈漆、银灰漆各两道。

4.所有设备尺寸均以生产厂家实物为准，待核实后开始设备施工。

5.供液装置具有自动供液、液位显示、液位超高报警、氨泵自动保护等措施。

6.压缩机备有压差、高低压控制，断水保护等措施，其余辅助设备均设有安全阀、压力表等安全保护装置。

7.凡支撑隔热层管道的吊支架均设置硬木垫，所需硬木垫均应经防腐处理后方可使用。

8.制冷设备及管道的保温均采用聚氨酯现场发泡，外包0.5mm厚的彩钢板。保温层厚度参照下列数值：

管径(mm)	18~32	38~76	89~159	219~325
厚度(mm)	60	70	80	100

低压循环贮液筒、中间冷却器、排液桶的保温层厚度均不少于125mm，融霜热氨管保温层为75mm厚的石棉。

9.制冷工艺中设备及管道的安装应符合<<制冷设备、空气分离设备安装工程施工及验收规范>>(GBJ50274-98)的要求，未尽事宜参照国家有关规范之规定。

项目负责人		审定人		设计人		工程编号		工程名称	润丰实业公司4000t高温/350t低温冷库	图名	制冷系统设计说明	图号	JFL01
专业负责人		审核人		校核人		出图日期		项目名称	制冷机房				

主要制冷设备及材料表

序号	设备(材料)名称	规格型号	单位	数量	备 注
1a	单级活塞式制冷机	8AS12.5	台	2	-10°C制冷系统用
1b	双级活塞式制冷机	S4-12.5	台	1	-28°C制冷系统用
2	中间冷却器	ZLA-2.0	台	1	
3	油氨分离器	YFA-150	台	1	
4	卧式冷凝器	DWN-250	台	1	
5	高压贮氨器	WCA-3.3	台	1	
6a	低压循环贮液筒6a	CDCA-5.0	台	1	-10°C制冷系统用
6b	低压循环贮液筒6b	CDCA-2.5	台	1	-28°C制冷系统用
7a	屏蔽氨泵	50P-40	台	2	
7b	屏蔽氨泵	40P-40	台	2	
8	空气冷却器	KLL-600	台	9	
9	空气分离器	KF-32	台	1	
10	集油器	JY-325	台	1	
11	回汽调节站		组	2	
12	供液调节站		组	2	
13	加氨站		组	1	
14	低压集油器	DJY-150	台	2	装在低压循环贮液筒下面
15	顶排管	ZDG21.3×42-107	组	3	
16	防爆型轴流风机	T35-11NO05	台	2	
17	轴流排风机	T35-11NO05	台	9	
18	氨用压力表	-0.1~2.4MPa	块	4	
		-0.1~1.6MPa	块	5	
19	氨用截止阀	A51-7 DN200	个	2	
		A51-7 DN150	个	2	
		A51-7 DN125	个	5	
		A51-7 DN100	个	12	
		A51-7 DN80	个	7	
		A51-7 DN70	个	6	
		A51-7 DN65	个	9	
		A51-7 DN50	个	7	
		A51-7 DN40	个	11	
		A51-7 DN32	个	42	
		A51-4 DN25	个	14	
		A51-4 DN20	个	20	
		A51-4 DN15	个	8	
		A51-4 DN10	个	14	
		A51-4 DN6	个	8	
20	氨用直角阀	A51-4 N20	个	4	
		A51-4 DN15	个	6	
21	氨用节流阀	A52-4 DN32	个	3	
22	止回阀	ZZRN-100Q	个	2	
		ZZRN-65Q	个	1	
		ZZRN-40Q	个	1	
		ZZRN-50Y	个	4	
23	自动旁通阀	ZZRP-32	个	2	
24	液位控制器	UQK-40	个	6	
25	压差控制器	CWR-11	个	4	
26	电磁阀	ZCL-32YB	个	2	
		ZCL-20YB	个	1	
27	板式液位计	l=1400mm	支	2	
		l=1000mm	支	1	
28	安全阀	DN25	套	2	
		DN20	套	3	
29	送风道		条	9	

说明：材料用量以实际工程消耗为准，表中数量仅供参考。

图纸目录

序号	图 号	名 称	页 数	备 注
1	JFL01	制冷系统设计说明	1	A2
2	JFL02	图纸目录，主要设备及材料表	1	A2
3	JFL03	氨制冷系统原理图	1	A1
4	JFL04	氨机房制冷系统轴测图	1	A1
5	JFL05	氨机房制冷工艺平，剖面图	1	A1
6	JFL06	调节站大样图	1	A2
7	JFL07	氨机房设备基础平，剖面图	1	A1
8	JFL08	冷库制冷系统轴测图	1	A2
9	JFL09	冷库制冷工艺平，剖面图	1	A2
10	JFL10	送风道加工图	1	A2
11	JFL11	U型顶排管加工图	1	A2

项目负责人		审定人		设计人		工程编号		工程名称	润丰实业公司4000t高温/350t低温冷库	图名	图纸目录，主要设备及材料表	图号	JFL02
专业负责人		审核人		校核人		出图日期		项目名称	制冷机房				

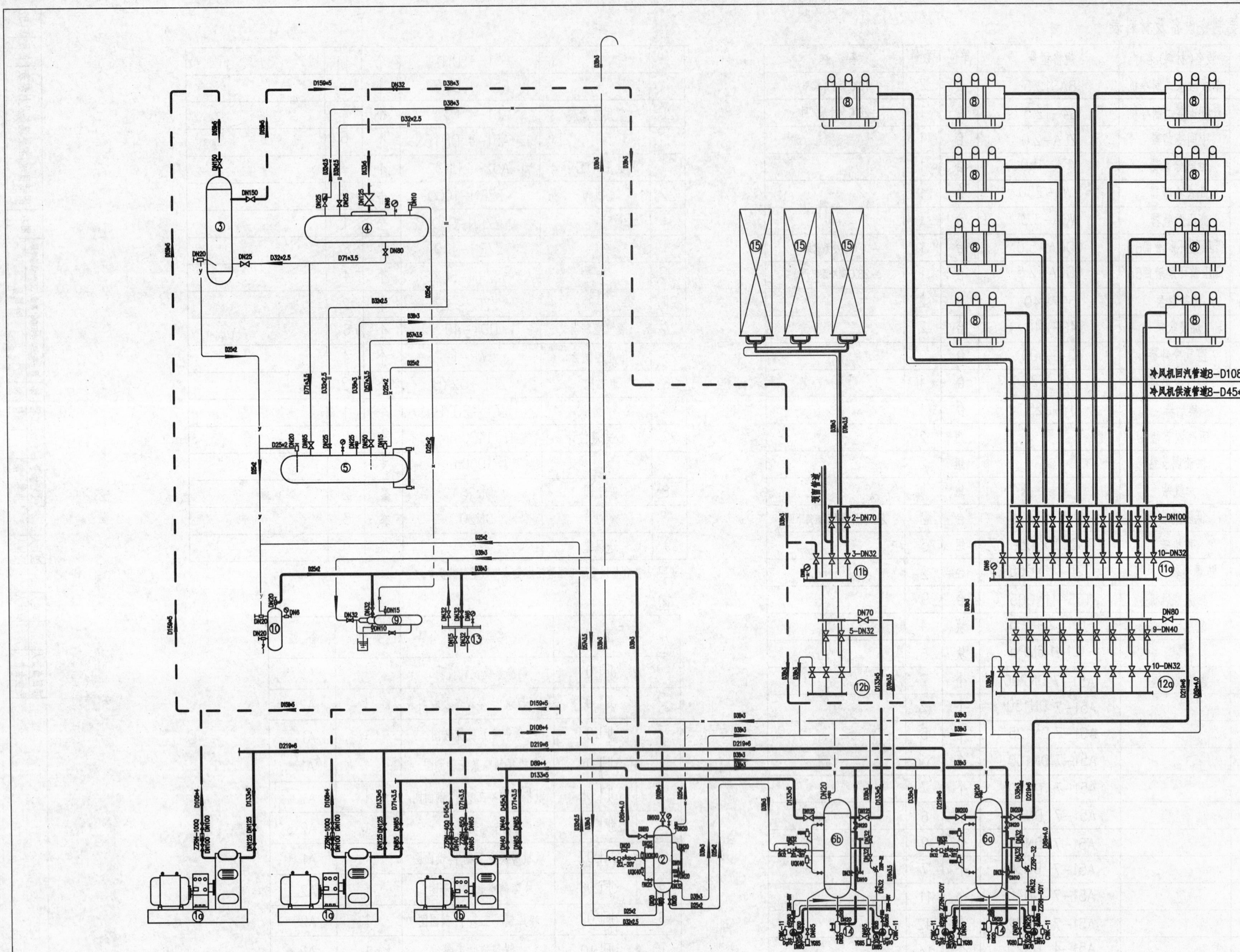
冷风机回汽管道8-D108*4
冷风机供液管道8-D45*3
预留管道

氨制冷系统原理图

项目负责人	审定人	设计人	工程编号	工程名称	润丰实业公司4000t高温/350t低温冷库	图名	氨制冷系统原理图	图号	JFL03
专业负责人	审核人	校核人	出图日期	项目名称	制冷机房				

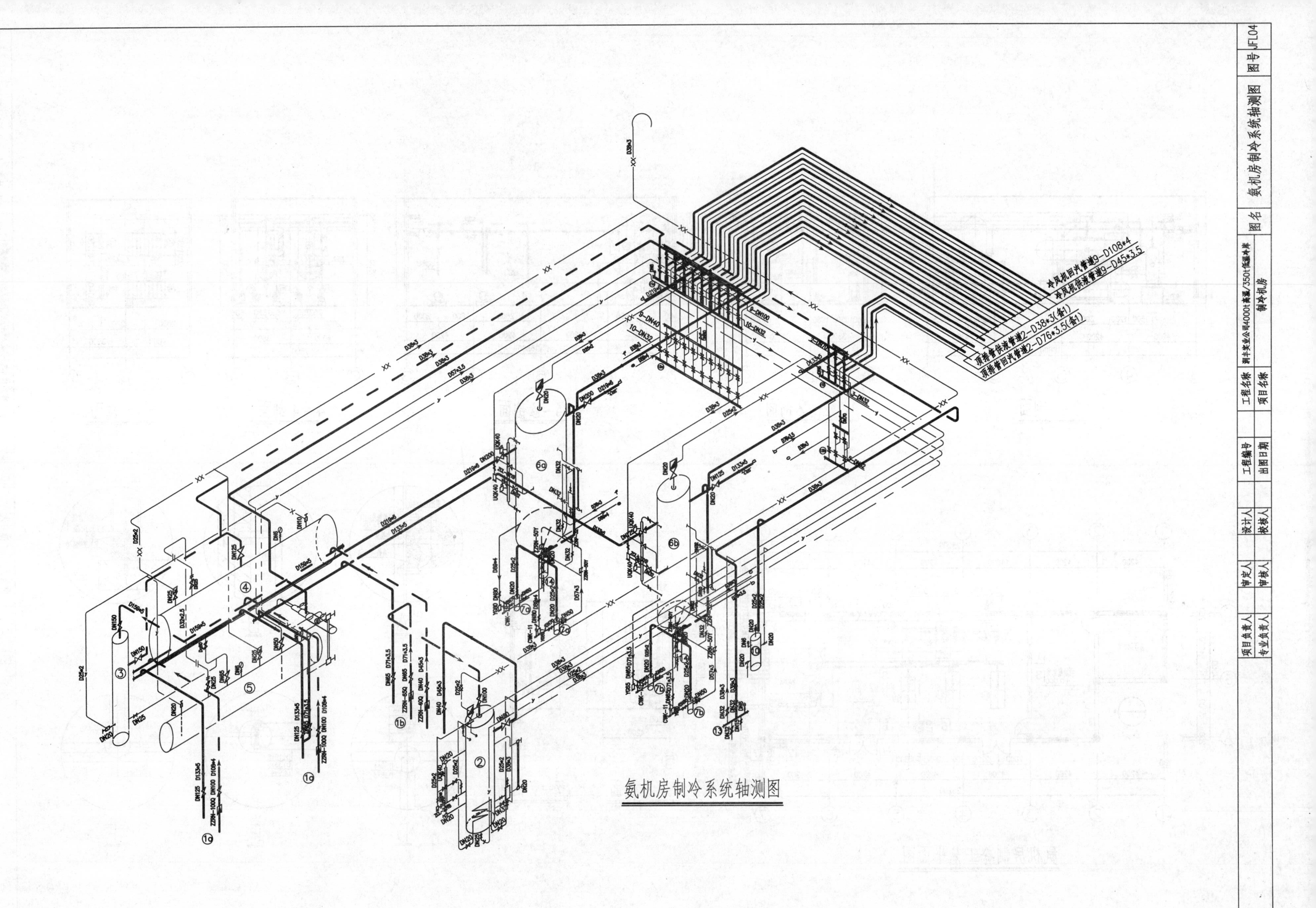
冷风机回汽管道9-D108*4
冷风机供液管道9-D45*3.5
顶排管供液管道2-D38*3(备1)
顶排管回汽管道2-D76*3.5(备1)
9-DN100
10-DN32
9-DN40
10-DN32
D219*6
D133*5
D159*5
D38*3
D57*3.5
D25*2
D32*2.5
DN150
DN125
DN50
DN25
DN20
DN10
DN8
ZZRN-1000 DN100 D108*4
DN125 D133*5
ZZRN-650 DN65 D71*3.5
ZZRN-400 DN40 D45*3
DN65 D71*3.5
YG65 DN65 D71*3.5
YG80 DN80 D89*4
CWK-11
ZZRN-50Y
UGK40
DN200
图号 JFL04
图名 氨机房制冷系统轴测图
工程名称 潮丰实业公司4000t高温/350t低温冷库
项目名称 制冷机房
工程编号
出图日期
设计人
校核人
审定人
审核人
项目负责人
专业负责人

氨机房制冷系统轴测图

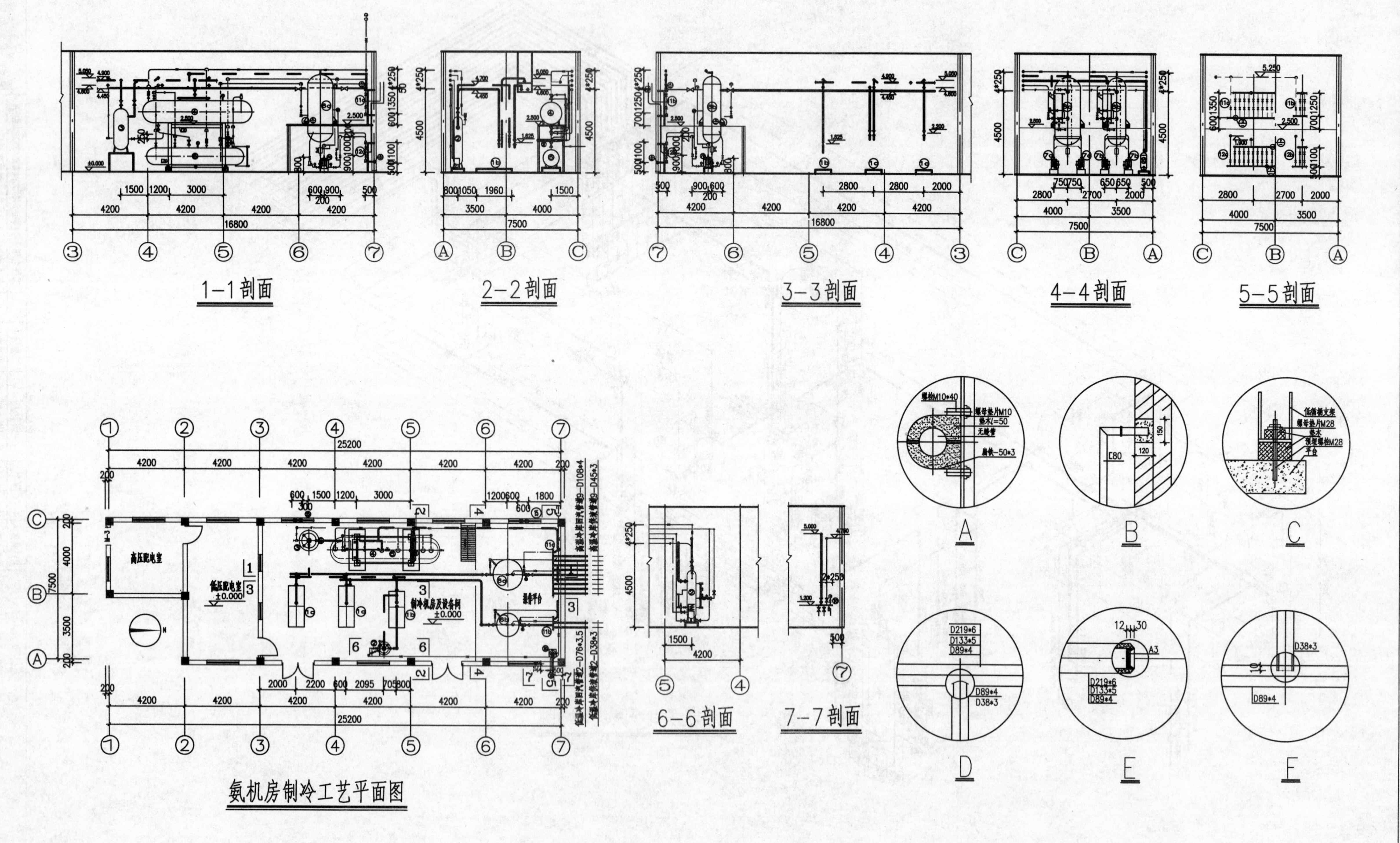

项目负责人		审定人		设计人		工程编号		工程名称	润丰实业公司4000t高温/350t低温冷库	图名	氨机房制冷工艺平剖面图	图号	JFL05
专业负责人		审核人		校核人		出图日期		项目名称	制冷机房				

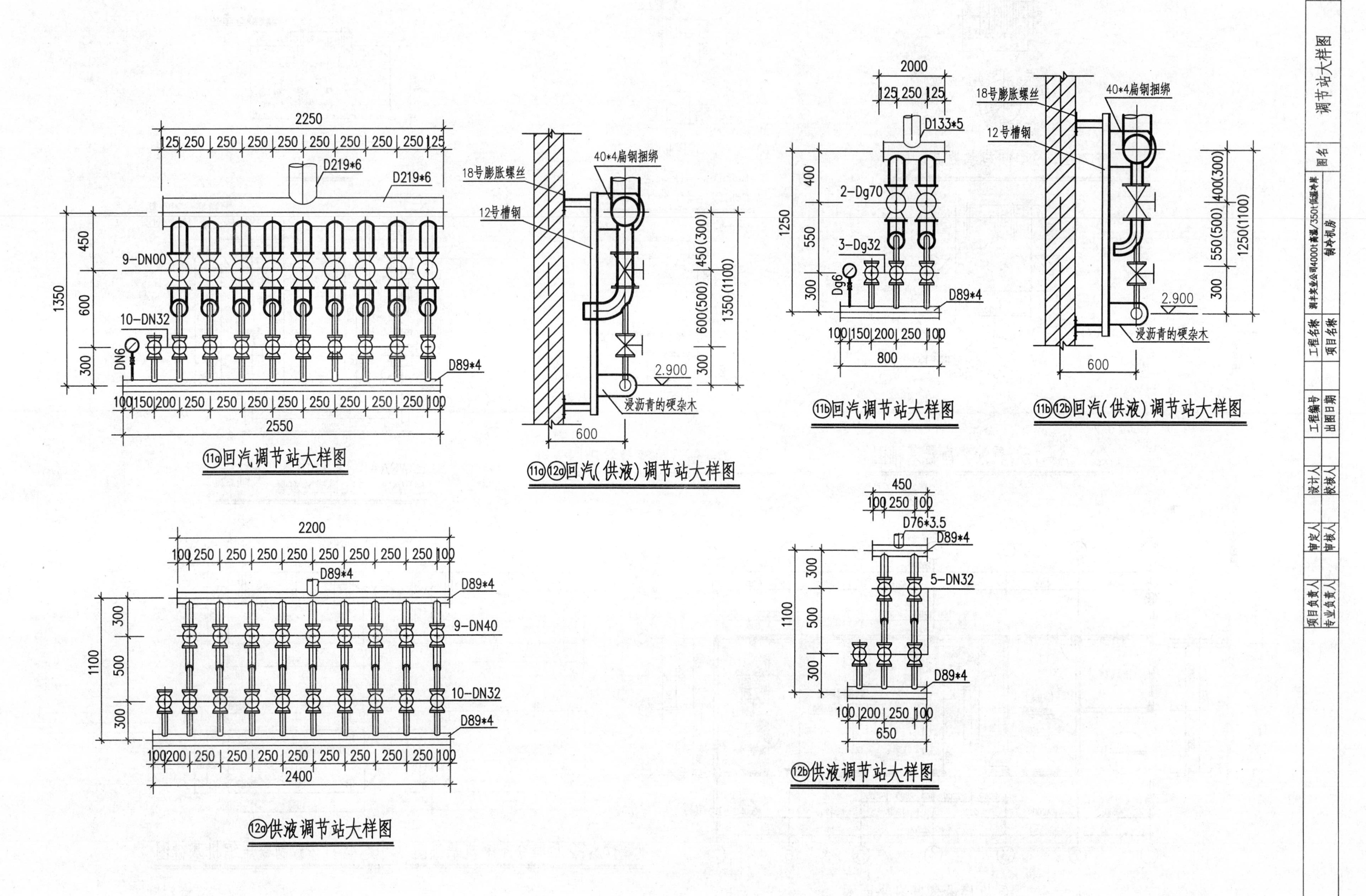
2250
125 250 250 250 250 250 250 250 250 125
D219*6
D219*6
9-DN00
10-DN32
DN6
D89*4
1350
450
600
300
100 150 200 250 250 250 250 250 250 250 100
2550
⑪a回汽调节站大样图
18号膨胀螺丝
12号槽钢
40*4扁钢捆绑
2.900
浸沥青的硬杂木
450(300)
600(500)
300
1350(1100)
600
⑪a⑫a回汽(供液)调节站大样图
2000
125 250 125
D133*5
2-Dg70
3-Dg32
Dg6
D89*4
1250
400
550
300
100 150 200 250 100
800
⑪b回汽调节站大样图
18号膨胀螺丝
40*4扁钢捆绑
12号槽钢
400(300)
550(500)
300
1250(1100)
2.900
浸沥青的硬杂木
600
⑪b⑫b回汽(供液)调节站大样图
2200
100 250 250 250 250 250 250 250 250 100
D89*4
D89*4
9-DN40
10-DN32
D89*4
1100
300
500
300
100 200 250 250 250 250 250 250 250 250 100
2400
⑫a供液调节站大样图
450
100 250 100
D76*3.5
D89*4
5-DN32
D89*4
1100
300
500
300
100 200 250 100
650
⑫b供液调节站大样图
图号 JFL06
调节站大样图
图名
调丰实业公司4000t高温/350t低温冷库
制冷机房
工程名称
项目名称
工程编号
出图日期
设计人
校核人
审定人
审核人
项目负责人
专业负责人

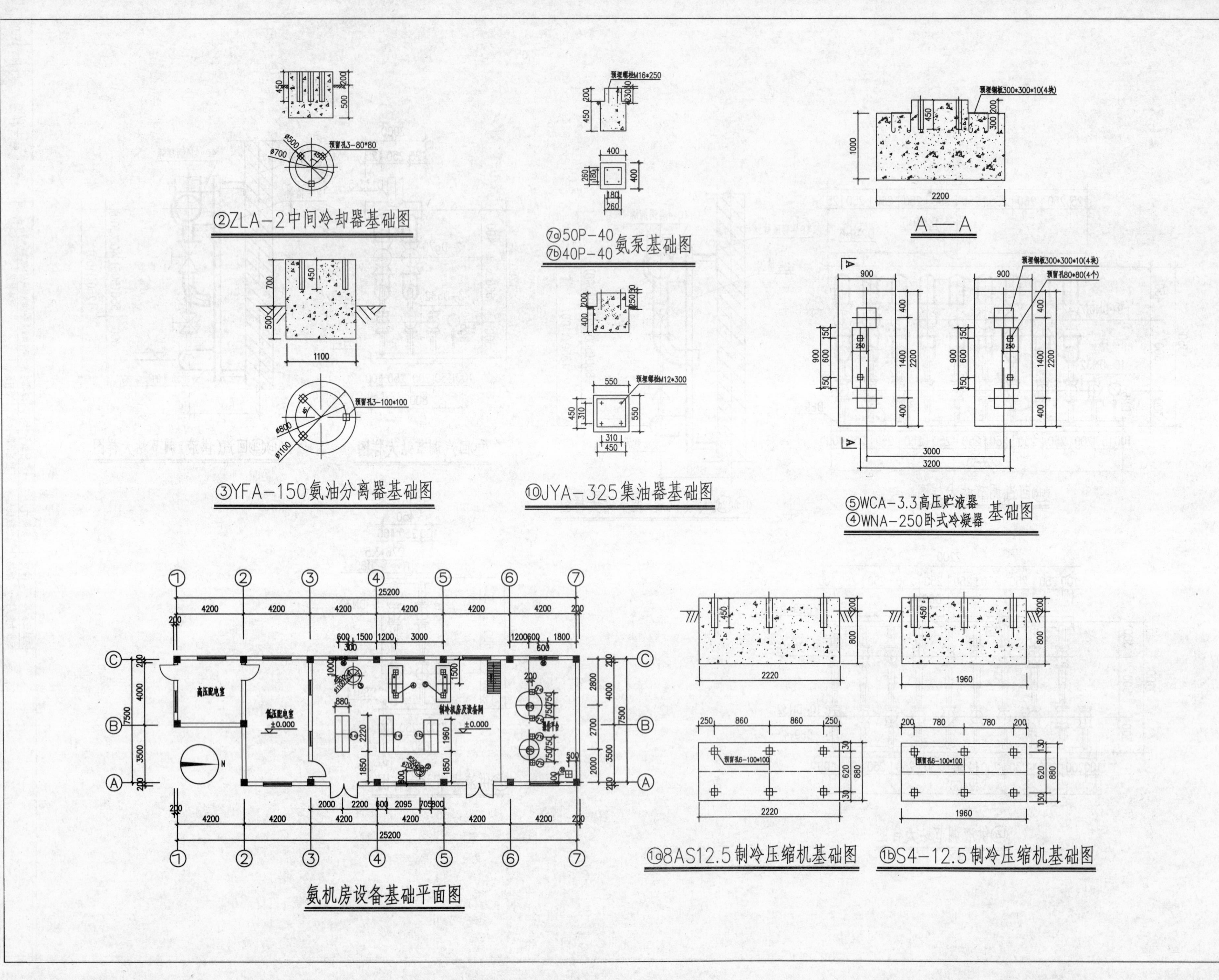

项目负责人	审定人	设计人	工程编号	工程名称	润丰实业公司4000t高温/350t低温冷库	图名	氨机房设备基础平,剖面图	图号	JFL07
专业负责人	审核人	校核人	出图日期	项目名称	制冷机房				

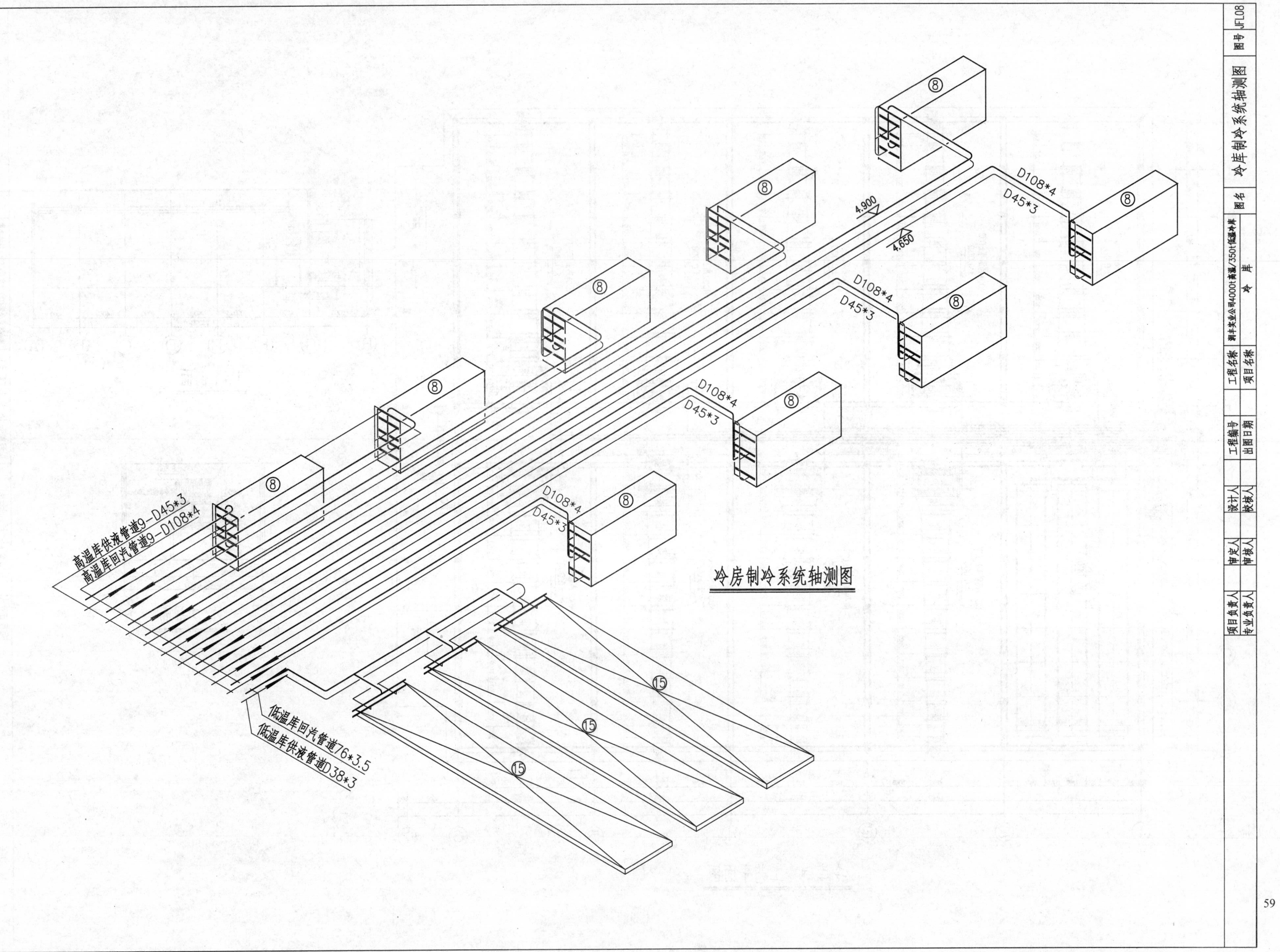
D108*4
D45*3
4.900
4.650
D108*4
D45*3
D108*4
D45*3
D108*4
D45*3
⑧
⑮
高温库供液管道9-D45*3
高温库回汽管道9-D108*4
低温库回汽管道76*3.5
低温库供液管道D38*3
冷房制冷系统轴测图
项目负责人
专业负责人
审定人
审核人
设计人
校核人
工程编号
出图日期
工程名称
润丰实业公司4000t高温/350t低温冷库
项目名称
冷 库
图名
冷库制冷系统轴测图
图号
JFL08

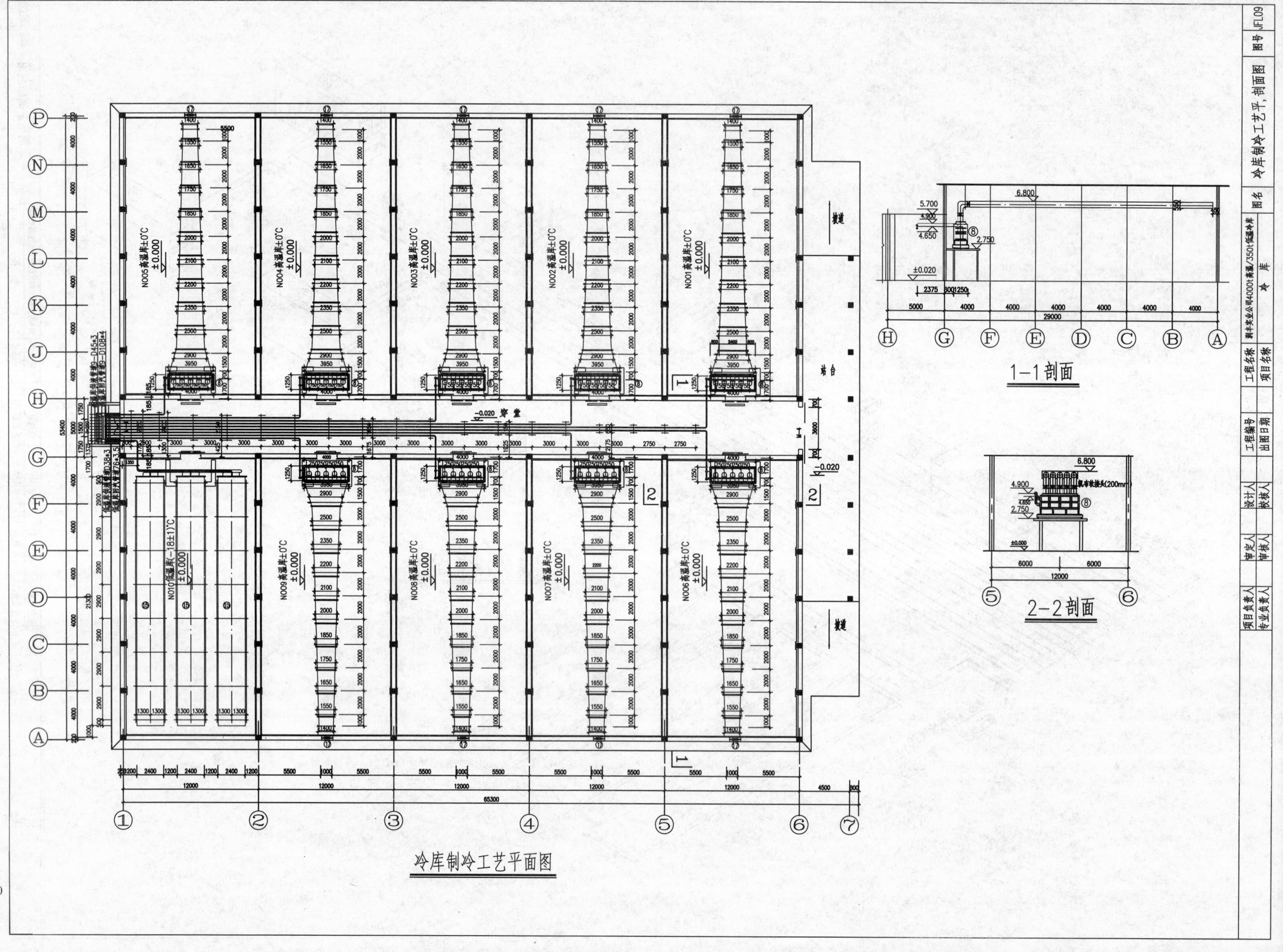
冷库制冷工艺平面图
1-1剖面
2-2剖面
N001高温库±0°C
N002高温库±0°C
N003高温库±0°C
N004高温库±0°C
N005高温库±0°C
N006高温库±0°C
N007高温库±0°C
N008高温库±0°C
N009高温库±0°C
N010低温库(-18±1)°C
±0.000
穿堂
站台
53400
65300
项目负责人
专业负责人
审定人
审核人
设计人
校核人
工程编号
出图日期
工程名称
润丰实业公司4000t高温/350t低温冷库
项目名称
冷库
图名
冷库制冷工艺平，剖面图
图号
JFL09

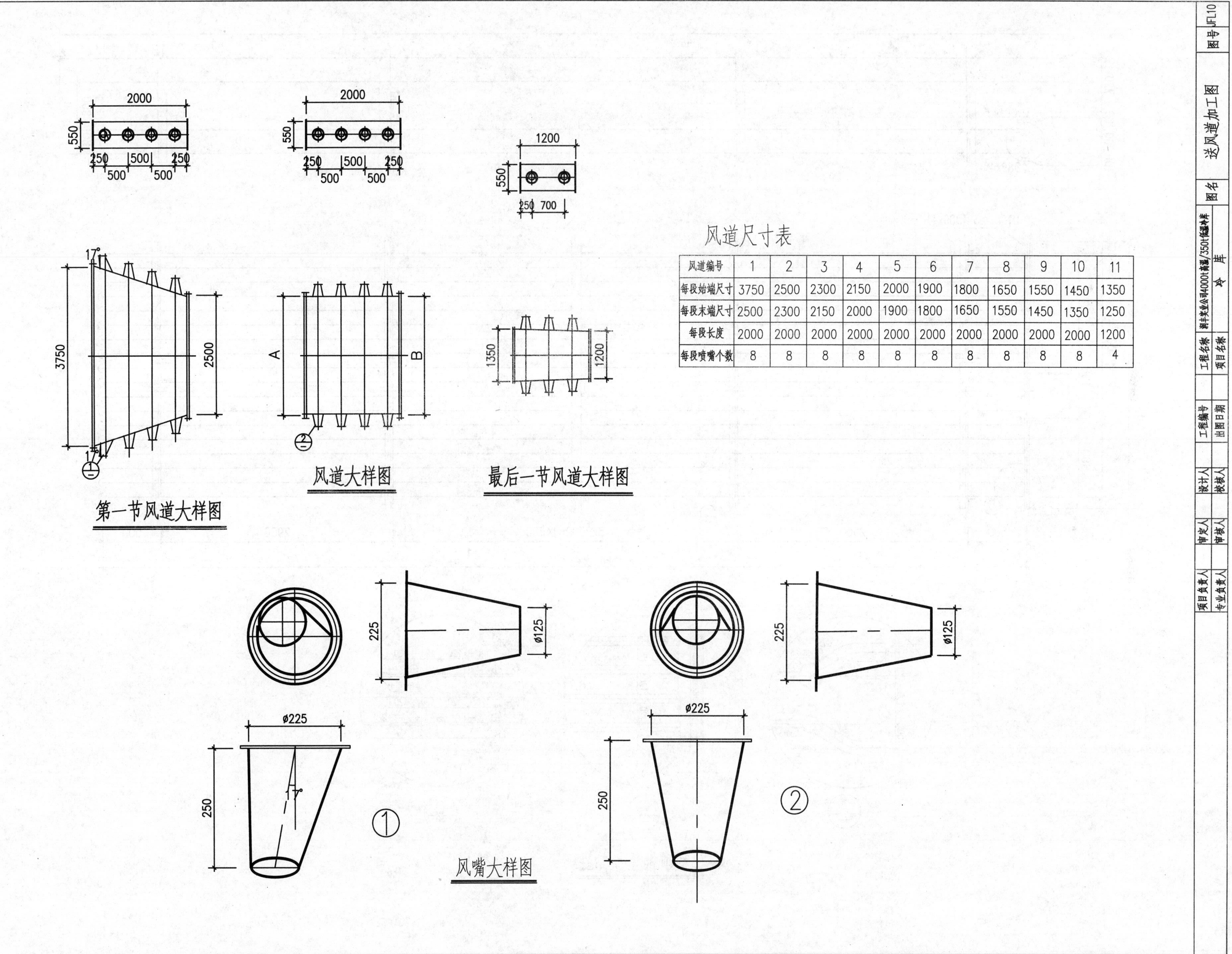

风道尺寸表

风道编号	1	2	3	4	5	6	7	8	9	10	11
每段始端尺寸	3750	2500	2300	2150	2000	1900	1800	1650	1550	1450	1350
每段末端尺寸	2500	2300	2150	2000	1900	1800	1650	1550	1450	1350	1250
每段长度	2000	2000	2000	2000	2000	2000	2000	2000	2000	2000	1200
每段喷嘴个数	8	8	8	8	8	8	8	8	8	8	4

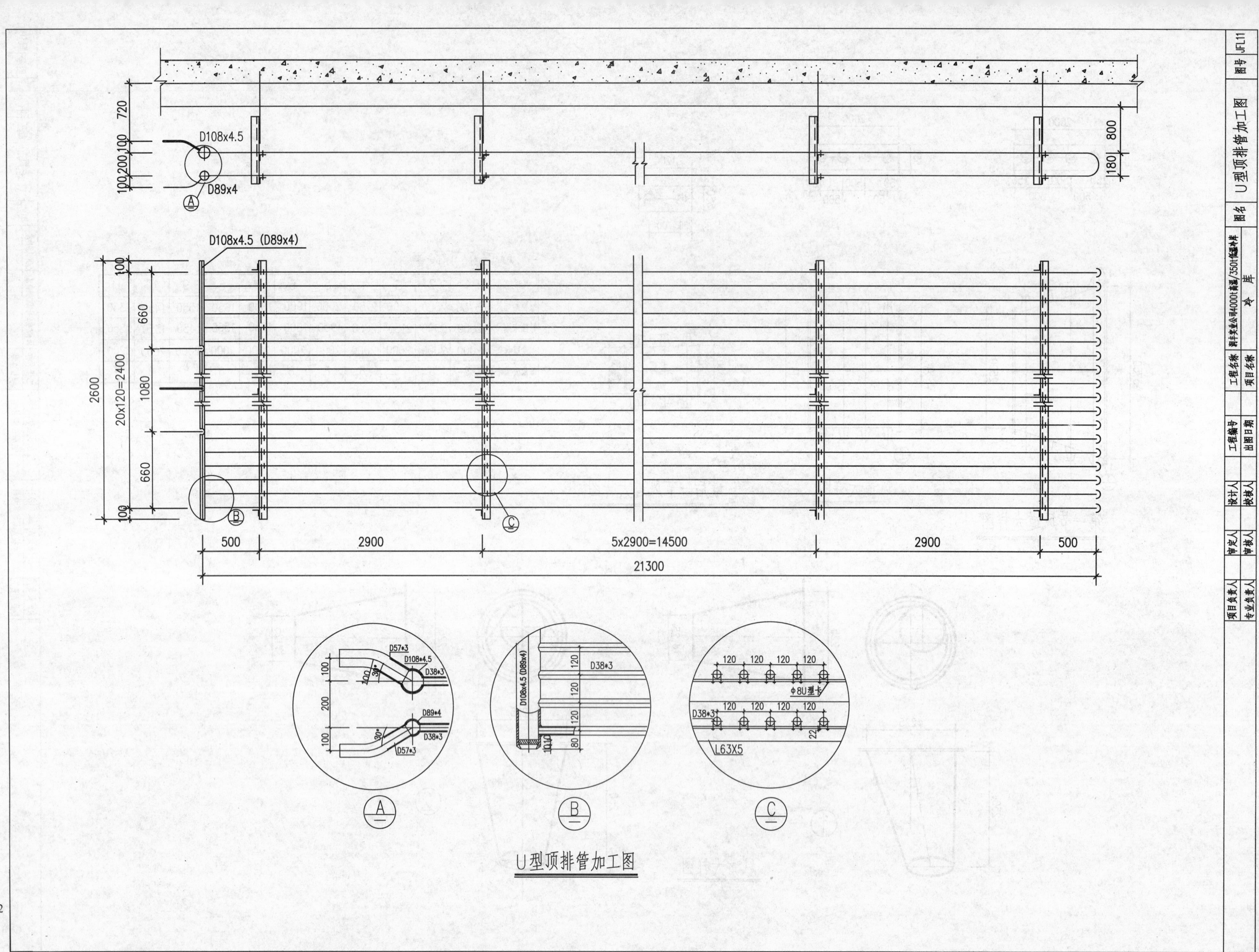

720
100,200,100
D108x4.5
D89x4
A
800
180
D108x4.5 (D89x4)
2600
20x120=2400
100
660
1080
660
100
B
C
500
2900
5x2900=14500
2900
500
21300
D57*3
D108*4.5
D38*3
100
30°
200
D89*4
D57*3
D108*4.5 (D89x4)
D38*3
120
120
120
1010
80
120
120
120
120
Φ8U型卡
D38*3
22
L63X5
A
B
C
U型顶排管加工图
项目负责人
专业负责人
审定人
审核人
设计人
校核人
工程编号
出图日期
工程名称
项目名称
润丰实业公司4000t高温/350t低温冷库
冷 库
图名
U型顶排管加工图
图号
JFL11

实例4　库尔勒宏达实业公司9000t高温冷库制冷系统设计

制冷系统设计说明

一、设计依据

1.本设计依据<<冷库设计规范>>(GB50072-2001)及建设单位的具体要求进行设计,室外计算参数参照库尔勒地区气象资料。

2.设计参数:

夏季室外计算温度30°C

夏季通风计算温度30°C

夏季室外平均湿球计算温度21.6°C

夏季室外计算相对湿度40%

夏季通风计算相对湿度30%

冷凝温度t_k=37°C

蒸发温度t_o=-10°C

冷间设计温度(0±1)°C

3.生产指标:冷却物冷藏间(高温库)冷藏能力9000t。

二、冷库概况

该冷库建筑面积约7400 m²,穿堂建筑面积1615 m²,站台建筑面积2315 m²,设计储藏能力9000t。共分为36个冷间,每冷间进货量按其储藏量的8%计算为20t,36间每日进货量总计为720t。库内冷却设备为空气冷却器,每间2台,型号为DAA50C/38-185,其冷风直接送至冷间各个部位。

三、氨压缩机及辅助设备的选用

1.压缩机的选用:-10℃制冷系统选用3台HLG16ⅢA热虹吸螺杆制冷压缩机,每台制冷机在37/-10℃条件下,产冷量为350kW,3台计1050kW,能够满足冷负荷的要求。

2.辅助设备的选用:选用2台卧式桶氨泵组合装置ZWB8-6.25*40,配置4台40p-40屏蔽氨泵;2台CXV-173型蒸发式冷凝器;1台ZA-4.5高压贮液器等辅助设备。

四、制冷系统简介

1.制冷系统:制冷系统以液氨为制冷剂,蒸发温度-10°C,采用单级蒸汽压缩制冷循环。

2.供液方式:采用氨泵强制供液系统。从高压贮液器出来的高压液体经低压循环贮液筒上的电磁主阀、节流阀,变为低压液体进入低压循环贮液筒内,然后由氨泵直接送到液体分配站,分配到各个冷间内的冷风机蒸发制冷,蒸发后的低温气体经气体分配站返回低压循环贮液筒内进行汽液分离,分离后的低压气体被压缩机吸入,经制冷机压缩变为高压气体,进入卧式冷凝器冷凝,冷凝后的高压液体进入高压贮液器储存使用。

3.冷却物冷却间(高温库)的除霜方法:冷却物冷却间采用DAA50C/38-185冷风机,设有水除霜和电加热除霜两种方法。正常情况下使用水除霜,在冷风机霜层较厚时,采用电加热和水相结合的除霜方法。除霜后的液体返回卧式桶组合装置内。

五、自动控制及安全保护

1.为减轻查库压力,本设计采用库温巡回检测,冷间温度的变化可在制冷机房直接观察,为校对温度的准确性,仍需在冷间设置玻璃水银温度计。

2.氨压缩机安全保护:有高低压保护、断水保护、油压保护等。

3.氨泵回路自动控制程序和保护装置:

(1)液位控制:每台低压循环贮液筒设置二套UQK-40浮球液位控制器,其中一套控制ZCL-32YB电磁主阀的启闭,使低压循环贮液筒保持35%的正常液位(液位降至35%-30mm时电磁主阀开启供液,液位升至35%+30mm时电磁主阀关闭停止供液);另一套起安全保护作用,当低压循环贮液筒液位升至70%时就发出报警信号,并使氨泵作报警停泵,操作人员应及时处理,当冷间温度达到要求时人工指令停泵。

(2)氨泵的安全保护:CWK-11差压控制器是防止氨泵空转遭受破坏,保护氨泵在上述情况下运转,差压控制器调至0~50kPa,时间继电器调至8~10s,在此时间内达不到调定压力,则证明氨泵没有上液自动停泵(铃响和灯显示),人工排除故障后再重新启动氨泵;ZZRN-50Y逆止阀的作用是防止液体倒流而使氨泵倒转;ZZRP-32自动旁通阀(此阀压力调至30kPa),当氨泵出口液体过剩、压头过高、上液压力超过30kPa时,将液体经自动旁通阀旁通至低压循环贮液筒,以保护冷间正常降温。

4.元件的调试与安装:

(1)UQK-40型浮球液位控制器:安装时以起始液面为准(起始液面用红漆标在阀体外壳下部,画有"A_"为氨液面),并作正侧两个方向的垂直吊线,下部液体平衡管应倾斜15°以上,以免油污堵塞。阀体内部充注低温氨液,阀体外部一般不包隔热层,切忌将其上盖密封橡皮放正压紧,以免水汽抽吸进入汽包室内,使阀失灵。继电器不能接错,要求达到向上浮上液位动作,向下浮下液位动作,接错液位计线路将造成严重事故。连接报警液位计的接头应接在上液位的位置,即电气盒内接线头"o"处,接错,浮球上升将不能发出报警信息,造成严重事故。

(2)ZCL-32YB型电磁主阀:安装及拆卸时应仔细阅读使用说明书,弄清其工作压力及零部件相应位置。安装前若发现肮脏或生锈必须拆卸清理;因主阀的关闭依靠活塞组件的自重和弹簧力,因此要注意正侧两个方向的吊线,不得倾斜。法兰焊接时,当点焊定位后应将主阀拆下,然后续焊,否则法兰烧红使主阀受热,引起挠曲变形影响精度;主阀法兰焊接完成后必须仔细检查焊房间一段管道,不得使焊渣、焦渣、氧化皮等存流物日后进入阀内损坏阀芯。

(3)CWK-11型差压控制器:安装时最好立装,下端波纹管接高压,上端波纹管接低压,控制器接在氨泵的两侧。安装时先检查控制器面板是否密封压紧,以免潮湿气体及氨气侵入腐蚀零件;差压控制器安装前应试校,检查调定值是否准确,继电器发出讯号是否及时。

(4)ZZRN-50Y型逆止阀:安装时应注意流向不能装反,两法兰相对螺孔必须对正,否则不便拆装。阀体两端定位止口一深一浅,组装时应将阀口阀尾两端对齐。

(5)ZZRP-32型自动旁通阀:安装前应校验测试,检查关闭是否严密,安装前必须调定压力,调定压力时一人观察泵排出压力,一人观察低压循环筒内压力,相互配合,使低压循环筒内的压力处于规定的主阀压力时,调节氨泵出口手动阀,使氨泵排出压力升到预调压力,迅速转动调节杆,使在调定压力值时正好打开,如果尚未调好,泵排出压力即超过调定值,此时再调也不准,须重新使泵压力由下往上升,达到调定值迅速调好。调好后再复校一次,如正好在调定值时阀开,说明已调好。

六、施工要求

1.制冷系统部分水平管道坡度要求:

管道名称	坡度要求	坡度范围(‰)
氨压缩机至油分离器的排气管	坡向油分器	3~5
氨压缩机进气管	坡向低循桶	3~5
油分器、氨分器与冷凝器的放油管	坡向集油器	2~3
调节站的供液管	坡向调节站	1~3

2.系统水平管道的水平度2‰,系统竖直管道的垂直度2‰,系统标高的允许偏差±5mm,系统管道长度的偏差±5mm。

3.系统中所有管道内外壁均除锈、排污,管道安装完毕且经试压、试漏合格后,外刷防锈漆、银灰漆各两道。

4.所有设备尺寸均以生产厂家实物为准,待核实后开始设备施工。

5.供液装置具有自动供液、液位显示、液位超高报警、氨泵自动保护等措施。

6.压缩机备有压差、高低压控制,断水保护等措施,其余辅助设备均设有安全阀、压力表等安全保护装置。

7.凡支撑隔热层管道的吊支架均设置硬木垫,所需硬木垫均应经防腐处理后方可使用。

8.制冷设备及管道的保温均采用聚氨酯现场发泡,外包0.5mm厚的彩钢板。保温层厚度参照下列数值:

管径(mm)	18~32	38~76	89~159	219~325
厚度(mm)	60	70	80	100

低压循环贮液筒、中间冷却器、排液桶的保温层厚度均不少于125mm,融霜热氨管保温层为75mm厚的石棉。

9.制冷工艺中设备及管道的安装应符合<<制冷设备、空气分离设备安装工程施工及验收规范>>(GBJ50274-98)的要求,未尽事宜参照国家有关规范之规定。

项目负责人	审定人	设计人	工程编号	工程名称	库尔勒宏达实业公司9000t高温冷库	图名	制冷系统设计说明	图号	JFL01
专业负责人	审核人	校核人	出图日期	项目名称	制冷机房				

主要制冷设备及材料表

序号	设备(材料)名称	规格型号	单位	数量	备注
1	热虹吸螺杆制冷机组	HLG16ⅢA	台	3	
2	虹吸罐	HZAP5	台	1	
3	蒸发式冷凝器	CXV-173	台	2	
4	高压贮氨器	ZA-4.5	台	1	
5	卧式桶氨泵组合装置	ZWB8-6.25*40	台	2	
6	集油器	JYA-325	台	1	
7	自动空气分离器	ZKF-1	台	1	
8	紧急泄氨器	JX-159	台	1	
9	加氨站		组	1	
10	空气冷却器	DAA50C38-185	台	72	
11	防爆型轴流风机	T35-11N005	台	4	
12	氨用压力表	-0.1~2.5MPa	块	5	
		-0.1~1.5MPa	块	4	
13	板式液位计	l=1800mm	支	2	
		l=1400mm	支	1	
14	电磁阀	ZCL-10YB	个	2	
		ZCL-40YB	个	36	
15	氨液过滤器	YG40	个	36	
16	氨用截止阀	DN250	个	2	
		DN200	个	4	
		DN100	个	7	
		DN80	个	6	
		DN70	个	6	
		DN65	个	37	
		DN50	个	4	
		DN45	个	1	
		DN40	个	38	
		DN32	个	3	
		DN25	个	4	
		DN20	个	12	
		DN15	个	38	
		DN10	个	2	
17	氨用直角阀	DN100	个	2	
		DN80	个	1	
		DN50	个	2	
		DN20	个	2	
18	止回阀	ZZRN-80Q	个	3	
19	安全阀	DN32	套	4	
		DN25	套	5	
20	氨用节流阀	DN10	个	1	
		DN15	个	1	
		DN40	个	36	

说明：材料用量以实际工程消耗为准，表中数量仅供参考。

图纸目录

序号	图号	名称	页数	备注
1	JFL01	制冷系统设计说明	1	A2
2	JFL02	图纸目录，主要设备及材料表	1	A2
3	JFL03	机房制冷系统原理图	1	A2
4	JFL04	氨机房制冷系统轴测图	1	A1
5	JFL05	机房设备基础位置，工艺平面图	1	A2
6	JFL06	蒸发式冷凝器基础位置，工艺平面图	1	A2
7	JFL07	氨机房剖面图(一)	1	A2
8	JFL08	氨机房剖面图(二)	1	A2
9	JFL09	库房制冷系统原理图	1	A2
10	JFL10	冷却物冷藏间制冷系统轴测图	1	A2
11	JFL11	冷却物冷藏间制冷工艺平面图	1	A2

项目负责人		审定人		设计人		工程编号		工程名称	库尔勒宏达实业公司9000t高温冷库	图名	图纸目录，主要设备及材料表	图号	JFL02
专业负责人		审核人		校核人		出图日期		项目名称	制冷机房				

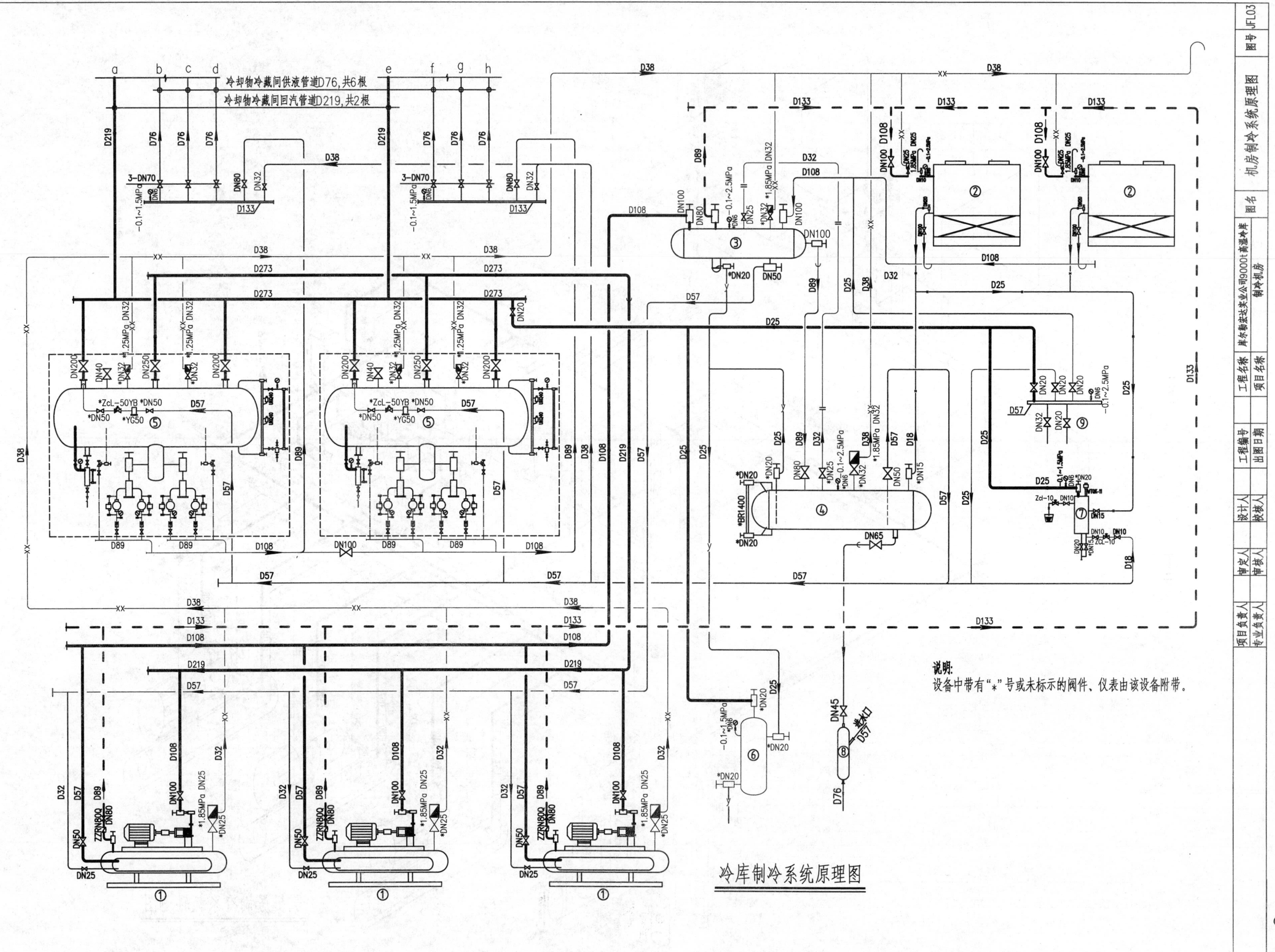
冷却物冷藏间供液管道D76,共6根
冷却物冷藏间回汽管道D219,共2根
说明:
设备中带有"*"号或未标示的阀件、仪表由该设备附带。
项目负责人
专业负责人
审定人
审核人
设计人
校核人
工程编号
出图日期
工程名称
库尔勒宏达实业公司9000t高温冷库
项目名称
制冷机房
图名
机房制冷系统原理图
图号
JFL03

冷库制冷系统原理图

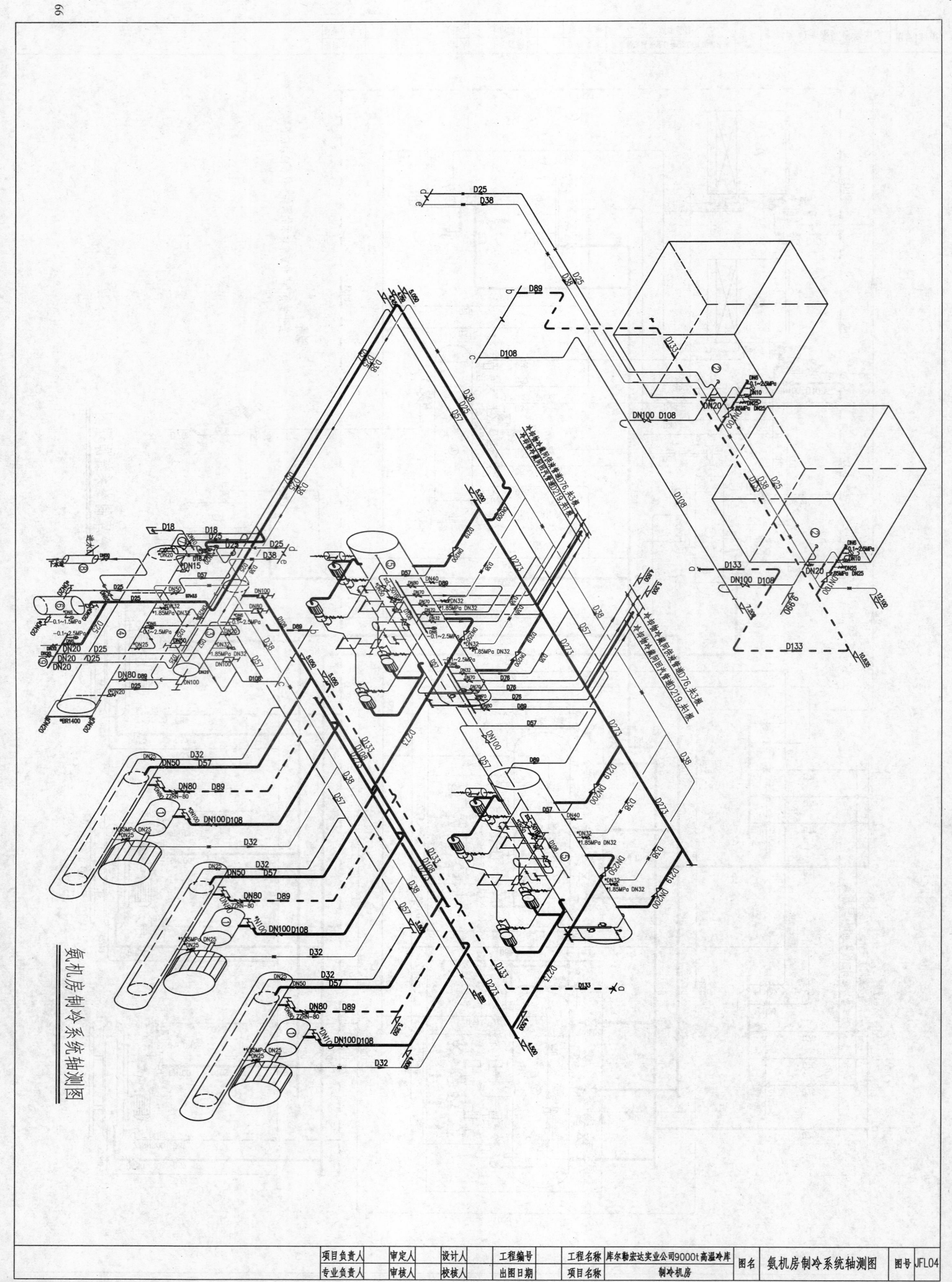

99
氨机房制冷系统轴测图
项目负责人
专业负责人
审定人
审核人
设计人
校核人
工程编号
出图日期
工程名称
库尔勒宏达实业公司9000t高温冷库
项目名称
制冷机房
图名
氨机房制冷系统轴测图
图号
JFL04

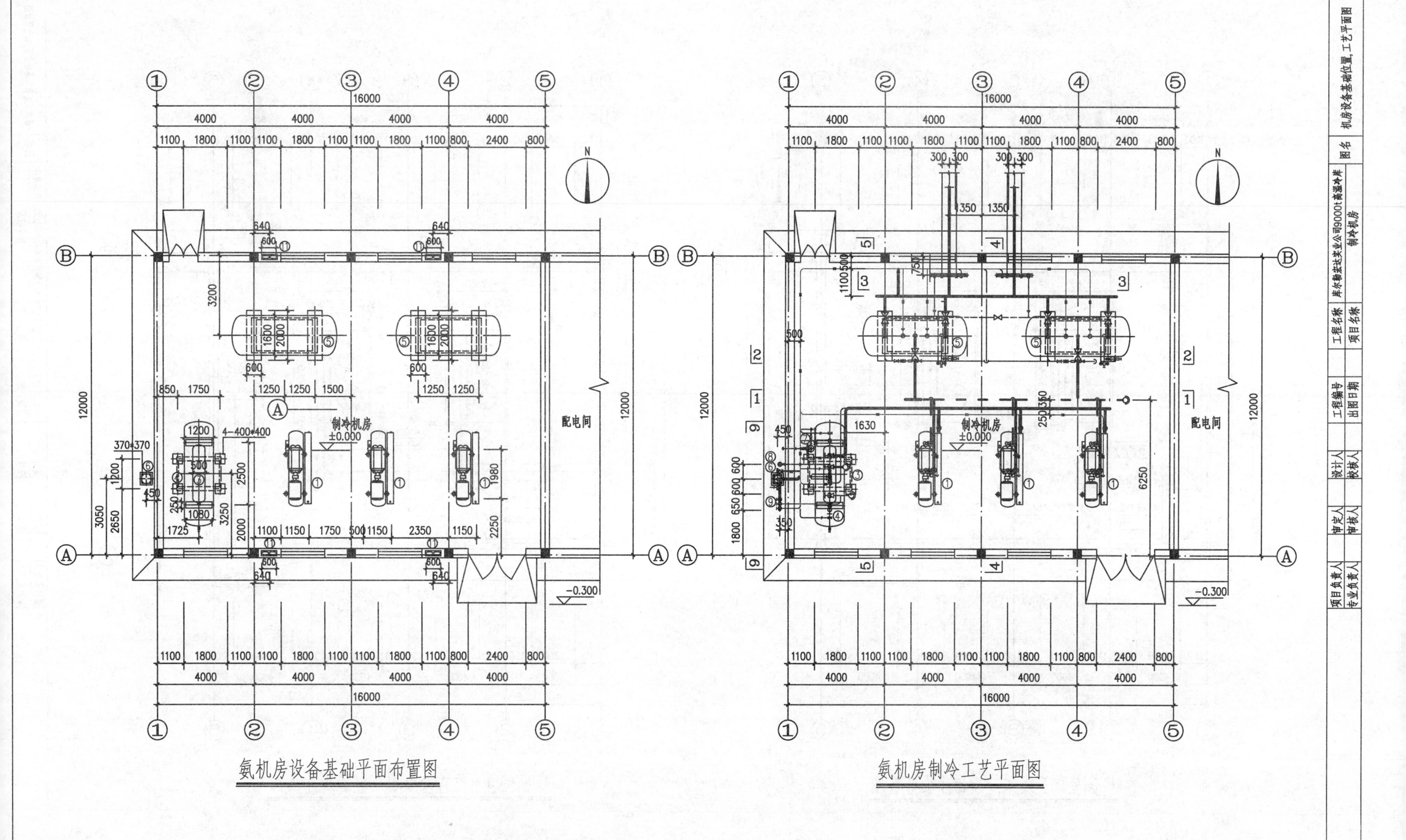

①
②
③
④
⑤
16000
4000
1100
1800
800
2400
Ⓐ
Ⓑ
12000
配电间
制冷机房
±0.000
-0.300
N
3200
850
1750
1250
1500
1600
2000
600
640
4-400×400
370×370
1200
500
1080
250
450
2500
3250
2000
2650
3050
1725
1150
2350
1980
2250
300
1350
750
1100
1630
6250
650
350
1800
氨机房设备基础平面布置图
氨机房制冷工艺平面图
项目负责人
专业负责人
审定人
审核人
设计人
校核人
工程编号
出图日期
工程名称
项目名称
库尔勒宏达实业公司9000t高温冷库
制冷机房
图名
机房设备基础位置，工艺平面图
图号
JFL05

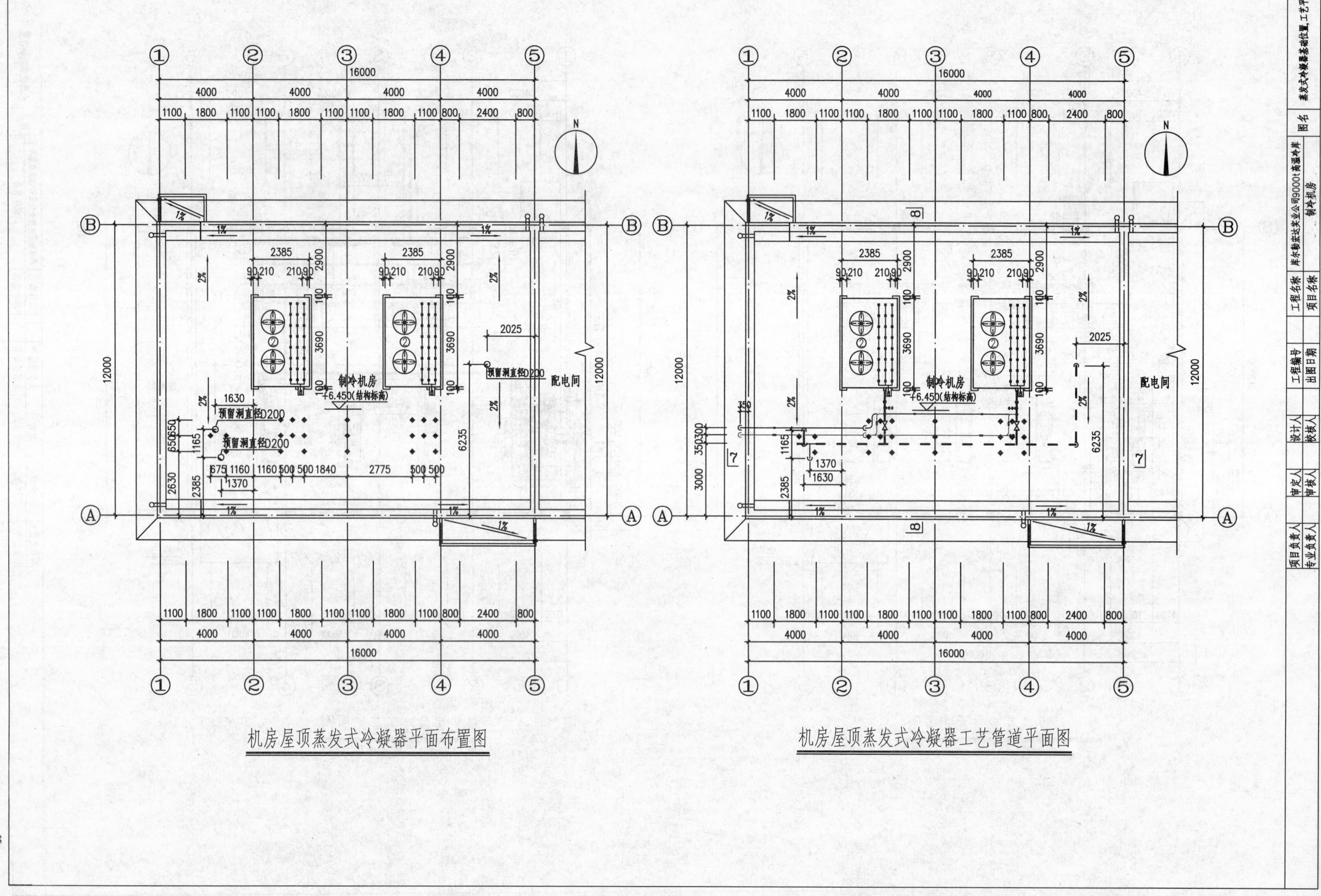

机房屋顶蒸发式冷凝器平面布置图

机房屋顶蒸发式冷凝器工艺管道平面图

项目负责人		审定人		设计人		工程编号		工程名称	库尔勒宏达实业公司9000t高温冷库	图名	蒸发式冷凝器基础位置,工艺平面图	图号	JFL06
专业负责人		审核人		校核人		出图日期		项目名称	制冷机房				

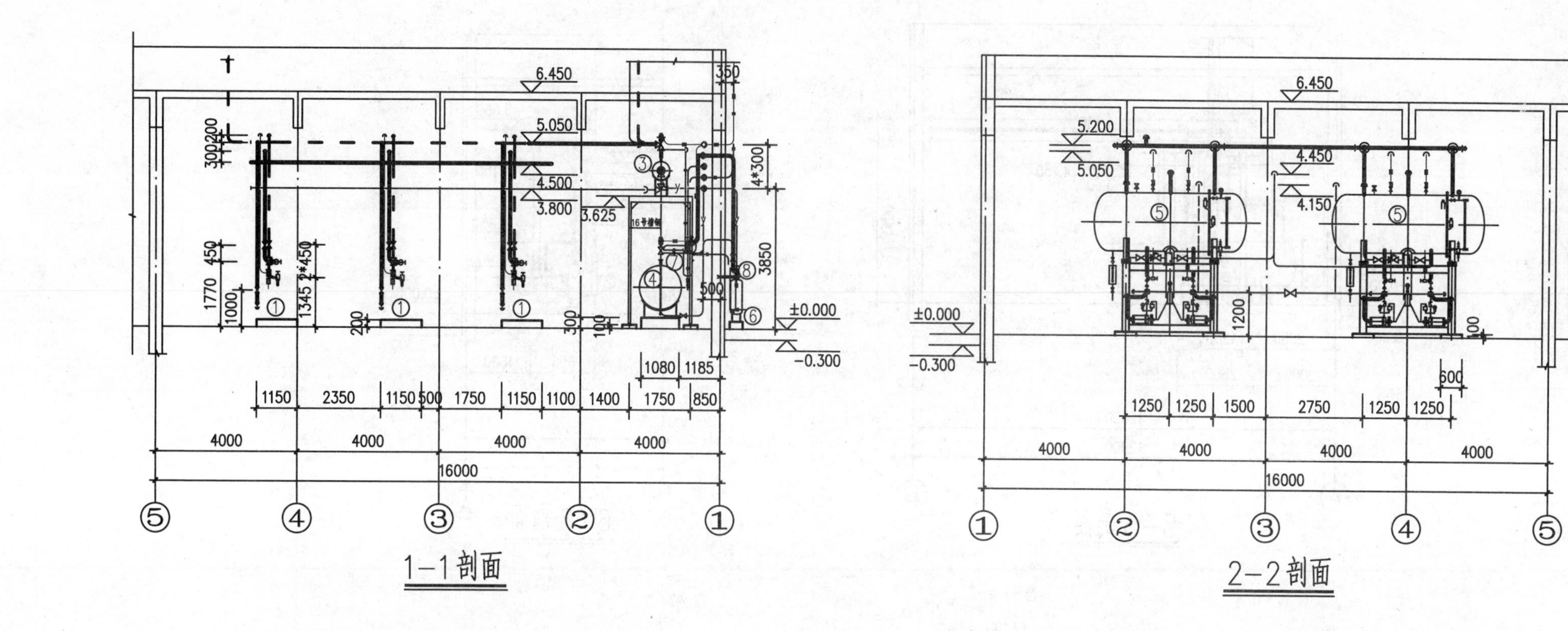

1-1剖面

2-2剖面

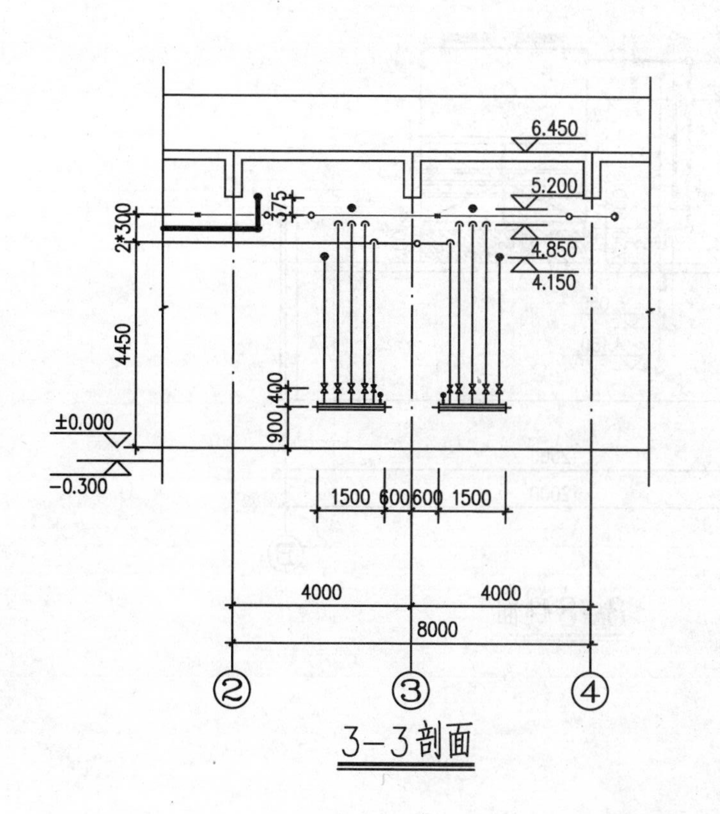

3-3剖面

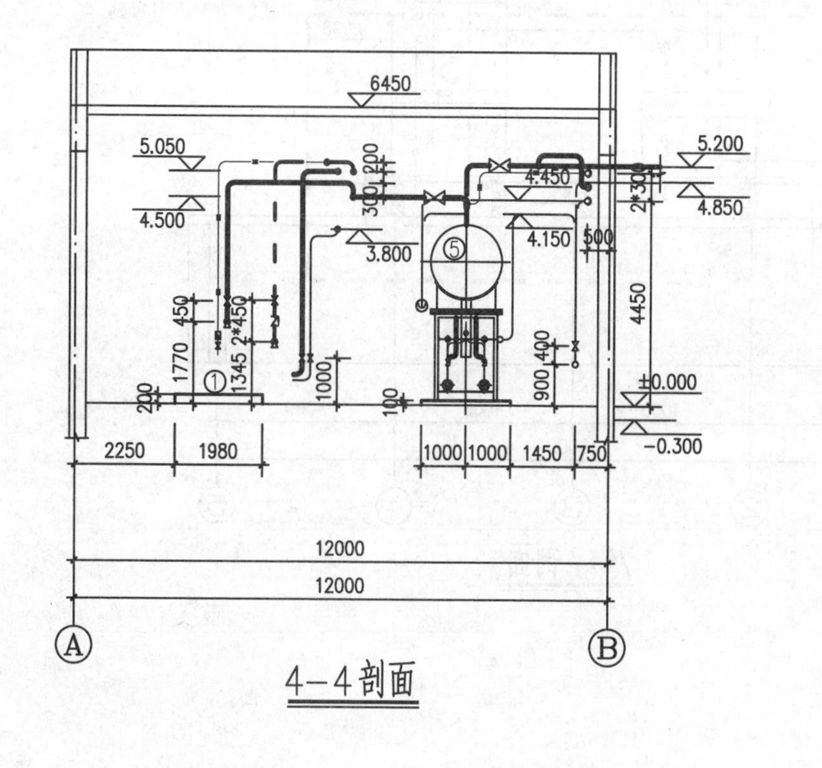

4-4剖面

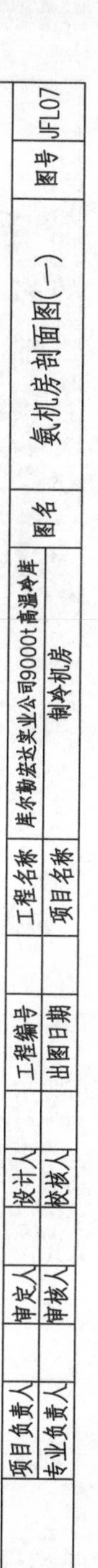

项目负责人	审定人	设计人	工程编号	工程名称	库尔勒宏达实业公司9000t高温冷库	图名	氨机房剖面图(一)	图号	JFL07
专业负责人	审核人	校核人	出图日期	项目名称	制冷机房				

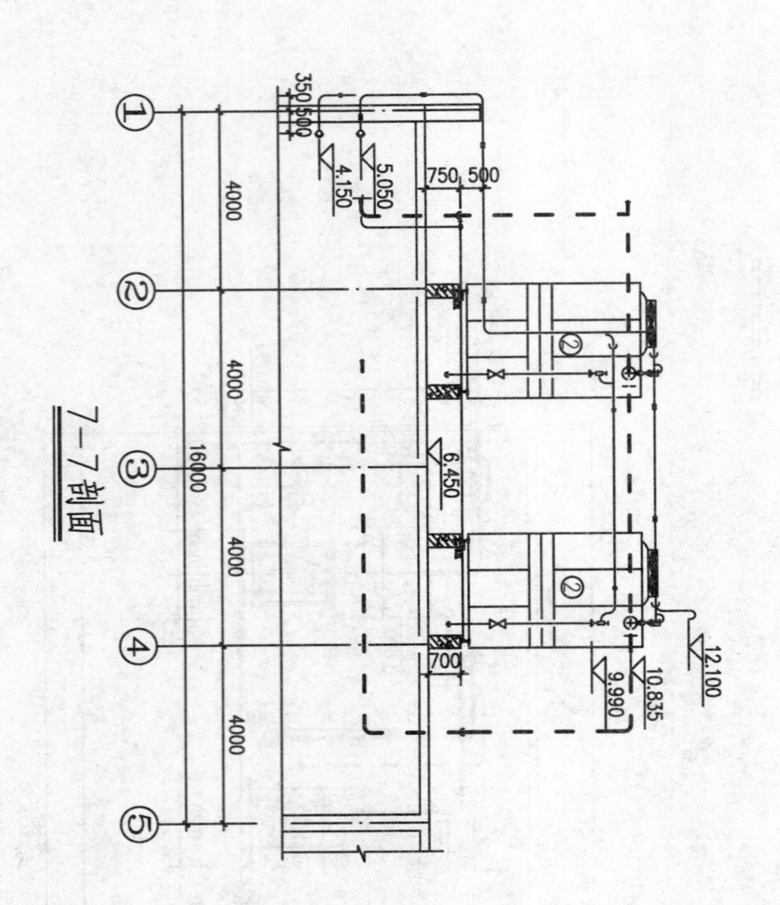

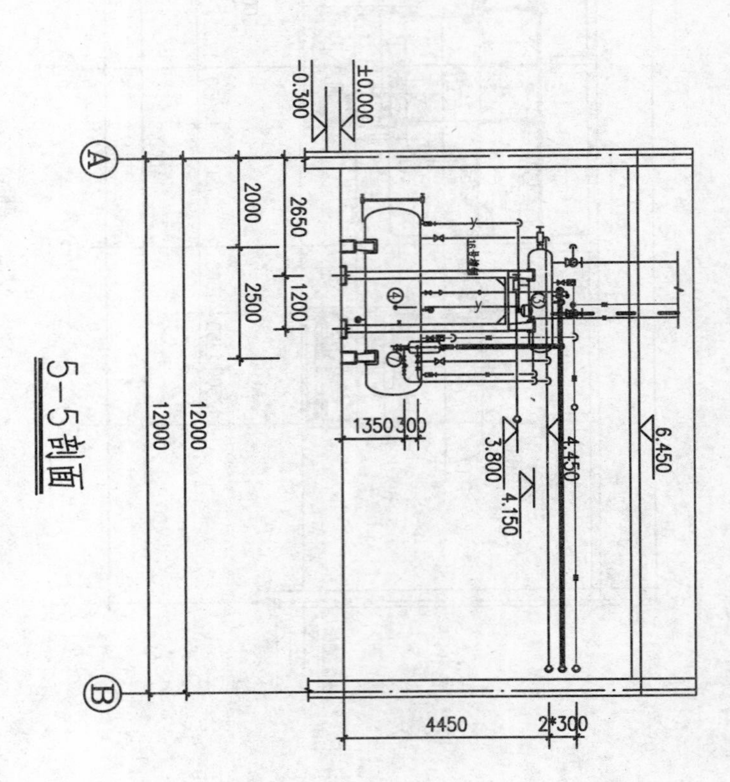

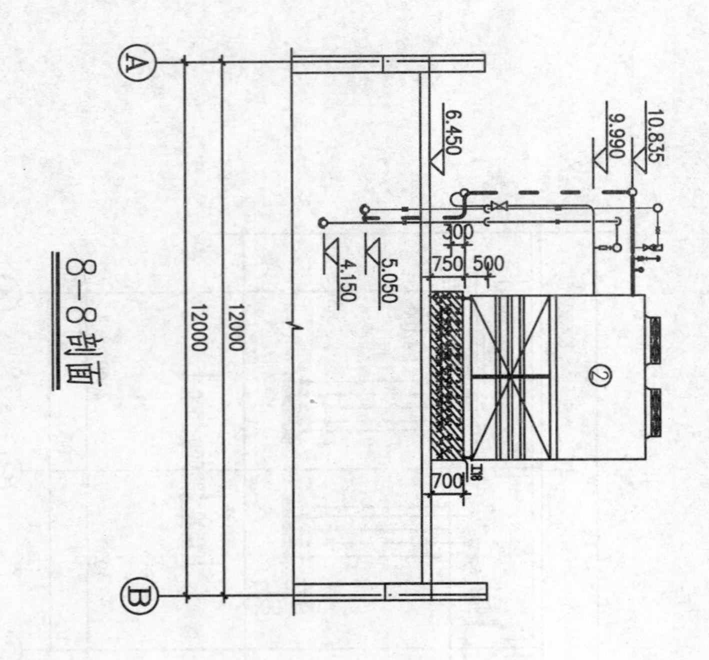

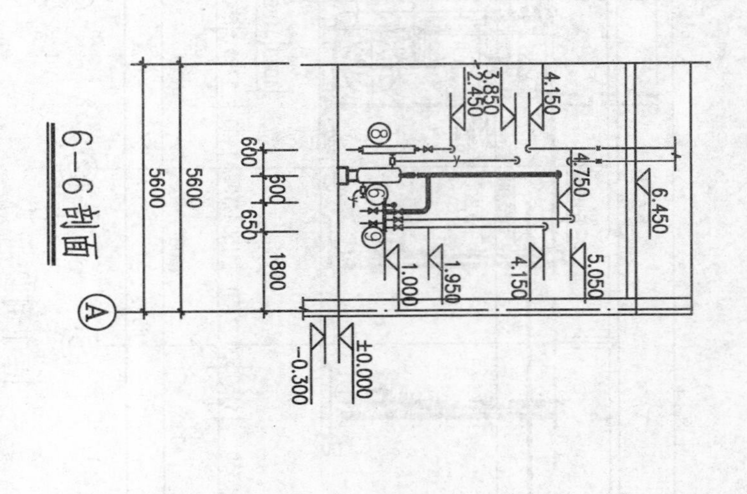

项目负责人		审定人		设计人		工程编号		工程名称	库尔勒宏达实业公司9000t高温冷库	图名	氨机房剖面图(二)	图号	JFL08
专业负责人		审核人		校核人		出图日期		项目名称	制冷机房				

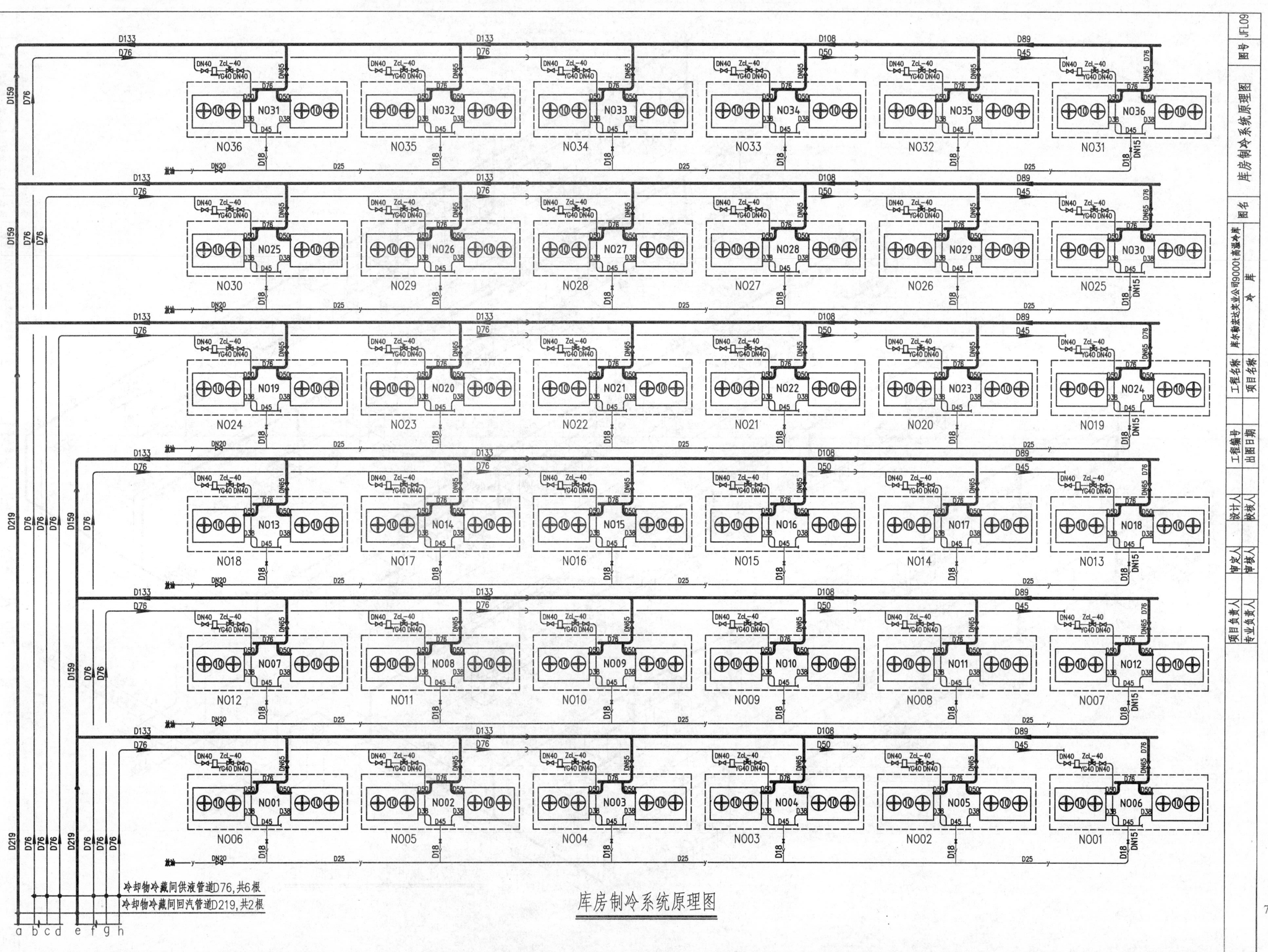
冷却物冷藏间供液管道D76,共6根
冷却物冷藏间回汽管道D219,共2根
库房制冷系统原理图
项目负责人
专业负责人
审定人
审核人
设计人
校核人
工程编号
出图日期
工程名称
项目名称
库尔勒宏达实业公司9000t高温冷库
冷 库
图名
库房制冷系统原理图
图号
JFL09

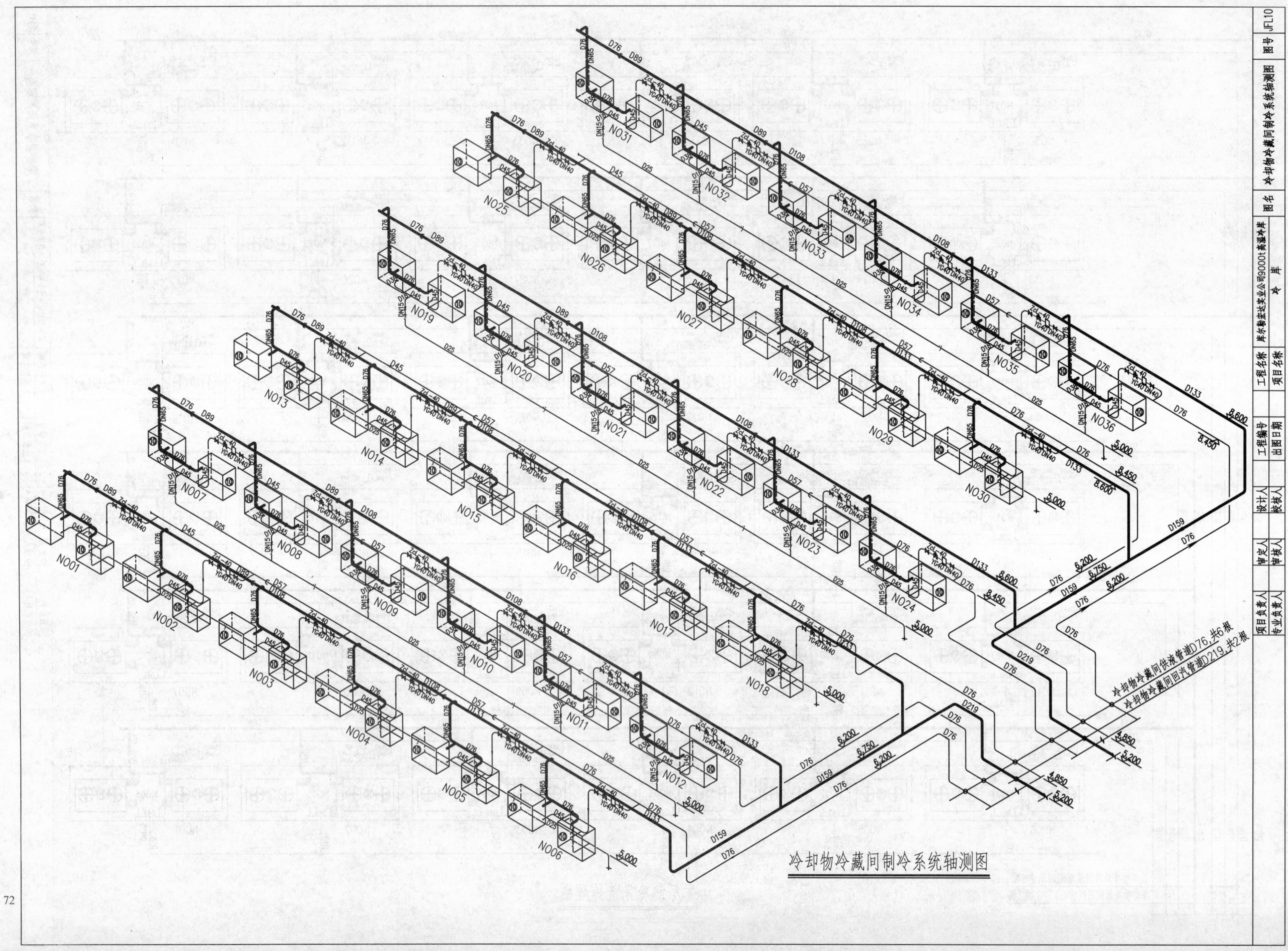
冷却物冷藏间制冷系统轴测图
冷却物冷藏间供液管道D76,共6根
冷却物冷藏间回汽管道D219,共2根
项目负责人
审定人
设计人
工程编号
工程名称
库尔勒宏达实业公司9000t高温冷库
图名
冷却物冷藏间制冷系统轴测图
图号
JFL10
专业负责人
审核人
校核人
出图日期
项目名称
冷　库

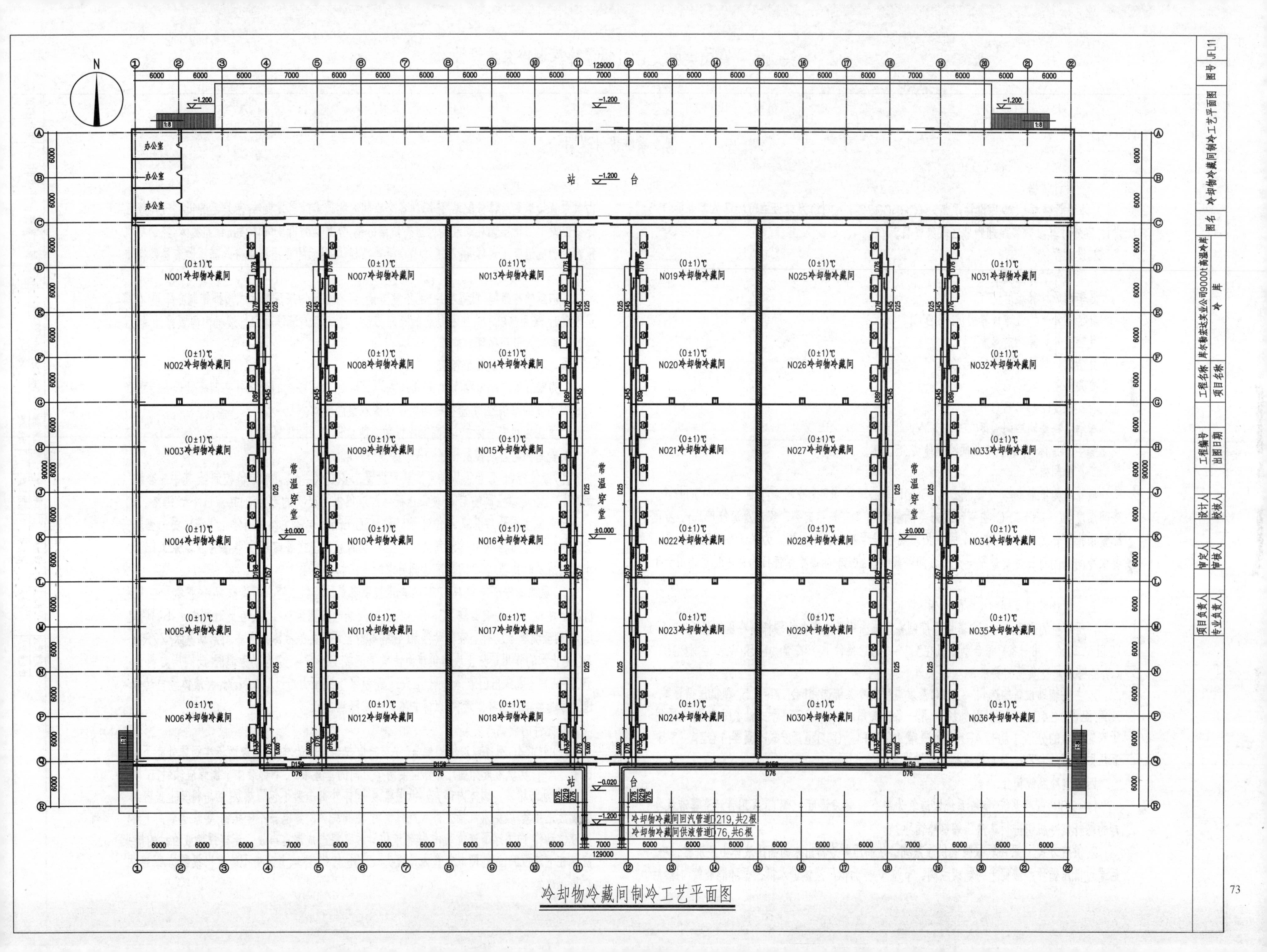

冷却物冷藏间制冷工艺平面图

实例5　富民集团3500t低温冷库制冷系统设计

制冷系统设计说明

一、设计依据

1.本设计依据<<冷库设计规范>>(GB50072-2001)及建设单位的具体要求进行设计，室外计算参数参照郑州地区气象资料。

2.设计参数:

夏季室外计算温度31°C

夏季通风计算温度32°C

夏季室外平均湿球计算温度27.9°C

夏季室外计算相对湿度75%

夏季通风计算相对湿度44%

冷凝温度t_k=37°C

蒸发温度t_o=−28°C

冻结物冷藏间冷间温度(−18±1)°C

3.生产指标: 冻结物冷藏间冷藏能力3500t。

二、冷间概况

该冷库为低温冷库，冷藏能力约3500t，单层建筑，共2个冷间，建筑面积约3000 m^2，冷间温度为(−18±1)°C，主要储藏肉类低温食品(如猪牛羊肉类、家禽及海鲜产品)。冷间配置顶排管作为蒸发器，满足冷量要求，其特点是干耗小、降温快。为保证冷库正常降温，要求冷间每间每日进货量不得大于该间冷藏吨位的5%，即该冷库每日的总进货量不得大于175t。

三、氨压缩机及辅助设备的选用

1.压缩机的选用: −28°C蒸发温度制冷系统选用带经济器的螺杆制冷压缩机HJLLG 16ⅢA二台(一用一备)，每台制冷机在37/−28°C条件下，产冷量为145kW，二台计290 kW，能够满足冷负荷的要求。

2.主要辅助设备的选用: −28°C蒸发温度制冷系统选用1台DX−3.5L型低压循环贮液筒，配置2台40p−40屏蔽氨泵(一用一备)；选用1台YF−80TL干式油氨分离器，主要用于除霜热氨的分油；1台HZAP5氨虹吸罐；1台TZFL−640型蒸发式冷凝器；1台ZA−3.5高压贮液器；1台ZA−5.0排液桶等辅助设备。

四、制冷系统简介

1.−28°C制冷系统: 制冷系统以液氨为制冷剂，蒸发温度−28°C，采用带经济器液氨冷却的螺杆制冷机组进行蒸汽压缩制冷循环。

2.供液方式: 采用氨泵强制供液系统。从高压贮液器出来的高压液体由经济器过冷后通过低压循环贮液筒上的电磁主阀、节流阀，变为低压液体进入低压循环贮液筒内，然后由氨泵直接送到液体分配站，分配到各个冷间内的顶排管蒸发制冷，蒸发后的低温气体经气体分配站返回低压循环贮液筒内进行汽液分离，分离后的低压气体被压缩机吸入，经制冷机压缩变为高温高压气体，进入蒸发式冷凝器冷凝，冷凝后的高压液体进入高压贮液器贮存使用。

3.冻结物冷藏间(低温冷库)的除霜方法: 所有冷间均采用蒸发式顶排管制冷降温，在霜层较厚时，采用热氨和人工相结合的除霜方法。除霜后的液体返回排液桶内静置排油，然后经加压再进入低压循环贮液筒。

五、自动控制及安全保护

1.为减轻查库压力，本设计采用库温巡回检测，冷间温度的变化可在制冷机房直接观察，为校对温度的准确性，仍需在冷间设置玻璃水银温度计。

2.氨压缩机安全保护: 有高低压保护、断水保护、油压保护等。

3.氨泵回路自动控制程序和保护装置:

(1)液位控制: 每台低压循环贮液筒设置二套UQK−40浮球液位控制器，其中一套控制ZCL−32电磁主阀的启闭，使低压循环贮液筒保持35%的正常液位(液位降至35%−30 mm时电磁主阀开启供液，液位升至35%+30mm时电磁主阀关闭停止供液)；另一套起安全保护作用，当低压循环贮液筒液位升至70%时就发出报警信号，并报警停止氨泵工作，操作人员应及时处理，当冷间温度达到要求时人工指令停泵。

(2)氨泵的安全保护: RT260A差压控制器是防止氨泵空转遭受破坏，保护氨泵在上述情况下运转，差压控制器调至0~50kPa，时间继电器调至8~10s，在此时间内达不到调定压力，则证明氨泵没有上液自动停泵(铃响和灯显示)，排除故障后再重新启动氨泵；ZZRN−50逆止阀的作用是防止液体倒流而使氨泵倒转；ZZRP−32自动旁通阀(此阀压力调至30kPa)，当氨泵出口液体过剩，压头过高，氨泵上液压力超过30kPa时，将液体经自动旁通阀旁通至低压循环贮液筒，以保护冷间正常降温。

4.元件的调试与安装

(1)UQK40型浮球液位控制器: 安装时以起始液面为准(起始液面标在阀体外壳下部，画有"A_"为氨液起始面)，并作正侧两个方向的垂直吊线，下部液体平衡管应倾斜15°以上，以免油污堵塞。阀体内部充注低温氨液，阀体外部一般不包隔热层，切忌将其上盖密封橡皮放正压紧，以免水汽抽吸进入汽包室内，使阀失灵。继电器不能接错，要求达到向上浮上液位动作，向下浮下液位动作，接错液位计线路将造成严重事故。连接报警液位计的接头应接在上液位的位置，即电气盒内接线头"o"处，接错，浮球上升将不能发出报警信息，造成严重事故。

项目负责人		审定人		设计人		工程编号		工程名称	富民集团3500t低温冷库	图名	制冷系统设计说明(一)	图号	JFL01
专业负责人		审核人		校核人		出图日期		项目名称	制冷机房				

(2)ZCL-32型电磁主阀: 安装及拆卸时应仔细阅读使用说明书,弄清其工作压力及零部件相应位置。安装前若发现肮脏或生锈必须拆卸清理,因主阀的关闭依靠活塞组件的自重和弹簧力,因此要注意正侧两个方向的吊线,不得倾斜。法兰焊接时,当点焊定位后应将主阀拆下,然后续焊,否则法兰烧红使主阀受热,引起挠曲变形影响精度。主阀法兰焊接完成后必须仔细检查烧焊房间一段管道,不得使焊渣、焦渣、氧化皮等存流物日后进入阀内损坏阀芯。

(3)RT260A型差压控制器: 安装时最好立装,下端波纹管接高压,上端波纹管接低压,控制器接在氨泵的两侧。安装时先检查控制器面板是否密封压紧,以免潮湿气体及氨气侵入腐蚀零件;差压控制器安装前应试校,检查调定值是否准确,继电器发出讯号是否及时。

(4)ZZRN-50型逆止阀: 安装时应注意流向不能装反,两法兰相对螺孔必须对正,否则不便拆装。阀体两端定位止口一深一浅,组装时应将阀口阀尾两端对齐。

(5)ZZRP-32型自动旁通阀: 安装前应校验测试,检查关闭是否严密,安装前必须调定压力,调定压力时一人观察泵排出压力,一人观察低压循环筒内压力,相互配合。使低压循环筒内的压力处于规定的主阀压力时,调节氨泵出口手动阀,使氨泵排出压力升到预调压力,迅速转动调节杆,使在调定压力值时正好打开,如果尚未调好,泵排出压力即超过调定值,此时再调也不准,必须重新使泵压力由下往上升,达到调定值迅速调好。调好后再复校一次,如正好在调定值时阀开,说明已调好。

六.技术要求

1.根据国家规范<<工业金属管道设计规范>>(GB50316-2000)有关规定,本工程管道材料的选择为: 设计温度-20°C以上的管道,选用钢号为10或20的无缝钢管; 设计温度-45°C以上的管道,选用钢号为16MnDG的无缝钢管。

2.本设计的管道为工业金属管道,类、级别为GC2(1)。

3.制冷系统的管道应采用无缝钢管,其质量应符合现行国家标准<<输送流体用无缝钢管>>(GB/T8163-1999)及<<低温管道用无缝钢管>>(GB/T18984-2003)要求,应根据管内的最低工作温度选用钢号。制冷管道系统应采用氨专用阀门和配件,其公称压力不应小于2.5MPa(表压),并不得有铜质和镀锌、镀锡的零配件。

技术特性表(压力为表压)			
冷凝压力(MPa)	1.37	工作温度(°C)	80
设计压力(MPa)	2.0	设计温度(°C)	100
制冷剂名称	氨(R717)		
焊缝系数ø	1	腐蚀裕度(mm)	1.5

技术特性表(压力为表压)			
蒸发压力(MPa)	0.032	蒸发温度(°C)	-28
设计压力(MPa)	1.4	设计温度(°C)	-33
制冷剂名称	氨(R717)		
焊缝系数ø	1	腐蚀裕度(mm)	1.5

七.其他要求

1.制冷系统部分水平管道坡度要求:

管道名称	坡度要求	坡度范围(‰)
氨压缩机至油分离器的排气管	坡向油分离器	3~5
氨压缩机进气管	坡向低压循环桶	3~5
油分器、氨分器与冷凝器的放油管	坡向集油器	2~3
调节站的供液管	坡向调节站	1~3

2.系统水平管道的水平度2‰,系统竖直管道的垂直度2‰,系统标高的允许偏差±5mm,系统管道长度的偏差±5mm。

3.系统中所有管道内外壁均除锈、排污,管道安装完毕且经试压、试漏合格后,外刷防锈漆、面漆各两道。

4.所有设备尺寸均以生产厂家实物为准,待核实后开始设备施工。

5.供液装置具有自动供液、液位显示、液位超高报警、氨泵自动保护等措施。

6.压缩机备有压差、高低压控制,断水保护等措施,其余辅助设备均设有安全阀、压力表等安全保护装置。

7.凡支撑隔热层管道的吊支架均设置硬木垫,所需硬木垫均应经防腐处理后方可使用。

8.制冷设备及管道的保温均采用聚氨酯现场发泡,外包0.5mm厚的彩钢板。

9.制冷工艺中设备及管道的安装应符合<<制冷设备、空气分离设备安装工程施工及验收规范>>(GB50274-98)、<<压缩机、风机、泵安装工程施工及验收规范>>(GB50275-98)、<<工业设备及管道绝热工程设计规范>>(GB50264-97)及<<氨制冷系统安装工程施工及验收规范>>(SBJ12-2000)的要求,未尽事宜参照国家有关规范之规定。

图名	制冷系统设计说明(二)	图号	JFL02
工程名称	富民集团3500t低温冷库	项目名称	制冷机房
工程编号		出图日期	
设计人		校核人	
审定人		审核人	
项目负责人		专业负责人	

主要制冷设备及材料表

序号	设备(材料)名称	规格型号	单位	数量	备注
1	带经济器螺杆制冷压缩机组	HJLLG16ⅢA	台	2	
2	干式油氨分离器	YF-80TL	台	1	
3	蒸发式冷凝器	TZFL-640	台	1	
4	热虹吸氨贮液器	HZAP5	台	1	
5	氨贮液器	ZA-3.5	台	1	
6	氨排液筒	ZA-5.0	台	1	
7	低压循环贮液桶	DX-3.5L	台	1	
8	屏蔽氨泵	40P-40	台	2	
9	集油器	JYA-300	台	1	
10	低压集油器	DJY-1	台	1	
11	空气分离器	ZKF-1	台	1	
12	紧急泄氨器	JXA-159	台	1	
13	加氨站		组	1	
14	供液调节站		组	1	
15	回汽调节站		组	1	
16	防爆型轴流风机	T35-11N005	台	2	
17	贯流式冷风幕	DXY-175	台	4	
18	光滑U型斜式顶排管	XDG19×56-127	组	22	
19	氨用压力表	-0.1~2.5MPa	块	7	
		-0.1~1.5MPa	块	9	
20	氨用直通截止阀	J61F-25 DN150	个	3	
		J61F-25 DN100	个	6	
		J61F-25 DN80	个	5	
		J61F-25 DN70	个	7	
		J61F-25 DN65	个	4	
		J61F-25 DN50	个	8	
		J61F-25 DN45	个	1	
		J61F-25 DN40	个	1	
		J61F-25 DN32	个	36	
		J61F-25 DN25	个	7	
		J61F-25 DN20	个	10	
		J61F-25 DN15	个	3	
		J61F-25 DN10	个	2	
		J61F-25 DN4	个	16	
21	氨用节流阀	L61F-25 DN32	个	2	
		L61F-25 DN15	个	1	
		L61F-25 DN10	个	1	
22	液用止回阀	ZZRN-50	个	2	
23	汽用止回阀	ZZRN-80Q	个	2	
24	自动旁通阀	ZZRP-32	个	1	
25	安全阀	DN32	套	4	
		DN25	套	2	

说明：材料用量以实际消耗为准。

图纸目录

序号	图号	名称	页数	备注
1	JFL01	制冷系统设计说明(一)	1	A3
2	JFL02	制冷系统设计说明(二)	1	A3
3	JFL03	图纸目录,主要设备及材料表	1	A2
4	JFL04	氨机房制冷系统原理图	1	A1
5	JFL05	氨机房制冷系统轴测图	1	A1
6	JFL06	氨机房制冷工艺平面图	1	A2
7	JFL07	蒸发式冷凝器基础位置,工艺平面图	1	A2
8	JFL08	氨机房剖面图(一)	1	A2
9	JFL09	氨机房剖面图(二)	1	A2
10	JFL10	氨机房剖面图(三)	1	A2
11	JFL11	氨机房剖面图(四)	1	A2
12	JFL12	氨机房设备基础位置图	1	A2
13	JFL13	氨机房设备基础剖面图	1	A1

项目负责人	审定人	设计人	工程编号	工程名称	富民集团3500t低温冷库	图名	图纸目录,主要设备及材料表	图号	JFL03
专业负责人	审核人	校核人	出图日期	项目名称	制冷机房				

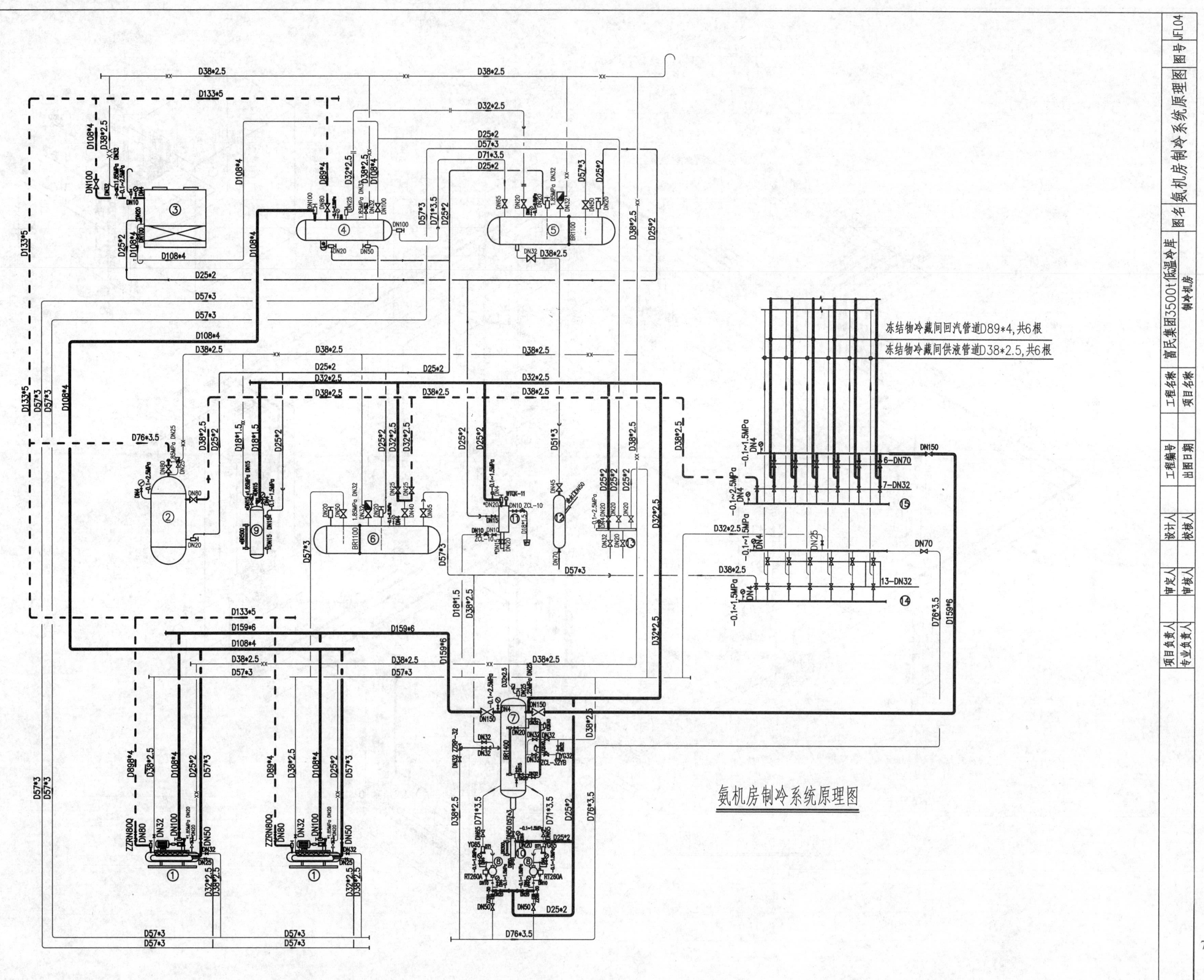
冻结物冷藏间回汽管道D89*4,共6根
冻结物冷藏间供液管道D38*2.5,共6根
氨机房制冷系统原理图
项目负责人
专业负责人
审定人
审核人
设计人
校核人
工程编号
出图日期
工程名称
项目名称
富民集团3500t低温冷库
制冷机房
图名
氨机房制冷系统原理图
图号
JFL04

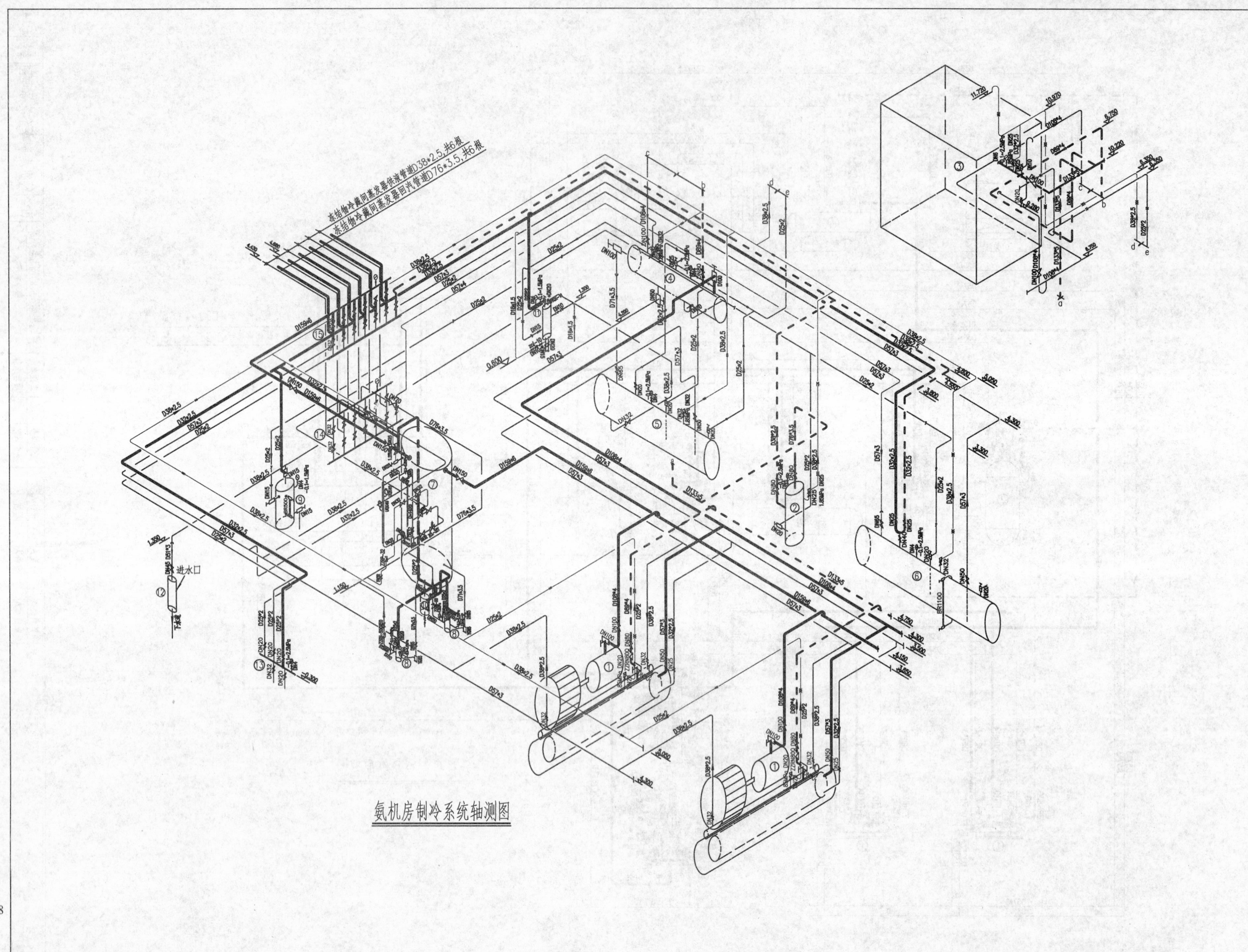
氨机房制冷系统轴测图
冻结物冷藏间蒸发器供液管道D38*2.5，共6根
冻结物冷藏间蒸发器回汽管道D76*3.5，共6根
下水道
进水口
DN45 D51*3
BR1100
BR500
项目负责人
审定人
设计人
工程编号
工程名称
富民集团3500t低温冷库
专业负责人
审核人
校核人
出图日期
项目名称
制冷机房
图名
氨机房制冷系统轴测图
图号
JFL05

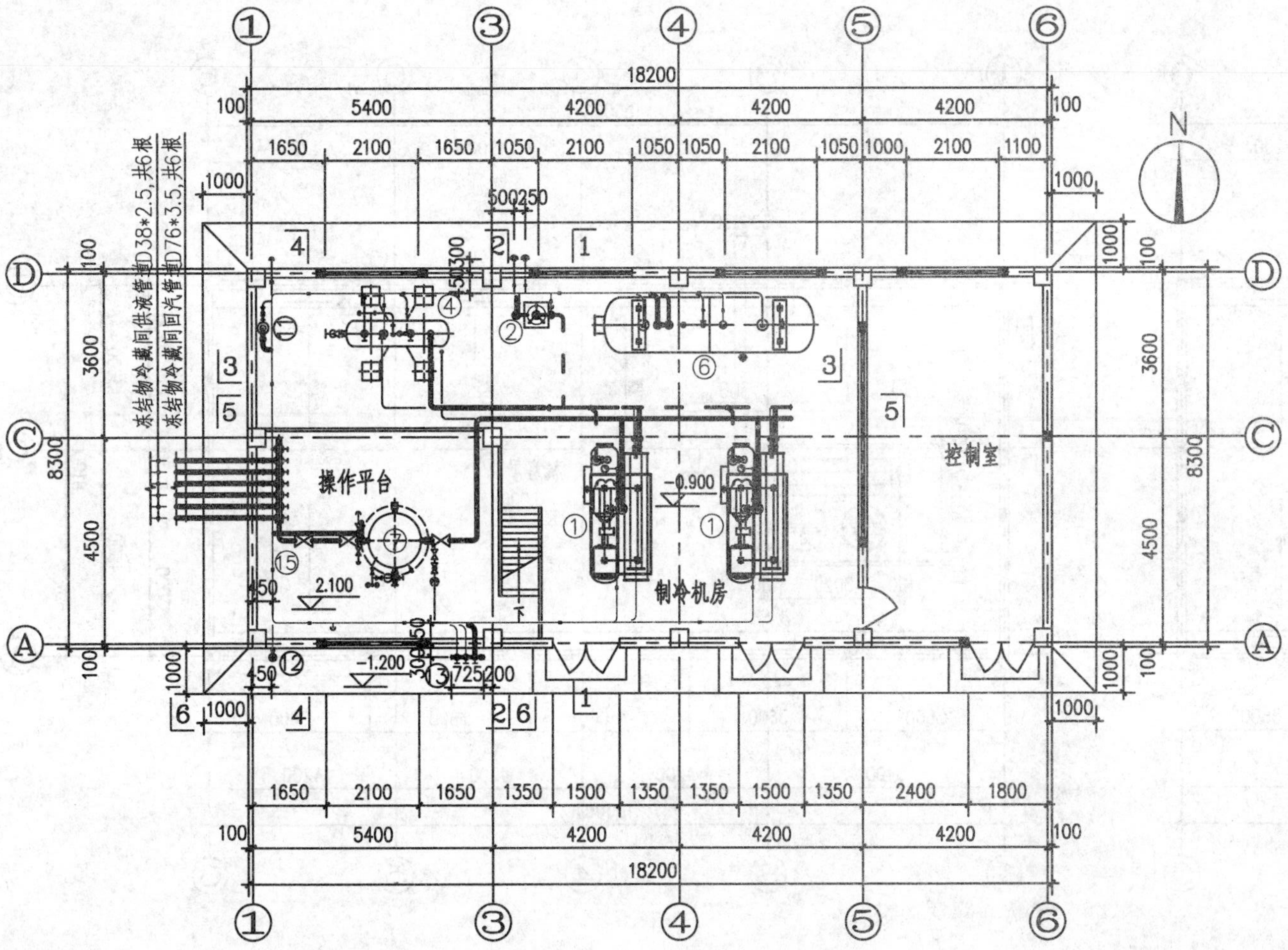

冻结物冷藏间供液管道D38*2.5,共6根
冻结物冷藏间回汽管道D76*3.5,共6根

操作平台

制冷机房

控制室

氨机房制冷工艺平面图(一)

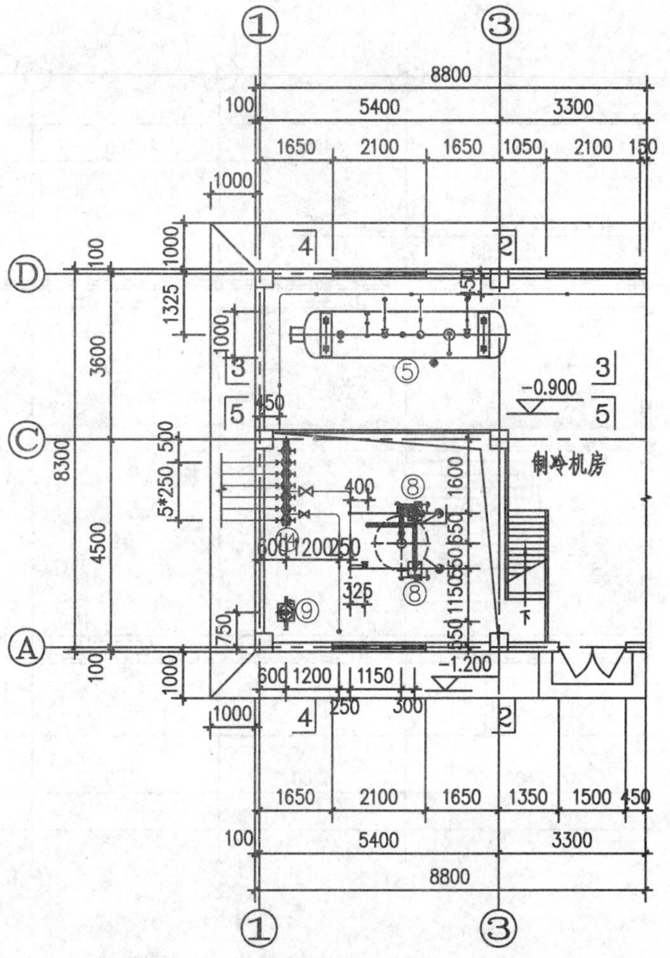

制冷机房

氨机房制冷工艺平面图(二)

项目负责人	审定人	设计人	工程编号	工程名称	富民集团3500t低温冷库	图名	氨机房制冷工艺平面图	图号	JFL06
专业负责人	审核人	校核人	出图日期	项目名称	制冷机房				

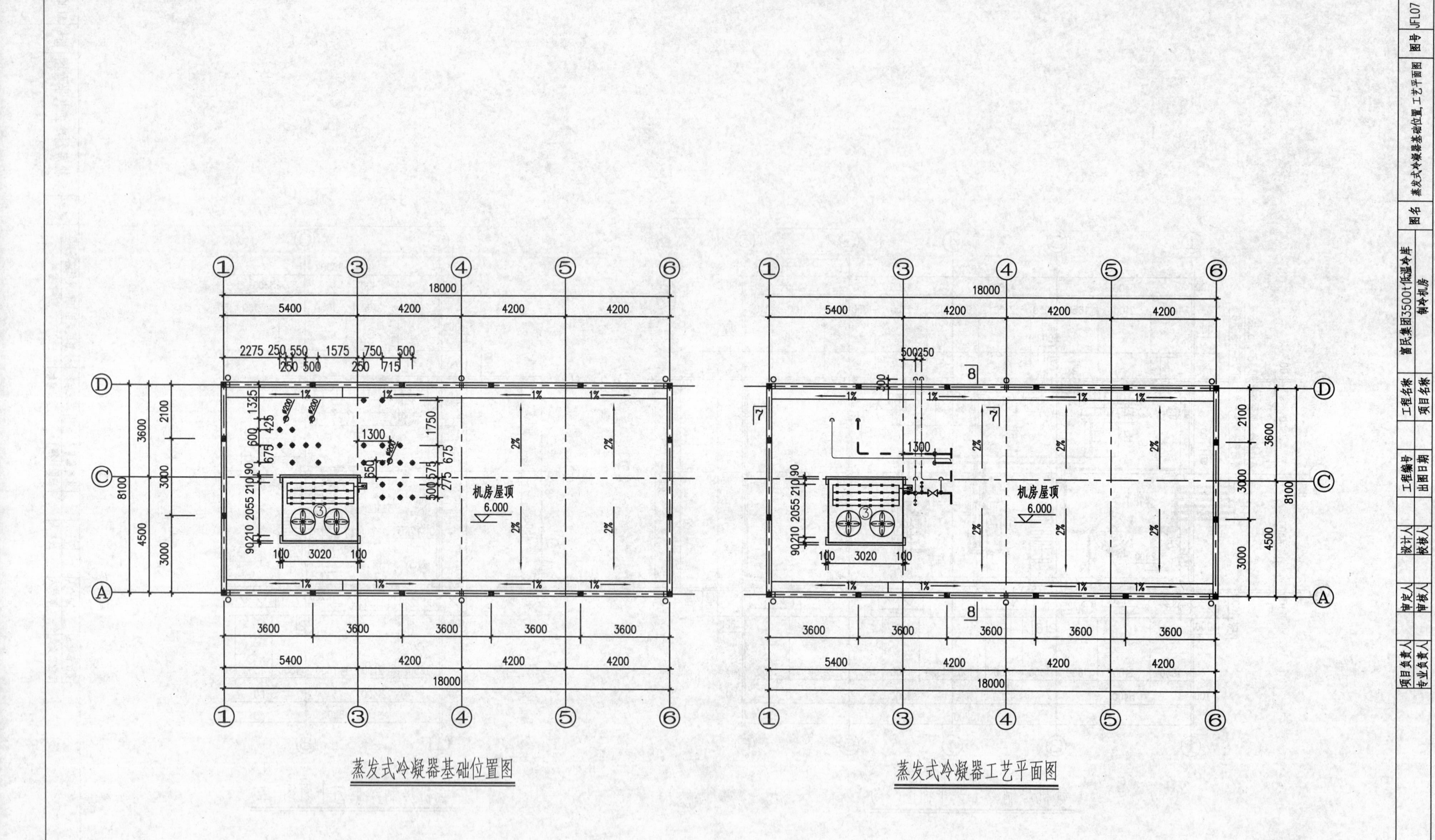
蒸发式冷凝器基础位置图
蒸发式冷凝器工艺平面图
机房屋顶
6.000
2%
1%
8100
4500
3600
3000
3000
2100
18000
5400
4200
4200
4200
3600
3020
90 210 2055 210 90
600
1325
675
425
2275 250 550
250 500
1575
250
750
715
500
650
1300
500 575
275 675
1750
300
500 250
项目负责人
审定人
设计人
工程编号
工程名称
富民集团3500t低温冷库
图名
蒸发式冷凝器基础位置,工艺平面图
图号
JFL07
专业负责人
审核人
校核人
出图日期
项目名称
制冷机房

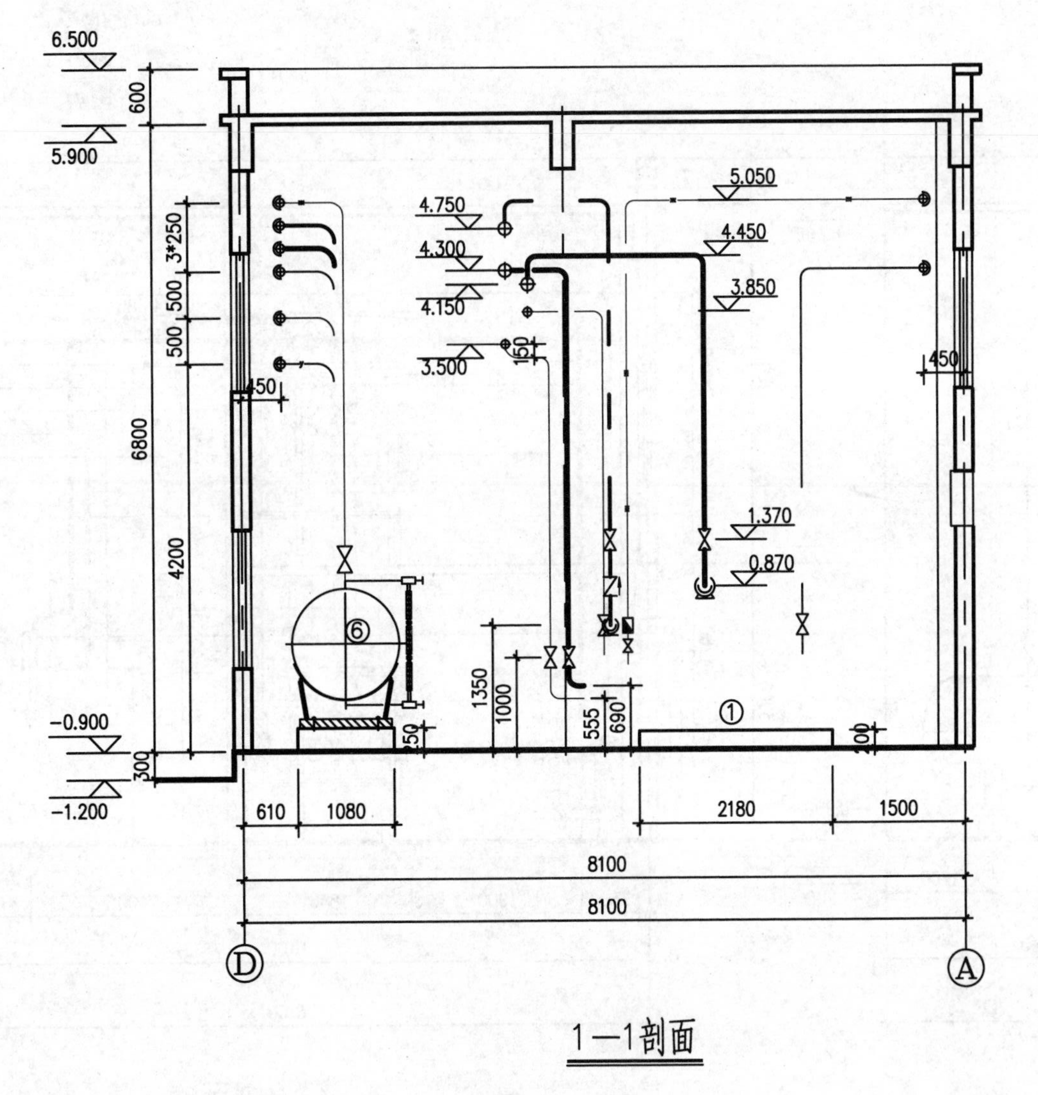

1—1剖面

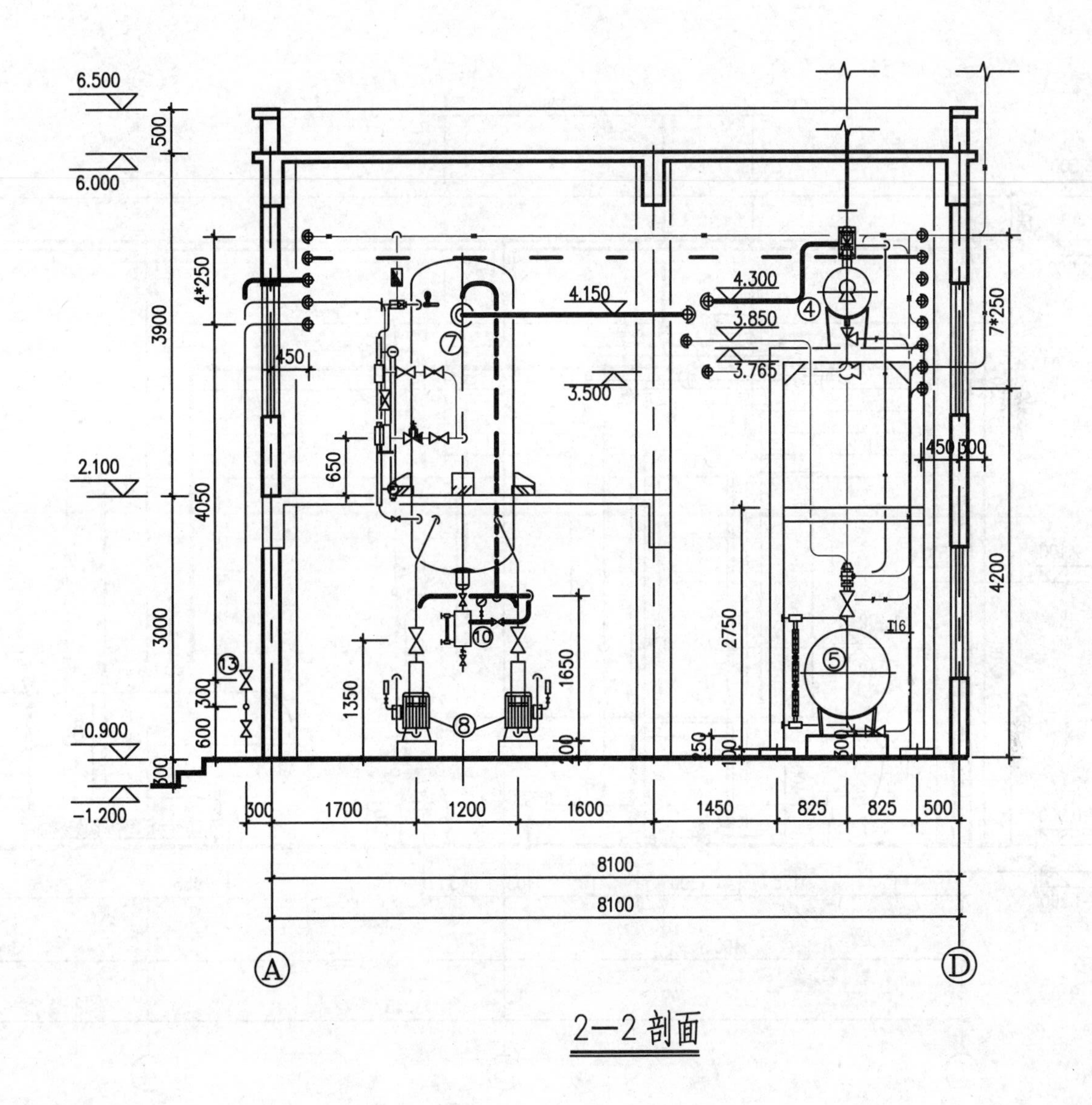

2—2 剖面

项目负责人	审定人	设计人	工程编号	工程名称	富民集团3500t低温冷库	图名	氨机房剖面图(一)	图号
专业负责人	审核人	校核人	出图日期	项目名称	制冷机房			JFL08

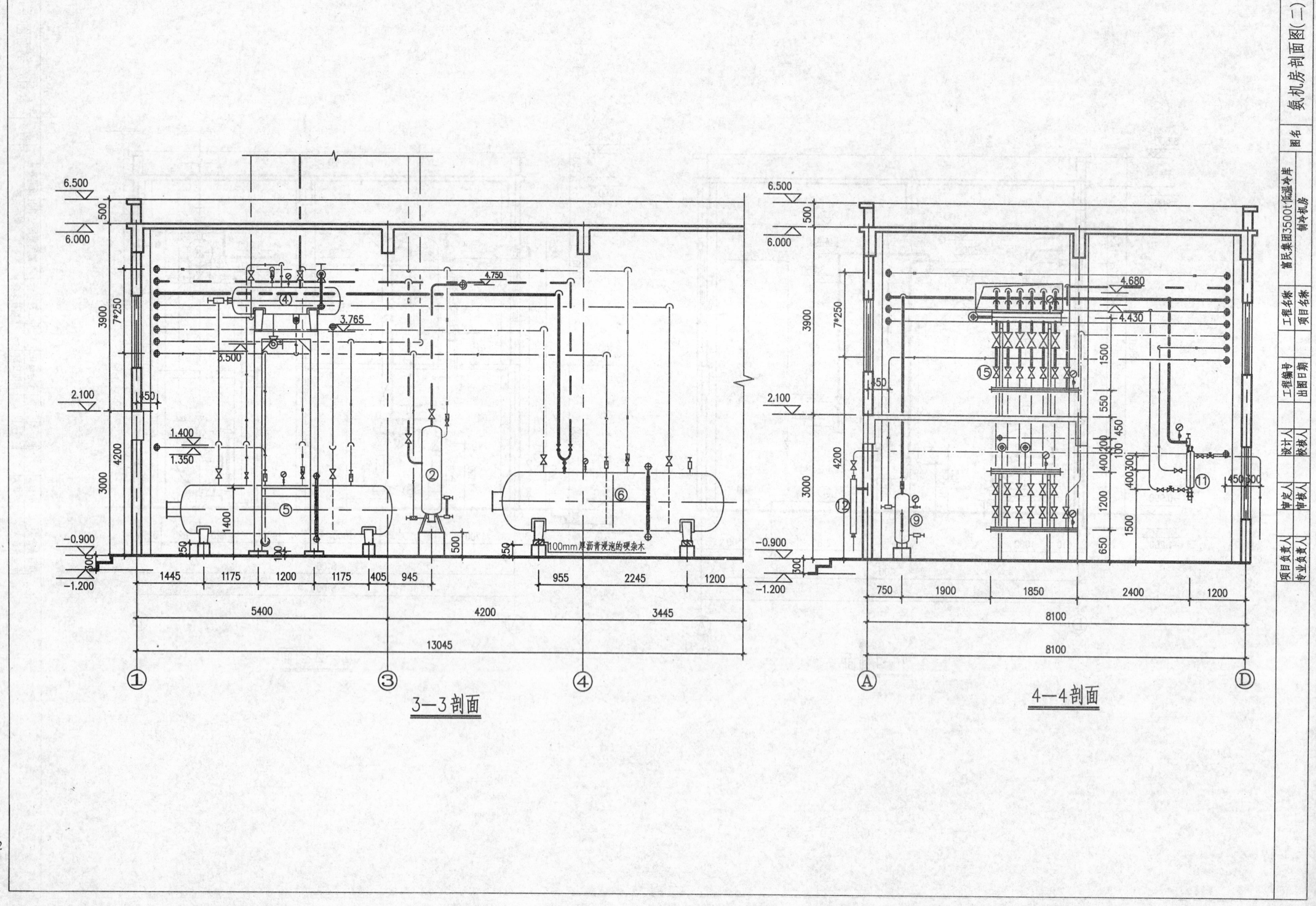
3—3剖面
4—4剖面
100mm厚沥青浸泡的硬杂木
项目负责人
专业负责人
审定人
审核人
设计人
校核人
工程编号
出图日期
工程名称
项目名称
富民集团3500t低温冷库
制冷机房
图名
氨机房剖面图(二)
图号
JFL09

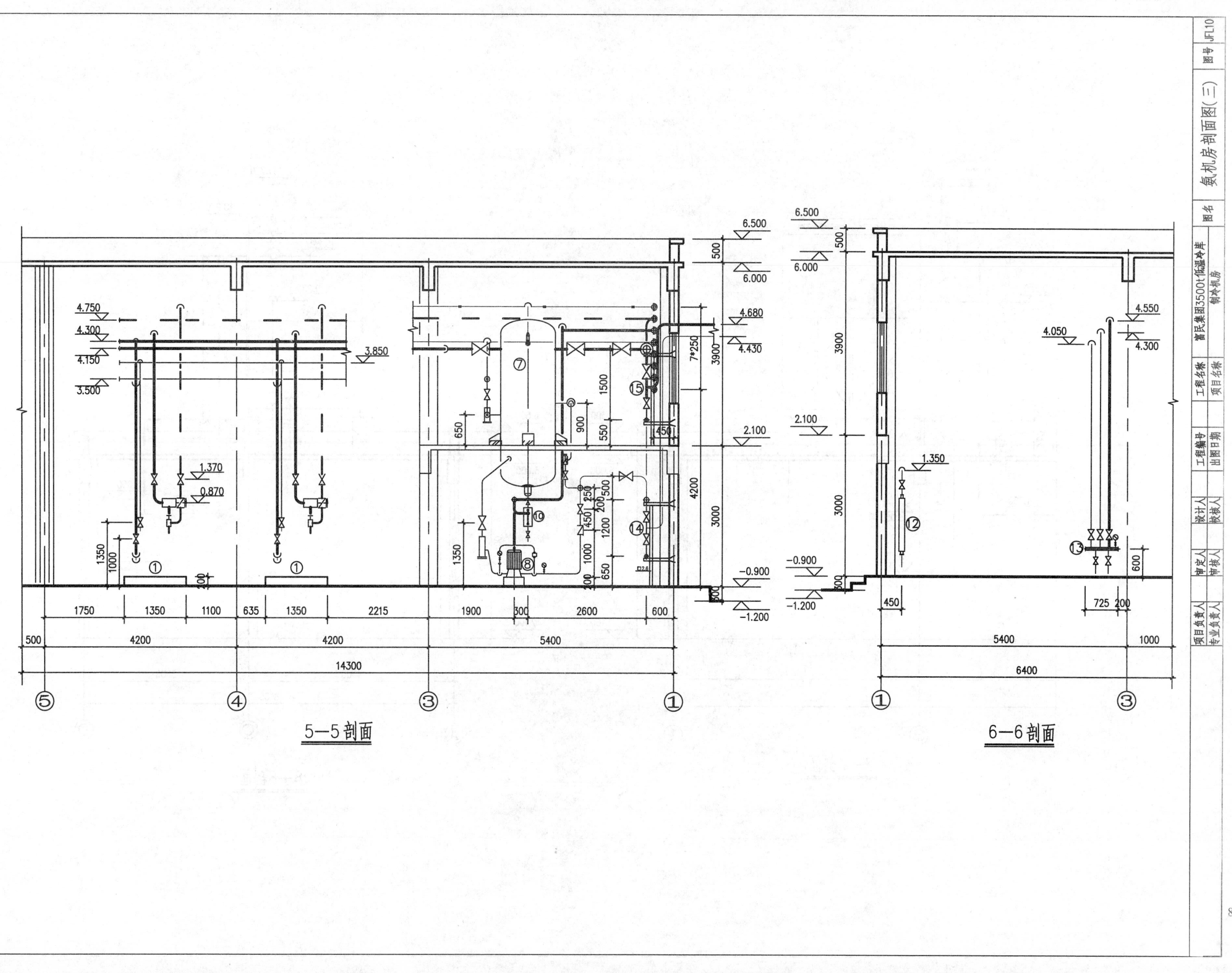
5—5剖面
6—6剖面
图名
氨机房剖面图(三)
图号
JFL10
工程名称
富民集团3500t低温冷库
项目名称
制冷机房
工程编号
出图日期
设计人
校核人
审定人
审核人
项目负责人
专业负责人

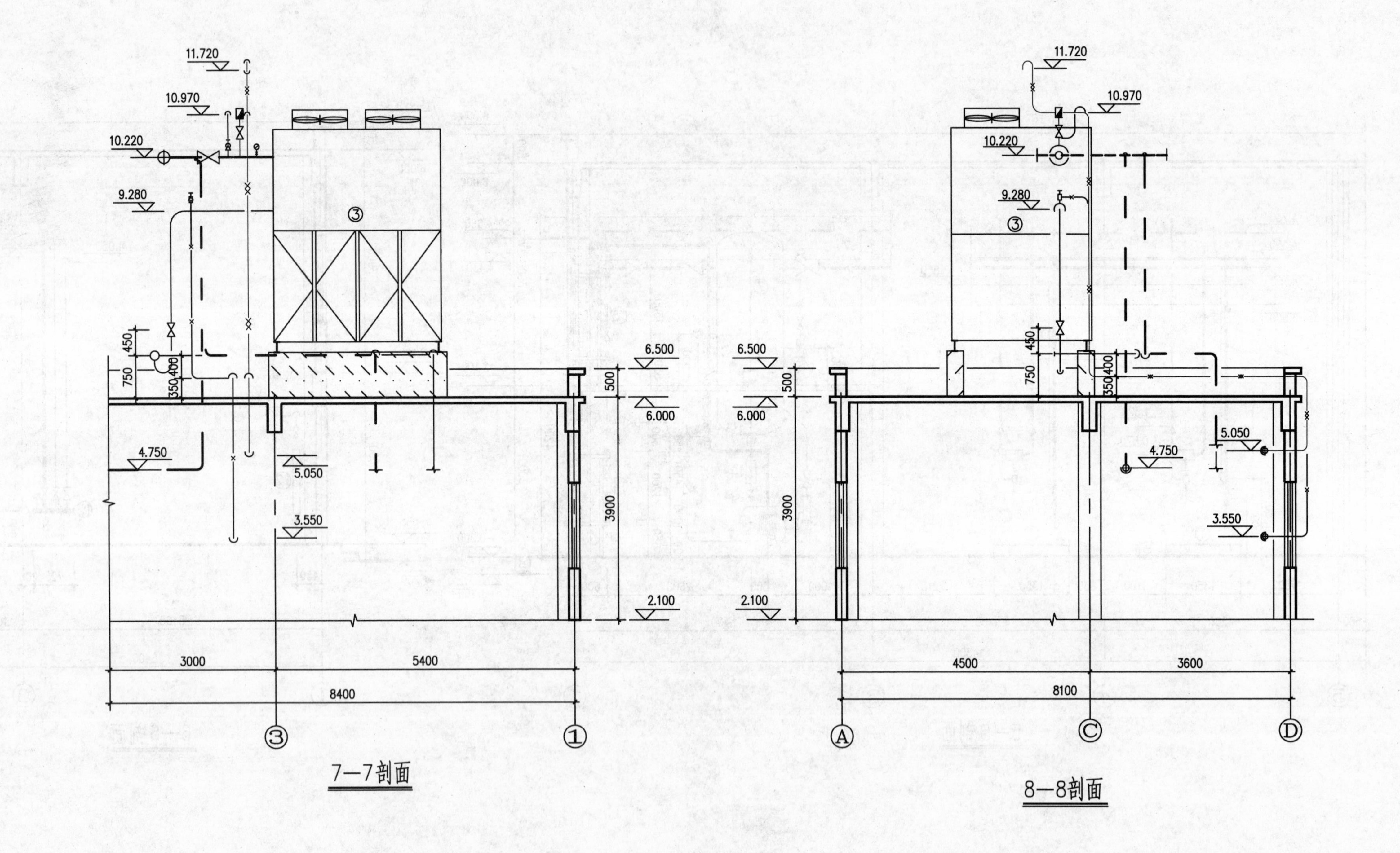

项目负责人	审定人	设计人	工程编号	工程名称	富民集团3500t低温冷库	图名	氨机房剖面图(四)	图号	JFL11
专业负责人	审核人	校核人	出图日期	项目名称	制冷机房				

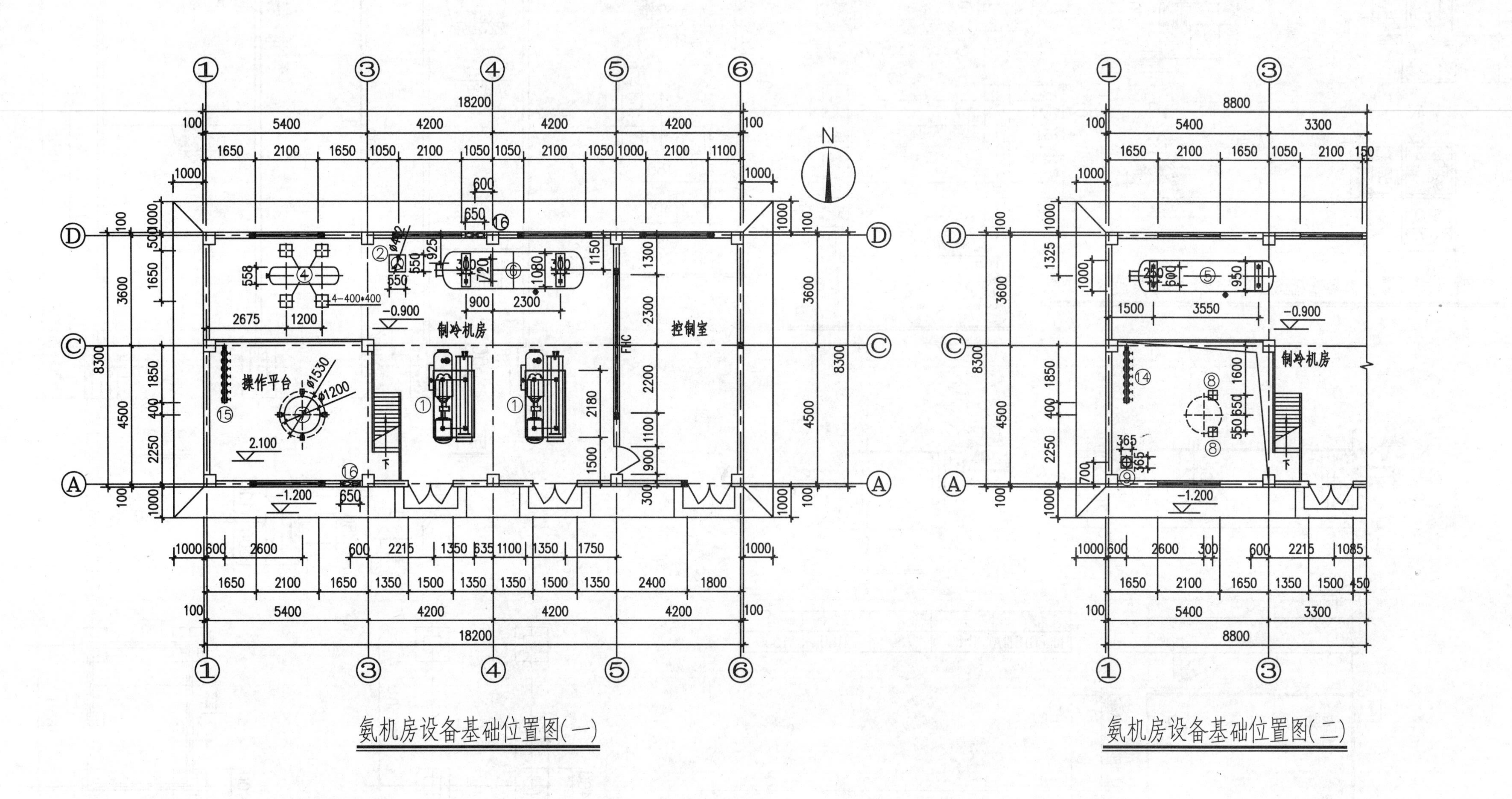

氨机房设备基础位置图(一)

氨机房设备基础位置图(二)

项目负责人		审定人		设计人		工程编号		工程名称	富民集团3500t低温冷库	图名	氨机房设备基础位置图	图号	JFL12
专业负责人		审核人		校核人		出图日期		项目名称	制冷机房				

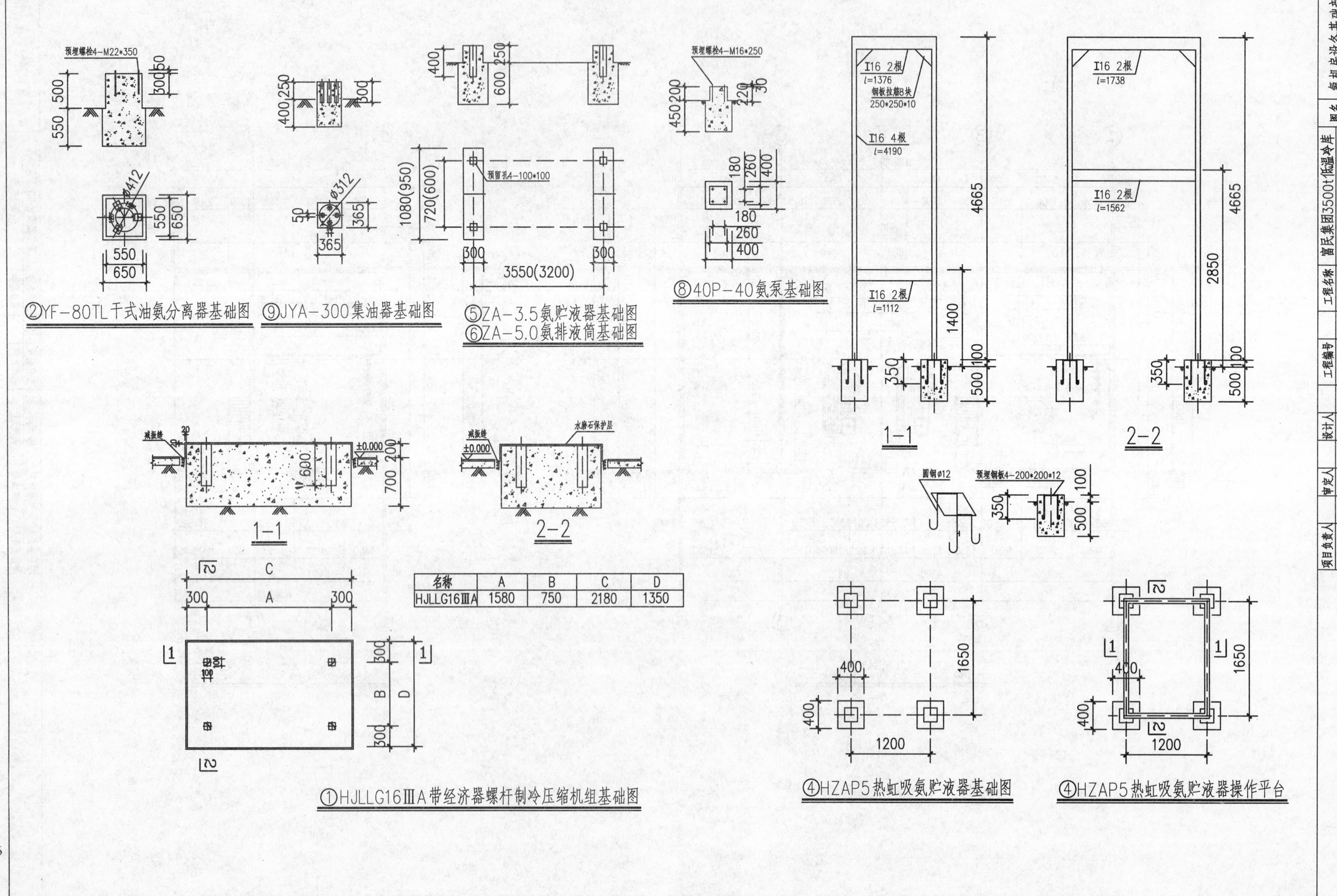

名称	A	B	C	D
HJLLG16ⅢA	1580	750	2180	1350

项目负责人	审定人	设计人	工程编号	工程名称	富民集团3500t低温冷库	图名	氨机房设备基础剖面图	图号	JFL13
专业负责人	审核人	校核人	出图日期	项目名称	制冷机房				

冷间制冷工艺设计文件目录

序号	图名	图号	备注
1	图纸目录,材料表,设计说明	LJL01	A2
2	冷库制冷系统原理图	LJL02	A2
3	冷库一层制冷系统轴测图	LJL03	A2
4	冷库二层制冷系统轴测图	LJL04	A2
5	冷库三层制冷系统轴测图	LJL05	A2
6	冷库一层制冷工艺平面图	LJL06	A1
7	冷库二层制冷工艺平面图	LJL07	A1
8	冷库三层制冷工艺平面图	LJL08	A1
9	冷间剖面图	LJL09	A2

冷间制冷工艺设备材料表

序号	设备(材料)名称	规格型号	单位	数量	备注
1	光滑U型斜式顶排管	XDG25×56-167	组	21	
2	轴流风幕机	DXY-175	台	2	
3	无缝钢管D89×4		m	860	
	D76×3.5		m	256	
	D57×3		m	210	
	D38×2.5		m	965	为连接管道的长度
4	角钢 L63×6		m	2398	
5	L50×5		m	795	
6	槽钢 [126×53		m	32	
7	液氨		t	15.2	冷间内液氨贮存量

说明: 以上计算数量仅供参考

冷间制冷工艺说明

一、设计范围

冷间制冷工艺设计

二、设计参数

室外计算温度31°C

室外计算相对湿度75%

冷凝温度37°C

蒸发温度-28°C

冷间温度(-18±1)°C

三、制冷系统

1.本工程以液氨为制冷工质,采用带经济器的螺杆单级压缩制冷机组,由液泵把液氨从制冷机房输送到冷库系统。

2.冷间冷却设备均为双层斜式顶排管,融霜采用热氨及手动除霜相结合方式进行。

四、温度控制

冷间温度遥测,在制冷机房显示及打印。

五、其他说明

1.土建施工时制冷工艺人员要密切注意制冷排管及管道预埋吊点位置,若发现不符时及时纠正。

2.管道包扎保温层的范围见<<氨制冷系统安装工程施工及验收规范>>,保温材料为聚氨酯泡沫塑料现场发泡,外包彩色钢板保护壳,厚度为0.35mm,聚氨酯泡沫塑料的导热系数不得大于0.030W/(m·K)。

3.管道穿冷库和机房外墙时,保温层需贯穿不能中断,保温管道与洞孔之间的空隙用聚氨酯填实。

4.保温管道与支架之间必须垫上经热沥青浸泡后的硬木垫。

5.管道保护层彩板保护壳外标注表示工质流向的箭头。

6.管道保温层厚度见下表.

管径(mm)	18~32	38~76	89~159	219~325
厚度(mm)	60	70	80	100

7.库房外墙管簇可以用聚氨酯整体发泡保温,厚度参照上表数据。

项目负责人	审定人	设计人	工程编号	工程名称	富民集团3500t低温冷库	图名	图纸目录,材料表,设计说明	图号	LJL01
专业负责人	审核人	校核人	出图日期	项目名称	冷库				

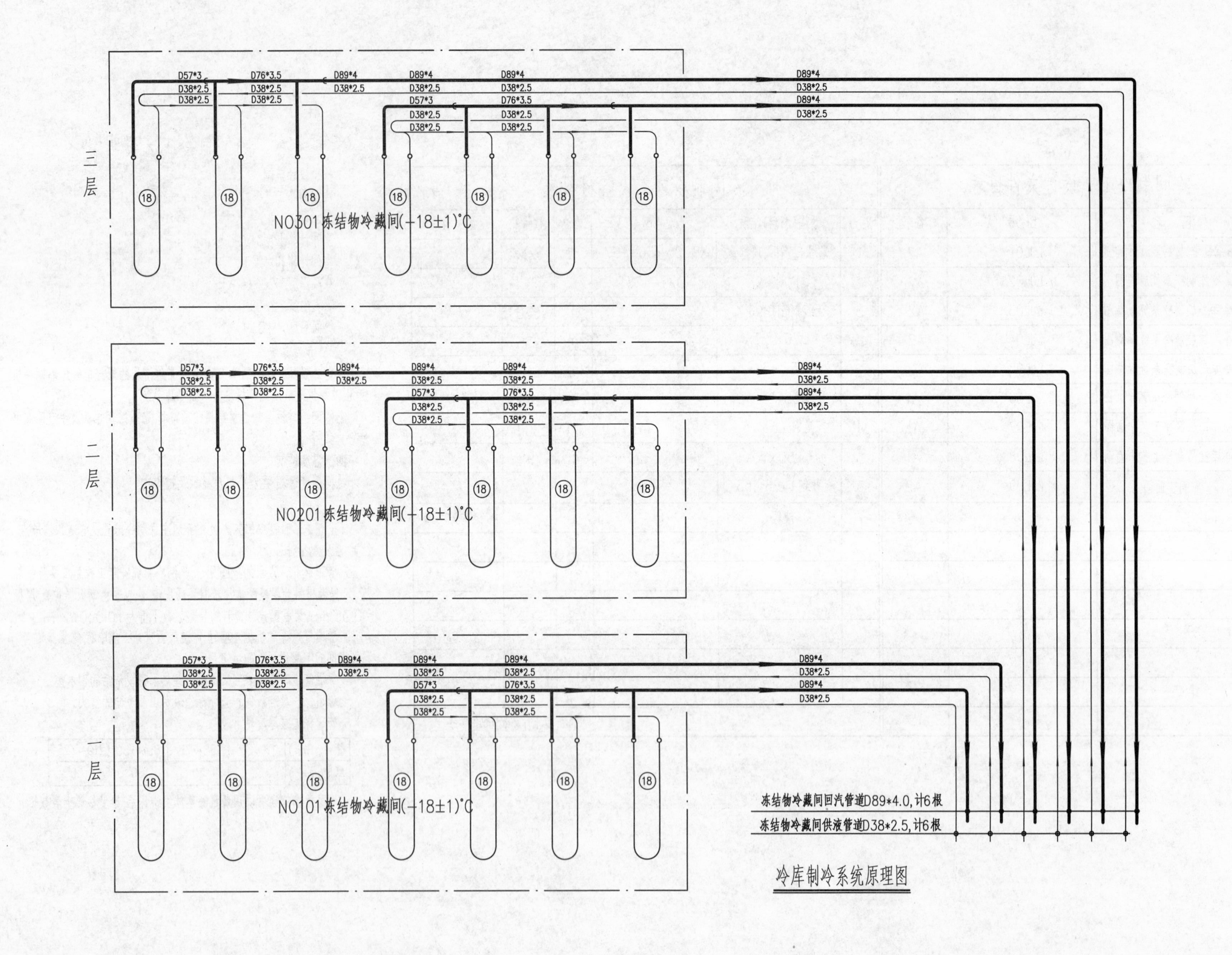
三层
NO301冻结物冷藏间(−18±1)°C
二层
NO201冻结物冷藏间(−18±1)°C
一层
NO101冻结物冷藏间(−18±1)°C
D57*3
D76*3.5
D89*4
D38*2.5
冻结物冷藏间回汽管道D89*4.0，计6根
冻结物冷藏间供液管道D38*2.5，计6根
冷库制冷系统原理图
项目负责人
专业负责人
审定人
审核人
设计人
校核人
工程编号
出图日期
工程名称
富民集团3500t低温冷库
项目名称
冷库
图名
冷库制冷系统原理图
图号
LJL02

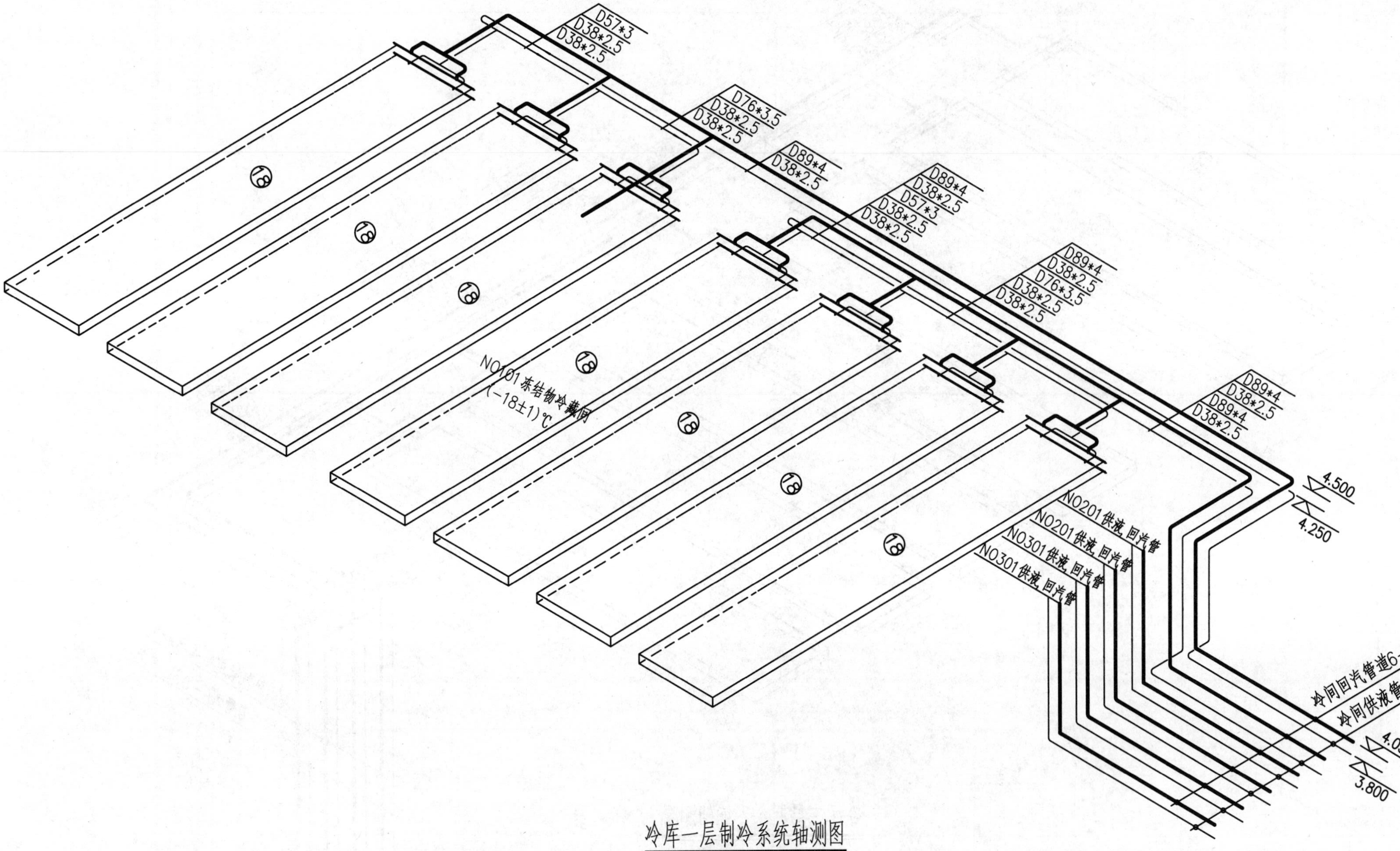

冷库一层制冷系统轴测图

项目负责人		审定人		设计人		工程编号		工程名称	富民集团3500t低温冷库	图名	冷库一层制冷系统轴测图	图号	LJL03
专业负责人		审核人		校核人		出图日期		项目名称	冷 库				

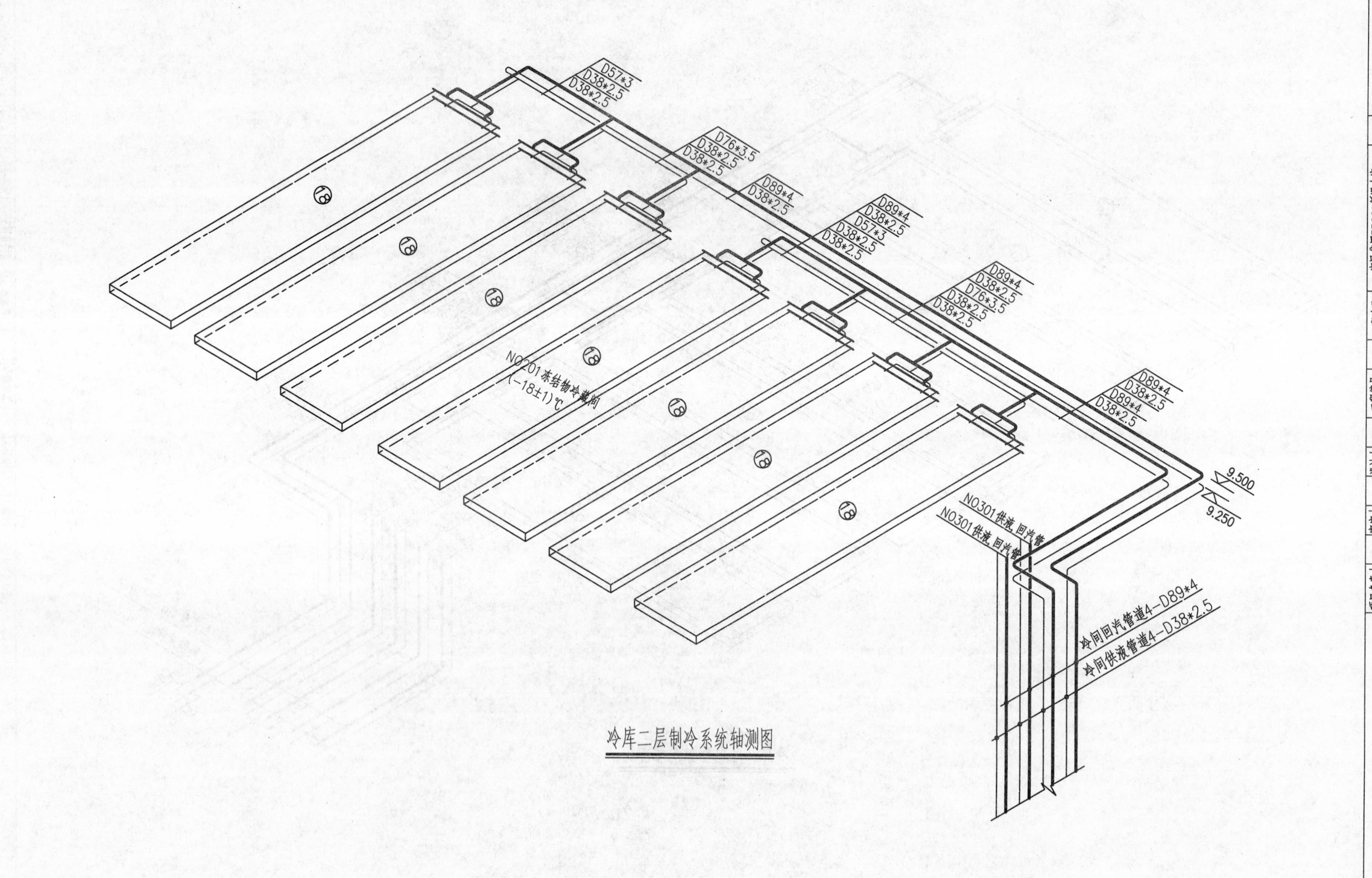

冷库二层制冷系统轴测图

项目负责人		审定人		设计人		工程编号		工程名称	富民集团3500t低温冷库	图名	冷库二层制冷系统轴测图	图号	LJL04
专业负责人		审核人		校核人		出图日期		项目名称	冷　库				

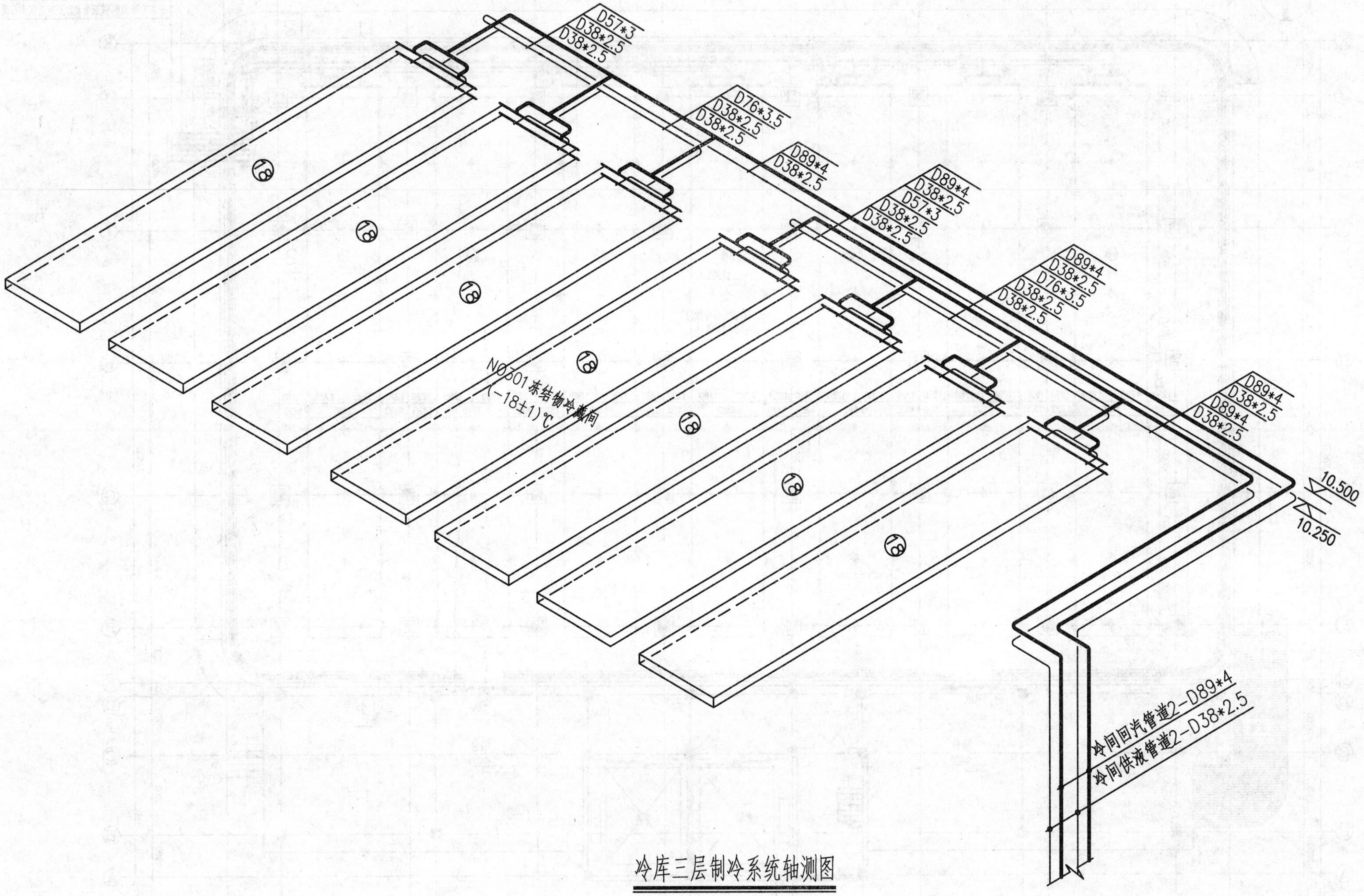

D57*3
D38*2.5
D38*2.5

D76*3.5
D38*2.5
D38*2.5

D89*4
D38*2.5

D89*4
D38*2.5
D57*3
D38*2.5
D38*2.5

D89*4
D38*2.5
D76*3.5
D38*2.5
D38*2.5

D89*4
D38*2.5
D89*4
D38*2.5

10.500
10.250

NO301冻结物冷藏间
(−18±1)℃

18

冷间回汽管道2−D89*4
冷间供液管道2−D38*2.5

冷库三层制冷系统轴测图

项目负责人	审定人	设计人	工程编号	工程名称	富民集团3500t低温冷库	图名	冷库三层制冷系统轴测图	图号	LJL05
专业负责人	审核人	校核人	出图日期	项目名称	冷库				

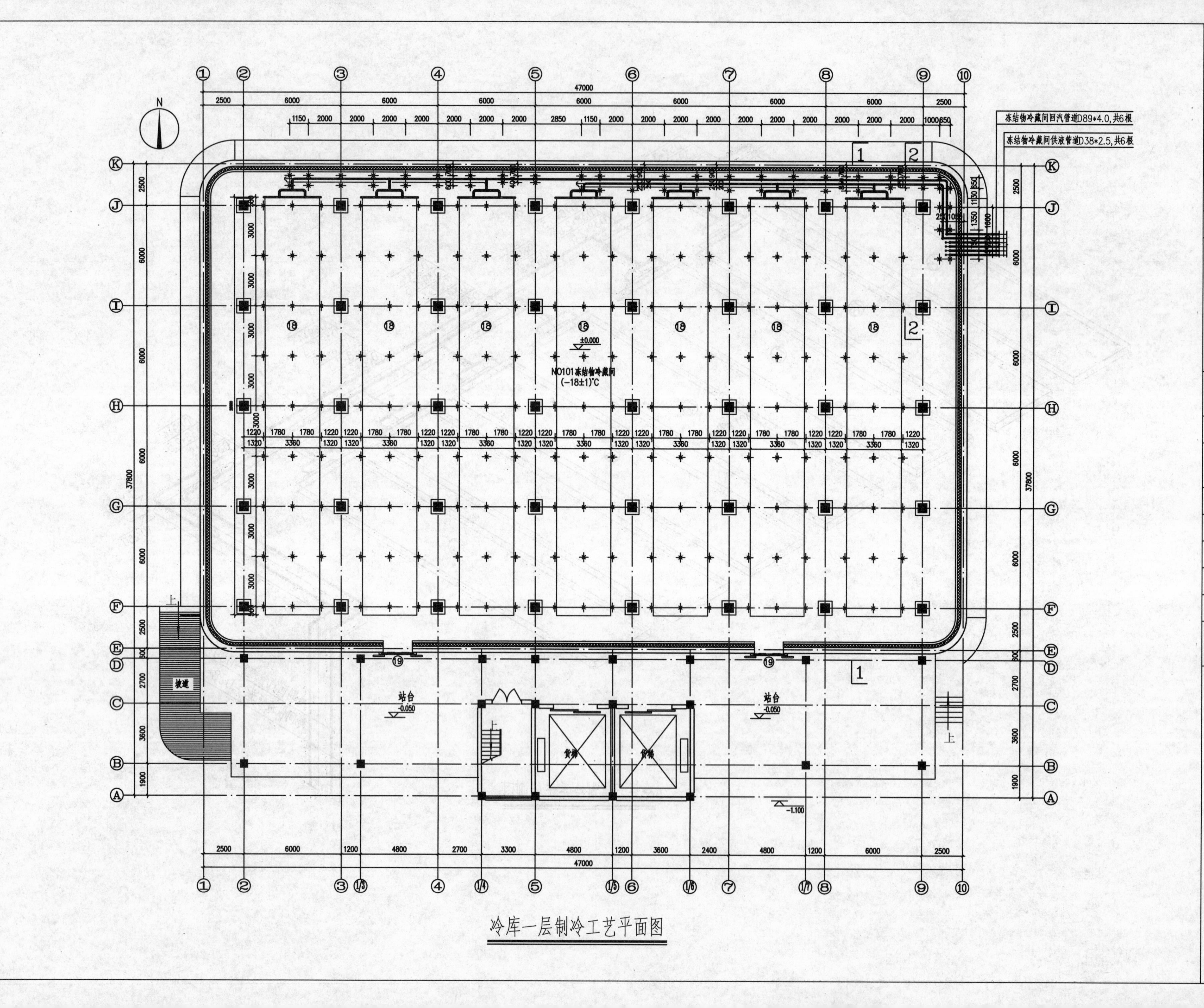

冷库一层制冷工艺平面图

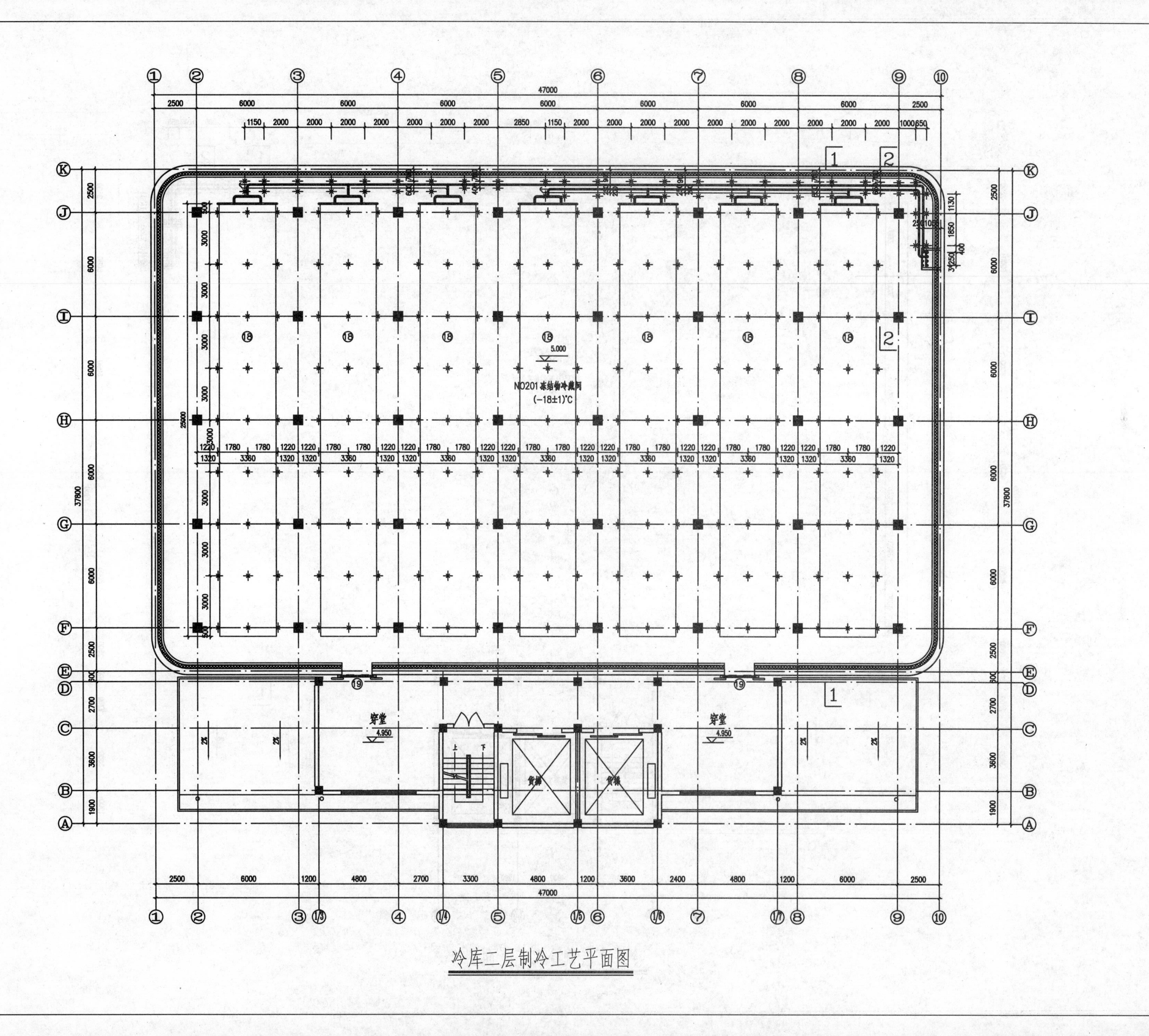

冷库二层制冷工艺平面图

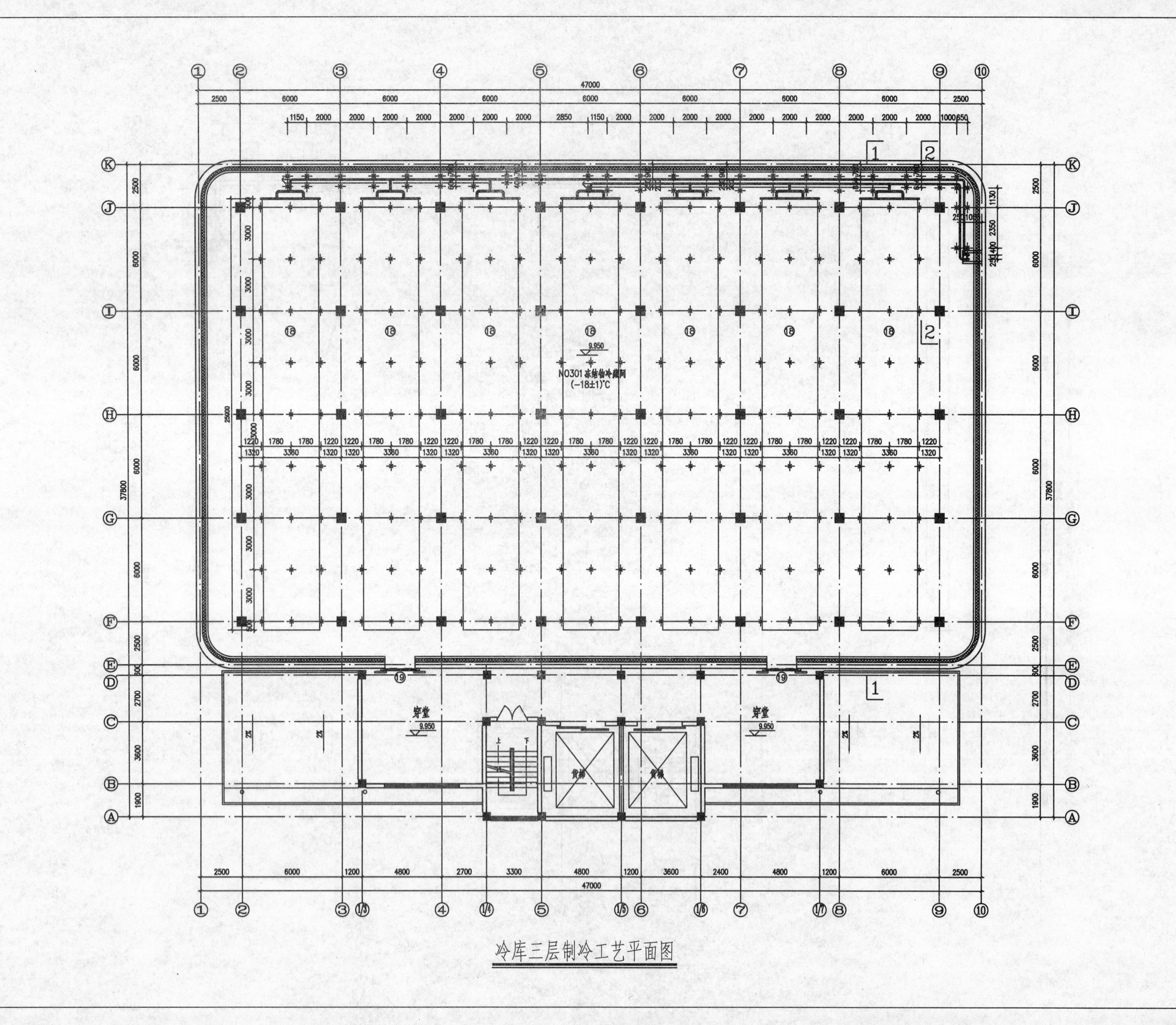

冷库三层制冷工艺平面图

项目负责人	审定人	设计人	工程编号	工程名称	富民集团3500吨低温冷库	图名	冷库三层制冷工艺平面图	图号	JFL08
专业负责人	审核人	校核人	出图日期	项目名称	冷　库				

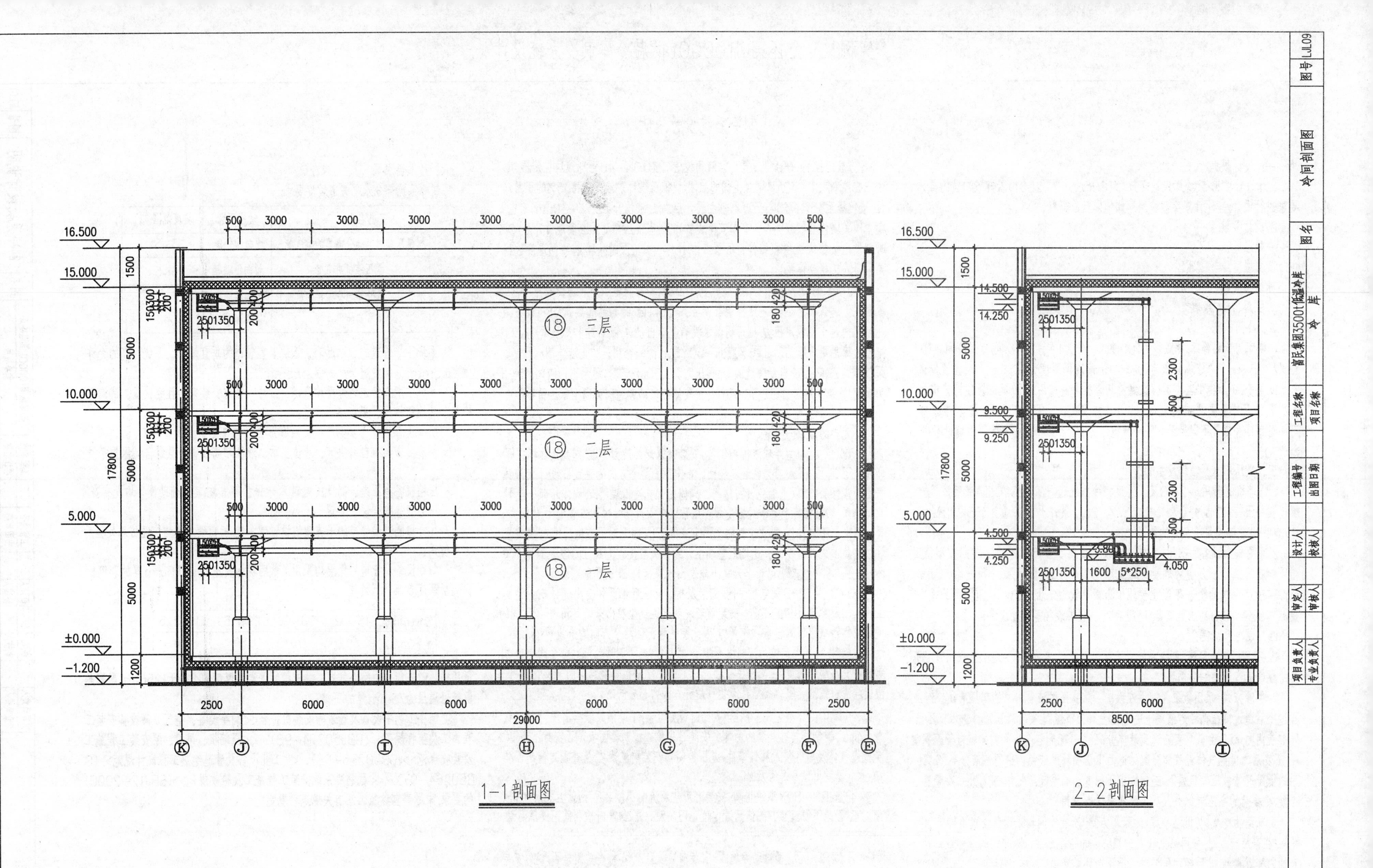

1-1剖面图
2-2剖面图
三层
二层
一层
16.500
15.000
10.000
5.000
±0.000
-1.200
17800
29000
8500
图号 LJL09
冷间剖面图
图名
富民集团3500t低温冷库
冷库
工程名称
项目名称
工程编号
出图日期
设计人
校核人
审定人
审核人
项目负责人
专业负责人

实例6　金杯集团10000t低温冷库制冷系统设计

制冷系统设计说明

一、设计依据

1.本设计依据<<冷库设计规范>>(GB50072-2001)及建设单位的具体要求进行设计,室外计算参数参照郑州地区气象资料。

2.设计参数:

冷凝温度t_k=37°C

蒸发温度t_o=-28°C

冻结物冷藏间冷间温度(-18±1)°C

3.生产指标:冻结物冷藏间冷藏能力10000t。

二、冷间概况

该冷库为低温冷库,冷藏能力10000t。分为4层,16个冷间,每层冷间建筑面积2703.9m²,总建筑面积为10815.6m²,冷间温度为(-18±1)°C,主要储藏肉类低温食品(如猪牛羊肉类、家禽及其鱼类海鲜产品)。冷间配置顶排管作为蒸发器,满足冷量要求,其特点是干耗小、降温快。为保证冷库正常降温,要求冷间每间每日进货量不得大于该间冷藏吨位的5%,即该冷库每日的总进货量不得大于500t。

三、氨压缩机及辅助设备的选用

1.压缩机的选用:-28°C蒸发温度制冷系统选用WJLLG20ⅢA带经济器的螺杆制冷压缩机2台,每台制冷机在37/-28°C条件下,产冷量为355kW,2台计710kW,能够满足冷负荷的要求。

2.主要辅助设备的选用:-28°C蒸发温度制冷系统选用1台DXZ1-7型低压循环贮液筒,每台低压循环贮液筒配置2台50p-40屏蔽氨泵(一用一备);选用1台YF-80T干式油氨分离器,主要用于除霜热氨的分油;1台WN-300型卧式冷凝器;1台ZA-6.5高压贮液器;1台ZA-3.5B排液桶等辅助设备。

四、制冷系统简介

1.-28°C制冷系统:制冷系统以液氨为制冷剂,蒸发温度-28°C,采用带经济器的螺杆蒸汽压缩制冷循环。

2.供液方式:采用氨泵强制供液系统。从高压贮液器出来的高压液体经经济器过冷后通过低压循环贮液筒上的电磁主阀、节流阀,变为低压液体进入低压循环贮液筒内,然后由氨泵直接送到液体分配站,分配到各个冷间内的顶排管蒸发制冷,蒸发后的低温气体经气体分配站返回低压循环贮液筒内进行汽液分离,分离后的低压气体被压缩机吸入,经制冷机压缩变为高温高压气体,进入卧式冷凝器冷凝,冷凝后的高压液体进入高压贮液器储存使用。

3.冻结物冷藏间(低温冷库)的除霜方法:所有冷间均采用蒸发式顶排管制冷降温,在霜层较厚时,采用热氨和人工相结合的除霜方法。除霜后的液体返回排液桶内静置排油,然后经加压再进入低压循环贮液筒。

五、自动控制及安全保护

1.为减轻查库压力,本设计采用库温巡回检测,冷间温度的变化可在制冷机房直接观察,为校对温度的准确性,仍需在冷间设置玻璃水银温度计。

2.氨压缩机安全保护:有高低压保护、断水保护、油压保护等。

3.氨泵回路自动控制程序和保护装置:

(1)液位控制:每台低压循环贮液筒设置二套UQK-40浮球液位控制器,其中一套控制ZCL-32YB电磁主阀的启闭,使低压循环贮液筒保持35%的正常液位(液位降至35%-30mm时电磁主阀开启供液,液位升至35%+30mm时电磁主阀关闭停止供液);另一套起安全保护作用,当低压循环贮液筒液位升至70%时就发出报警信号,并报警停止氨泵工作,操作人员应及时处理,当冷间温度达到要求时人工指令停泵。

(2)氨泵的安全保护:CWK-11差压控制器是防止氨泵空转遭受破坏,保护氨泵在上述情况下运转,差压控制器调至0~50kPa,时间继电器调至8~10s,在此时间内达不到调定压力,则证明氨泵没有上液自动停泵(铃响和灯显示),人工排除故障后再重新启动氨泵;ZZRN-50Y逆止阀的作用是防止液体倒流而使氨泵倒转;ZZRP-32自动旁通阀(此阀压力调至30kPa),当氨泵出口液体过剩,压头过高,氨泵上液压力超过30kPa时,将液体经自动旁通阀旁通至低压循环贮液筒,以保护冷间正常降温。

4.元件的调试与安装:

(1)UQK-40型浮球液位控制器:安装时以起始液面为准(起始液面标在阀体外壳下部,画有"A_"为氨液起始面),并作正侧两个方向的垂直吊线,下部液体平衡管应倾斜15°以上以免油污堵塞。阀体内部充注低温氨液,阀体外部一般不包隔热层,切忌将其上盖密封橡皮放正压紧以免水汽抽吸进入汽包室内,使阀失灵。继电器不能接错,要求达到向上浮上液位动作,向下浮下液位动作,接错液位计线路将造成严重事故。连接报警液位计的接头应接在上液位的位置,即电气盒内接线头"o"处,接错,浮球上升将不能发出报警信息,造成严重事故。

(2)ZCL-32YB型电磁主阀:安装及拆卸时应仔细阅读使用说明书,弄清其工作压力及零部件相应位置。安装前若发现肮脏或生锈必须拆卸清理;因主阀的关闭依靠活塞组件的自重和弹簧力,因此要注意正侧两个方向的吊线,不得倾斜。法兰焊接时,当点焊定位后应将主阀拆下,然后续焊,否则法兰烧红使主阀受热,引起挠曲变形影响精度;主阀法兰焊接完成后必须仔细检查烧焊房间一段管道,不得使焊渣、焦渣、氧化皮等存流物日后进入阀内损坏阀芯。

(3)CWK-11型差压控制器:安装时最好立装,下端波纹管接高压,上端波纹管接低压,控制器接在氨泵的两侧。安装时先检查控制器面板是否密封压紧,以免潮湿气体及氨气侵入腐蚀零件;差压控制器安装前应试校,检查调定值是否准确,继电器发出讯号是否及时。

(4)ZZRN-50Y型逆止阀:安装时应注意流向不能装反,两法兰相对螺孔必须对正,否则不便拆装。阀体两端定位止口一深一浅,组装时应将阀口阀尾两端对齐。

(5)ZZRP-32型自动旁通阀:安装前应校验测试,检查关闭是否严密,安装前必须调定压力,调定压力时一人观察泵排出压力,一人观察低压循环筒内压力,相互配合,使低压循环筒内的压力处于规定的主阀压力时,调节氨泵出口手动阀,使氨泵排出压力升到预调压力,迅速转动调节杆,使在调定压力值时正好打开,如果尚未调好,泵排出压力即超过调定值,此时再调也不准,必须重新使泵压力由下往上升,达到调定值迅速调好。调好后再复校一次,如正好在调定值时阀开,说明已调好。

六、技术要求

1.制冷系统部分水平管道坡度要求:

管道名称	坡度要求	坡度范围(‰)
氨压缩机至油分离器的排气管	坡向油分器	3~5
氨压缩机进气管	坡向低循桶	3~5
油分器、氨分器与冷凝器的放油管	坡向集油器	2~3
调节站的供液管	坡向调节站	1~3

2.系统水平管道的水平度2‰,系统竖直管道的垂直度2‰,系统标高的允许偏差±5mm,系统管道长度的偏差±5mm。

3.系统中所有管道内外壁均除锈、排污,管道安装完毕且经试压、试漏合格后,外刷防锈漆、银灰漆各两道。

4.所有设备尺寸均以生产厂家实物为准,待核实后开始设备施工。

5.供液装置具有自动供液、液位显示、液位超高报警、氨泵自动保护等措施。

6.压缩机备有压差、高低压控制,断水保护等措施,其余辅助设备均设有安全阀、压力表等安全保护装置。

7.凡支撑隔热层管道的吊支架均设置硬木垫,所需硬木垫均应经防腐处理后方可使用。

8.制冷设备及管道的保温均采用聚氨酯现场发泡,外包0.5mm厚的彩钢板。保温层厚度参照下列数值:

管径(mm)	18~32	38~76	89~159	219~325
厚度(mm)	60	70	80	100

低压循环贮液筒、中间冷却器、排液桶的保温层厚度均不少于125mm,融霜热氨管保温层为75mm厚的石棉。

9.制冷工艺中设备及管道的安装应符合<<制冷设备、空气分离设备安装工程施工及验收规范>>(GBJ50274-98)、<<压缩机、风机、泵安装工程施工及验收规范>>(GB50275-98)、<<工业设备及管道绝热工程设计规范>>(GB50264-97)及<<氨制冷系统安装工程施工及验收规范>>(SBJ12-2000)的要求,未尽事宜参照国家有关规范之规定。

项目负责人		审定人		设计人		工程编号		工程名称	金杯集团10000t低温冷库	图名	制冷系统设计说明	图号	JFL01
专业负责人		审核人		校核人		出图日期		项目名称	制冷机房				

主要制冷设备及材料表

序号	设备(材料)名称	规格型号	单位	数量	备注
1	带经济器螺杆制冷压缩机组	WJLLG20ⅢA	台	2	
2	干式油氨分离器	YF-80T	台	1	
3	卧式冷凝器	WN-300	台	1	
4	高压贮液器	ZA-6.5	台	1	
5	低压循环贮液桶	DXZ_1-7	台	1	
6	屏蔽氨泵	50P-40	台	2	
7	排液桶	ZA-3.5B	台	1	
8	集油器	JY-500	台	1	
9	低压集油器	DJY-1	台	1	
10	空气分离器	KF-50B	台	1	
11	紧急泄氨器	XA-100	台	1	
12	加氨站		组	1	
13	供液调节站		组	1	
14	回汽调节站		组	2	
15	防爆型轴流风机	T35-11N005	台	2	
16	贯流式冷风幕	DXY-175	台	16	
17	U型顶排管	ZDG24.5×58-171	组	28	
18		ZDG24.5×54-157	组	28	
19	氨用压力表	−0.1~2.4MPa	块	3	
		−0.1~1.6MPa	块	11	
20	氨用截止阀	A51-7 DN200	个	2	
		A51-7 DN150	个	4	
		A51-7 DN125	个	1	
		A51-7 DN100	个	6	
		A51-7 DN80	个	3	
		A51-7 DN70	个	20	
		A51-7 DN65	个	1	
		A51-7 DN50	个	9	
		A51-7 DN40	个	1	
		A51-7 DN32	个	72	
		A51-4 DN25	个	8	
		A51-4 DN20	个	6	
		A51-4 DN15	个	7	
		A51-4 DN10	个	8	
		A51-4 DN6	个	7	
		A51-4 DN4	个	4	
21	氨用节流阀	A52-4 DN32	个	2	
		A52-4 DN10	个	1	
22	电磁阀	Zc*l*-32YB	个	1	
23	安全阀	DN32	个	1	
		DN25	个	2	
		DN20	个	5	

说明: 材料用量以一期工程实际消耗为准,表中数量仅供参考。

图纸目录

序号	图号	名称	页数	备注
1	JFL01	制冷系统设计说明	1	A2
2	JFL02	图纸目录,主要设备及材料表	1	A2
3	JFL03	氨机房制冷系统原理图	1	A2
4	JFL04	氨机房制冷系统轴测图	1	A1
5	JFL05	氨机房设备基础位置,工艺平面图	1	A1
6	JFL06	氨机房剖面图	1	A2
7	JFL07	氨机房设备基础剖面图	1	A1

项目负责人	审定人	设计人	工程编号	工程名称	金杯集团10000t低温冷库	图名	图纸目录,主要设备及材料表	图号	JFL02
专业负责人	审核人	校核人	出图日期	项目名称	制冷机房				

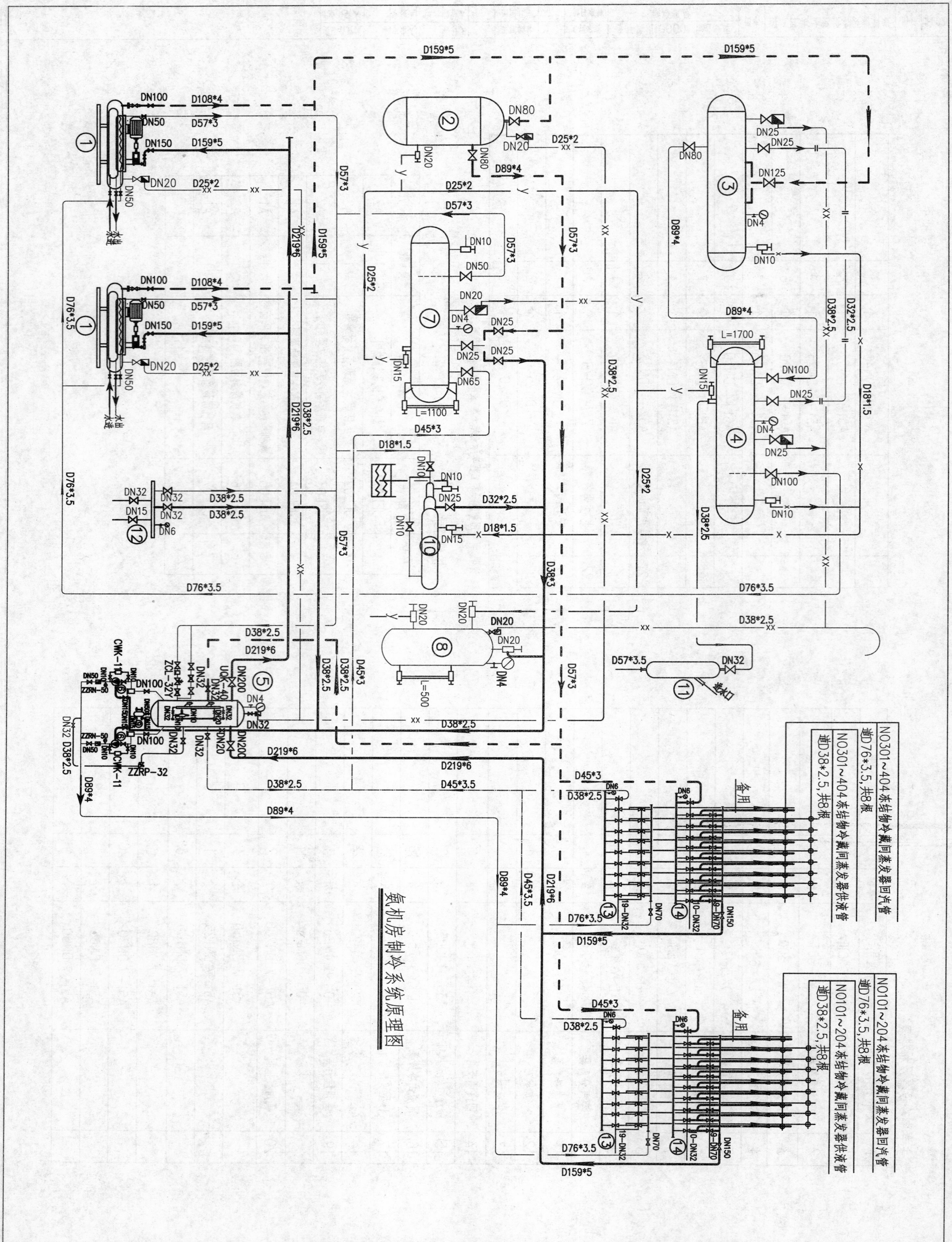
氨机房制冷系统原理图
NO301~404冻结物冷藏间蒸发器回汽管道D76*3.5,共8根
NO301~404冻结物冷藏间蒸发器供液管道D38*2.5,共8根
NO101~204冻结物冷藏间蒸发器回汽管道D76*3.5,共8根
NO101~204冻结物冷藏间蒸发器供液管道D38*2.5,共8根
备用
D159*5
D108*4
D57*3
D25*2
D89*4
D219*6
D76*3.5
D38*2.5
D45*3
D45*3.5
D32*2.5
D18*1.5
D57*3.5
DN100
DN50
DN150
DN20
DN80
DN25
DN125
DN10
DN4
DN15
DN65
DN32
DN6
DN200
DN70
L=1100
L=1700
L=500
CWK-11
ZZRN-50
ZCL-32Y
UQK-40
ZZRP-32
19-DN32
0-DN32
19-DN70

项目负责人		审定人		设计人		工程编号		工程名称	金杯集团10000t低温冷库	图名	氨机房制冷系统原理图	图号	JFL03
专业负责人		审核人		校核人		出图日期		项目名称	制冷机房				

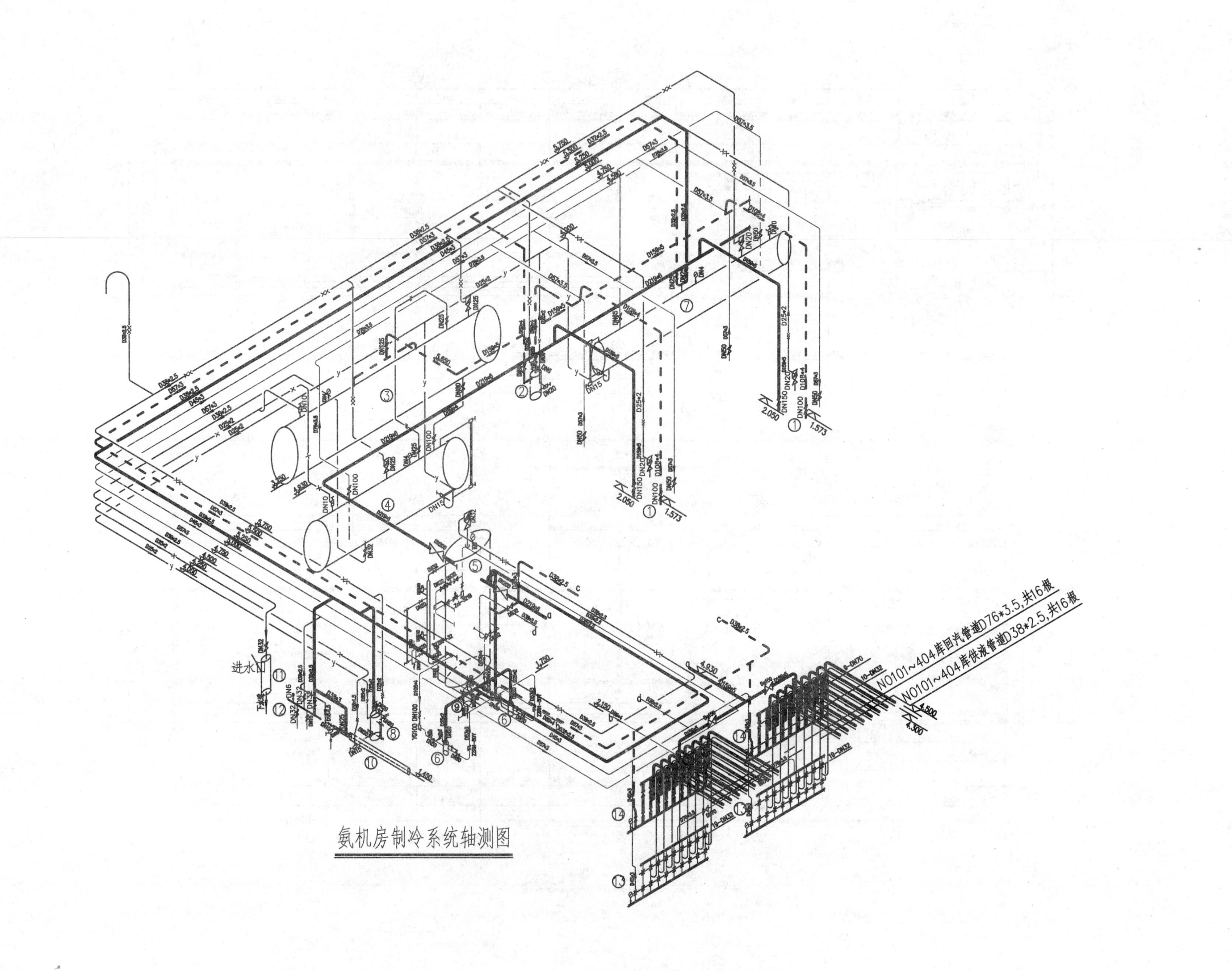

氨机房制冷系统轴测图

项目负责人	审定人	设计人	工程编号	工程名称	金杯集团10000t低温冷库	图名	氨机房制冷系统轴测图	图号	JFL04
专业负责人	审核人	校核人	出图日期	项目名称	制冷机房				

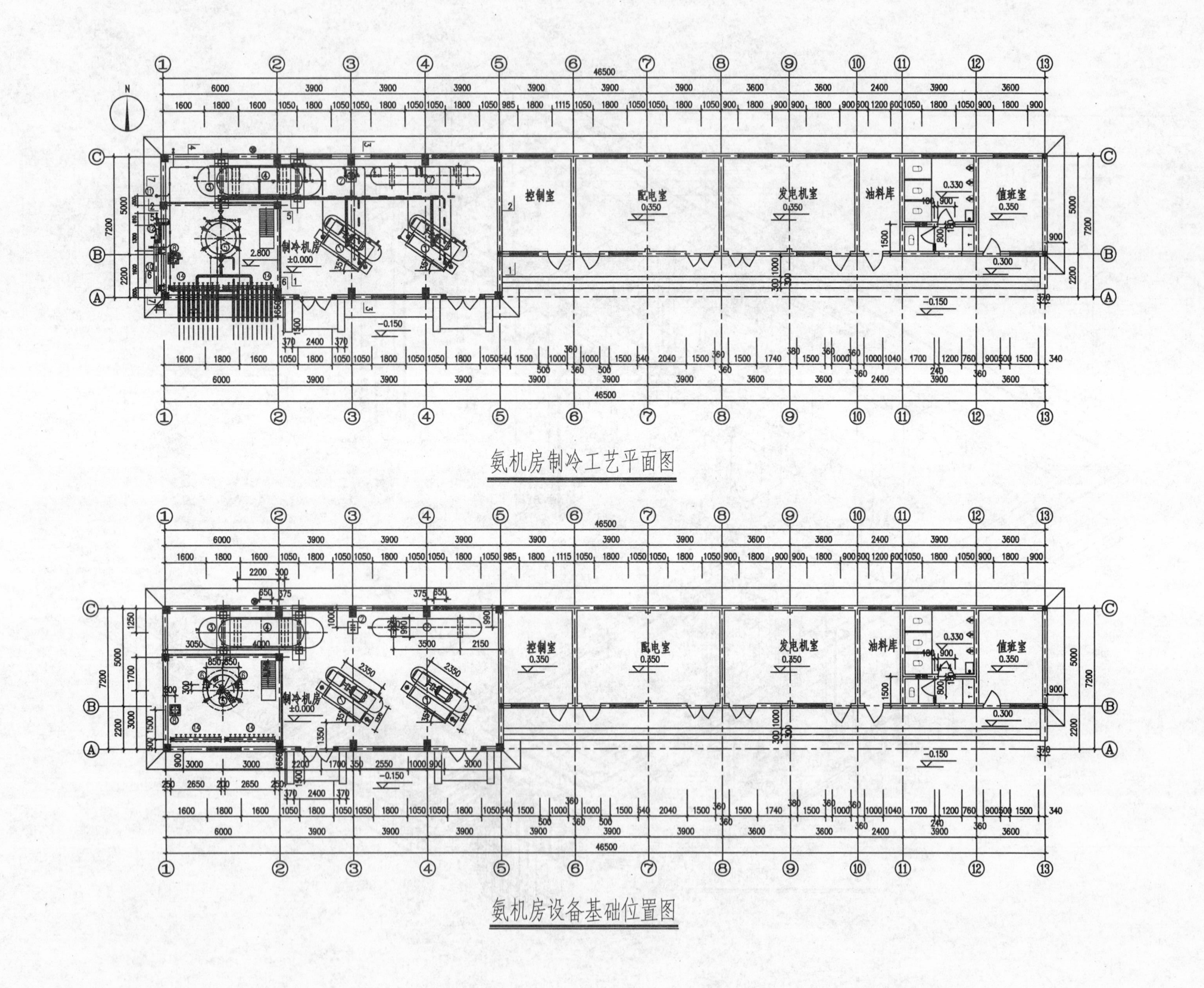

项目负责人		审定人		设计人		工程编号		工程名称	金杯集团10000t低温冷库	图名	氨机房设备基础位置,工艺平面图	图号	JFL05
专业负责人		审核人		校核人		出图日期		项目名称	制冷机房				

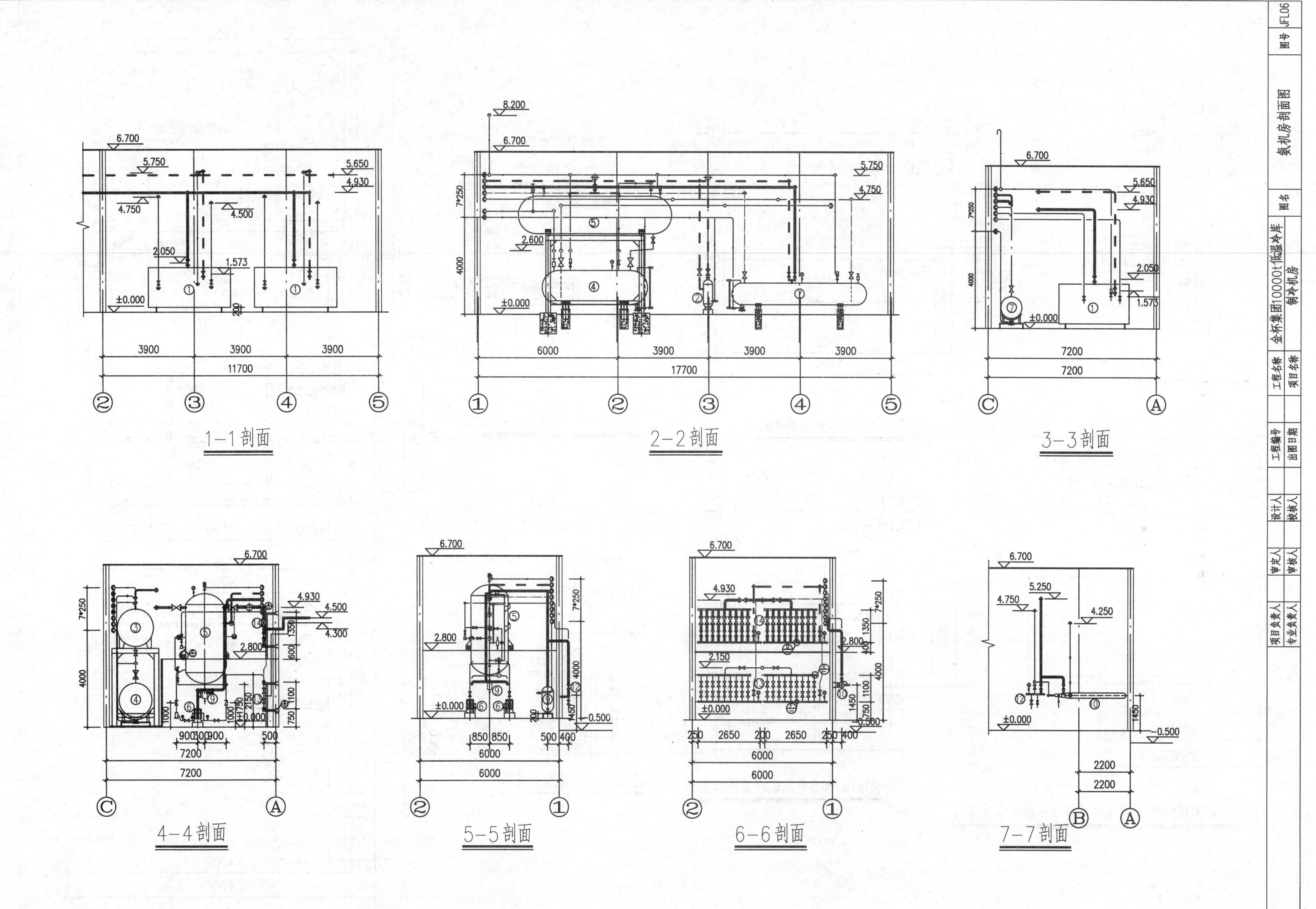
1-1剖面
2-2剖面
3-3剖面
4-4剖面
5-5剖面
6-6剖面
7-7剖面
项目负责人
专业负责人
审定人
审核人
设计人
校核人
工程编号
出图日期
工程名称
项目名称
金桥集团10000t低温冷库
制冷机房
图名
氨机房剖面图
图号
JFL06

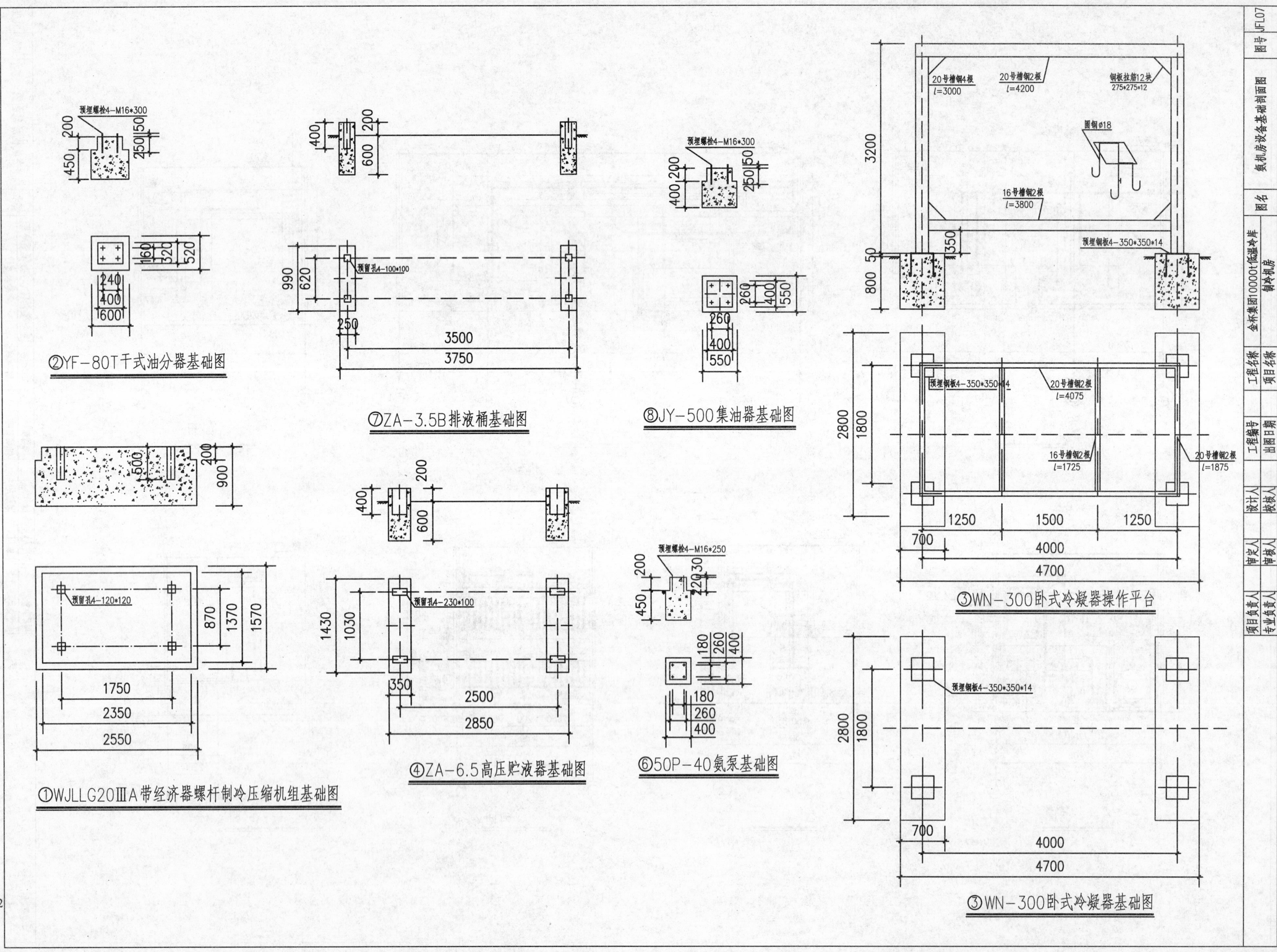
②YF-80T干式油分器基础图
⑦ZA-3.5B排液桶基础图
⑧JY-500集油器基础图
①WJLLG20ⅢA带经济器螺杆制冷压缩机组基础图
④ZA-6.5高压贮液器基础图
⑥50P-40氨泵基础图
③WN-300卧式冷凝器操作平台
③WN-300卧式冷凝器基础图
预埋螺栓4-M16*300
预留孔4-100*100
预留孔4-120*120
预留孔4-230*100
预埋螺栓4-M16*250
20号槽钢4根 l=3000
20号槽钢2根 l=4200
钢板拉筋12块 275*275*12
圆钢ø18
16号槽钢2根 l=3800
预埋钢板4-350*350*14
20号槽钢2根 l=4075
16号槽钢2根 l=1725
20号槽钢2根 l=1875
项目负责人
专业负责人
审定人
审核人
设计人
校核人
工程编号
出图日期
工程名称
项目名称
金杯集团10000t低温冷库
制冷机房
图名
氨机房设备基础剖面图
图号
JFL07

冷间制冷工艺设计文件目录

序号	图　名	图　号	备 注
1	图纸目录,材料表,设计说明	LJL01	A2
2	冷库制冷系统原理图	LJL02	A2
3	冷库一层制冷工艺平面图	LJL03	A1+
4	冷库二层制冷工艺平面图	LJL04	A1+
5	冷库三层制冷工艺平面图	LJL05	A1+
6	冷库四层制冷工艺平面图	LJL06	A1+
7	冷间剖面图(一)	LJL07	A2
8	冷间剖面图(二)	LJL08	A2
9	冷间剖面图(三)	LJL09	A2
10	冷间剖面图(四)	LJL10	A2
11	冷库一,二层制冷系统轴测图	LJL11	A1
12	冷库三,四层制冷系统轴测图	LJL12	A1
13	U型顶排管加工图	LJL13	A2

冷间制冷工艺设备材料表

序号	设备(材料)名称	规格型号	单位	数量	备　注
1	光滑U型直式顶排管	ZDG24.5×58-171	组	28	
2	光滑U型直式顶排管	ZDG24.5×54-157	组	28	
3	轴流风幕机	DXY-175	台	16	
4	无缝钢管D76×3.5		m	1410	
	D57×3		m	56	
	D38×2.5		m	83036	
5	角钢 L70×6		m	3487	
	L50×5		m	1267	
6	槽钢 [100×48		m	24	
7	液氨		t	20.78	

说明: 以上计算数量仅供参考。

冷间制冷工艺说明

一、设计范围

冷间制冷工艺设计

二、设计参数

室外计算温度32°C

室外计算相对湿度75%

冷凝温度37°C

蒸发温度-28°C

冷间温度(-18±1)°C

三、制冷系统

1.本工程以液氨为制冷工质,采用带经济器的螺杆单级压缩制冷系统,由液泵把液氨从制冷机房输送到冷库系统。

2.冷间冷却设备均为双层直式顶排管,融霜采用热氨及手动除霜相结合方式进行。

四、温度控制

冷间温度遥测,在制冷机房显示及打印。

五、其他说明

1.土建施工时制冷工艺人员要密切注意制冷排管及管道预埋吊点位置,若发现不符时及时纠正。

2.管道包扎保温层的范围见<<氨制冷系统安装工程施工及验收规范>>,保温材料为聚氨酯泡沫现场发泡,外包铝合金保护壳,铝合金板厚度为0.5mm,聚氨酯泡沫塑料的导热系数不得大于0.030W/(m·K)。

3.管道穿冷库和机房外墙时,保温层需贯穿不能中断,保温管道与洞孔之间的空隙用沥青碎软木填实。

4.保温管道与支架之间必须垫上硬木垫。

5.管道保护层铝合金保护壳外标注表示工质流向的箭头。

6.管道保温层厚度见下表:

管径(mm)	18~32	38~76	89~159	219~325
厚度(mm)	60	70	80	100

工程名称	金环集团10000t低温冷库
项目名称	冷　库
工程编号	
出图日期	
设计人	
校核人	
审定人	
审核人	
项目负责人	
专业负责人	
图名	图纸目录,材料表,设计说明
图号	LJL01

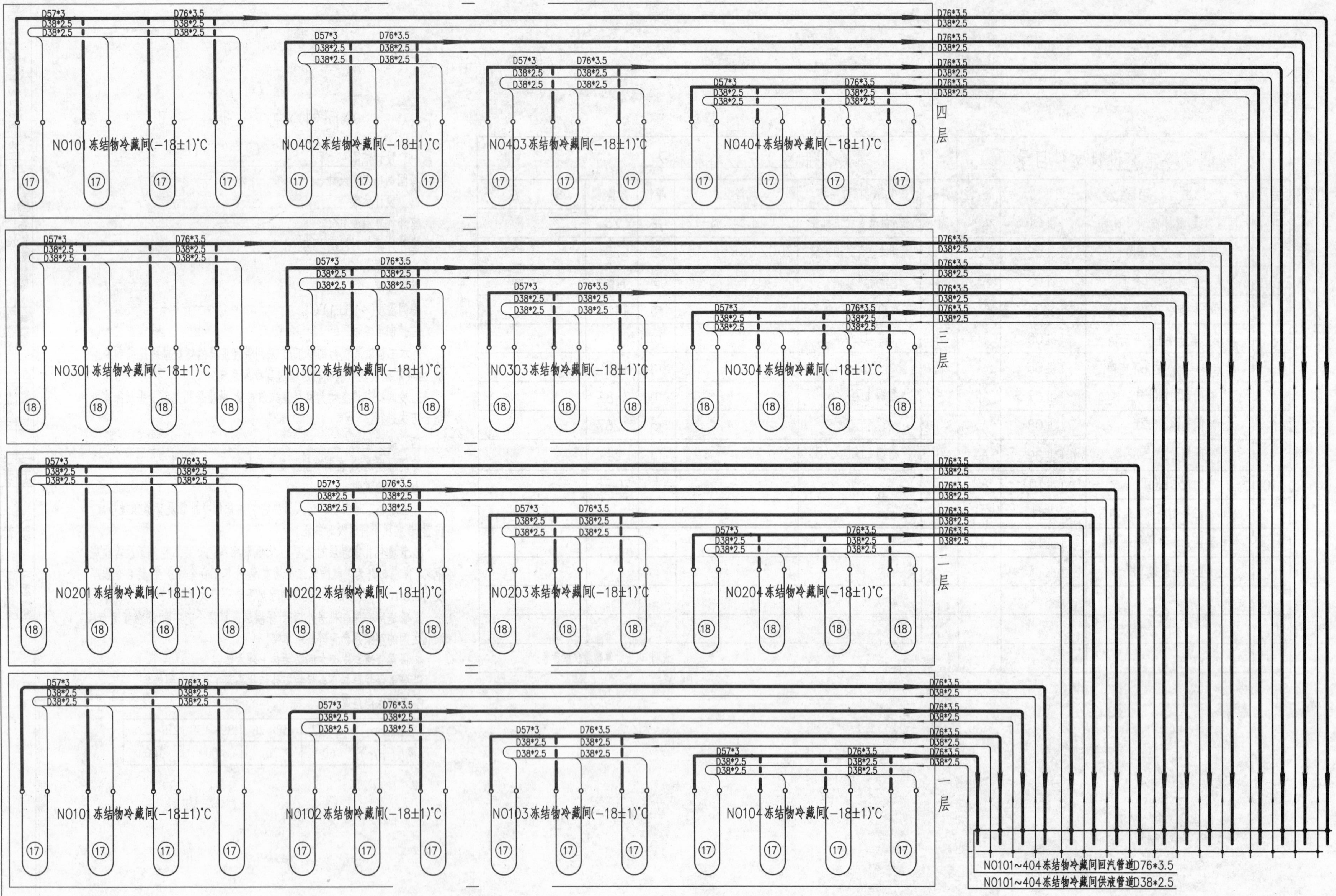

四层

N0101冻结物冷藏间(−18±1)°C

N0402冻结物冷藏间(−18±1)°C

N0403冻结物冷藏间(−18±1)°C

N0404冻结物冷藏间(−18±1)°C

三层

N0301冻结物冷藏间(−18±1)°C

N0302冻结物冷藏间(−18±1)°C

N0303冻结物冷藏间(−18±1)°C

N0304冻结物冷藏间(−18±1)°C

二层

N0201冻结物冷藏间(−18±1)°C

N0202冻结物冷藏间(−18±1)°C

N0203冻结物冷藏间(−18±1)°C

N0204冻结物冷藏间(−18±1)°C

一层

N0101冻结物冷藏间(−18±1)°C

N0102冻结物冷藏间(−18±1)°C

N0103冻结物冷藏间(−18±1)°C

N0104冻结物冷藏间(−18±1)°C

D57*3 D38*2.5 D38*2.5 D76*3.5 D38*2.5 D38*2.5

N0101~404冻结物冷藏间回汽管道D76*3.5

N0101~404冻结物冷藏间供液管道D38*2.5

冷库制冷系统原理图

项目负责人	审定人	设计人	工程编号	工程名称	金杯集团10000t低温冷库	图名	冷库制冷系统原理图	图号	LJL02
专业负责人	审核人	校核人	出图日期	项目名称	冷库				

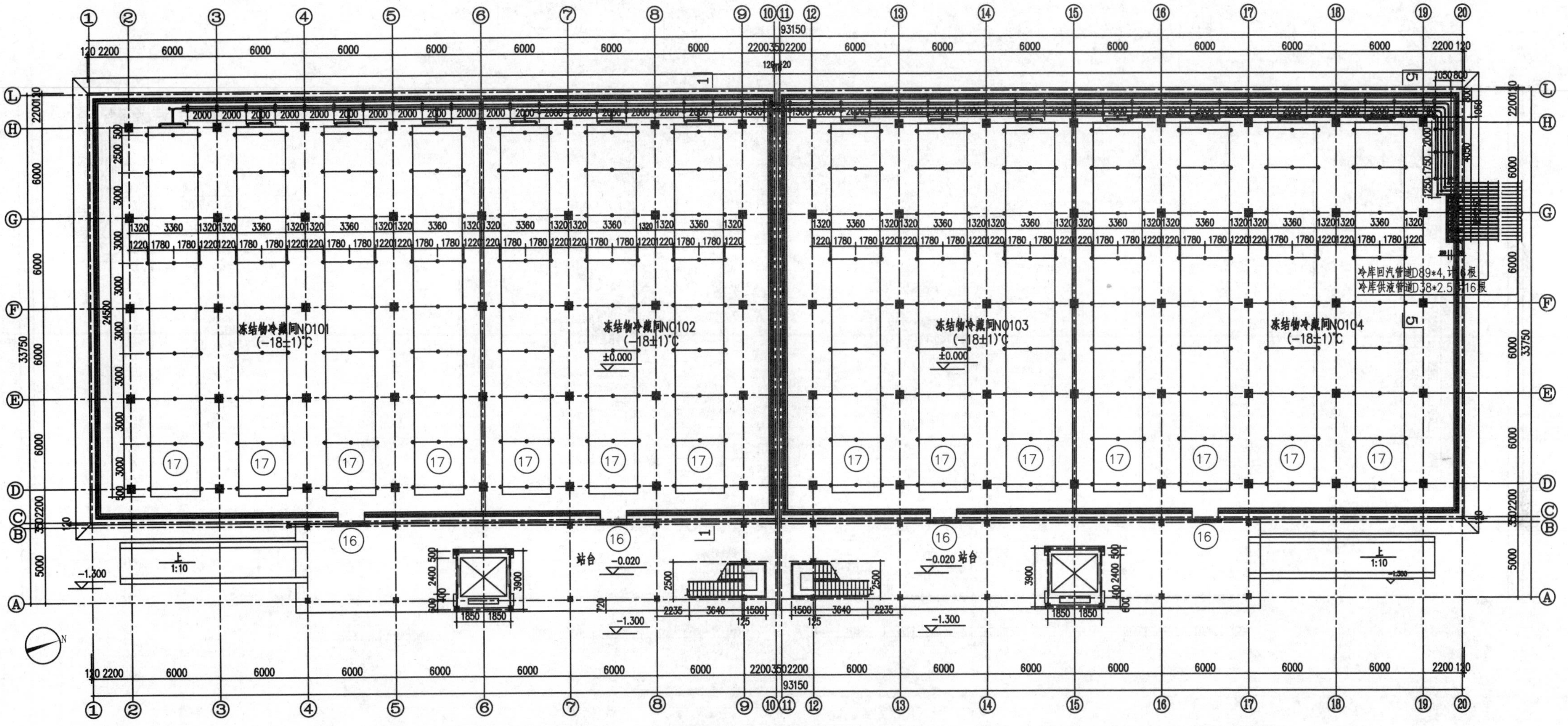

①②③④⑤⑥⑦⑧⑨⑩⑪⑫⑬⑭⑮⑯⑰⑱⑲⑳

120 2200 6000 6000 6000 6000 6000 6000 6000 2200 350 2200 6000 6000 6000 6000 6000 6000 6000 2200 120

93150

Ⓛ Ⓗ Ⓖ Ⓕ Ⓔ Ⓓ Ⓒ Ⓑ Ⓐ

2200 120 6000 6000 6000 6000 2200 350 5000

33750

24500

500 2500 3000 3000 3000 3000 3000 3000 3000 500

2000 2000 2000 2000 2000 2000 2000 2000 2000 2000 2000 2000 2000 2000 2000 2000 1500

1320 3360 1320 1320 3360 1320 1320 3360 1320 1320 3360 1320 1320 3360 1320 1320 3360 1320 1320 3360 1320

1220 1780 1780 1220 1220 1780 1780 1220 1220 1780 1780 1220 1220 1780 1780 1220 1220 1780 1780 1220 1220 1780 1780 1220 1220 1780 1780 1220

1050 800 1060 4050 2000 1750 1250

冻结物冷藏间N0101
(−18±1)℃

冻结物冷藏间N0102
(−18±1)℃
±0.000

冻结物冷藏间N0103
(−18±1)℃
±0.000

冻结物冷藏间N0104
(−18±1)℃

冷库回汽管道D89*4，计16根
冷库供液管道D38*2.5，计16根

⑯ ⑯ ⑯ ⑯

⑰ ⑰ ⑰ ⑰ ⑰ ⑰ ⑰ ⑰ ⑰ ⑰ ⑰ ⑰ ⑰ ⑰

站台 −0.020

站台 −0.020

−1.300

1:10

500 2400 400 3900 1850 1850 600

2500 2235 3640 1568 125

冷库一层工艺平面图

项目负责人	审定人	设计人	工程编号	工程名称	金桥集团10000t低温冷库	图名	冷库一层制冷工艺平面图	图号	LJL03
专业负责人	审核人	校核人	出图日期	项目名称	冷库				

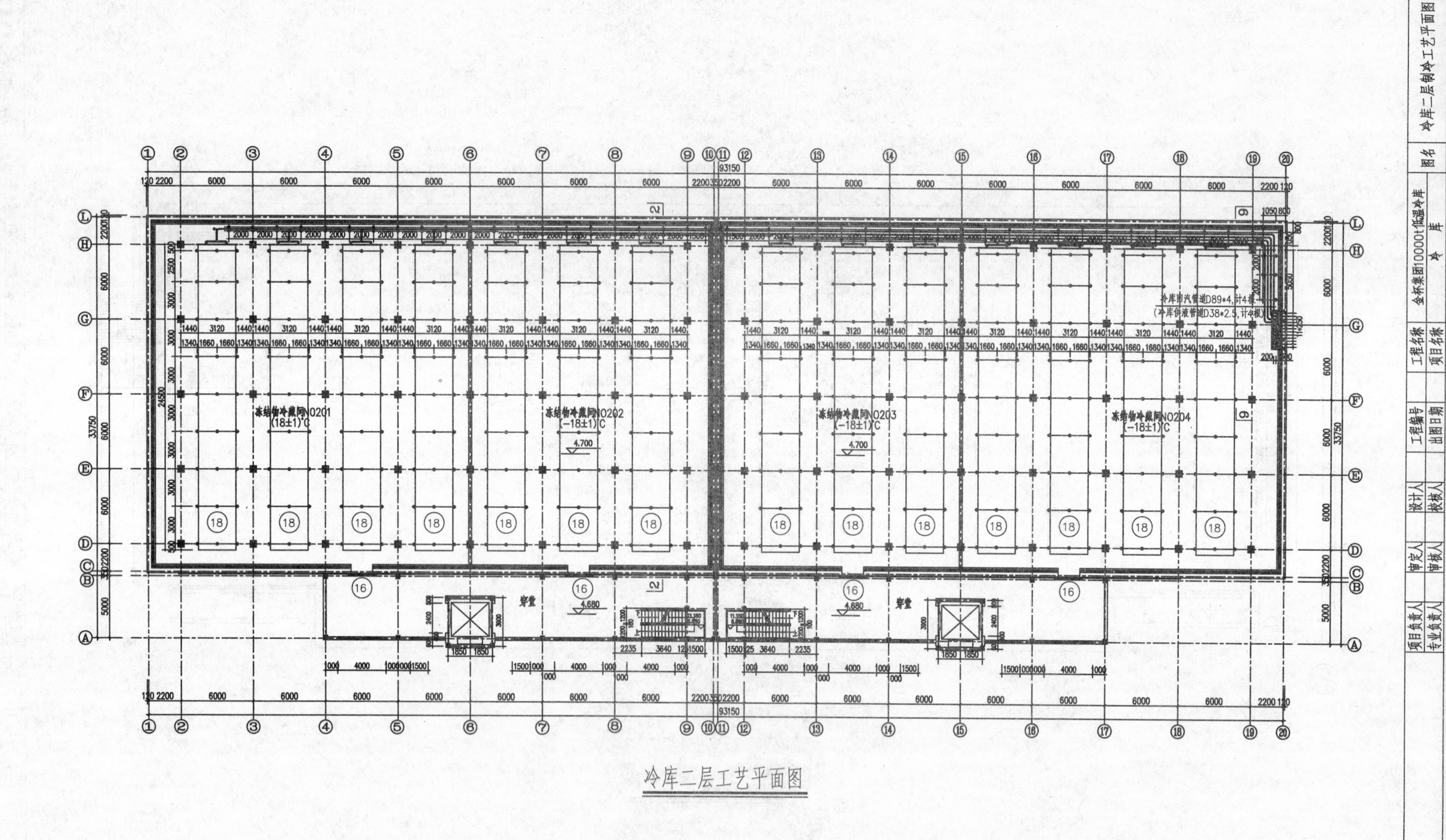

冷库二层工艺平面图

项目负责人	审定人	设计人	工程编号	工程名称	金杯集团10000t低温冷库	图名	冷库二层制冷工艺平面图	图号	LJL04
专业负责人	审核人	校核人	出图日期	项目名称	冷　库				

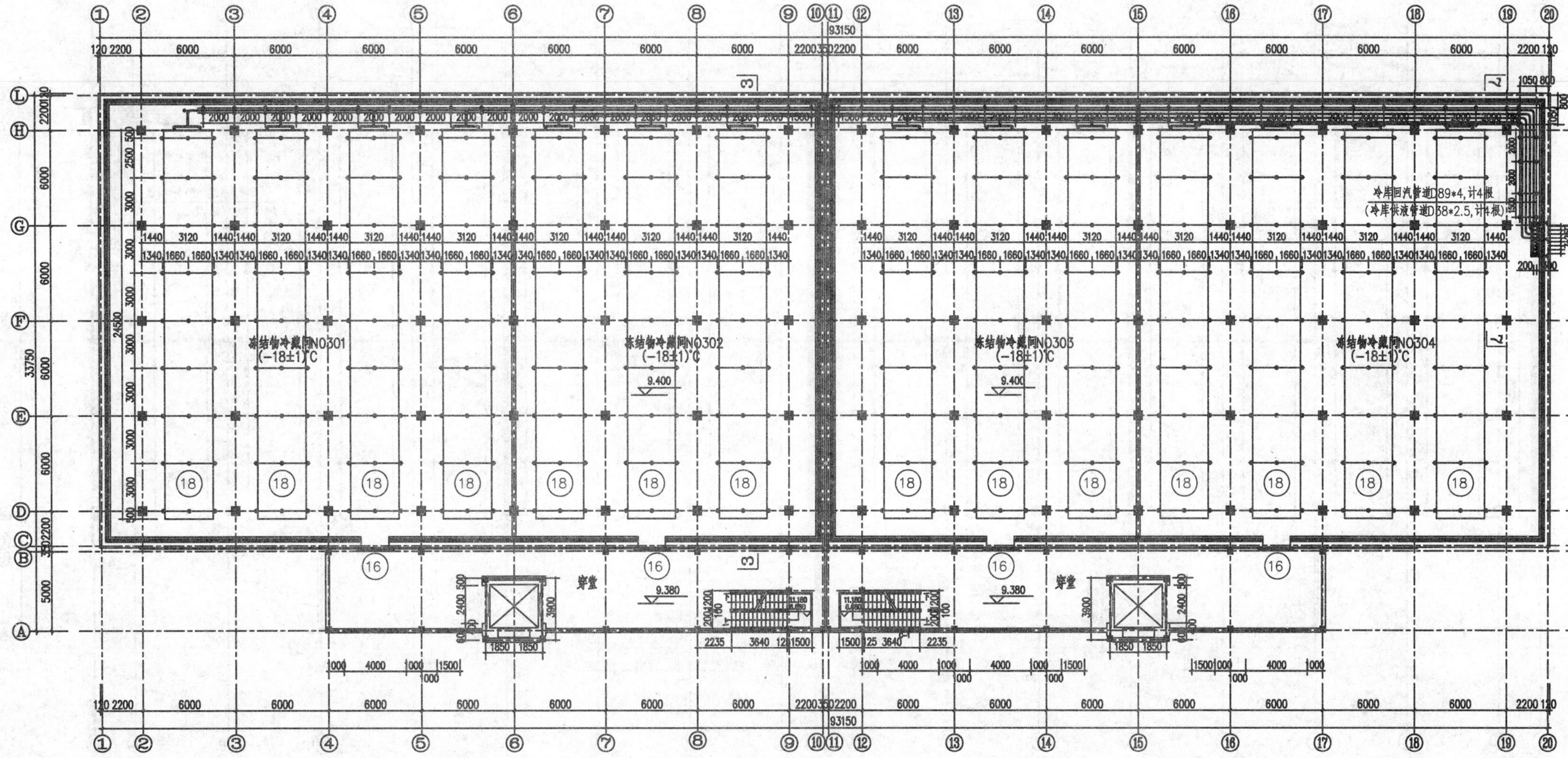

冷库三层工艺平面图

冻结物冷藏间N0301 (−18±1)℃

冻结物冷藏间N0302 (−18±1)℃

冻结物冷藏间N0303 (−18±1)℃

冻结物冷藏间N0304 (−18±1)℃

冷库回汽管道D89*4,计4根

(冷库供液管道D38*2.5,计4根)

穿堂 穿堂

9.400 9.400 9.380 9.380

(18) (18) (18) (18) (18) (18) (18) (18) (18) (18) (18) (18) (18) (18)

(16) (16) (16) (16)

① ② ③ ④ ⑤ ⑥ ⑦ ⑧ ⑨ ⑩ ⑪ ⑫ ⑬ ⑭ ⑮ ⑯ ⑰ ⑱ ⑲ ⑳

Ⓛ Ⓗ Ⓖ Ⓕ Ⓔ Ⓓ Ⓒ Ⓑ Ⓐ

93150

120 2200 6000 6000 6000 6000 6000 6000 6000 2200 350 2200 6000 6000 6000 6000 6000 6000 6000 2200 120

33750

2200 6000 6000 6000 6000 2200 350 5000

1440 3120 1440 1440 3120 1440 1440 3120 1440 1440 3120 1440 1440 3120 1440 1440 3120 1440 1440 3120 1440

1340 1660 1660 1340 1340 1660 1660 1340 1340 1660 1660 1340 1340 1660 1660 1340 1340 1660 1660 1340 1340 1660 1660 1340 1340 1660 1660 1340

500 2500 3000 3000 3000 3000 3000 3000 500

24500

1050 800 500 200 390

1000 4000 1000 1500 1000

2235 3640 120 1500 1500 25 3640 2235

2400 500 3800 1850 1850

项目负责人	审定人	设计人	工程编号	工程名称	金杯集团10000t低温冷库	图名	冷库三层制冷工艺平面图	图号	LJL05
专业负责人	审核人	校核人	出图日期	项目名称	冷库				

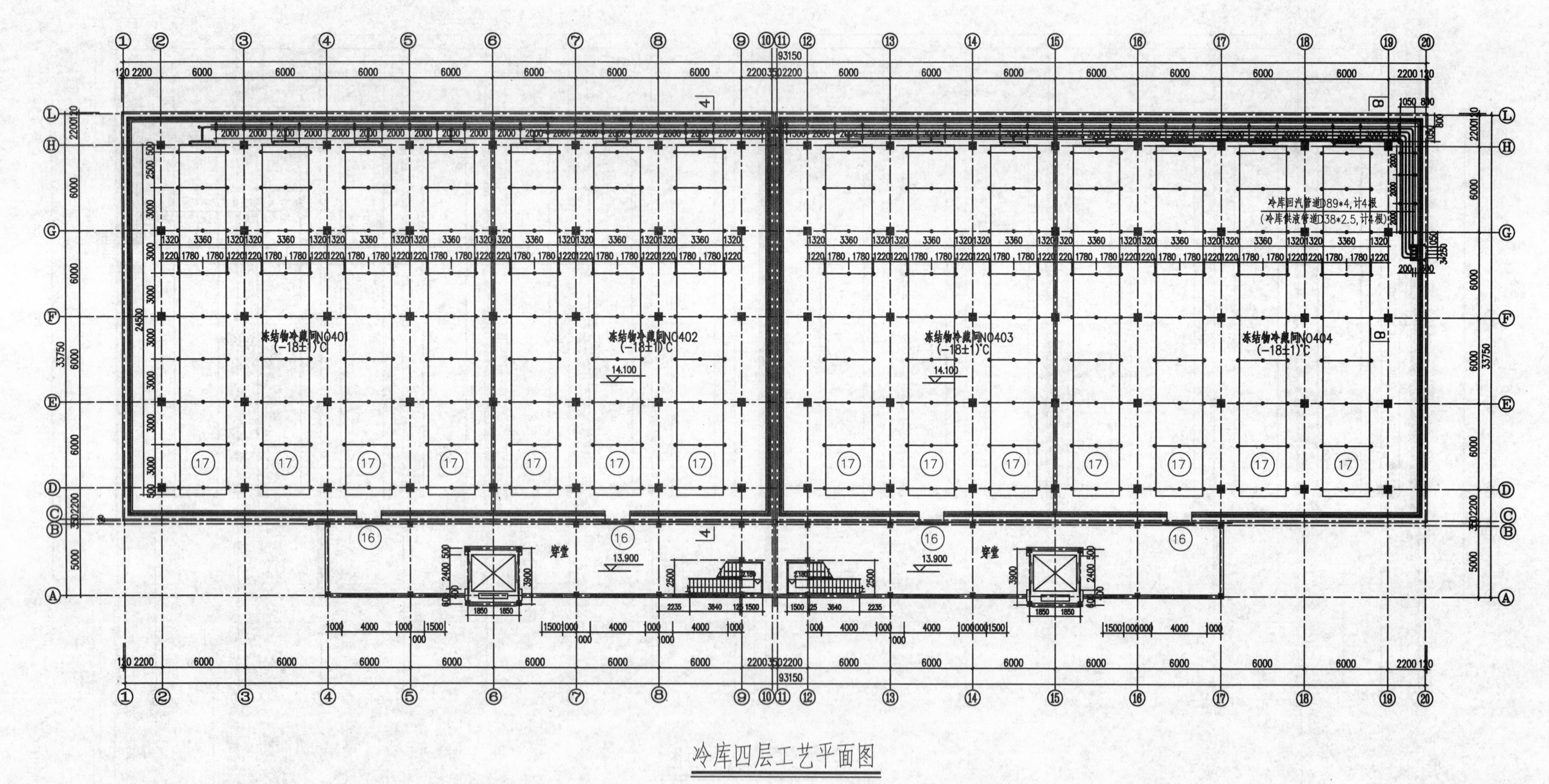

冷库四层工艺平面图

项目负责人		审定人		设计人		工程编号		工程名称	金杯集团10000t低温冷库	图名	冷库四层制冷工艺平面图	图号	LJL06
专业负责人		审核人		校核人		出图日期		项目名称	冷库				

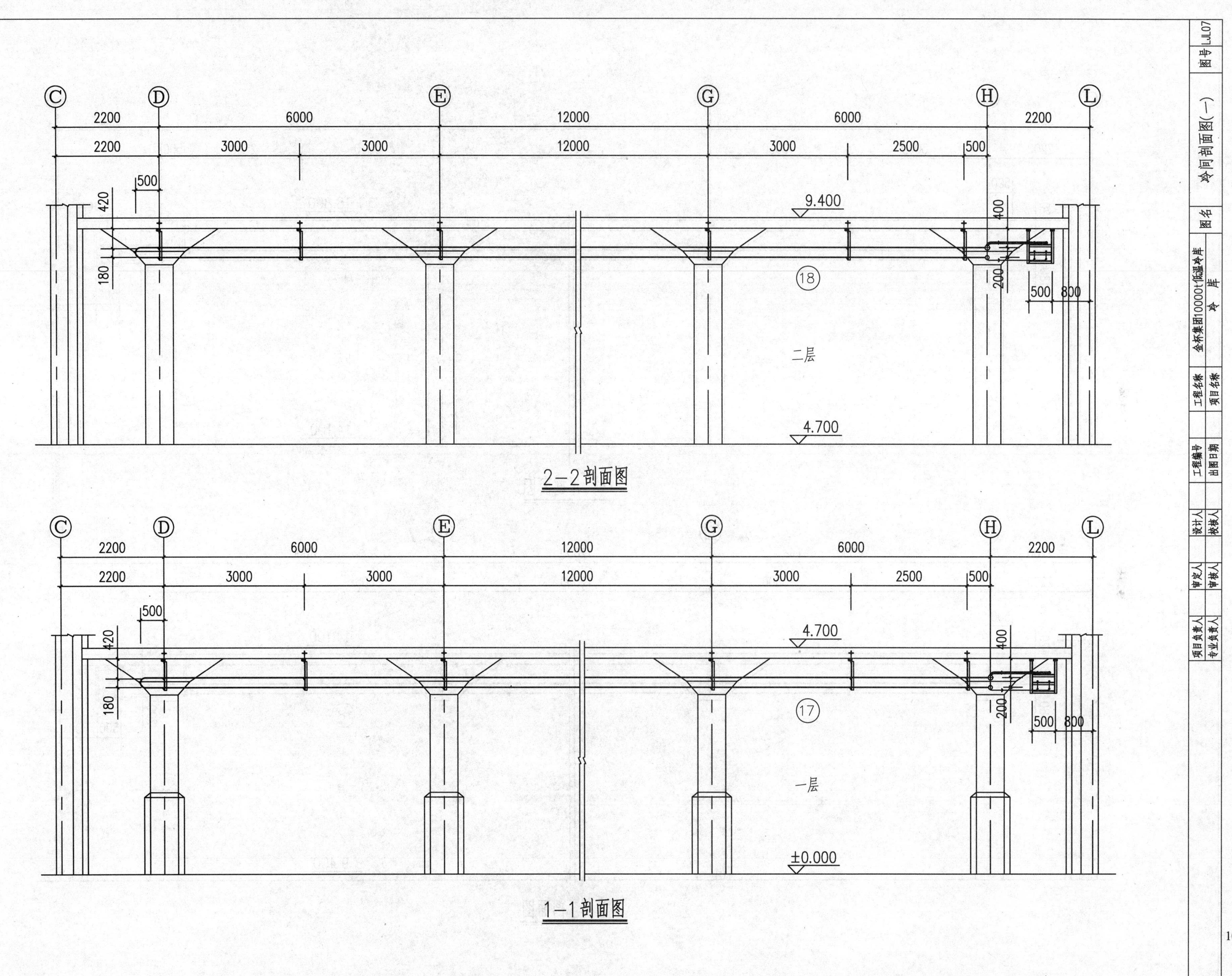
C
D
E
G
H
L
2200
6000
12000
6000
2200
2200
3000
3000
12000
3000
2500
500
500
420
180
400
200
500
800
9.400
4.700
18
二层
17
一层
±0.000
项目负责人
专业负责人
审定人
审核人
设计人
校核人
工程编号
出图日期
工程名称
项目名称
金杯集团10000t低温冷库
冷库
图名
冷间剖面图(一)
图号
LJL07

2—2剖面图

1—1剖面图

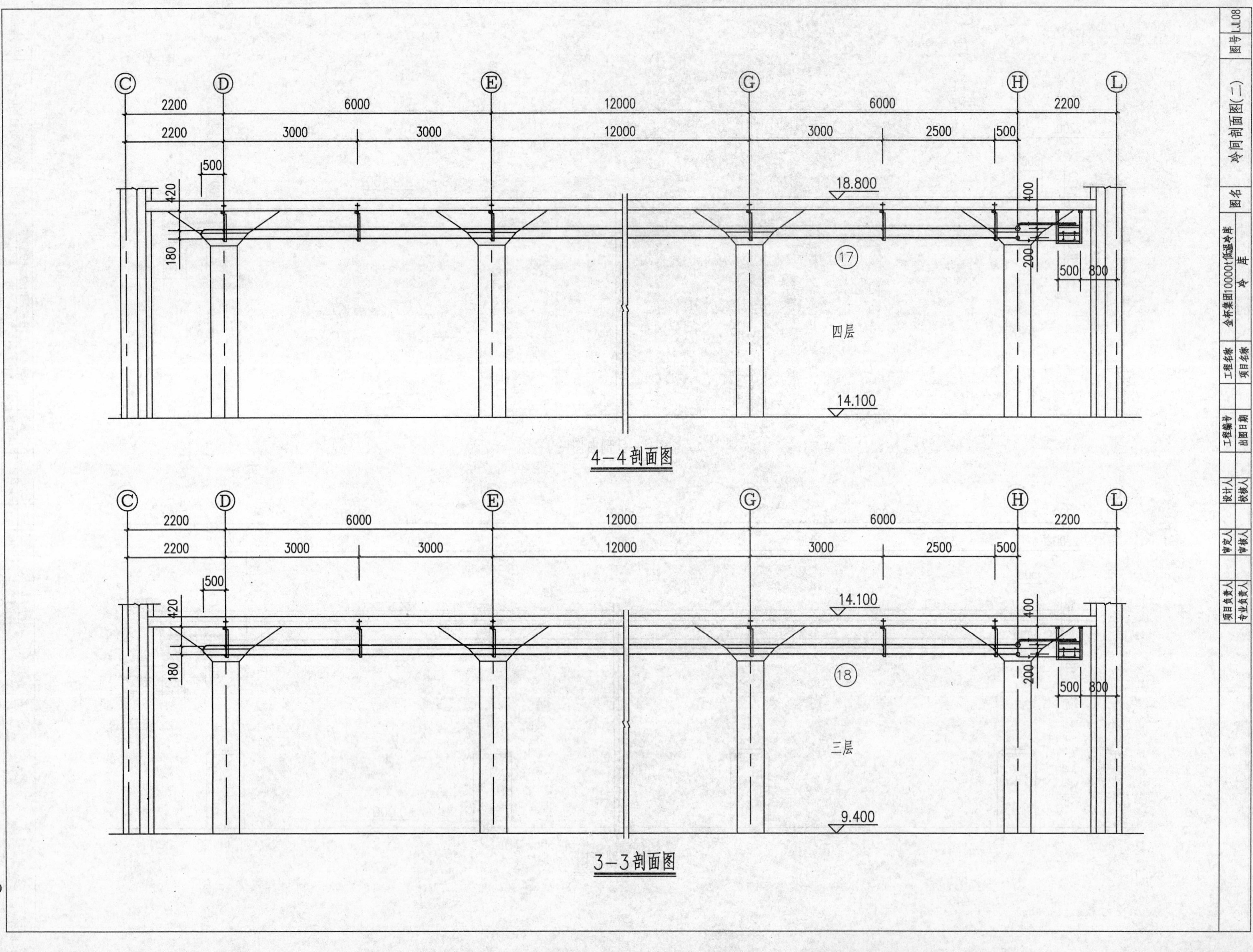

项目负责人	审定人	设计人	工程编号	工程名称	金杯集团10000t低温冷库	图名	冷间剖面图(二)	图号	LJL08
专业负责人	审核人	校核人	出图日期	项目名称	冷 库				

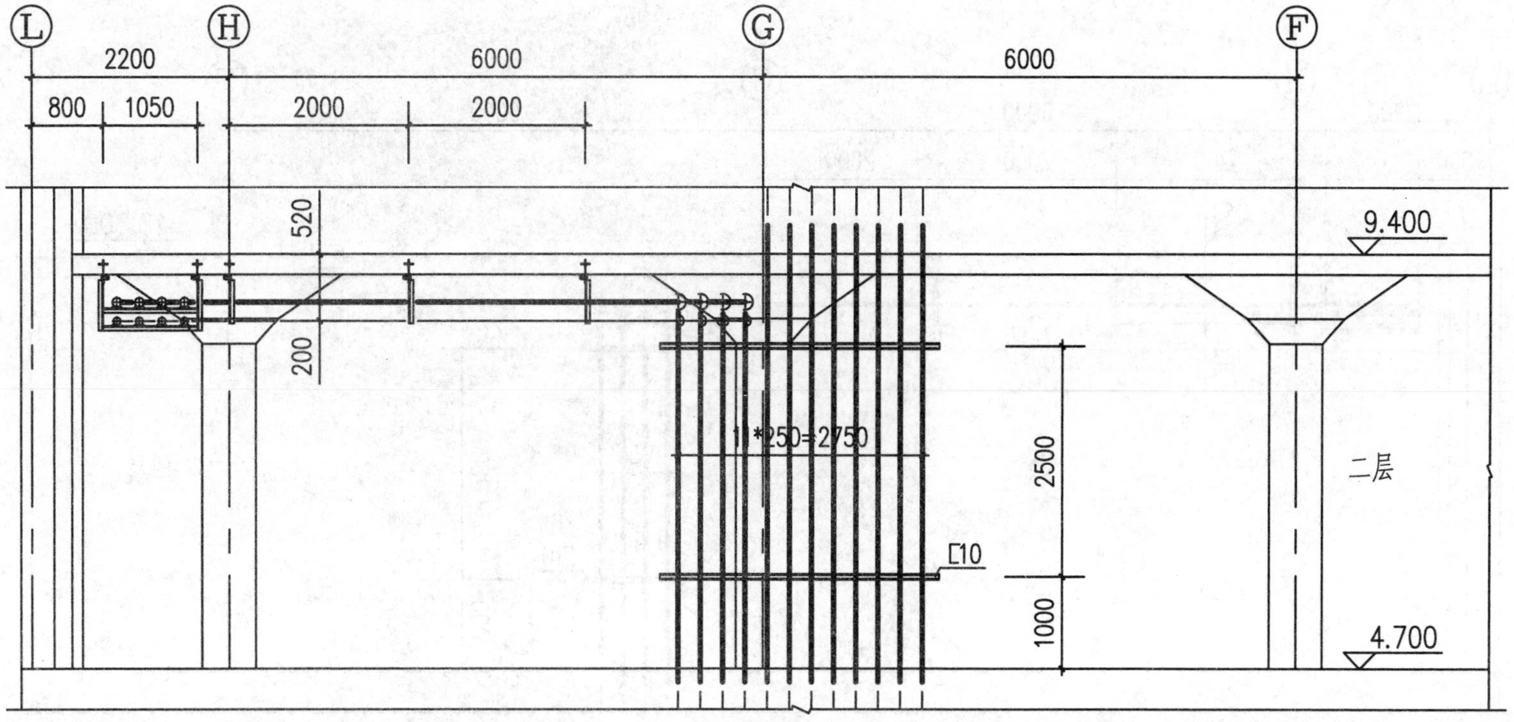

L H G F
2200 6000 6000
800 1050 2000 2000
520 200
9.400
4.700
二层
11*250=2750
2500
1000
[10

6-6剖面图

L H G F
2200 6000 6000
800 1050 2000 1750 1250
520 200
4.700
650
3.700
3.500
15*250=3750
一层
±0.000

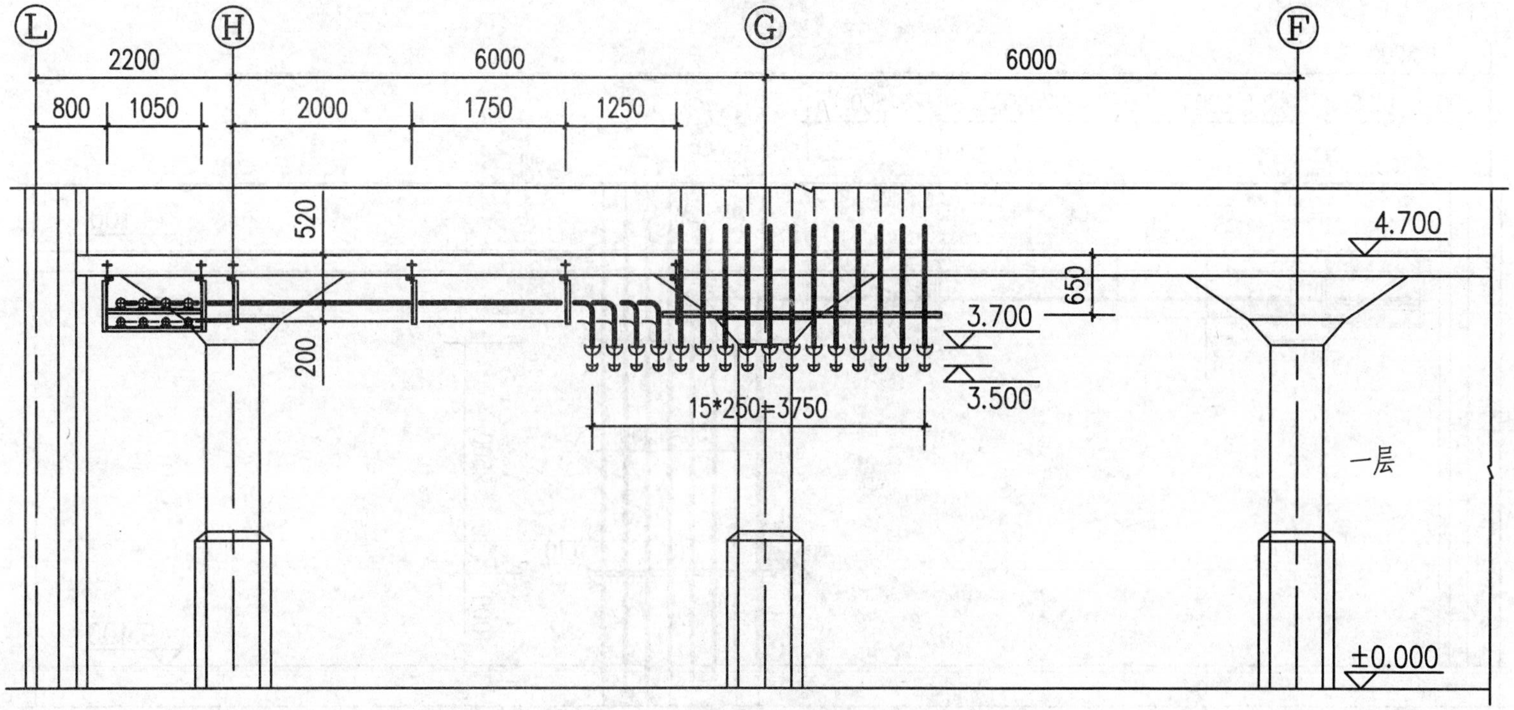

5-5剖面图

项目负责人	审定人	设计人	工程编号	工程名称	金杯集团10000t低温冷库	图名	冷间剖面图(三)	图号 LJL09
专业负责人	审核人	校核人	出图日期	项目名称	冷库			

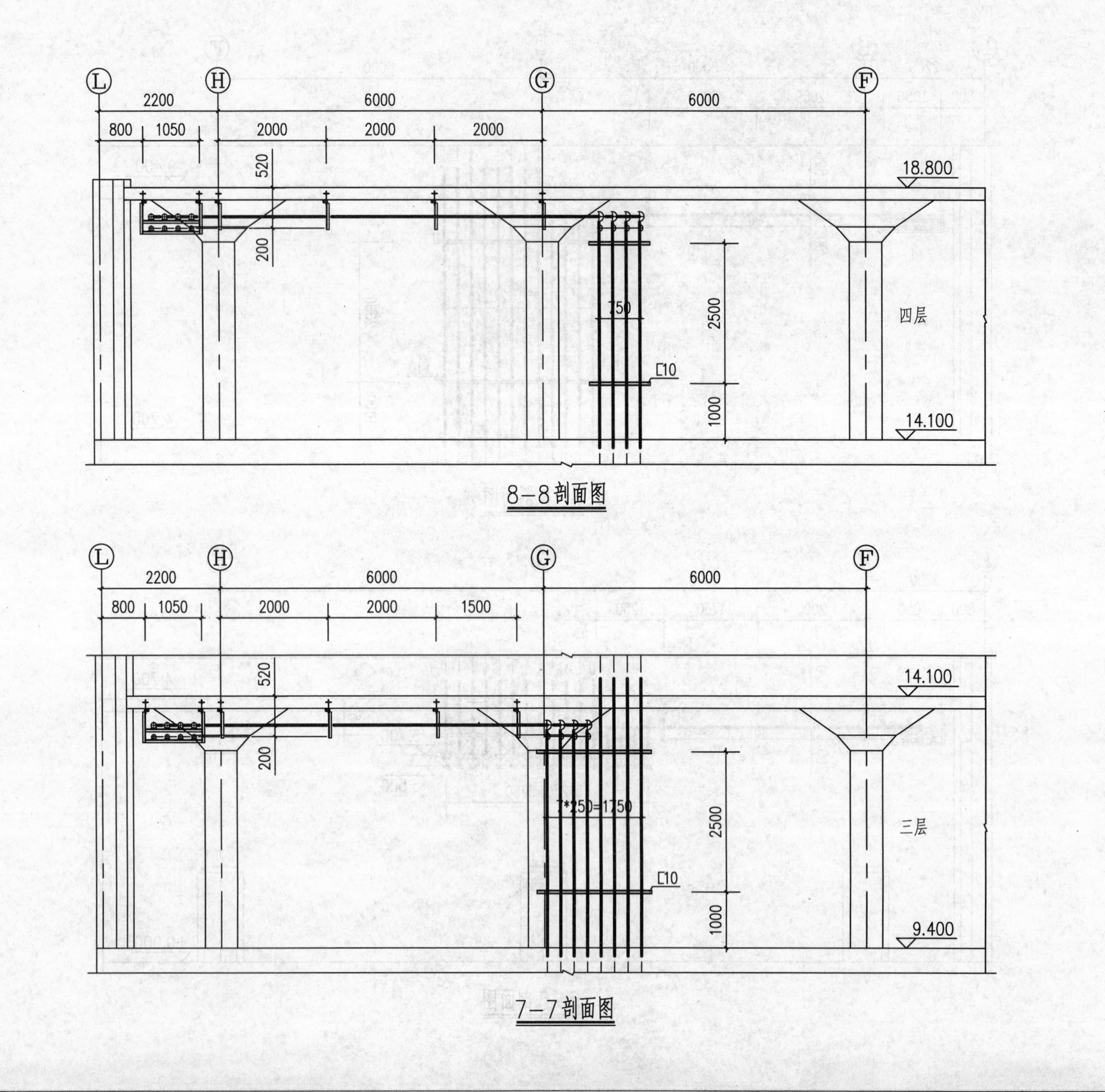

项目负责人		审定人		设计人		工程编号		工程名称	金杯集团10000t低温冷库	图名	冷间剖面图(四)	图号	LJL10
专业负责人		审核人		校核人		出图日期		项目名称	冷 库				

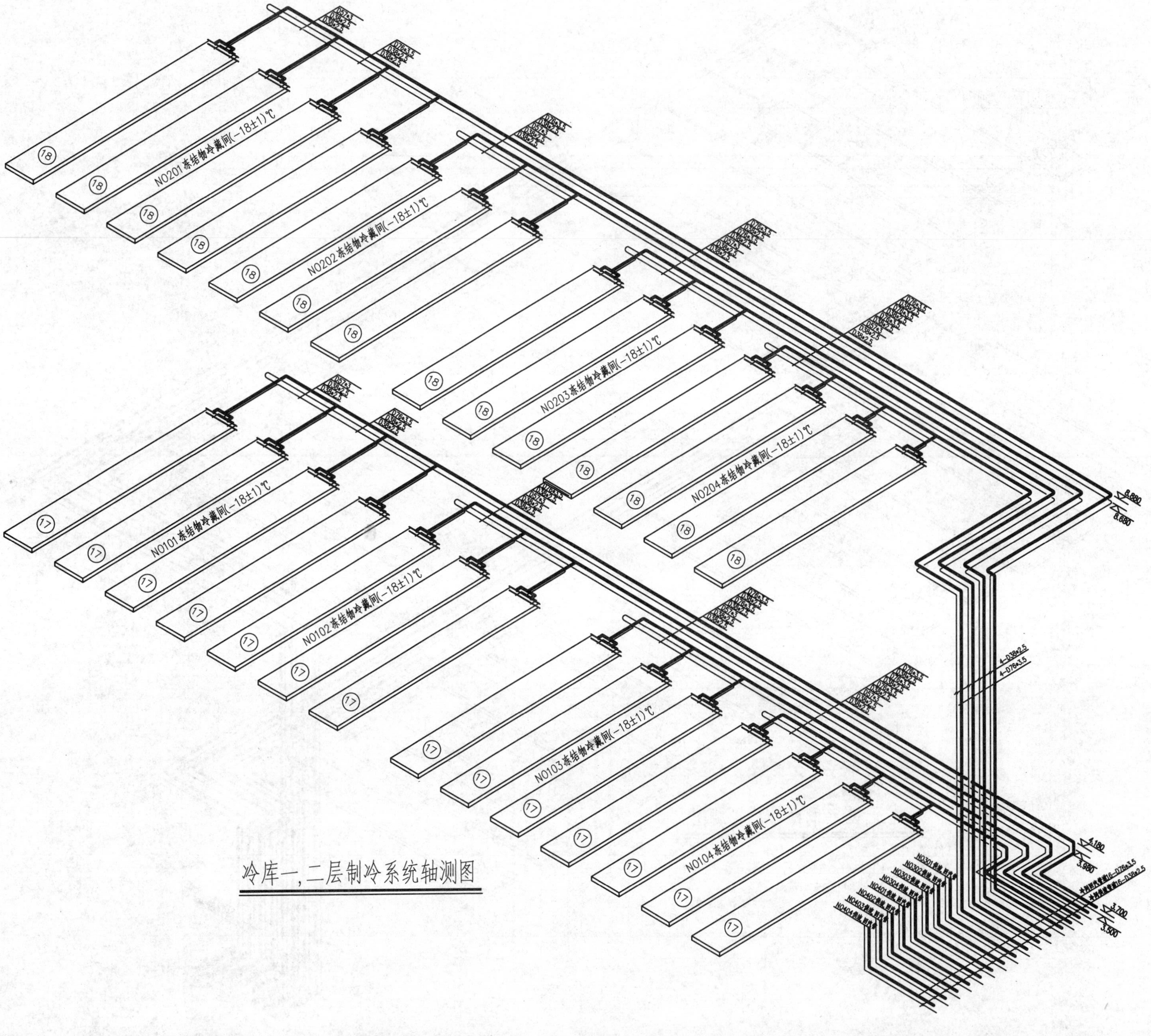

N0201冻结物冷藏间(−18±1)℃
N0202冻结物冷藏间(−18±1)℃
N0203冻结物冷藏间(−18±1)℃
N0204冻结物冷藏间(−18±1)℃
N0101冻结物冷藏间(−18±1)℃
N0102冻结物冷藏间(−18±1)℃
N0103冻结物冷藏间(−18±1)℃
N0104冻结物冷藏间(−18±1)℃
8.880
8.680
4-D38×2.5
4-D76×3.5
4.180
3.980
3.700
3.500

冷库一,二层制冷系统轴测图

项目负责人	审定人	设计人	工程编号	工程名称	金环集团10000t低温冷库	图名	冷库一,二层制冷工艺轴测图	图号	JFL11
专业负责人	审核人	校核人	出图日期	项目名称	冷　库				

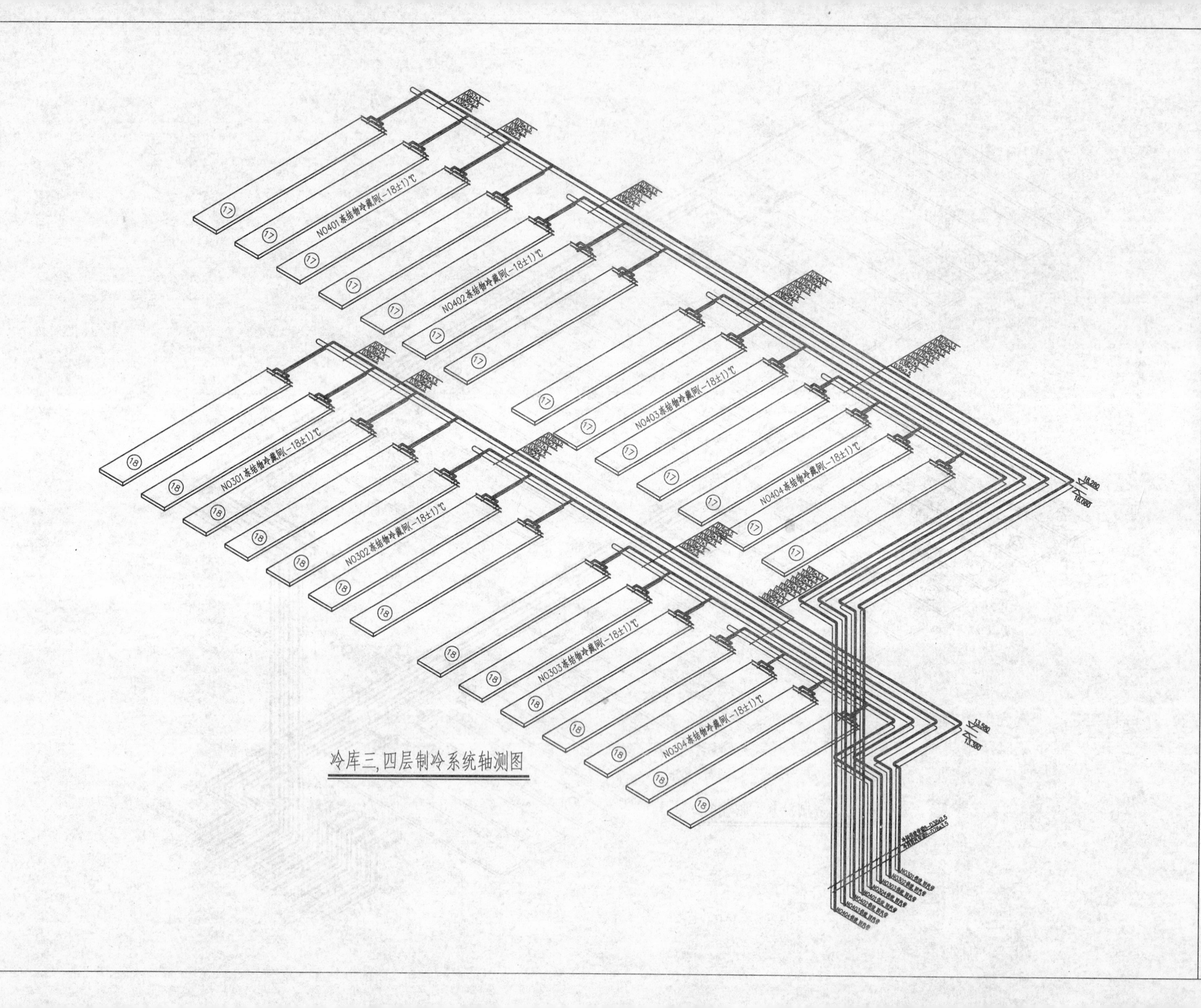

项目负责人		审定人		设计人		工程编号		工程名称	金杯集团10000t低温冷库	图名	冷库三,四层制冷系统轴测图	图号	JFL12
专业负责人		审核人		校核人		出图日期		项目名称	冷　库				

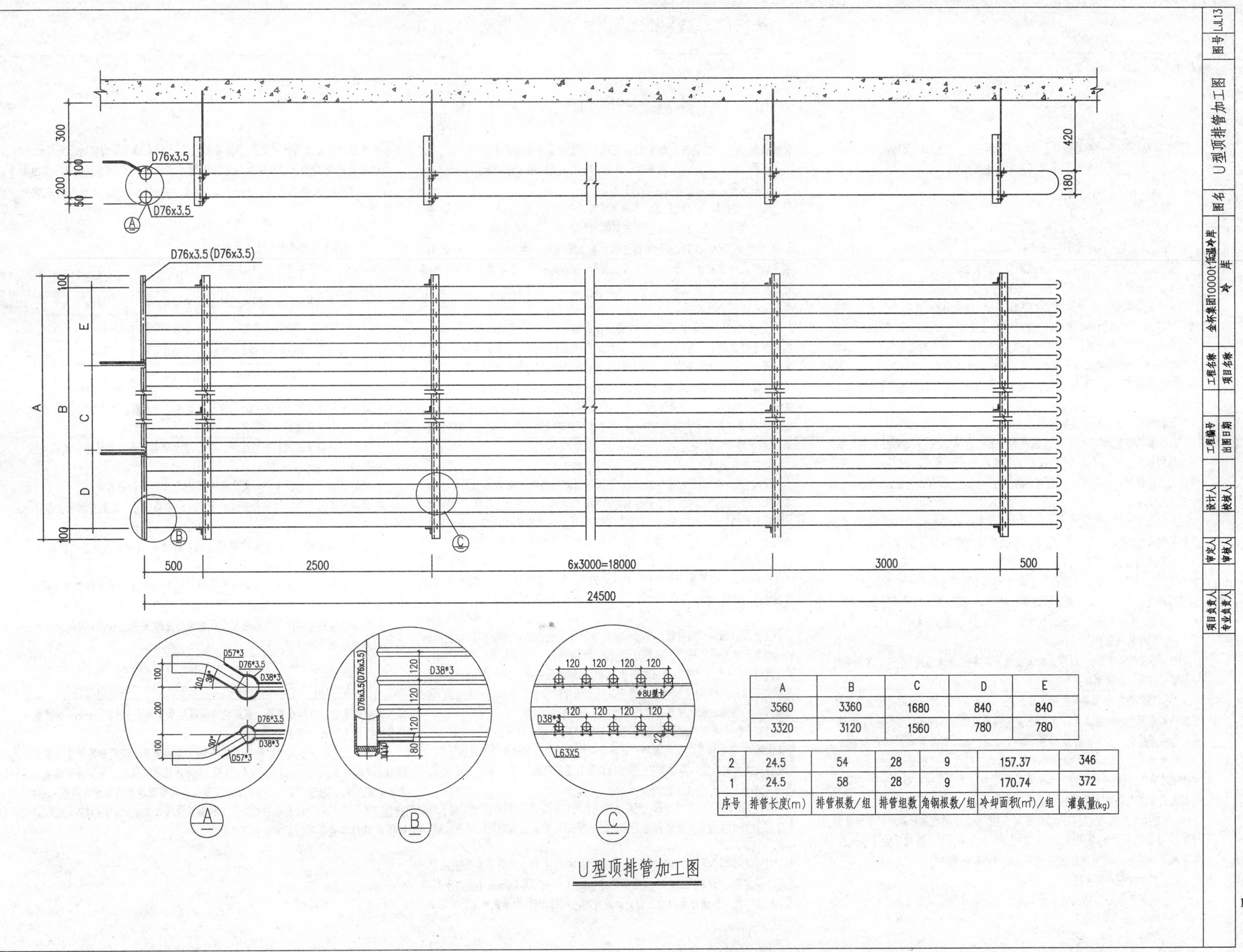

A	B	C	D	E
3560	3360	1680	840	840
3320	3120	1560	780	780

序号	排管长度(m)	排管根数/组	排管组数	角钢根数/组	冷却面积(m²)/组	灌氨量(kg)
2	24.5	54	28	9	157.37	346
1	24.5	58	28	9	170.74	372

U型顶排管加工图

项目负责人	审定人	设计人	工程编号	工程名称	金环集团10000t低温冷库	图名	U型顶排管加工图	图号	LJL13
专业负责人	审核人	校核人	出图日期	项目名称	冷 库				

实例7 五洲集团16000t低温冷库制冷系统设计

制冷系统设计说明

一、设计依据

1.本设计依据<<冷库设计规范>>(GB50072-2001)及建设单位的具体要求进行设计，室外计算参数参照郑州地区气象资料。

2.设计参数：

冷凝温度t_k=37℃

蒸发温度t_o=-28℃

冻结物冷藏间冷间温度(-18±1)℃

3.生产指标：冻结物冷藏间冷藏能力16000t。

二、冷间概况

该冷库为低温冷库，冷藏能力16000t。分为4层，32个冷间，每层冷间建筑面积4022m²，总建筑面积为16088m²，冷间温度为(-18±1)℃，主要储藏肉类低温食品(如猪牛羊肉类、家禽及其鱼类海鲜产品)。冷间配置顶排管作为蒸发器，满足冷量要求，其特点是干耗小、降温快。为保证冷库正常降温，要求冷间每间每日进货量不得大于该间冷藏吨位的5%，即该冷库每日的总进货量不得大于800t。

三、氨压缩机及辅助设备的选用

1.压缩机的选用：-28℃蒸发温度制冷系统选用JJZ₂LG20带经济器的螺杆制冷压缩机3台(考虑二期工程，16000t低温冷库一座，预留2台JJZ₂LG20制冷机位置)，每台制冷机在37/-28℃条件下，产冷量为355kW，3台计1065kW，能够满足冷负荷的要求。

2.主要辅助设备的选用：-28℃蒸发温度制冷系统选用2台DXZ1-10型低压循环贮液筒(考虑二期工程，16000t低温冷库一座，预留一台DXZ1-10型低压循环贮液筒位置)，每台低压循环贮液筒配置2台50p-40屏蔽氨泵(一用一备)；选用1台YF-80T干式油氨分离器，主要用于除霜热氨的分油；1台CXV-379型蒸发式冷凝器(为二期工程预留一台CXV-379型蒸发式冷凝器位置)；1台ZA-10高压贮液器(为二期工程预留一台位置)等辅助设备。

四、制冷系统简介

1.-28℃制冷系统：制冷系统以液氨为制冷剂，蒸发温度-28℃，采用带经济器的螺杆蒸汽压缩制冷循环。

2.供液方式：采用氨泵强制供液系统。从高压贮液器出来的高压液体经低压循环贮液筒上的电磁主阀、节流阀，变为低压液体进入低压循环贮液筒内，然后由氨泵直接送到液体分配站，分配到各个冷间内的顶排管蒸发制冷，蒸发后的低温气体经气体分配站返回低压循环贮液筒内进行汽液分离，分离后的低压气体被压缩机吸入，经制冷机压缩变为高温高压气体，进入蒸发式冷凝器冷凝，冷凝后的高压液体进入热虹吸罐，再由热虹吸罐进入高压贮液器储存使用。

3.冻结物冷藏间(低温冷库)的除霜方法：所有冷间均采用蒸发式顶排管制冷降温，在霜层较厚时，采用热氨和人工相结合的除霜方法。除霜后的液体返回排液桶内静置排油，然后经加压再进入低压循环贮液筒。

五、自动控制及安全保护

1.为减轻查库压力，本设计采用库温巡回检测，冷间温度的变化可在制冷机房直接观察，为校对温度的准确性，仍需在冷间设置玻璃水银温度计。

2.氨压缩机安全保护：有高低压保护、断水保护、油压保护等。

3.氨泵回路自动控制程序和保护装置：

(1)液位控制：每台低压循环贮液筒设置二套UQK-40浮球液位控制器，其中一套控制ZCL-32YB电磁主阀的启闭，使低压循环贮液筒保持35%的正常液位(液位降至35%-30mm时电磁主阀开启供液，液位升至35%+30mm时电磁主阀关闭停止供液)；另一套起安全保护作用，当低压循环贮液筒液位升至70%时就发出报警信号，并报警停止氨泵工作，操作人员应及时处理，当冷间温度达到要求时人工指令停泵。

(2)氨泵的安全保护：CWK-11差压控制器是防止氨泵空转遭受破坏，保护氨泵在上述情况下运转，差压控制器调至0~50kPa，时间继电器调至8~10s，在此时间内达不到调定压力，则证明氨泵没有上液自动停泵(铃响和灯显示)，人工排除故障后再重新启动氨泵；ZZRN-50Y逆止阀的作用是防止液体倒流而使氨泵倒转；ZZRP-32自动旁通阀(此阀压力调至30kPa)，当氨泵出口液体过剩，压头过高，氨泵上液压力超过30kPa时，将液体经自动旁通阀旁通至低压循环贮液筒，以保护冷间正常降温。

4.元件的调试与安装：

(1)UQK-40型浮球液位控制器：安装时以起始液面为准(起始液面标在阀体外壳下部，画有"A_"为氨液起始面)，并作正侧两个方向的垂直吊线，下部液体平衡管应倾斜15°以上，以免油污堵塞。阀体内部充注低温氨液，阀体外部一般不包隔热层，切忌将其上盖密封橡皮放正压紧，以免水汽抽吸进入汽包室内，使阀失灵。继电器不能接错，要求达到向上浮上液位动作，向下浮下液位动作，接错液位计线路将造成严重事故。连接报警液位计的接头应接在上液位的位置，即电气盒内接线头"o"处，接错，浮球上升将不能发出报警信息，造成严重事故。

(2)ZCL-32YB型电磁主阀：安装及拆卸时应仔细阅读使用说明书，弄清其工作压力及零部件相应位置。安装前若发现肮脏或生锈必须拆卸清理；因主阀的关闭依靠活塞组件的自重和弹簧力，因此要注意正侧两个方向的吊线，不得倾斜。法兰焊接时，当点焊定位后应将主阀拆下，然后续焊，否则法兰烧红使主阀受热，引起挠曲变形影响精度；主阀法兰焊接完成后必须仔细检查烧焊房间一段管道，不得使焊渣、焦渣、氧化皮等存流物日后进入阀内损坏阀芯。

(3)CWK-11型差压控制器：安装时最好立装，下端波纹管接高压，上端波纹管接低压，控制器接在氨泵的两侧。安装时先检查控制器面板是否密封压紧，以免潮湿气体及氨气侵入腐蚀零件；差压控制器安装前应试校，检查调定值是否准确，继电器发出讯号是否及时。

(4)ZZRN-50Y型逆止阀：安装时应注意流向不能装反，两法兰相对螺孔必须对正，否则不便拆装。阀体两端定位止口一深一浅，组装时应将阀口阀尾两端对齐。

(5)ZZRP-32型自动旁通阀：安装前应校验测试，检查关闭是否严密，安装前必须调定压力，调定压力时一人观察泵排出压力，一人观察低压循环筒内压力，相互配合。使低压循环筒内的压力处于规定的主阀压力时，调节氨泵出口手动阀，使氨泵排出压力升到预调压力，迅速转动调节杆，使在调定压力值时正好打开，如果尚未调好，泵排出压力即超过调定值，此时再调也不准，必须重新使泵压力由下往上升，达到调定值迅速调好。调好后再复校一次，如正好在调定值时阀开，说明已调好。

六、技术要求

1.制冷系统部分水平管道坡度要求：

管道名称	坡度要求	坡度范围(‰)
氨压缩机至油分离器的排气管	坡向油分器	3~5
氨压缩机进气管	坡向低循筒	3~5
油分器、氨分器与冷凝器的放油管	坡向集油器	2~3
调节站的供液管	坡向调节站	1~3

2.系统水平管道的水平度2‰，系统竖直管道的垂直度2‰，系统标高的允许偏差±5mm，系统管道长度的偏差±5mm。

3.系统中所有管道内外壁均除锈、排污，管道安装完毕且经试压、试漏合格后，外刷防锈漆、面漆各两道。

4.所有设备尺寸均以生产厂家实物为准，待核实后开始设备施工。

5.供液装置具有自动供液、液位显示、液位超高报警、氨泵自动保护等措施。

6.压缩机备有压差、高低压控制，断水保护等措施，其余辅助设备均设有安全阀、压力表等安全保护装置。

7.凡支撑隔热层管道的吊支架均设置硬木垫，所需硬木垫均应经防腐处理后方可使用。

8.制冷设备及管道的保温均采用聚氨酯现场发泡，外包0.5mm厚的彩钢板。保温层厚度参照下列数值：

管径(mm)	18~32	38~76	89~159	219~325
厚度(mm)	60	70	80	100

低压循环贮液筒、中间冷却器、排液桶的保温层厚度均不少于125mm，融霜热氨管保温层为75mm厚的石棉。

9.制冷工艺中设备及管道的安装应符合<<制冷设备、空气分离设备安装工程施工及验收规范>>(GBJ50274-98)、<<压缩机、风机、泵安装工程施工及验收规范>>(GB50275-98)、<<工业设备及管道绝热工程设计规范>>(GB50264-97)及<<氨制冷系统安装工程施工及验收规范>>(SBJ12-2000)的要求，未尽事宜参照国家有关规范之规定。

项目负责人		审定人		设计人		工程编号		工程名称	五洲集团1600t低温冷库	图名	制冷系统设计说明	图号	JFL01
专业负责人		审核人		校核人		出图日期		项目名称	制冷机房				

主要制冷设备及材料表

序号	设备(材料)名称	规格型号	单位	数量	备注
1	带经济器螺杆制冷压缩机组	JJZ_2LG20	台	5	安装3台,预留2台机器位置
2	干式油氨分离器	YF-80T	台	1	
3	蒸发式冷凝器	CXV-379	台	2	安装1台,预留1台冷凝器位置
4	热虹吸罐	UZA-2.0	台	1	
5	高压贮液器	ZA-10	台	2	安装1台,预留1台高贮器位置
6	排液桶	ZA-5.0B	台	1	
7	低压循环贮液筒	DXZ_1-10	台	3	安装2台,预留1台低循筒位置
8	屏蔽氨泵	50P-40	台	6	安装4台,预留2台氨泵位置
9	集油器	JY-500	台	1	
10	低压集油器	DJY-1	台	3	安装2台,预留1台位置,为低循筒配置
11	空气分离器	KF-50B	台	1	
12	紧急泄氨器	XA-100	台	1	
13	加氨站		组	1	
14	供液调节站		组	3	
15	回汽调节站		组	3	
16	防爆型轴流风机	T35-5.6	台	3	
17	贯流式冷风幕	DXY-175	台	36	
18	U型直式顶排管	ZDG16×64-124	组	56	
19	U型直式顶排管	ZDG16×58-112	组	56	
20	氨用压力表	-0.1~2.4MPa	块	7	
		-0.1~1.6MPa	块	5	
21	氨用截止阀	A51-7 DN200	个	4	
		A51-7 DN150	个	3	
		A51-7 DN125	个	2	
		A51-7 DN100	个	11	
		A51-7 DN80	个	5	
		A51-7 DN70	个	36	
		A51-7 DN65	个	4	
		A51-7 DN50	个	12	
		A51-7 DN40	个	105	
		A51-7 DN32	个	21	
		A51-4 DN25	个	9	
		A51-4 DN20	个	14	
		A51-4 DN15	个	3	
		A51-4 DN10	个	14	
		A51-4 DN6	个	12	
22	氨用节流阀	A52-4 DN32	个	2	
		A52-4 DN10	个	1	
23	电磁阀	Zcl-32YB	个	2	

说明:材料用量以一期工程实际消耗为准,表中数量仅供参考。

图纸目录

序号	图号	名称	页数	备注
1	JFL01	制冷系统设计说明	1	A2
2	JFL02	图纸目录,主要设备及材料表	1	A2
3	JFL03	氨机房制冷系统原理图	1	A1
4	JFL04	氨机房制冷系统轴测图	1	A1
5	JFL05	蒸发式冷凝器制冷系统轴测图	1	A2
6	JFL06	氨机房制冷工艺平面图	1	A2
7	JFL07	蒸发式冷凝器布置,工艺平面图	1	A2
8	JFL08	氨机房剖面图(一)	1	A1
9	JFL09	氨机房剖面图(二)	1	A1
10	JFL10	调节站大样图	1	A2
11	JFL11	氨机房设备基础平面布置图	1	A2
12	JFL12	氨机房设备基础剖面图	1	A1

项目负责人	专业负责人	审定人	审核人	设计人	校核人	工程编号	出图日期	工程名称	项目名称	王洲集团16000t低温冷库	制冷机房	图名	图纸目录,主要设备及材料表	图号	JFL02

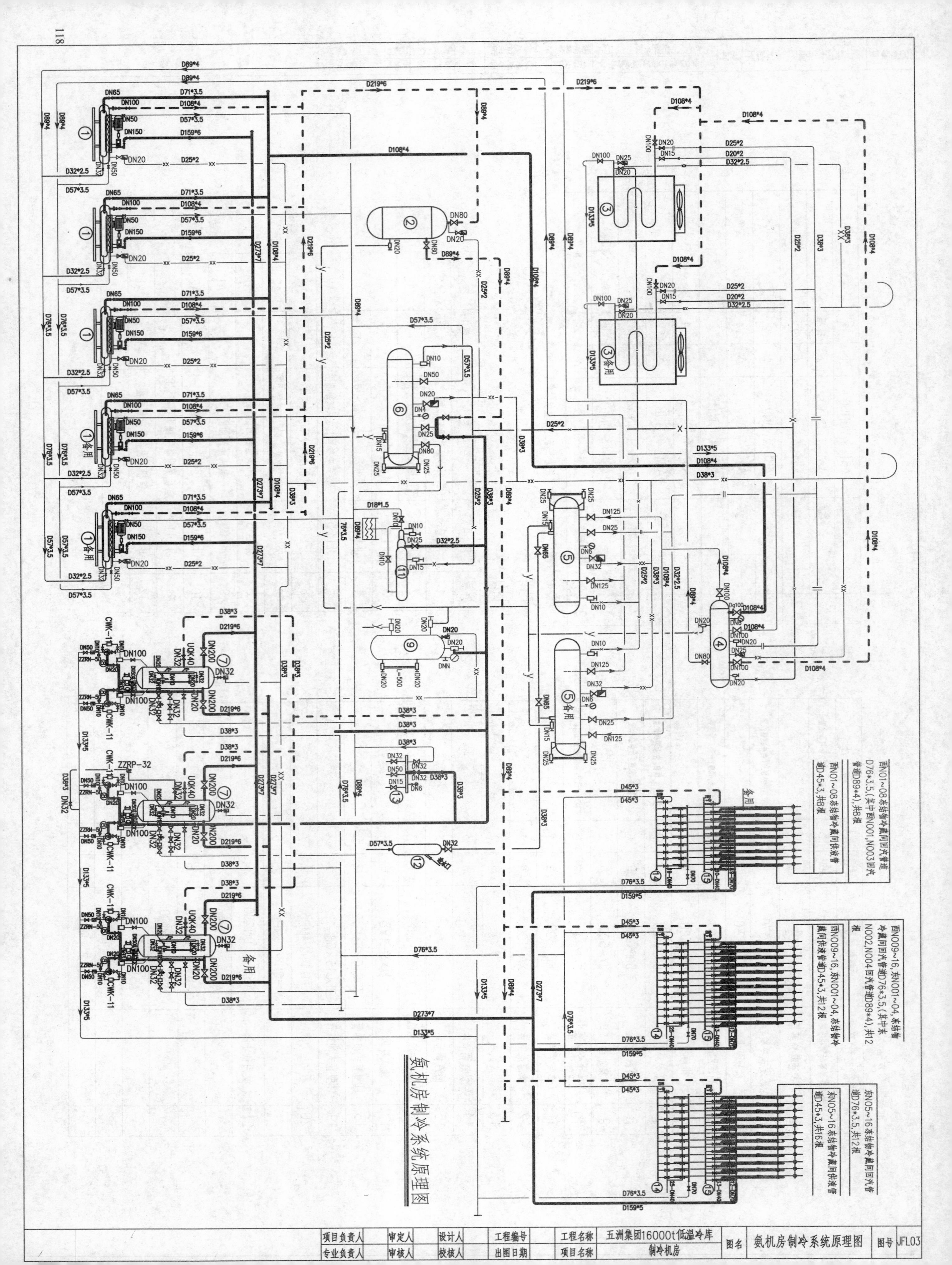
氨机房制冷系统原理图
西N01~08冻结物冷藏间回汽管道D76*3.5,(其中西N001,N003回汽管道D89*4),共8根
西N01~08冻结物冷藏间供液管道D45*3,共8根
西N009~16,东N001~04,冻结物冷藏间回汽管道D76*3.5,(其中东N002,N004回汽管道D89*4),共12根
西N009~16,东N001~04,冻结物冷藏间供液管道D45*3,共12根
东N05~16冻结物冷藏间回汽管道D76*3.5,共12根
东N05~16冻结物冷藏间供液管道D45*3,共6根
项目负责人
审定人
设计人
工程编号
工程名称
五洲集团16000t低温冷库
专业负责人
审核人
校核人
出图日期
项目名称
制冷机房
图名
氨机房制冷系统原理图
图号
JFL03

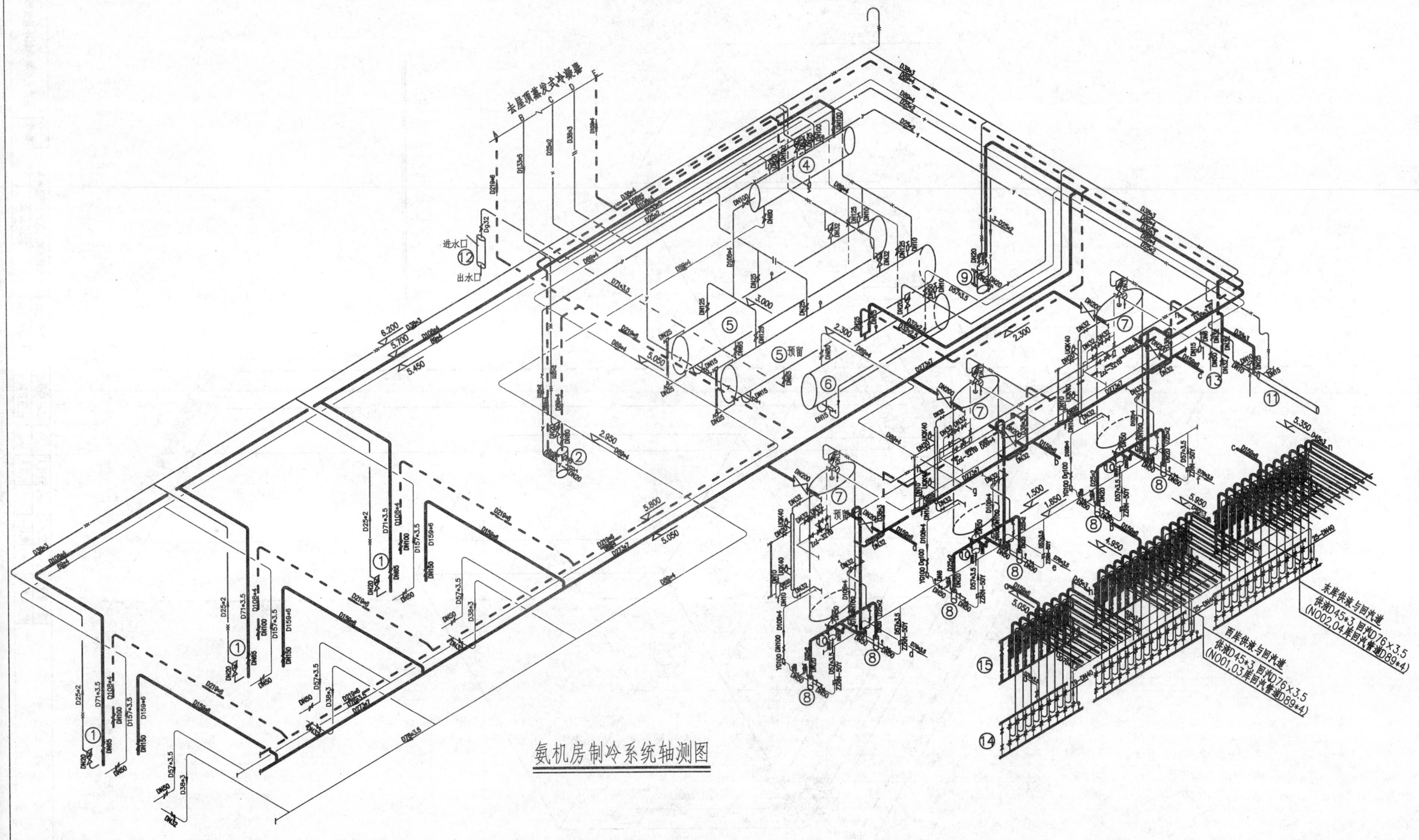
去屋顶蒸发式冷凝器
进水口
出水口
6.200
5.700
5.450
5.050
3.000
2.950
2.300
5.800
5.050
1.500
1.850
4.950
5.950
5.350
5.050
预留
东库供液与回汽道
供液D45*3 回汽D76×3.5
(N002,04库回汽管道D89*4)
西库供液与回汽道
供液D45*3 回汽D76×3.5
(N001,03库回汽管道D89*4)

氨机房制冷系统轴测图

项目负责人	审定人	设计人	工程编号	工程名称	王洲集团16000t低温冷库
专业负责人	审核人	校核人	出图日期	项目名称	制冷机房

图名 氨机房制冷系统轴测图

图号 JFL04

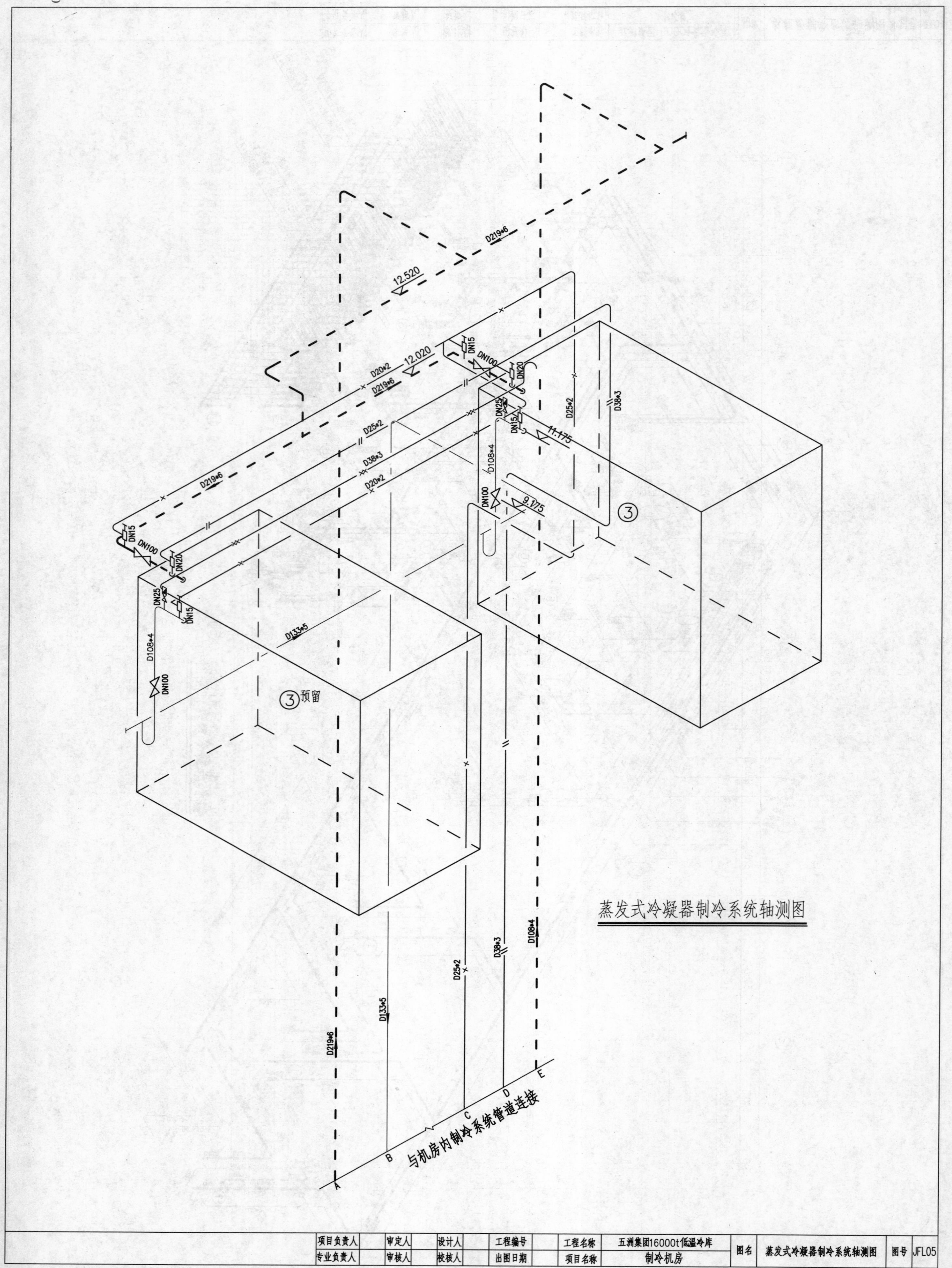

项目负责人		审定人		设计人		工程编号		工程名称	五洲集团16000t低温冷库	图名	蒸发式冷凝器制冷系统轴测图	图号	JFL05
专业负责人		审核人		校核人		出图日期		项目名称	制冷机房				

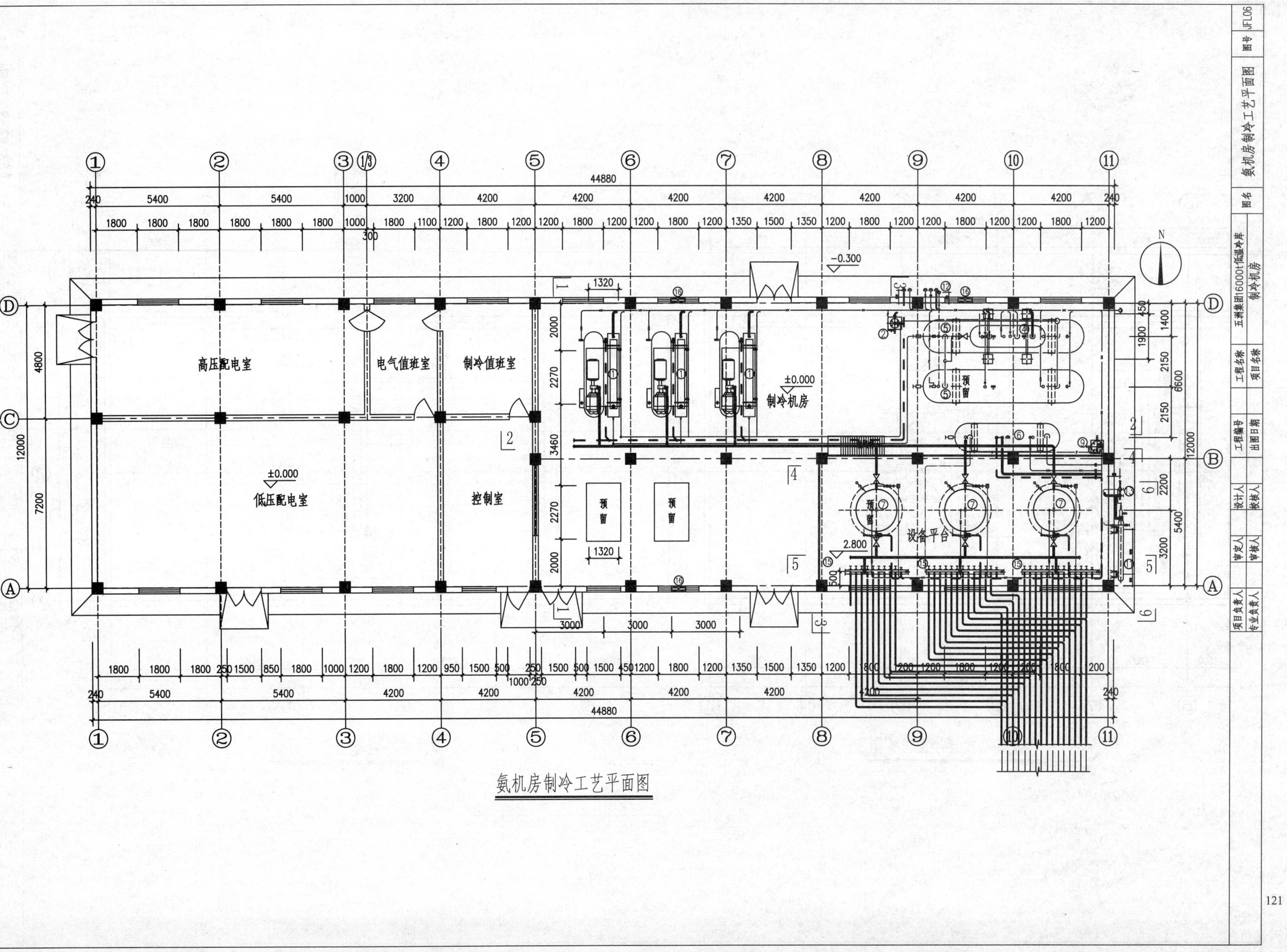
高压配电室
电气值班室
制冷值班室
低压配电室
控制室
制冷机房
预留
设备平台
±0.000
-0.300
2.800
44880
12000
图名
氨机房制冷工艺平面图
图号
JFL06
工程名称
王洲集团16000t低温冷库
项目名称
制冷机房
工程编号
出图日期
设计人
校核人
审定人
审核人
项目负责人
专业负责人

氨机房制冷工艺平面图

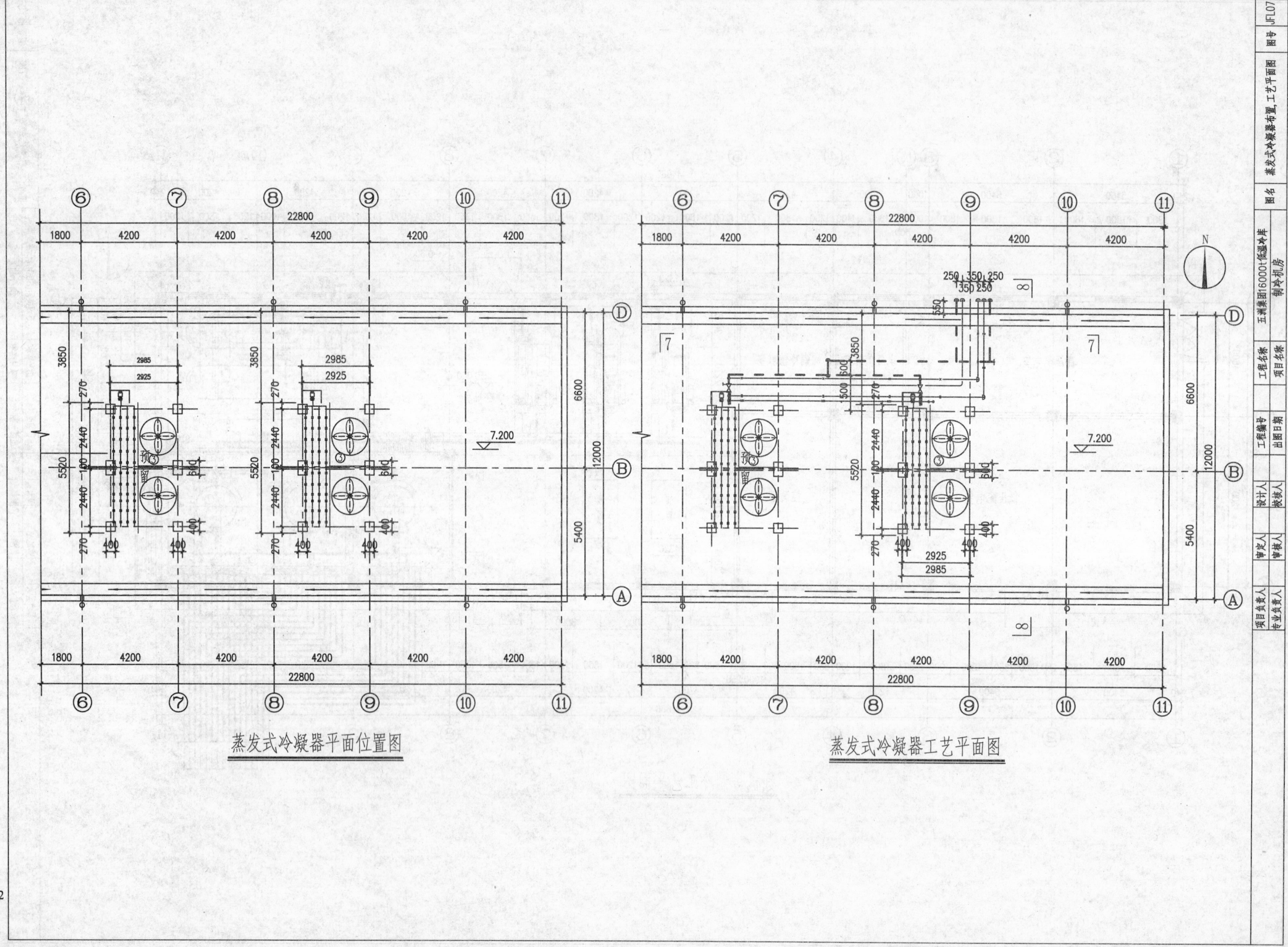

蒸发式冷凝器平面位置图
蒸发式冷凝器工艺平面图
22800
1800
4200
3850
2985
2925
270
2440
100
5520
600
400
6600
12000
5400
7.200
500
550
250
350
N
项目负责人
专业负责人
审定人
审核人
设计人
校核人
工程编号
出图日期
工程名称
五洲集团16000t低温冷库
项目名称
制冷机房
图名
蒸发式冷凝器布置,工艺平面图
图号
JFL07

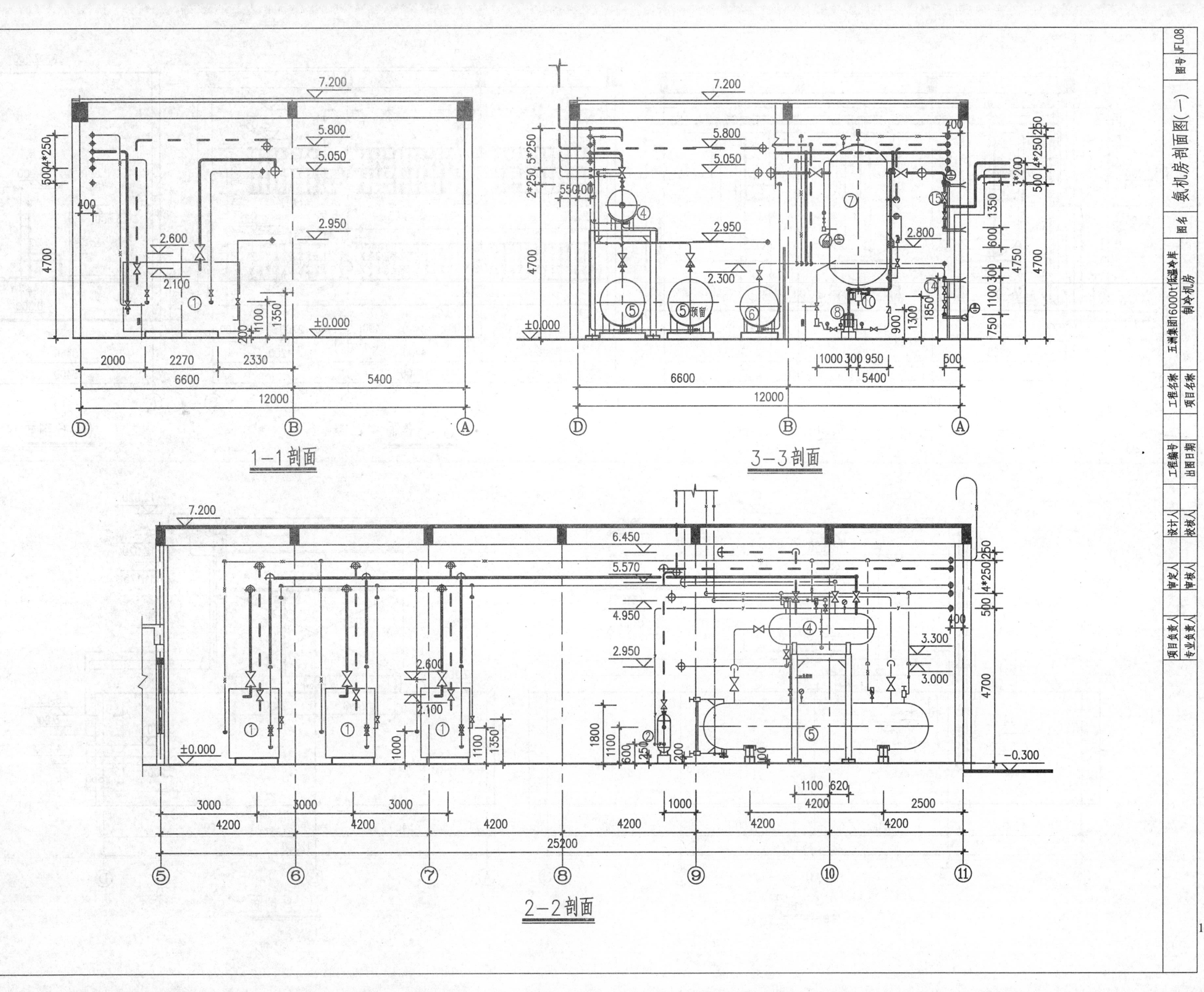
1—1剖面
3—3剖面
2—2剖面
7.200
5.800
5.050
2.950
2.600
2.100
2.300
2.800
6.450
5.570
4.950
3.300
3.000
±0.000
-0.300
12000
6600
5400
25200
4200
4700
4750
预留
图号 JFL08
图名 氨机房剖面图(一)
工程名称 五洲集团16000t低温冷库
项目名称 制冷机房
工程编号
出图日期
设计人
校核人
审定人
审核人
项目负责人
专业负责人

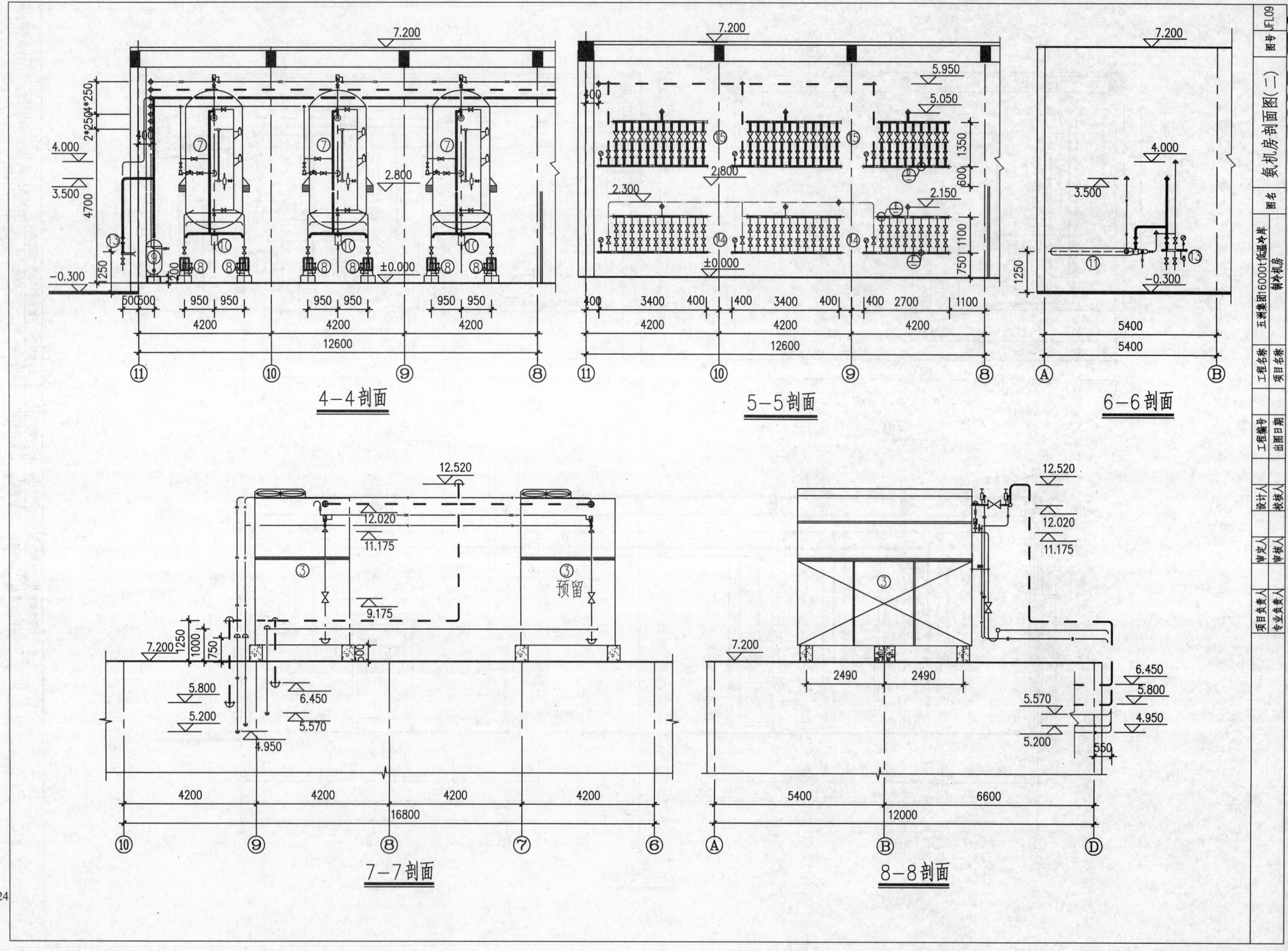
4-4剖面
5-5剖面
6-6剖面
7-7剖面
8-8剖面
预留
项目负责人
专业负责人
审定人
审核人
设计人
校核人
工程编号
出图日期
工程名称
项目名称
五洲集团16000t低温冷库
制冷机房
图名
氨机房剖面图(二)
图号
JFL09

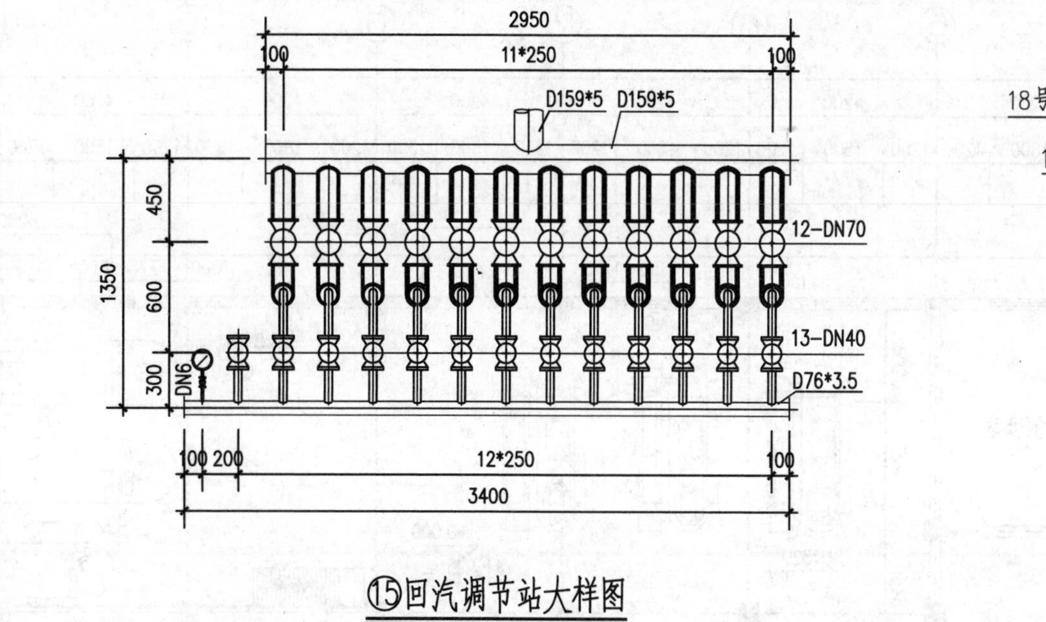

⑮回汽调节站大样图

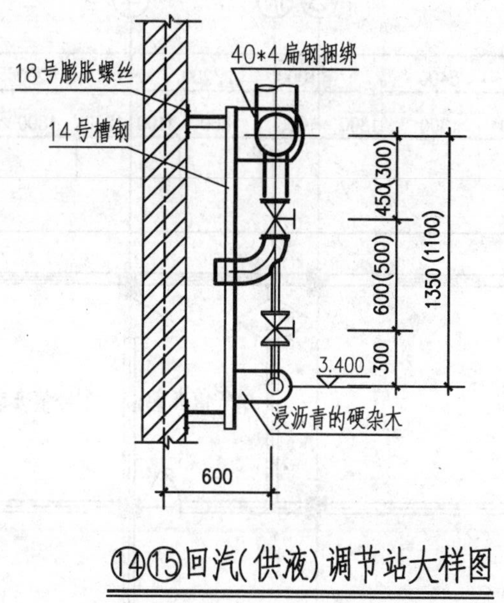

⑭⑮回汽(供液)调节站大样图

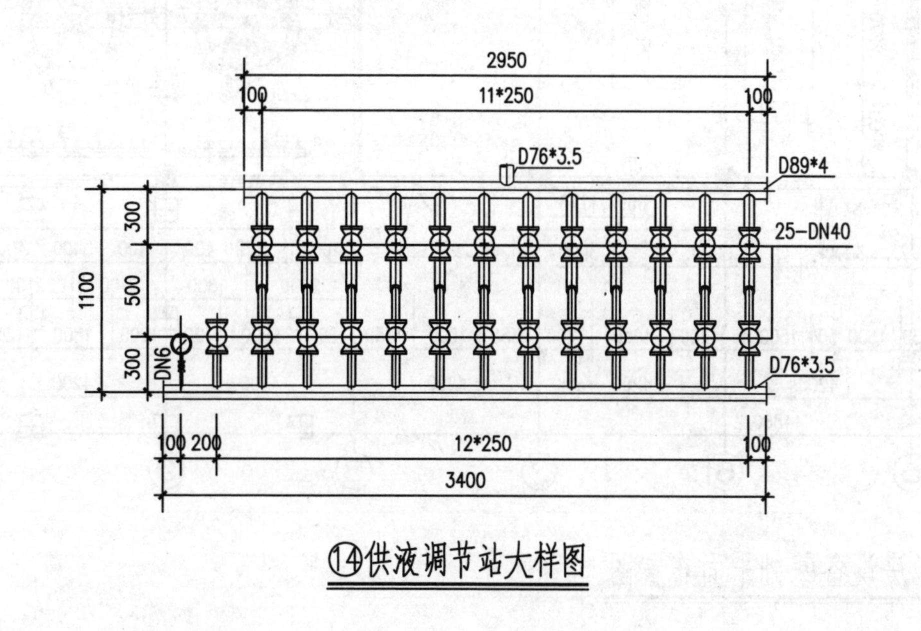

⑭供液调节站大样图

项目负责人		审定人		设计人		工程编号		工程名称	王洲集团16000t低温冷库	图名	调节站大样图	图号	JFL10
专业负责人		审核人		校核人		出图日期		项目名称	制冷机房				

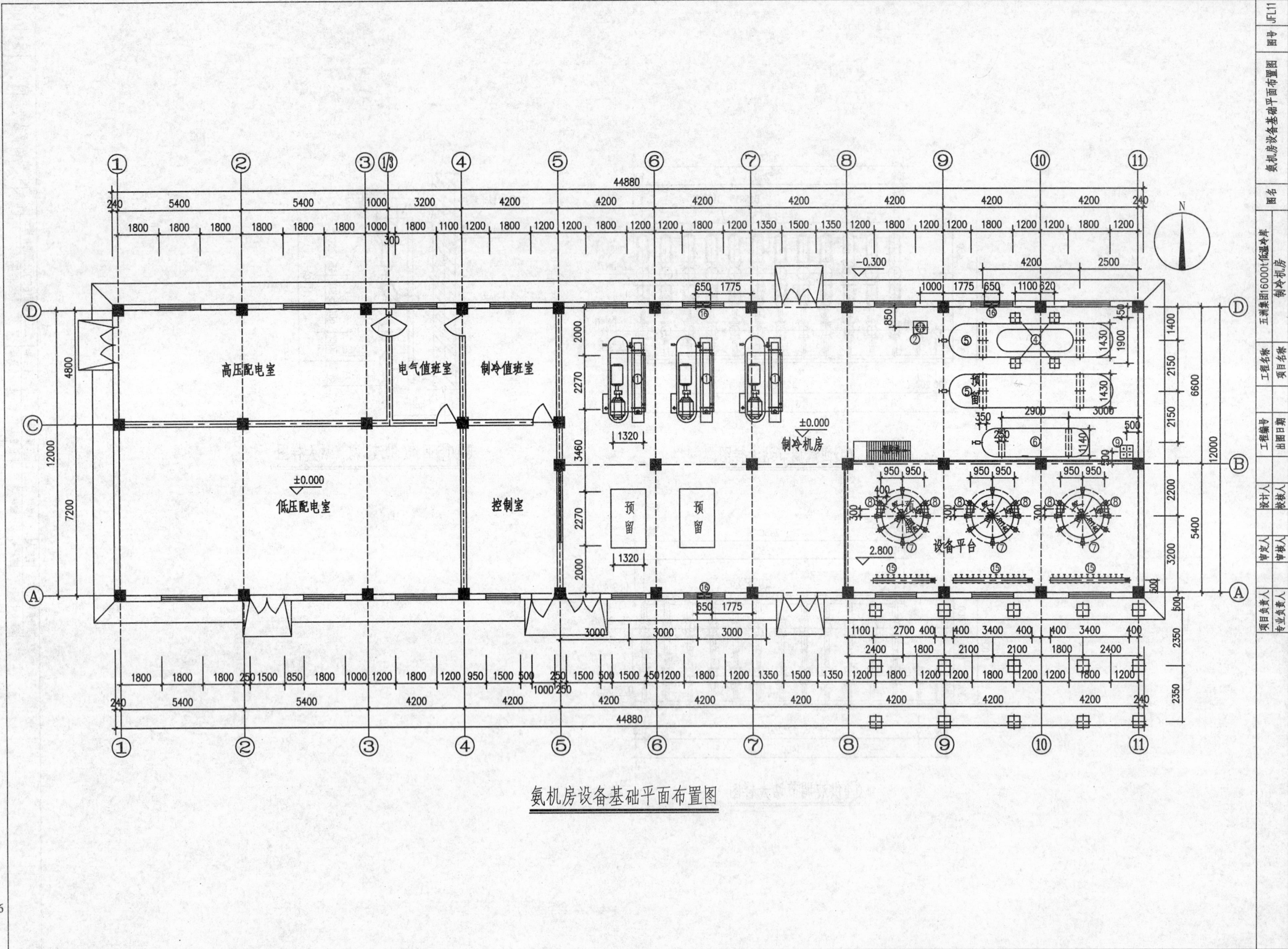

氨机房设备基础平面布置图

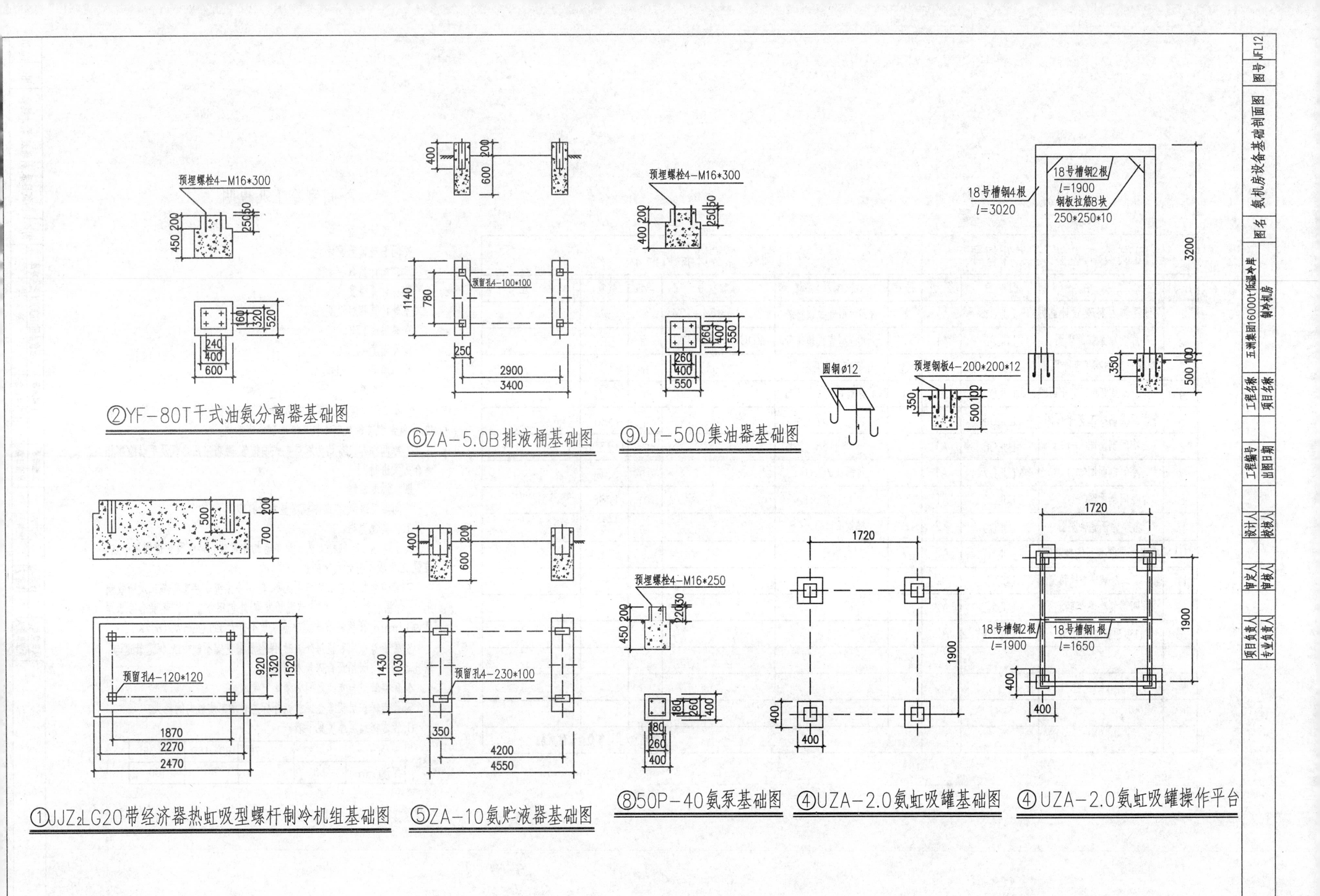

②YF-80T干式油氨分离器基础图
预埋螺栓4-M16*300
⑥ZA-5.0B排液桶基础图
预留孔4-100*100
⑨JY-500集油器基础图
预埋螺栓4-M16*300
圆钢ø12
预埋钢板4-200*200*12
18号槽钢4根
l=3020
18号槽钢2根
l=1900
钢板拉筋8块
250*250*10
①JJZ₂LG20带经济器热虹吸型螺杆制冷机组基础图
预留孔4-120*120
⑤ZA-10氨贮液器基础图
预留孔4-230*100
⑧50P-40氨泵基础图
预埋螺栓4-M16*250
④UZA-2.0氨虹吸罐基础图
④UZA-2.0氨虹吸罐操作平台
18号槽钢2根
l=1900
18号槽钢1根
l=1650
项目负责人
专业负责人
审定人
审核人
设计人
校核人
工程编号
出图日期
工程名称
项目名称
王洲集团16000t低温冷库
制冷机房
图名
氨机房设备基础剖面图
图号
JFL12

冷间制冷工艺设计文件目录

序号	图名	图号	备注
1	图纸目录,材料表,设计说明	LJL01	A2
2	冷库制冷系统原理图	LJL02	A1
3	冷库一层制冷工艺平面图	LJL03	A1
4	冷库二,三层制冷工艺平面图	LJL04	A1
5	冷库四层制冷工艺平面图	LJL05	A1
6	冷间剖面图(一)	LJL06	A1
7	冷间剖面图(二)	LJL07	A1
8	冷间剖面图(三)	LJL08	A1
9	北穿堂管道轴测图	LJL09	A2
10	冷库一层制冷系统轴测图	LJL10	A2
11	冷库二,三层制冷系统轴测图	LJL11	A2
12	冷库四层制冷系统轴测图	LJL12	A2
13	U型顶排管加工图	LJL13	A2

冷间制冷工艺设备材料表

序号	设备(材料)名称	规格型号	单位	数量	备注
1	光滑U型直式顶排管	ZDG16×64-124	组	58	
2	光滑U型直式顶排管	ZDG16×58-112	组	58	
3	贯流式风幕机	DXY-175	台	36	
4	无缝钢管D76×3.5		m	2032	
	D57×3		m	586	
	D38×2.5		m	112306	
5	角钢 L70×6		m	5386	
	L50×5		m	1286	
6	槽钢 [100×48		m	36	
7	液氨		t	32.64	

说明：以上计算数量仅供参考。

冷间制冷工艺说明

一、设计范围

冷间制冷工艺设计

二、设计参数

室外计算温度32°C

室外计算相对湿度75%

冷凝温度37°C

蒸发温度-28°C

冷间温度(-18±1)°C

三、制冷系统

1.本工程以液氨为制冷工质,采用带经济器的螺杆单级压缩制冷系统,由氨泵把液氨从制冷机房输送到冷库系统。

2.冷间冷却设备均为双层直式顶排管,融霜采用热氨及手动除霜相结合方式进行。

四、温度控制

冷间温度遥测,在制冷机房显示及打印。

五、其他说明

1.土建施工时制冷工艺人员要密切注意制冷排管及管道预埋吊点位置,若发现不符时及时纠正。

2.管道包扎保温层的范围见<<氨制冷系统安装工程施工及验收规范>>,保温材料为聚氨酯泡沫现场发泡,外包铝合金保护壳,铝合金板厚度为0.5mm,聚氨酯泡沫的导热系数不得大于0.003W/(m·K)。

3.管道穿冷库和机房外墙时,保温层需贯穿不能中断,保温管道与洞孔之间的空隙用沥青碎软木填实。

4.保温管道与支架之间必须垫上硬木垫。

5.管道保护层铝合金保护壳外标注表示工质流向的箭头。

6.管道保温层厚度见下表：

管径(mm)	18~32	38~76	89~159	219~325
厚度(mm)	60	70	80	100

项目负责人		审定人		设计人		工程编号		工程名称	五洲集团16000t低温冷库	图名	图纸目录,材料表,设计说明	图号	LJL01
专业负责人		审核人		校核人		出图日期		项目名称	冷　库				

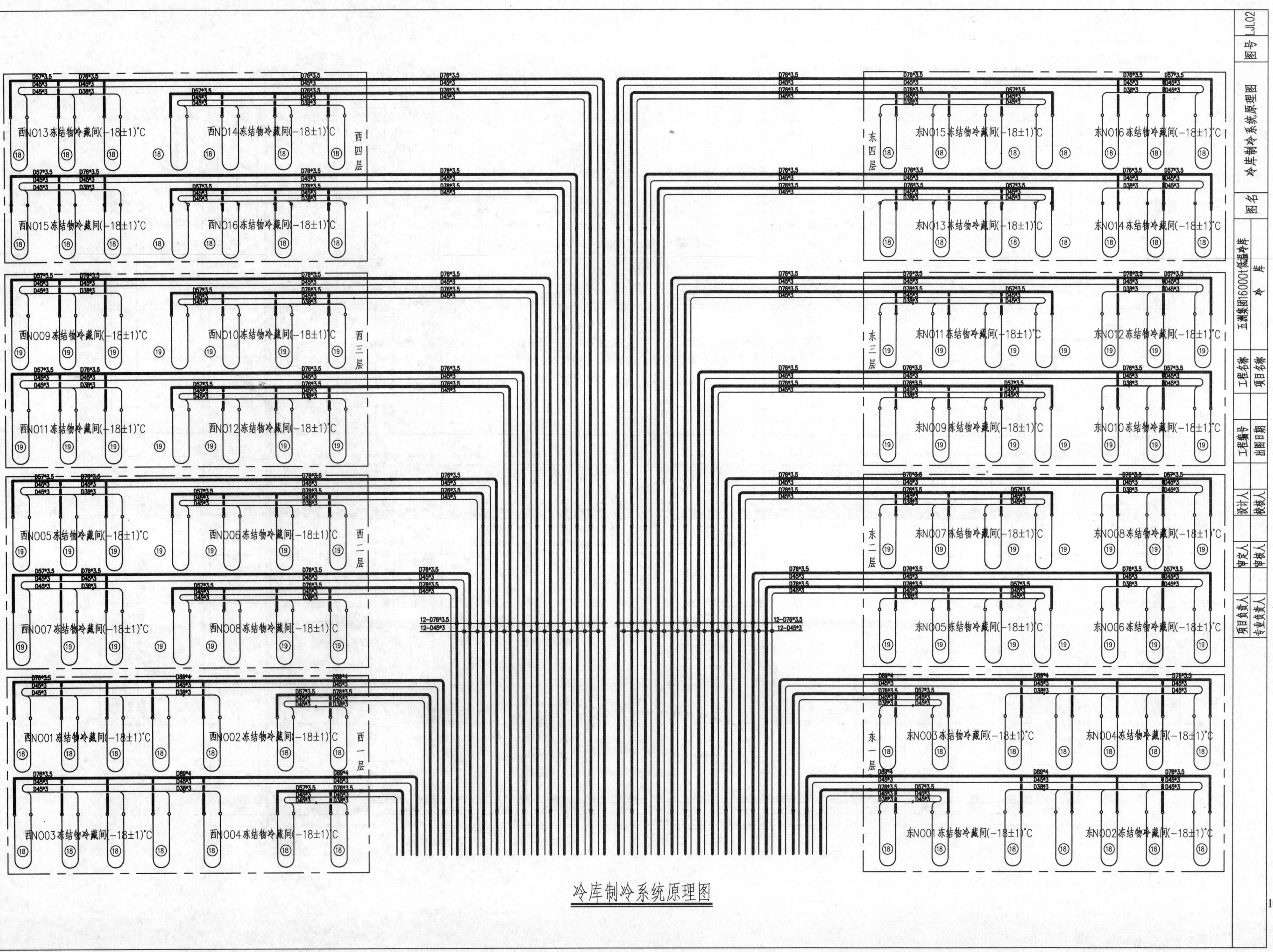

西N013冻结物冷藏间(-18±1)°C
西N014冻结物冷藏间(-18±1)°C
西N015冻结物冷藏间(-18±1)°C
西N016冻结物冷藏间(-18±1)°C
西四层
西N009冻结物冷藏间(-18±1)°C
西N010冻结物冷藏间(-18±1)°C
西N011冻结物冷藏间(-18±1)°C
西N012冻结物冷藏间(-18±1)°C
西三层
西N005冻结物冷藏间(-18±1)°C
西N006冻结物冷藏间(-18±1)°C
西N007冻结物冷藏间(-18±1)°C
西N008冻结物冷藏间(-18±1)°C
西二层
西N001冻结物冷藏间(-18±1)°C
西N002冻结物冷藏间(-18±1)°C
西N003冻结物冷藏间(-18±1)°C
西N004冻结物冷藏间(-18±1)°C
西一层
东N015冻结物冷藏间(-18±1)°C
东N016冻结物冷藏间(-18±1)°C
东N013冻结物冷藏间(-18±1)°C
东N014冻结物冷藏间(-18±1)°C
东四层
东N011冻结物冷藏间(-18±1)°C
东N012冻结物冷藏间(-18±1)°C
东N009冻结物冷藏间(-18±1)°C
东N010冻结物冷藏间(-18±1)°C
东三层
东N007冻结物冷藏间(-18±1)°C
东N008冻结物冷藏间(-18±1)°C
东N005冻结物冷藏间(-18±1)°C
东N006冻结物冷藏间(-18±1)°C
东二层
东N003冻结物冷藏间(-18±1)°C
东N004冻结物冷藏间(-18±1)°C
东N001冻结物冷藏间(-18±1)°C
东N002冻结物冷藏间(-18±1)°C
东一层
12-D76*3.5
12-D45*3
D76*3.5
D57*3.5
D45*3
D38*3
D89*4
图号 LJL02
图名 冷库制冷系统原理图
工程名称 王滩集团16000t低温冷库
项目名称 冷库
工程编号
出图日期
设计人
校核人
审定人
审核人
项目负责人
专业负责人

冷库制冷系统原理图

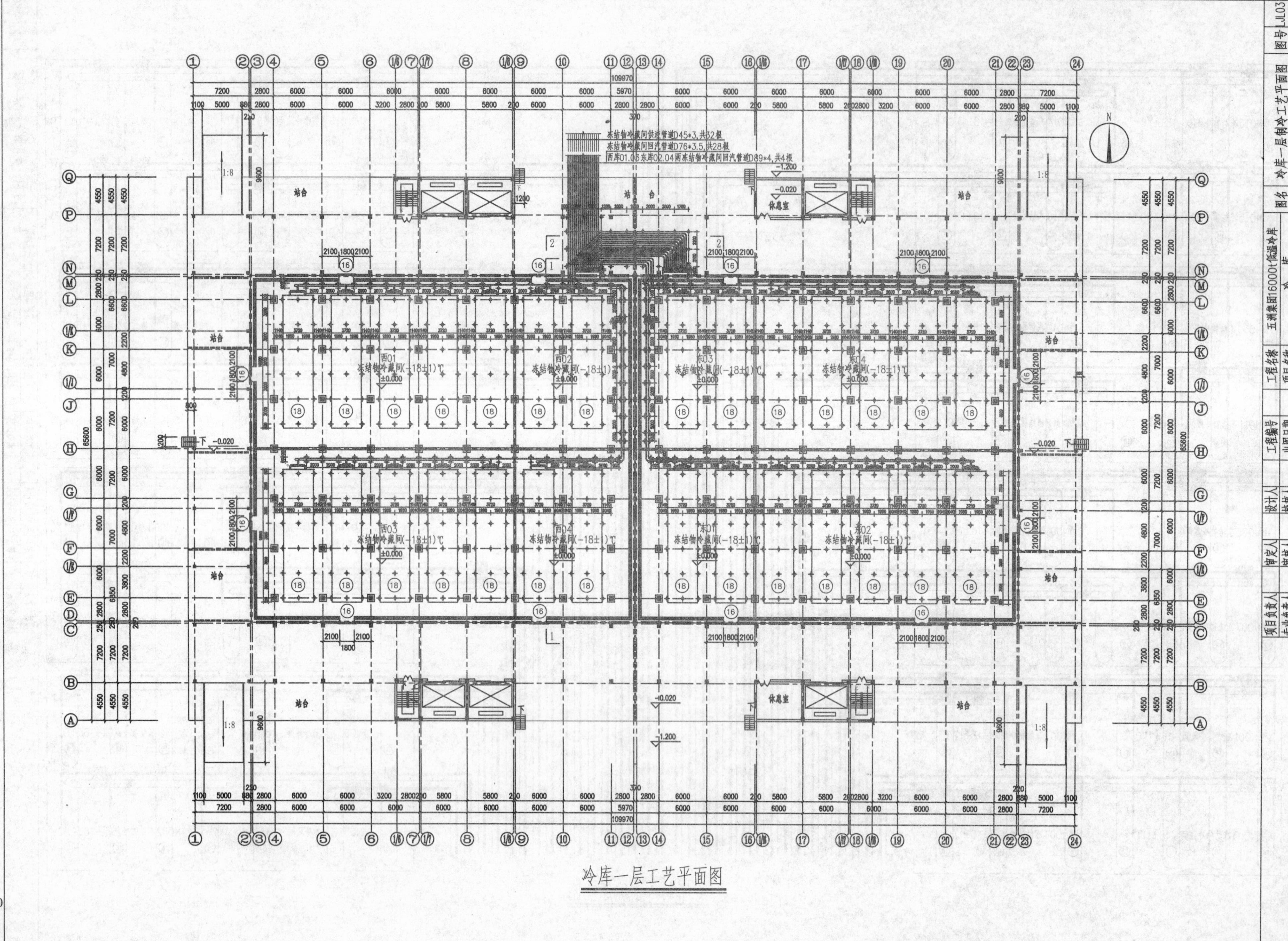
冷库一层工艺平面图
65600
9600
项目负责人
审定人
设计人
工程编号
工程名称
五洲集团16000t低温冷库
专业负责人
审核人
校核人
出图日期
项目名称
冷　库
图名
冷库一层制冷工艺平面图
图号
LJL03

1 2 3 4 5 6 1/6 7 1/7 8 1/8 9 10 11 12 13 14 15 16 1/16 17 1/17 18 1/18 19 20 21 22 23 24

109970

7200 2800 6000 6000 6000 6000 6000 6000 6000 5970 6000 6000 6000 6000 6000 6000 6000 2800 7200

6780 420 2800 6000 6000 3200 2800 200 5800 5800 200 6000 6000 2800 2800 6000 6000 200 5800 5800 200 2800 3200 6000 6000 2800 420 6780

370

Q P N M L 1/K K 1/J J H G 1/F F 1/E E D C B A

4630 7200 250 2800 6000 6000 6000 7200 6000 6000 2200 6000 2800 250 7200 4550

4630 7200 250 6600 7000 7200 7200 7000 6600 250 7200 4550

4850 7200 250 2800 3800 2200 4800 1200 6000 6000 1200 4800 2200 3800 2800 250 7200 4550

65680

65600

R3000 R4800

轻钢雨篷

雨篷

休息室

穿堂

1% 2%

5.200

15.600

2100 1800 2100

700 12*250

1700 12*250

西05(09)
冻结物冷藏间(-18±1)℃
5.200
10.400

西06(10)
冻结物冷藏间(-18±1)℃
5.200
10.400

东07(11)
冻结物冷藏间(-18±1)℃
5.200
10.400

东08(12)
冻结物冷藏间(-18±1)℃
5.200
10.400

西07(11)
冻结物冷藏间(-18±1)℃
5.200
10.400

西08(12)
冻结物冷藏间(-18±1)℃
5.200
10.400

东05(09)
冻结物冷藏间(-18±1)℃
5.200
10.400

东06(10)
冻结物冷藏间(-18±1)℃
5.200
10.400

1600 6780 420 2800 6000 6000 3200 2800 200 5800 5800 200 6000 6000 2800 2800 6000 6000 200 5800 5800 200 2800 3200 6000 6000 2800 420 6780 1600

7200 2800 6000 6000 6000 6000 6000 6000 6000 5970 6000 6000 6000 6000 6000 6000 6000 2800 7200

109970

冷库二、三层工艺平面图

项目负责人	审定人	设计人	工程编号	工程名称	五洲集团16000t低温冷库	图名	冷库二、三层制冷工艺平面图	图号	LJ04
专业负责人	审核人	校核人	出图日期	项目名称	冷库				

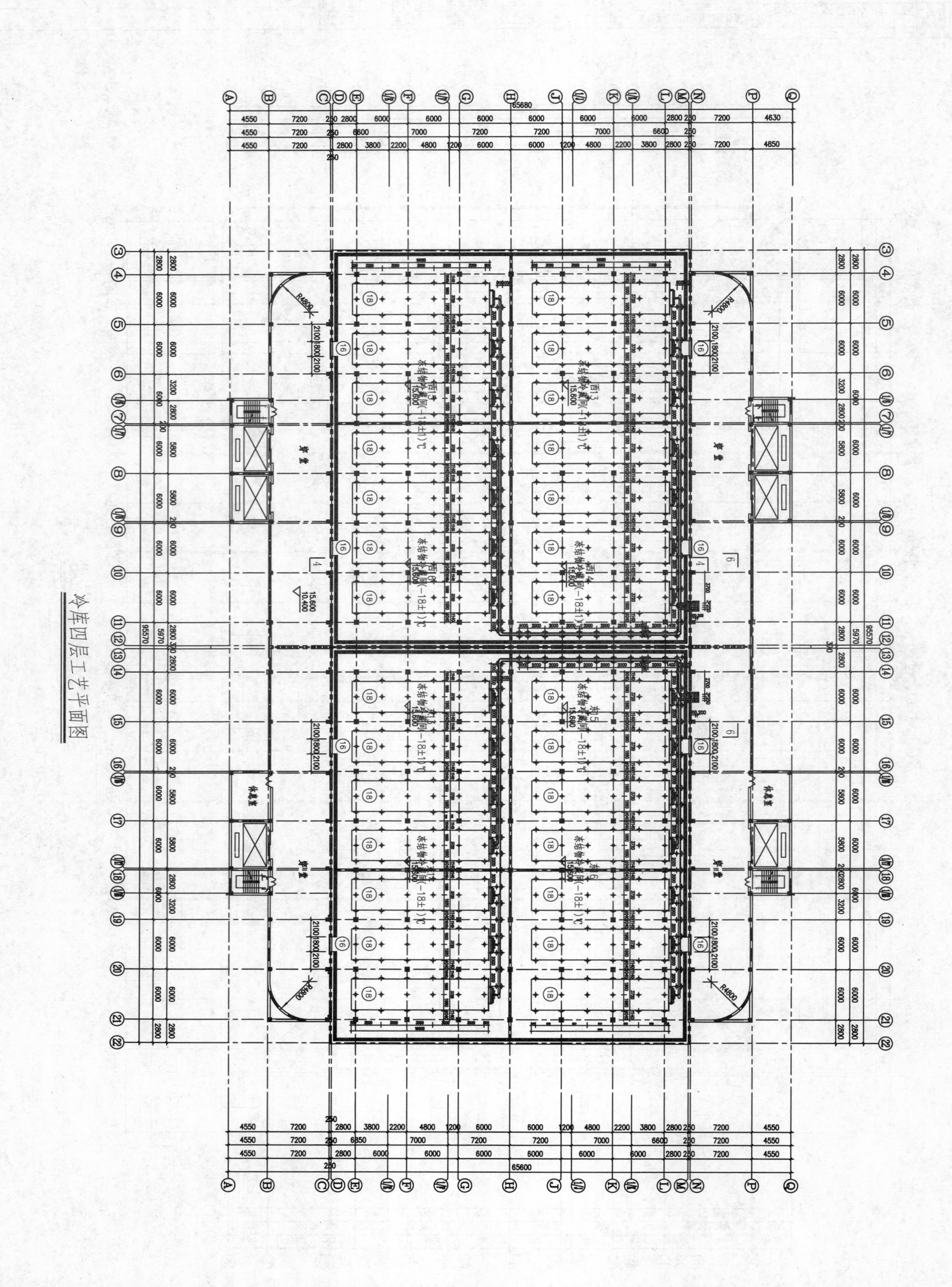

项目负责人	审定人	设计人	工程编号	工程名称	五洲集团16000t低温冷库	图名	冷库四层制冷工艺平面图	图号	LJL05
专业负责人	审核人	校核人	出图日期	项目名称	冷　库				

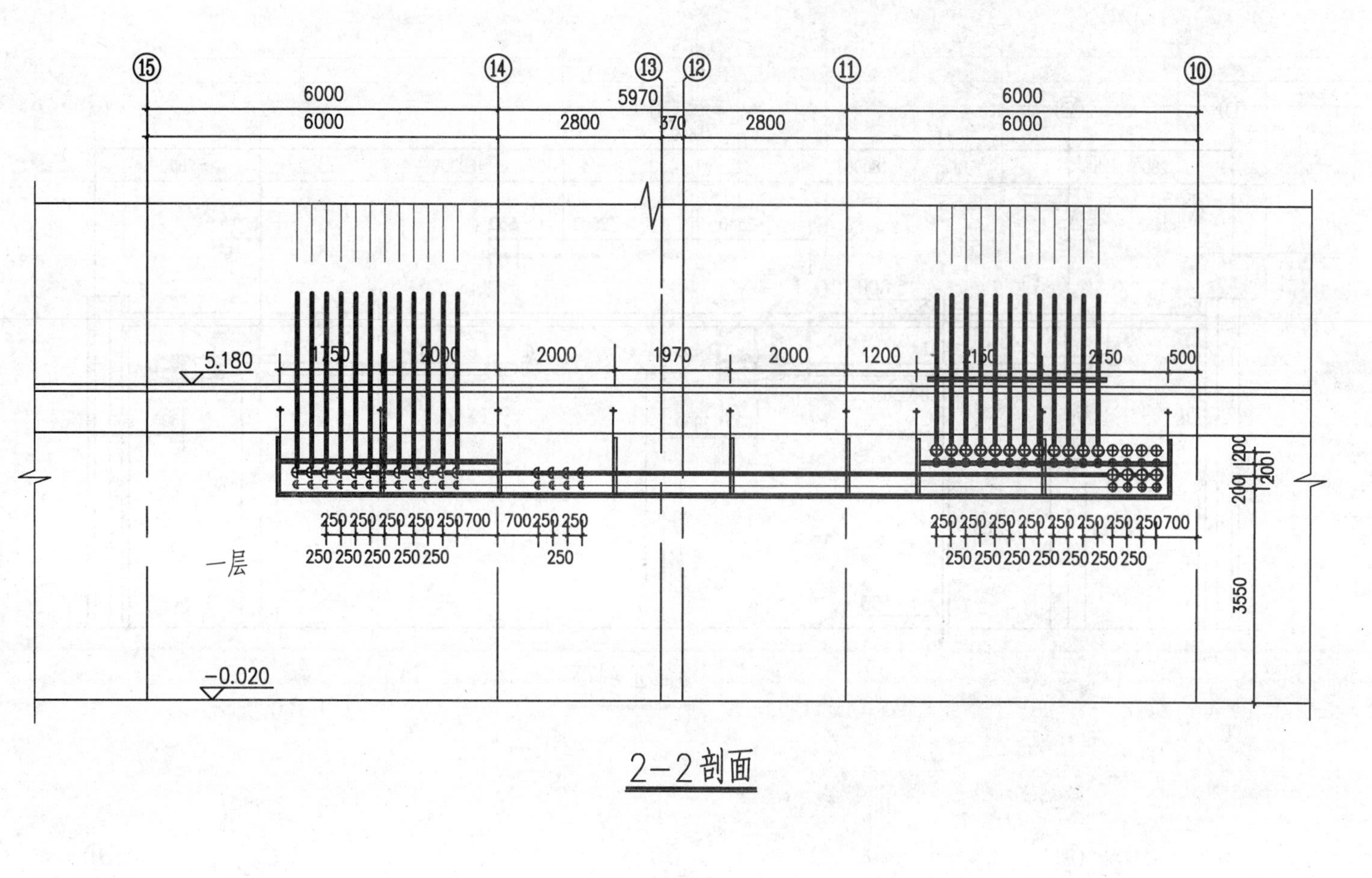

2-2剖面

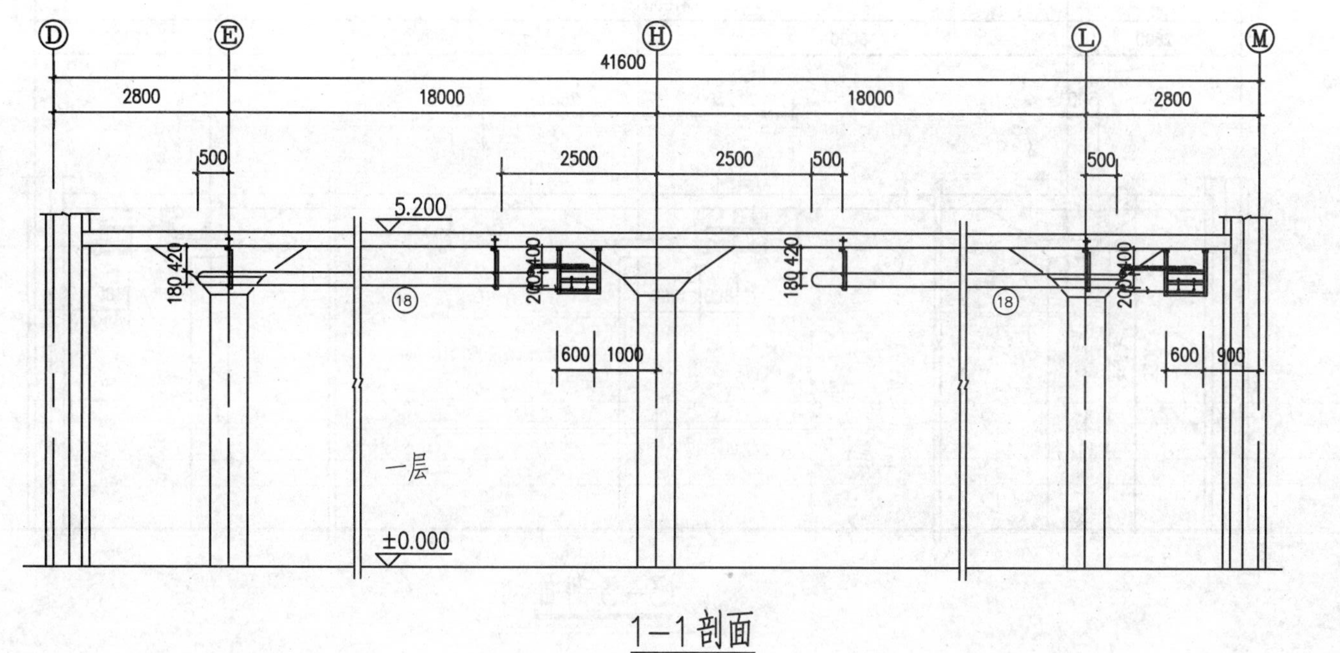

1-1剖面

项目负责人	审定人	设计人	工程编号	工程名称	五洲集团16000t低温冷库	图名	冷间剖面图(一)	图号	LJL06
专业负责人	审核人	校核人	出图日期	项目名称	冷　库				

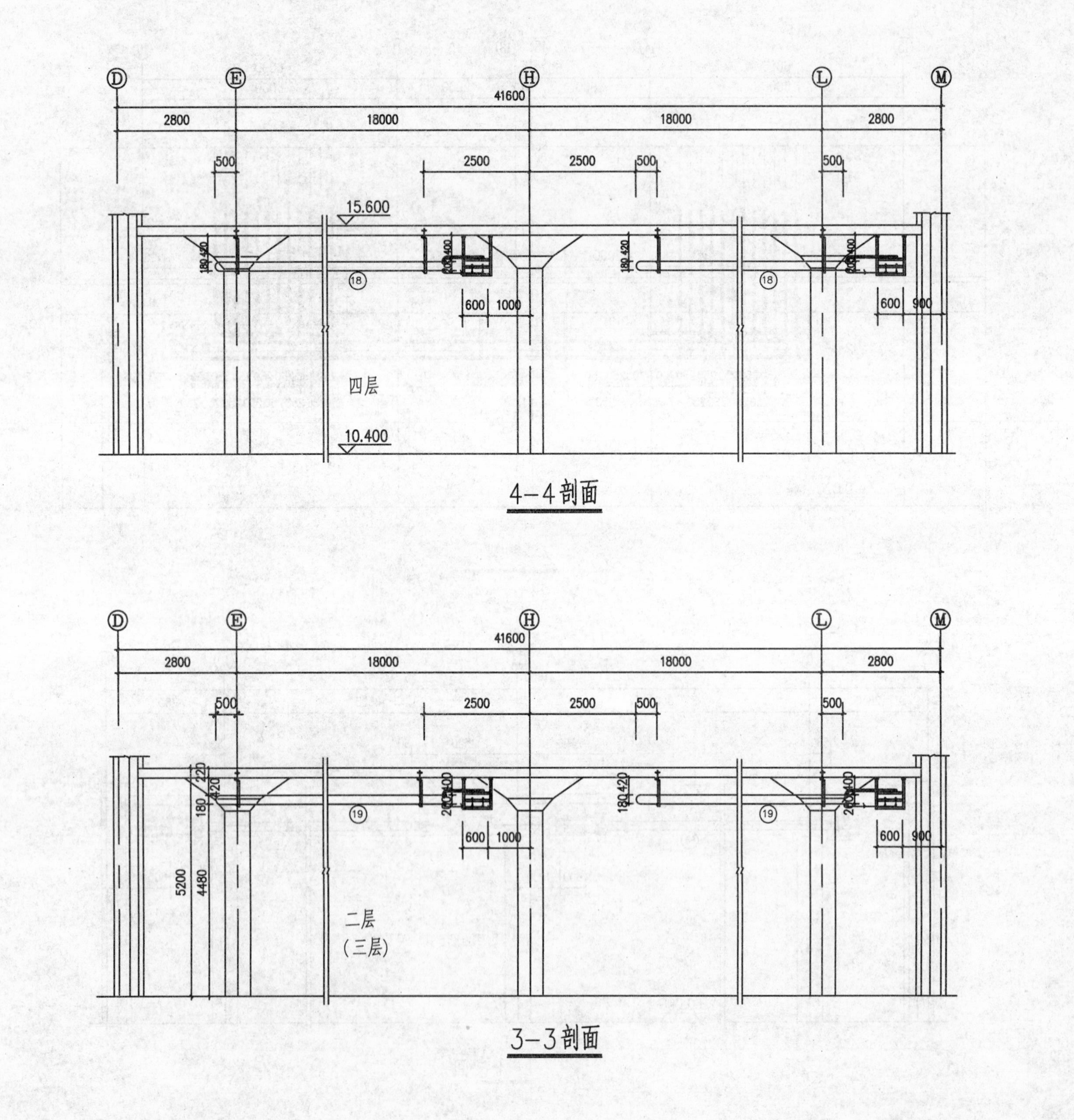

项目负责人		审定人		设计人		工程编号		工程名称	五洲集团16000t低温冷库	图名	冷间剖面图(二)	图号	LJL07
专业负责人		审核人		校核人		出图日期		项目名称	冷　库				

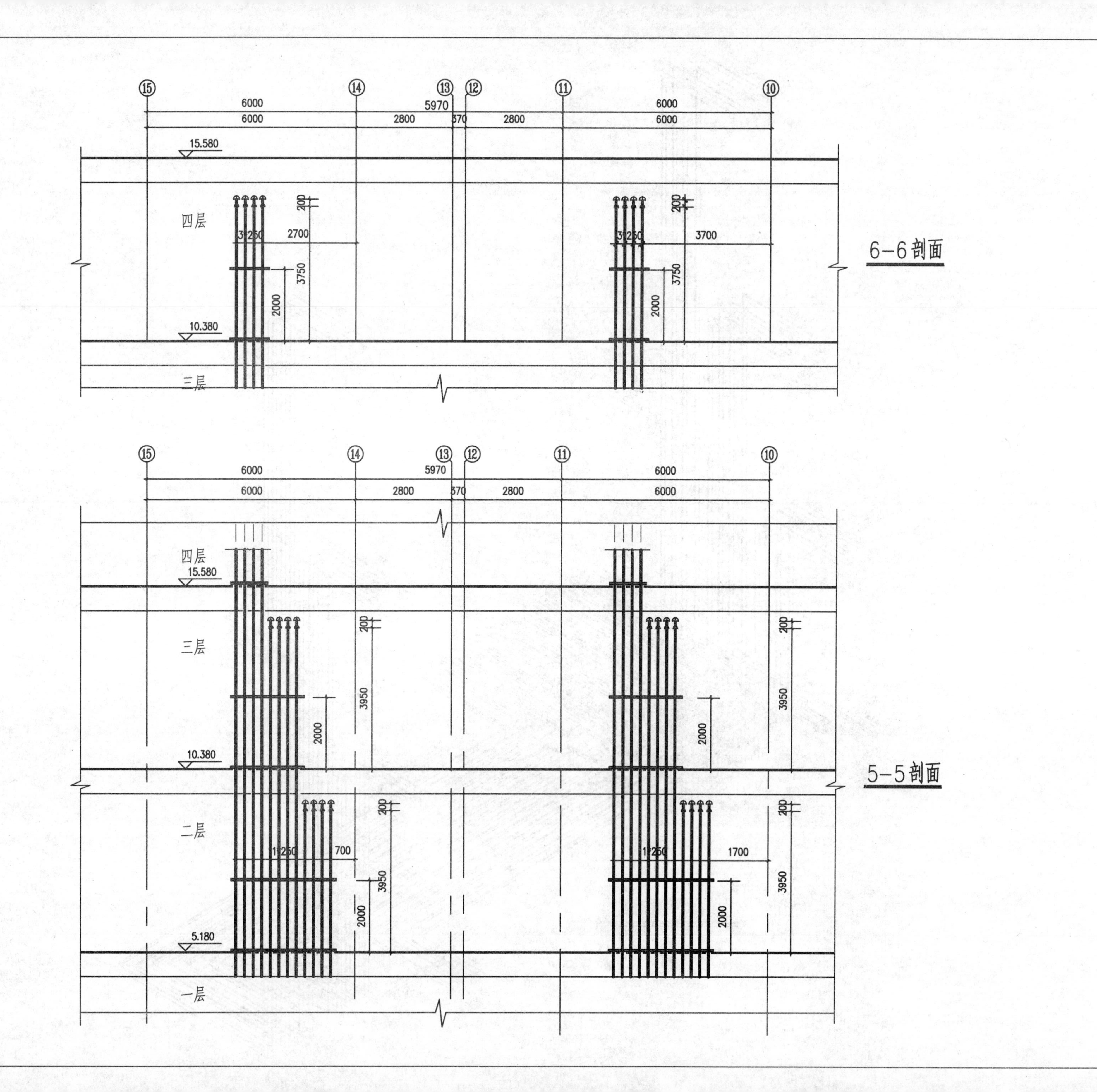

项目负责人	审定人	设计人	工程编号	工程名称	五洲集团16000t低温冷库	图名	冷间剖面图(三)
专业负责人	审核人	校核人	出图日期	项目名称	冷库	图号	LJL08

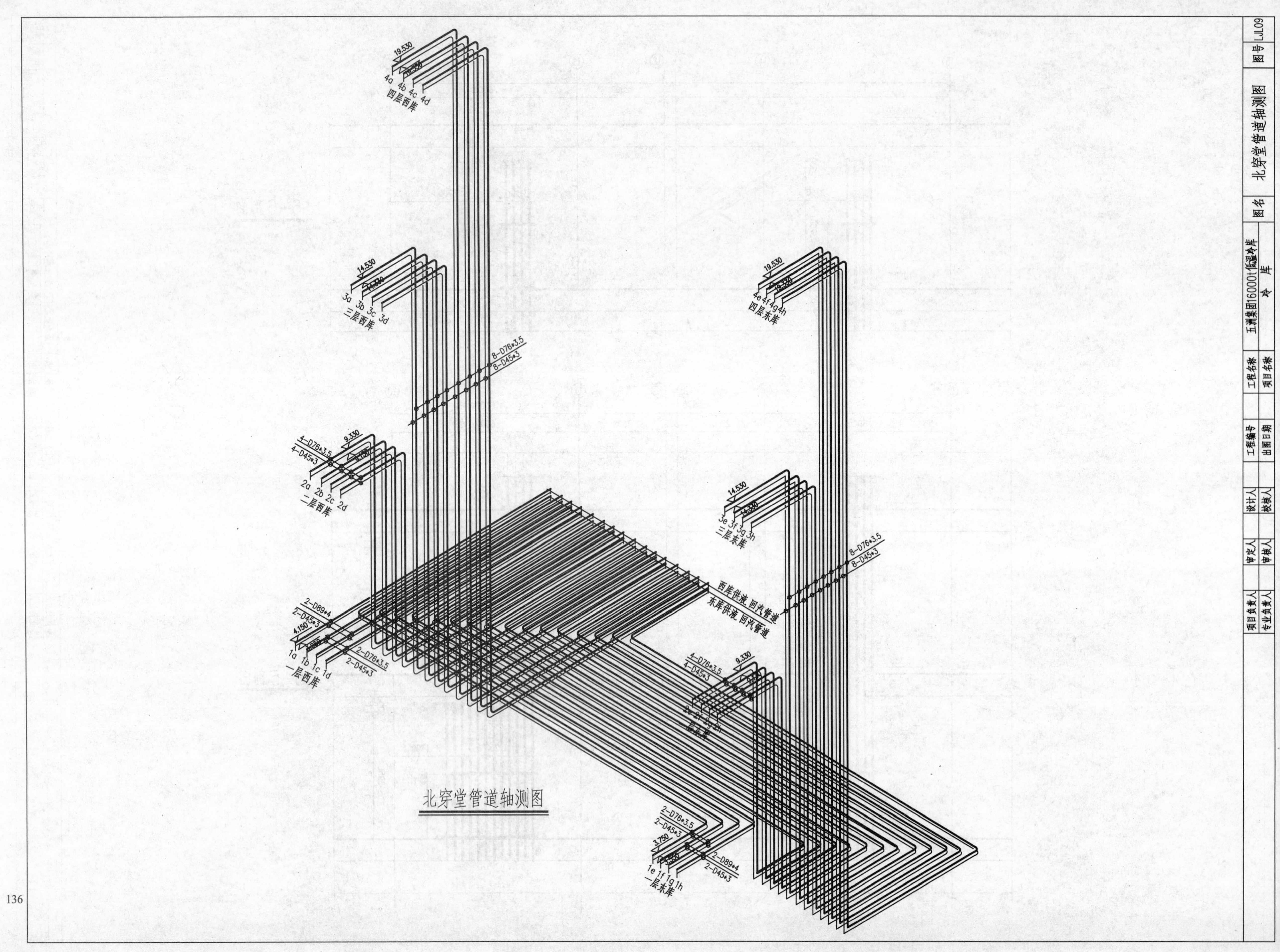

北穿堂管道轴测图

项目负责人		审定人		设计人		工程编号		工程名称	五洲集团16000t低温冷库	图名	北穿堂管道轴测图	图号	LJL09
专业负责人		审核人		校核人		出图日期		项目名称	冷　库				

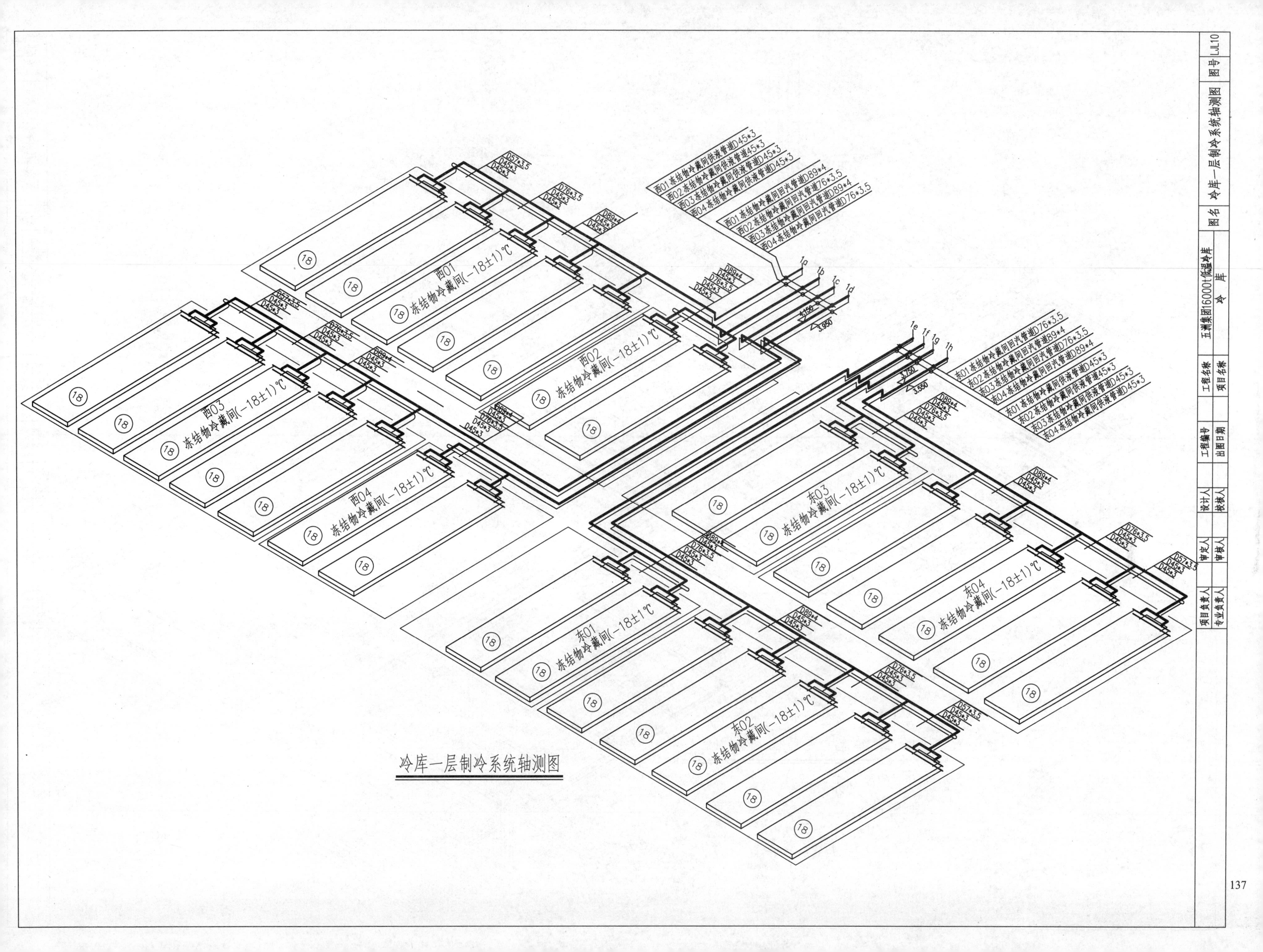

冷库一层制冷系统轴测图

冷库二,三层制冷系统轴测图

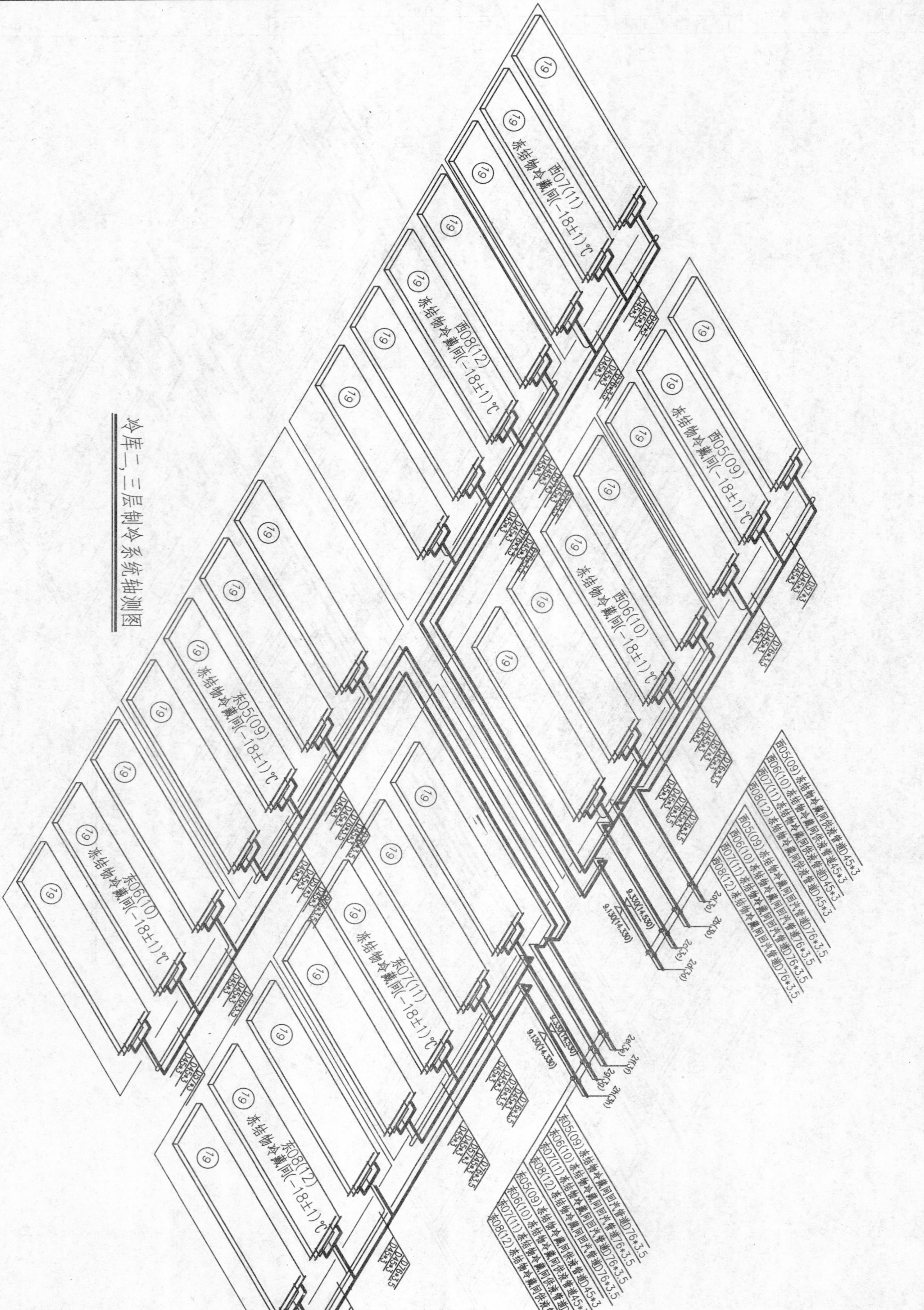

项目负责人		审定人		设计人		工程编号		工程名称	五洲集团16000t低温冷库	图名	冷库二,三层制冷系统轴测图	图号	LJL11
专业负责人		审核人		校核人		出图日期		项目名称	冷　库				

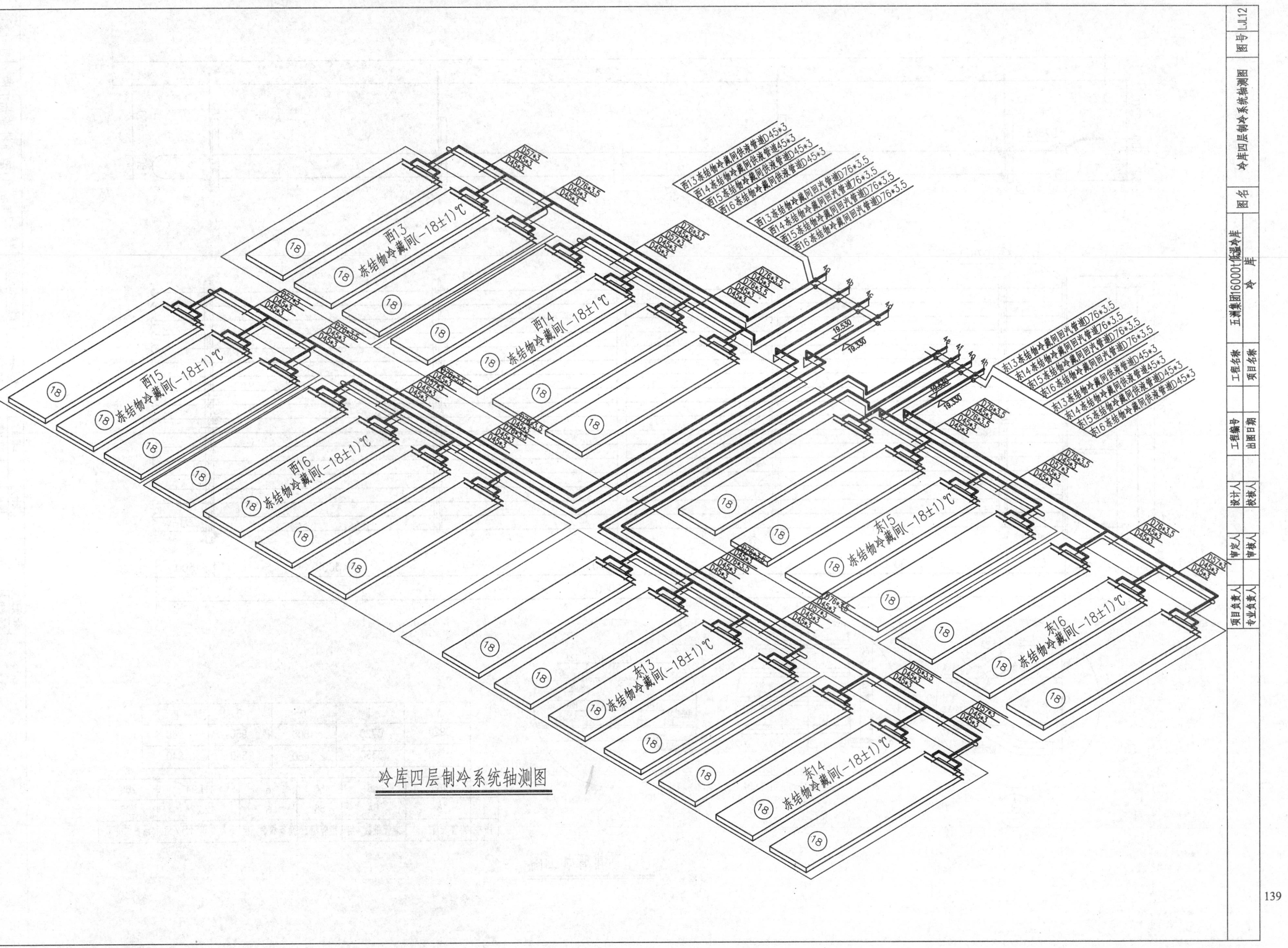
西13 冻结物冷藏间(−18±1)℃
西14 冻结物冷藏间(−18±1℃
西15 冻结物冷藏间(−18±1)℃
西16 冻结物冷藏间(−18±1)℃
东13 冻结物冷藏间(−18±1)℃
东14 冻结物冷藏间(−18±1)℃
东15 冻结物冷藏间(−18±1)℃
东16 冻结物冷藏间(−18±1)℃
西13冻结物冷藏间供液管道D45*3
西14冻结物冷藏间供液管道45*3
西15冻结物冷藏间供液管道D45*3
西16冻结物冷藏间供液管道D45*3
西13冻结物冷藏间回汽管道D76*3.5
西14冻结物冷藏间回汽管道76*3.5
西15冻结物冷藏间回汽管道D76*3.5
西16冻结物冷藏间回汽管道D76*3.5
东13冻结物冷藏间回汽管道D76*3.5
东14冻结物冷藏间回汽管道76*3.5
东15冻结物冷藏间回汽管道D76*3.5
东16冻结物冷藏间回汽管道D76*3.5
东13冻结物冷藏间供液管道D45*3
东14冻结物冷藏间供液管道45*3
东15冻结物冷藏间供液管道D45*3
东16冻结物冷藏间供液管道D45*3
19.530
19.330
冷库四层制冷系统轴测图
项目负责人
专业负责人
审定人
审核人
设计人
校核人
工程编号
出图日期
工程名称 五洲集团16000t低温冷库
项目名称 冷　库
图名 冷库四层制冷系统轴测图
图号 LJL12

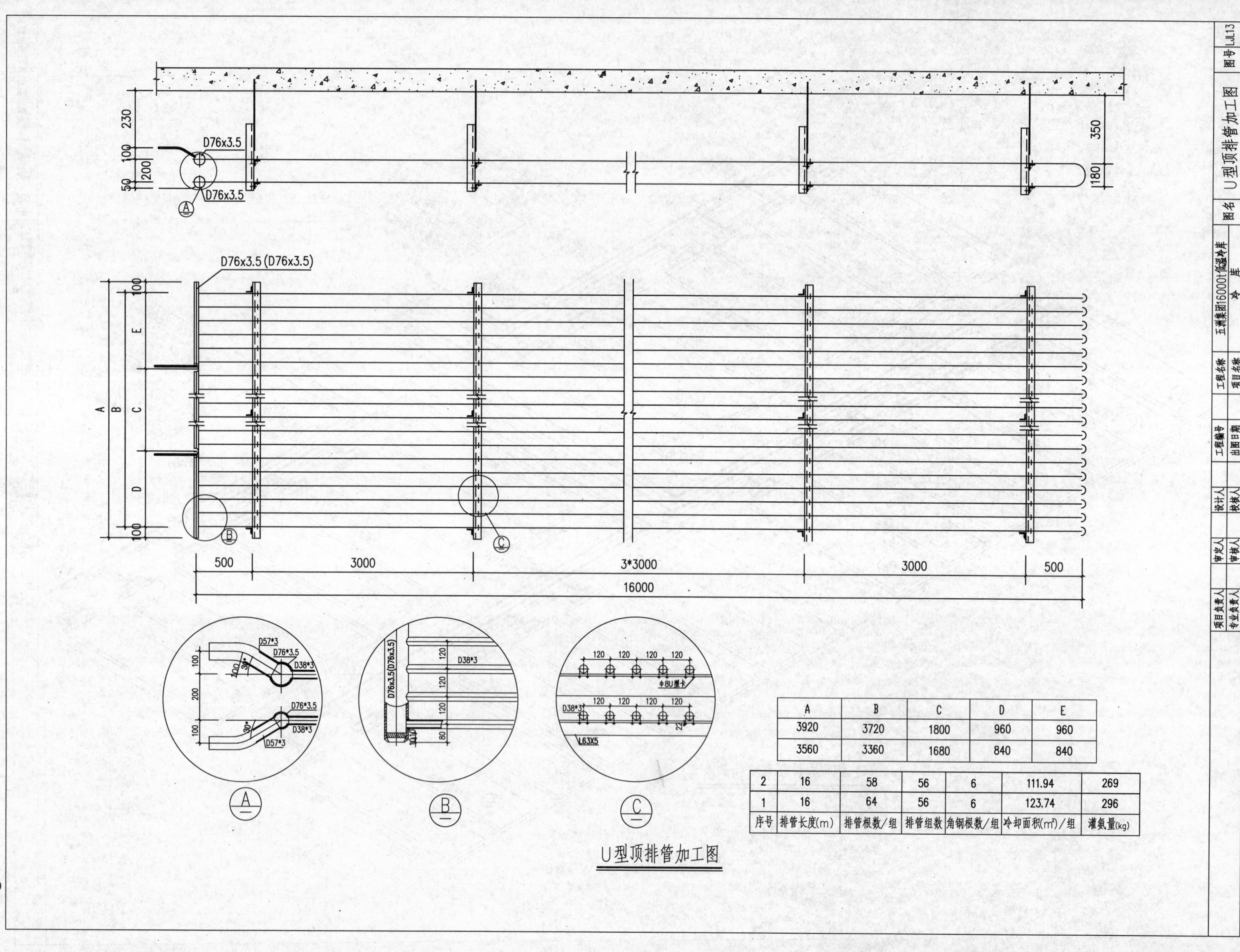

A	B	C	D	E
3920	3720	1800	960	960
3560	3360	1680	840	840

序号	排管长度(m)	排管根数/组	排管组数	角钢根数/组	冷却面积(m²)/组	灌氨量(kg)
2	16	58	56	6	111.94	269
1	16	64	56	6	123.74	296

U型顶排管加工图

项目负责人	审定人	设计人	工程编号	工程名称	五洲集团16000t低温冷库	图名	U型顶排管加工图	图号	LJL13
专业负责人	审核人	校核人	出图日期	项目名称	冷 库				

实例8　江山集团18000t低温冷库制冷系统设计

制冷系统设计说明

一、设计依据

1.本设计依据<<冷库设计规范>>(GB50072-2001)及建设单位的具体要求进行设计,室外计算参数参照郑州地区气象资料。

2.设计参数:

夏季室外计算温度31°C

夏季通风计算温度32°C

夏季室外平均湿球计算温度27.9°C

夏季室外计算相对湿度75%

夏季通风计算相对湿度44%

冷凝温度t_k=37°C

蒸发温度t_o=-28°C

冻结物冷藏间冷间温度(-18±1)°C

3.生产指标:冻结物冷藏间冷藏能力18000t。

二、冷间概况

该冷库为低温冷库,冷藏能力约18000t,分为5层,20个冷间,每层冷间建筑面积3402m²,总建筑面积为17007.38m²,冷间温度为(-18±1)°C,主要储藏肉类低温食品(如猪牛羊肉类、家禽及其鱼类海鲜产品)。冷间配置顶排管作为蒸发器,满足冷量要求。其特点是干耗小、降温快。为保证冷库正常降温,要求冷间每间每日进货量不得大于该间冷藏吨位的5%,即该冷库每日的总进货量不得大于900t。

三、氨压缩机及辅助设备的选用

1.压缩机的选用:-28°C蒸发温度制冷系统选用带经济器的螺杆制冷压缩机HJLLG20ⅢDA三台,每台制冷机在37/-28°C条件下,产冷量为270kW,3台计810kW,能够满足冷负荷的要求。

2.主要辅助设备的选用:-28°C蒸发温度制冷系统选用2台CDCA-5型低压循环贮液筒,每台低压循环贮液筒配置2台50p-40屏蔽氨泵(1用1备);选用1台YF-100T干式油氨分离器,主要用于除霜热氨的分油;1台氨虹吸罐UZA-1.5;2台HZFL-820型蒸发式冷凝器;1台ZA-8.0高压贮液器;1台ZA-4.5排液桶等辅助设备。

四、制冷系统简介

1.-28°C制冷系统:制冷系统以液氨为制冷剂,蒸发温度-28°C,采用带经济器液氨冷却的螺杆制冷机组进行蒸汽压缩制冷循环。

2.供液方式:采用氨泵强制供液系统。从高压贮液器出来的高压液体经经济器过冷后通过低压循环贮液筒上的电磁主阀、节流阀,变为低压液体进入低压循环贮液筒内,然后由氨泵直接送到液体分配站,分配到各个冷间内的顶排管蒸发制冷,蒸发后的低温气体经气体分配站返回低压循环贮液筒内进行汽液分离,分离后的低压气体被压缩机吸入,经制冷机压缩变为高温高压气体,进入蒸发式冷凝器冷凝,冷凝后的高压液体进入高压贮液器储存使用。

3.冻结物冷藏间(低温冷库)的除霜方法:所有冷间均采用顶排管制冷降温,在霜层较厚时,采用热氨和人工相结合的除霜方法,除霜后的液体返回排液桶内静置排油,然后经加压再进入低压循环贮液筒。

五、自动控制及安全保护

1.为减轻查库压力,本设计采用库温巡回检测,冷间温度的变化可在制冷机房直接观察,为校对温度的准确性,仍需在冷间设置玻璃水银温度计。

2.氨压缩机安全保护:有高低压保护、断水保护、油压保护等。

3.氨泵回路自动控制程序和保护装置:

(1)液位控制:每台低压循环贮液筒设置二套UQK-40浮球液位控制器,其中一套控制ZCL-32电磁主阀的启闭,使低压循环贮液筒保持35%的正常液位(液位降至35%-30mm时电磁主阀开启供液,液位升至35%+30mm时电磁主阀关闭停止供液);另一套起安全保护作用,当低压循环贮液筒液位升至70%时就发出报警信号,并报警停止氨泵工作,操作人员应及时处理,当冷间温度达到要求时人工指令停泵。

(2)氨泵的安全保护:RT260A差压控制器是防止氨泵空转遭受破坏,保护氨泵正常运转,差压控制器调至0~50kPa,时间继电器调至8~10s,在此时间内达不到调定压力,则证明氨泵没有上液自动停泵(铃响和灯显示),人工排除故障后再重新启动氨泵;ZZRN-50逆止阀的作用是防止液体倒流而使氨泵倒转;ZZRP-32自动旁通阀(压力调至30kPa),当氨泵出口液体过剩,压头过高,氨泵上液压力超过30kPa时,将液体经自动旁通阀旁通至低压循环贮液筒,以保护冷间正常降温。

4.元件的调试与安装:

(1)UQK40型浮球液位控制器:安装时以起始液面为准(起始液面标在阀体外壳下部,画有"A_"为氨液起始面),并作正侧两个方向的垂直吊线,下部液体平衡管应倾斜15°以上,以免油污堵塞。阀体内部充注低温氨液,阀体外部一般不包隔热层,切忌将其上盖密封橡皮放正压紧,以免水汽抽吸进入汽包室内,使阀失灵。继电器不能接错,要求达到向上浮上液位动作,向下浮下液位动作,接错液位计线路将造成严重事故。连接报警液位计的接头应接在上液位的位置,即电气盒内接线头"o"处,接错,浮球上升将不能发出报警信息,造成严重事故。

(2)ZCL-32型电磁主阀:安装及拆卸时应仔细阅读使用说明书,弄清其工作压力及零部件相应位置。安装前若发现肮脏或生锈必须拆卸清理;因主阀的关闭依靠活塞组件的自重和弹簧力,因此要注意正侧两个方向的吊线,不得倾斜。法兰焊接时,当点焊定位后应将主阀拆下,然后续焊,否则法兰烧红使主阀受热,引起挠曲变形影响精度;主阀法兰焊接完成后必须仔细检查烧焊房间一段管道,不得使焊渣、焦渣、氧化皮等存流物日后进入阀内损坏阀芯。

(3)RT260A型差压控制器:安装时最好立装,下端波纹管接高压,上端波纹管接低压,控制器接在氨泵的两侧。安装时先检查控制器面板是否密封压紧,以免潮湿气体及氨气侵入腐蚀零件;差压控制器安装前应试校,检查调定值是否准确,继电器发出讯号是否及时。

(4)ZZRN-50型逆止阀:安装时应注意流向不能装反,两法兰相对螺孔必须对正,否则不便拆装。阀体两端定位止口一深一浅,组装时应将阀口阀尾两端对齐。

(5)ZZRP-32型自动旁通阀:安装前应校验测试,检查关闭是否严密,安装前必须调定压力,调定压力时一人观察泵排出压力,一人观察低压循环筒内压力,相互配合。使低压循环筒内的压力处于规定的主阀压力时,调节氨泵出口手动阀,使氨泵排出压力升到预调压力,迅速转动调节杆,使在调定压力值时正好打开,如果尚未调好,泵排出压力即超过调定值,此时再调也不准,必须重新使泵压力由下往上升,达到调定值迅速调好。调好后再复校一次,如正好在调定值时阀开,说明已调好。

六.技术要求

1.根据国家规范<<工业金属管道设计规范>>(GB50316-2000)有关规定,本工程管道材料的选择为:设计温度-20°C以上的管道,选用钢号为10或20的无缝钢管;设计温度-45°C以上的管道,选用钢号为16MnDG的无缝钢管。

2.本设计的管道为工业金属管道,类、级别为GC2(1)。

3.制冷系统的管道应采用无缝钢管,其质量应符合现行国家标准<<输送流体用无缝钢管>>(GB/T8163-1999)及<<低温管道用无缝钢管>>(GB/T18984-2003)的要求,应根据管内的最低工作温度选用钢号。制冷管道系统应采用氨专用阀门和配件,其公称压力不应小于2.5MPa(表压),并不得有铜质和镀锌、镀锡的零配件。

技术特性表(压力为表压)			
冷凝压力(MPa)	1.37	工作温度(°C)	80
设计压力(MPa)	2.0	设计温度(°C)	100
制冷剂名称	氨(R717)		
焊缝系数φ	1	腐蚀裕度(mm)	1.5

技术特性表(压力为表压)			
蒸发压力(MPa)	0.032	蒸发温度(°C)	-28
设计压力(MPa)	1.4	设计温度(°C)	-33
制冷剂名称	氨(R717)		
焊缝系数φ	1	腐蚀裕度(mm)	1.5

七.其他要求

1.制冷系统部分水平管道坡度要求:

管道名称	坡度要求	坡度范围(‰)
氨压缩机至油分离器的排气管	坡向油分器	3~5
氨压缩机进气管	坡向低循筒	3~5
油分器、氨分器与冷凝器的放油管	坡向集油器	2~3
调节站的供液管	坡向调节站	1~3

2.系统水平管道的水平度2‰,竖直管道的垂直度2‰,标高的允许偏差±5mm,管道长度的偏差±5mm。

3.系统中所有管道内外壁均除锈、排污,管道安装完毕且经试压、试漏合格后,外刷防锈漆、面漆各两道。

4.所有设备尺寸均以生产厂家实物为准,待核实后开始设备施工。

5.供液装置具有自动供液、液位显示、液位超高报警、氨泵自动保护等措施。

6.压缩机备有压差、高低压控制,断水保护等措施,其余辅助设备均设有安全阀、压力表等安全保护装置。

7.凡支撑隔热层管道的吊支架均设置硬木垫,所需硬木垫均应经防腐处理后方可使用。

8.制冷设备及管道的保温均采用聚氨酯现场发泡,外包0.5mm厚的彩钢板。

9.制冷工艺中设备及管道的安装应符合<<制冷设备、空气分离设备安装工程施工及验收规范>>(GB50274-98)、<<压缩机、风机、泵安装工程施工及验收规范>>(GB50275-98)、<<工业设备及管道绝热工程设计规范>>(GB50264-97)及<<氨制冷系统安装工程施工及验收规范>>(SBJ12-2000)的要求,未尽事宜参照国家有关规范之规定。

图号	JFL01
图名	制冷系统设计说明
工程名称	江山集团18000t低温冷库
项目名称	制冷机房
工程编号	
出图日期	
设计人	
校核人	
审定人	
审核人	
项目负责人	
专业负责人	

主要制冷设备及材料表

序号	设备(材料)名称	规格型号	单位	数量	备注
1	带经济器螺杆制冷压缩机组	HJLLG20ⅢDA	台	3	
2	干式油氨分离器	YF-100T	台	1	
3	蒸发式冷凝器	HZFL-820	台	2	
4	氨虹吸罐	UZA-1.5	台	1	
5	氨贮液器	ZA-8.0	台	1	
6	氨排液桶	ZA-4.5	台	1	
7	低压循环贮液筒	CDCA-5.0	台	2	
8	屏蔽氨泵	50P-40	台	4	
9	集油器	JYA-500	台	1	
10	低压集油器	DJY-1	台	2	
11	空气分离器	KFA-50	台	1	
12	紧急泄氨器	JXA-159	台	1	
13	加氨站		组	1	
14	供液调节站		组	4	
15	回汽调节站		组	4	
16	防爆型轴流风机	T35-11NO05	台	3	
17	贯流式冷风幕	DXY-175	台	28	
18	光滑U型斜式顶排管	XDG18×52-112	组	48	
19		XDG18×44-95	组	72	
20	氨用压力表	-0.1~2.5MPa	块	10	
		-0.1~1.5MPa	块	23	
21	氨用直通截止阀	J61F-25 DN200	个	4	
		J61F-25 DN150	个	4	
		J61F-25 DN125	个	4	
		J61F-25 DN100	个	10	
		J61F-25 DN80	个	6	
		J61F-25 DN70	个	44	
		J61F-25 DN65	个	3	
		J61F-25 DN50	个	6	
		J61F-25 DN45	个	1	
		J61F-25 DN32	个	157	
		J61F-25 DN25	个	8	
		J61F-25 DN20	个	12	
		J61F-25 DN15	个	6	
		J61F-25 DN10	个	8	
		J61F-25 DN6	个	24	
22	氨用节流阀	L61F-25 DN32	个	4	
		L61F-25 DN50	个	1	

说明：材料用量以实际消耗为准，表中数量仅供参考。

图纸目录

序号	图号	名称	页数	备注
1	JFL01	制冷系统设计说明	1	A2
2	JFL02	图纸目录,主要设备及材料表	1	A2
3	JFL03	氨机房制冷系统原理图	1	A1
4	JFL04	氨机房制冷系统轴测图	1	A1
5	JFL05	蒸发式冷凝器制冷系统轴测图	1	A3
6	JFL06	氨机房制冷工艺平面图	1	A2
7	JFL07	蒸发式冷凝器布置,工艺平面图	1	A2
8	JFL08	氨机房剖面图(一)	1	A1
9	JFL09	氨机房剖面图(二)	1	A1
10	JFL10	氨机房室外管道平面图	1	A2
11	JFL11	氨机房设备基础位置图	1	A2
12	JFL12	氨机房设备基础剖面图	1	A1

项目负责人		审定人		设计人		工程编号		工程名称	江山集团18000t低温冷库	图名	图纸目录,主要设备及材料表	图号	JFL02
专业负责人		审核人		校核人		出图日期		项目名称	制冷机房				

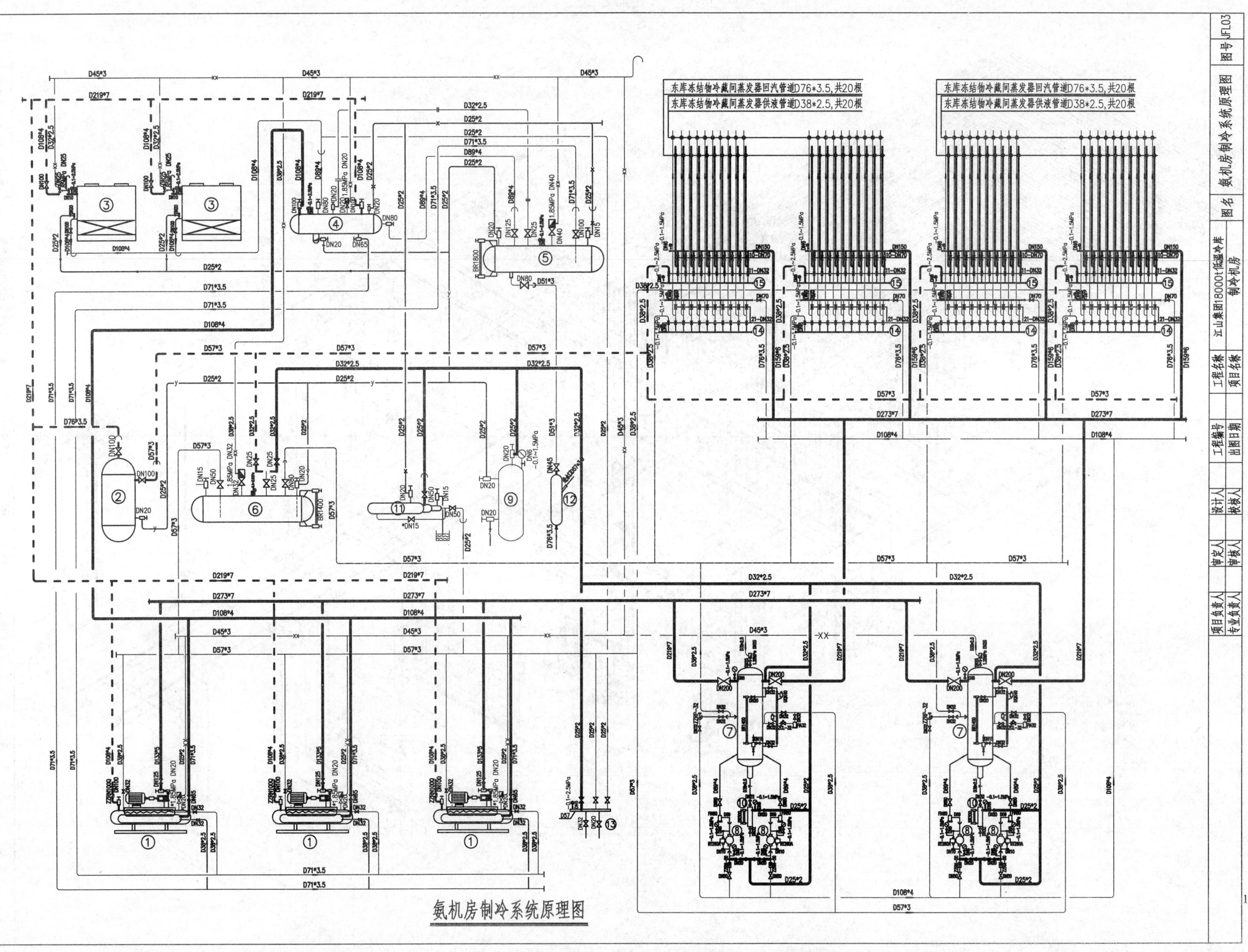
东库冻结物冷藏间蒸发器回汽管道D76*3.5,共20根
东库冻结物冷藏间蒸发器供液管道D38*2.5,共20根
图号 JFL03
图名 氨机房制冷系统原理图
工程名称 江山集团18000t低温冷库
项目名称 制冷机房
工程编号
出图日期
设计人
校核人
审定人
审核人
项目负责人
专业负责人
D45*3
D219*7
D273*7
D108*4
D57*3
D32*2.5
D25*2
D71*3.5
D89*4
D38*2.5
D76*3.5
D159*6
D51*3

氨机房制冷系统原理图

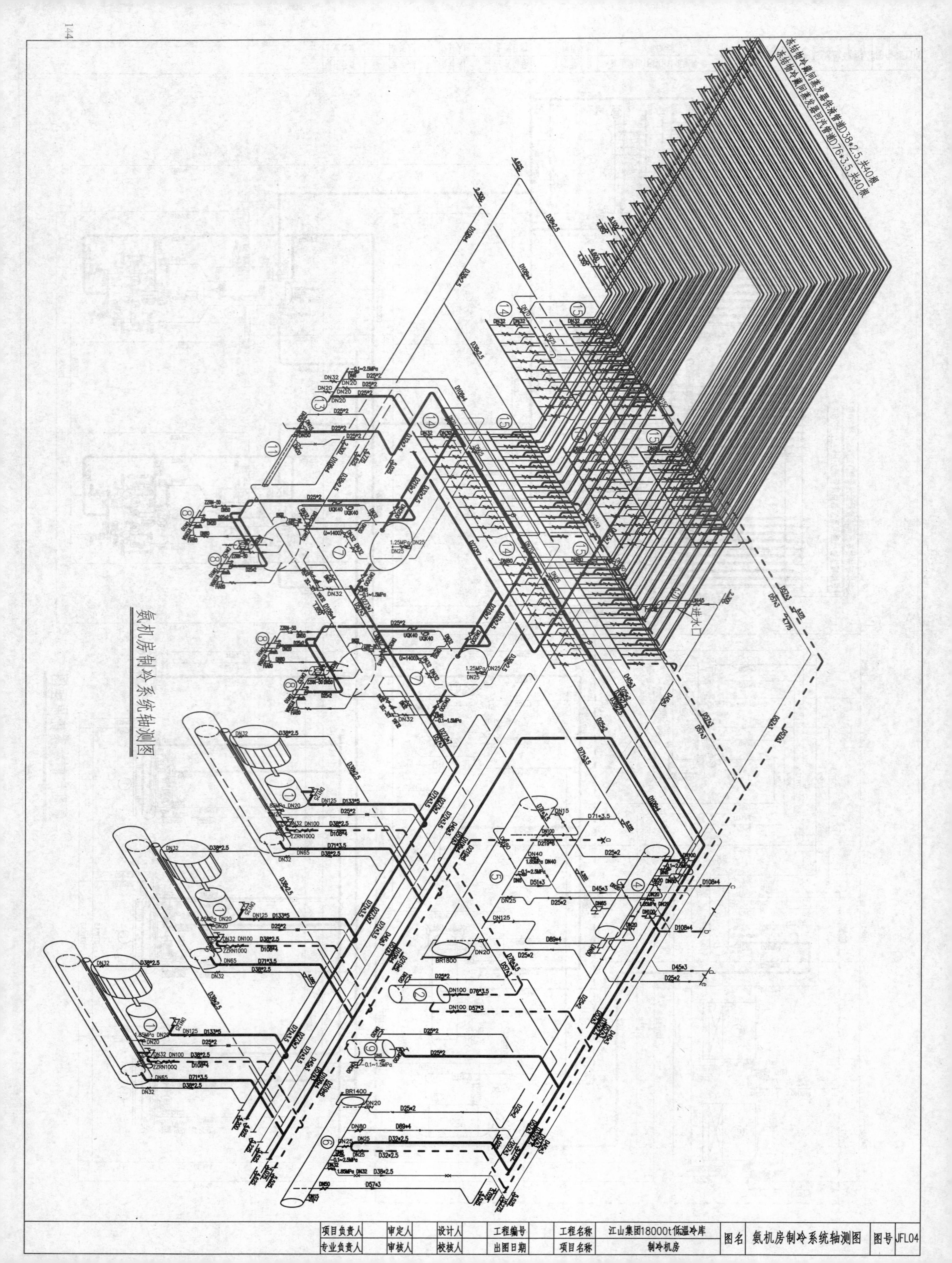

氨机房制冷系统轴测图
冻结物冷藏间蒸发器供液管道D38*2.5 共40根
冻结物冷藏间蒸发器回汽管道D76*3.5 共40根
排水口
项目负责人
审定人
设计人
工程编号
工程名称
江山集团18000t低温冷库
图名
氨机房制冷系统轴测图
图号
JFL04
专业负责人
审核人
校核人
出图日期
项目名称
制冷机房

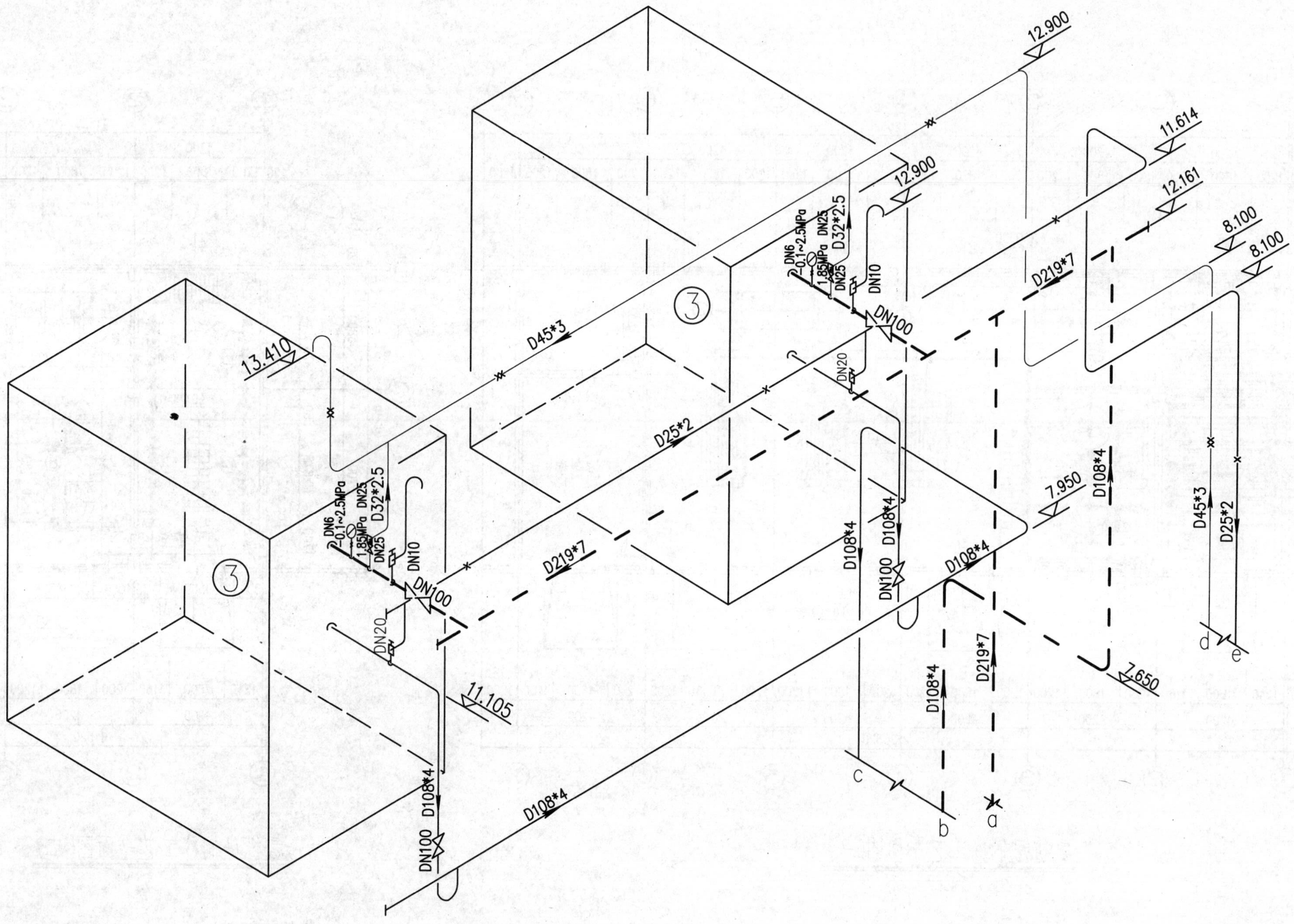

蒸发式冷凝器制冷系统轴测图

12.900
12.900
11.614
12.161
8.100
8.100
13.410
11.105
7.950
7.650
D45*3
D25*2
D219*7
D108*4
D32*2.5
DN6
-0.1~2.5MPa
1.85MPa
DN25
DN10
DN100
DN20
a
b
c
d
e
③

项目负责人	审定人	设计人	工程编号	工程名称	讧山集团18000t低温冷库	图名	蒸发式冷凝器制冷系统轴测图	图号	JFL05
专业负责人	审核人	校核人	出图日期	项目名称	制冷机房				

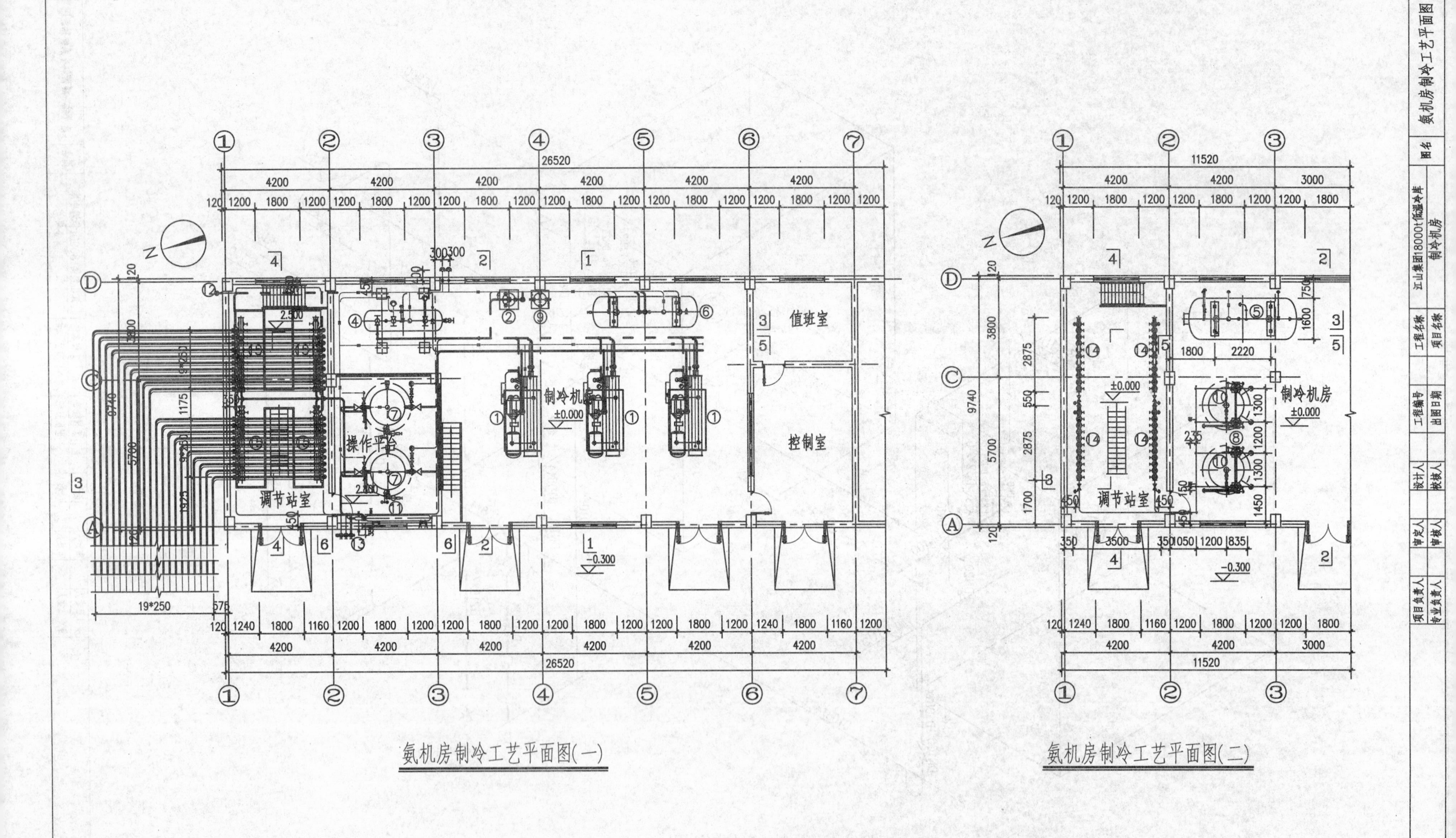

项目负责人		审定人		设计人		工程编号		工程名称	江山集团18000t低温冷库	图名	氨机房制冷工艺平面图	图号	JFL06
专业负责人		审核人		校核人		出图日期		项目名称	制冷机房				

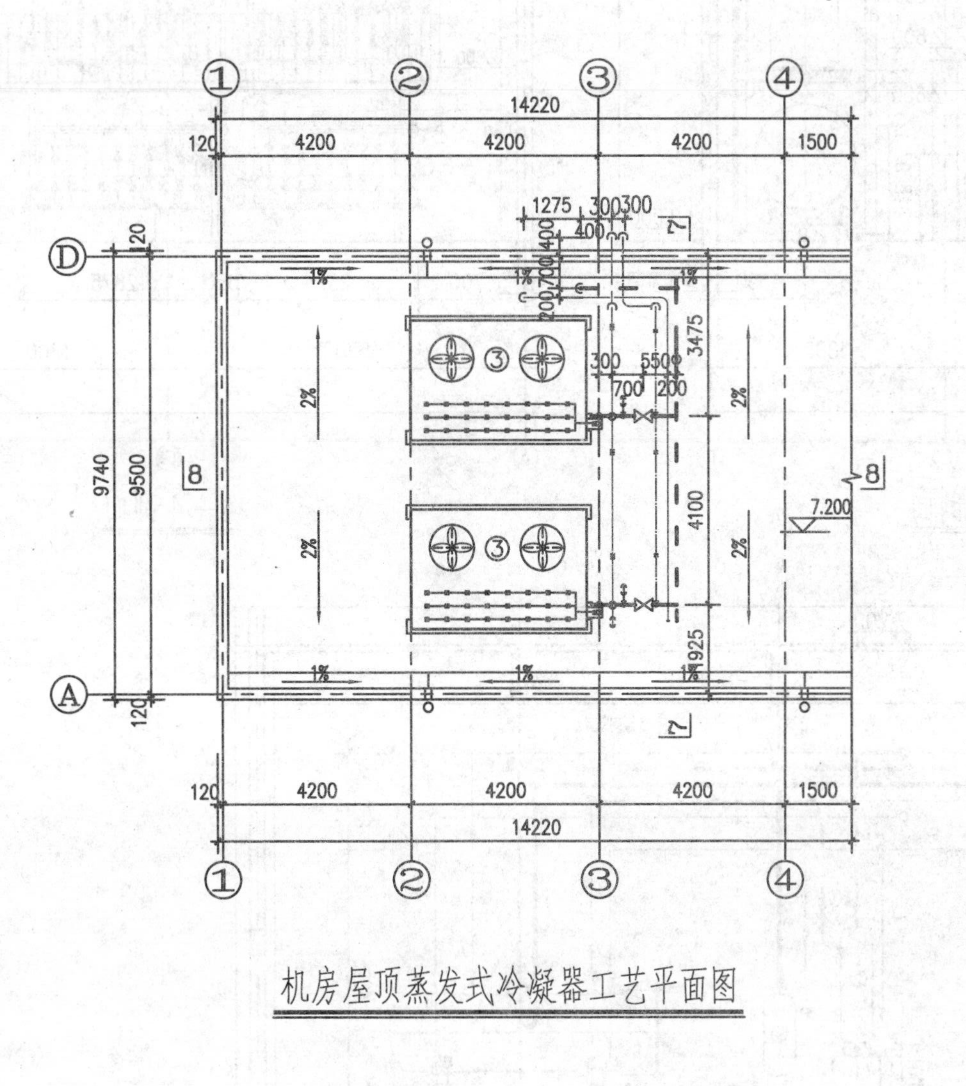

机房屋顶蒸发式冷凝器工艺平面图

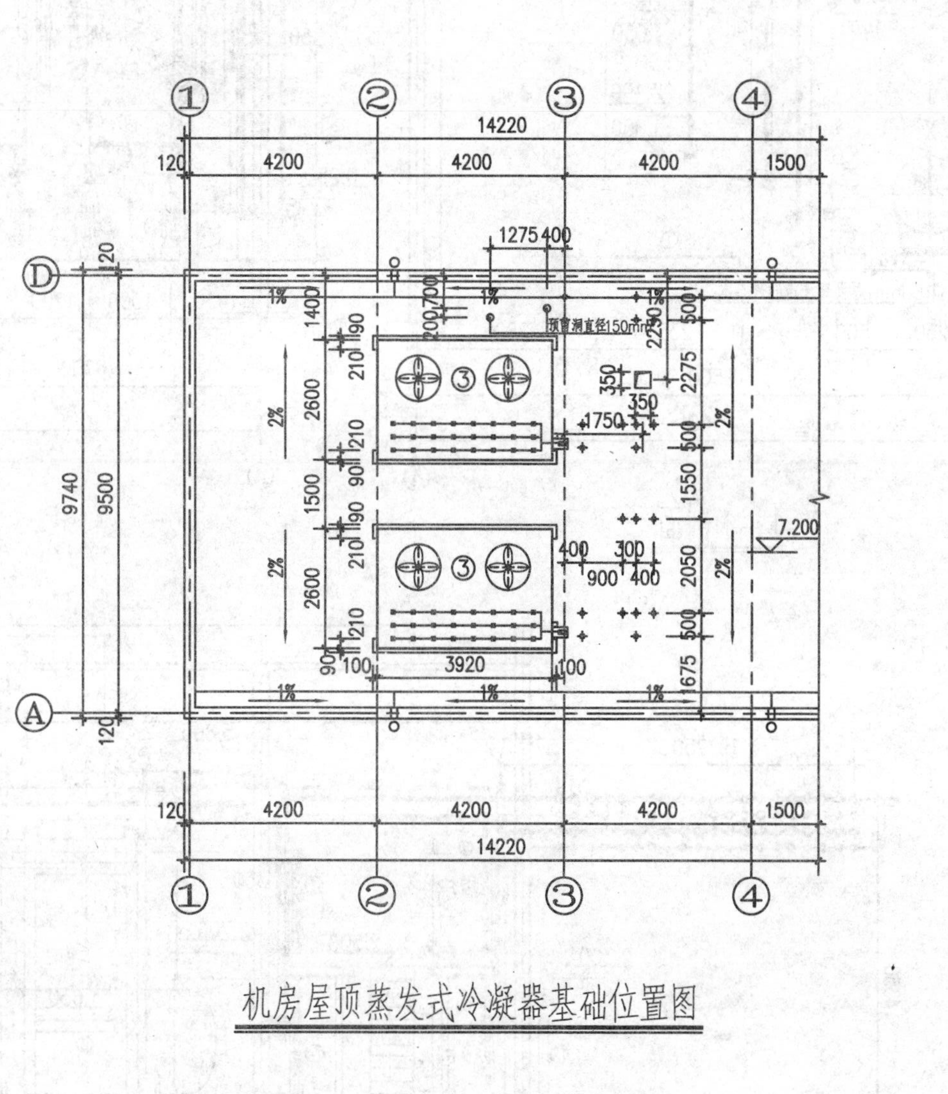

机房屋顶蒸发式冷凝器基础位置图

项目负责人	审定人	设计人	工程编号	工程名称	辽山集团18000t低温冷库	图名	蒸发式冷凝器布置,工艺平面图	图号	JFL07
专业负责人	审核人	校核人	出图日期	项目名称	制冷机房				

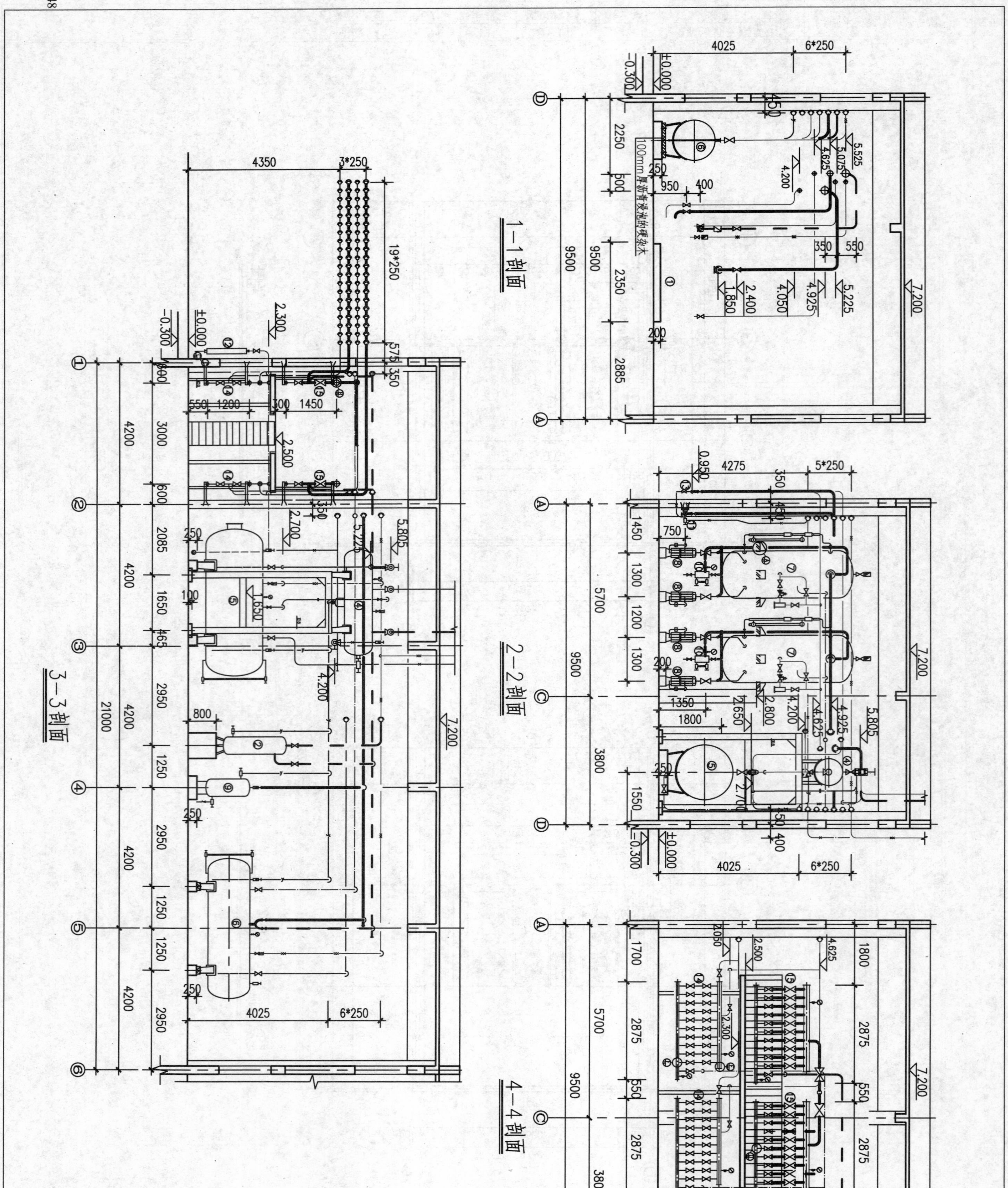

1-1剖面

2-2剖面

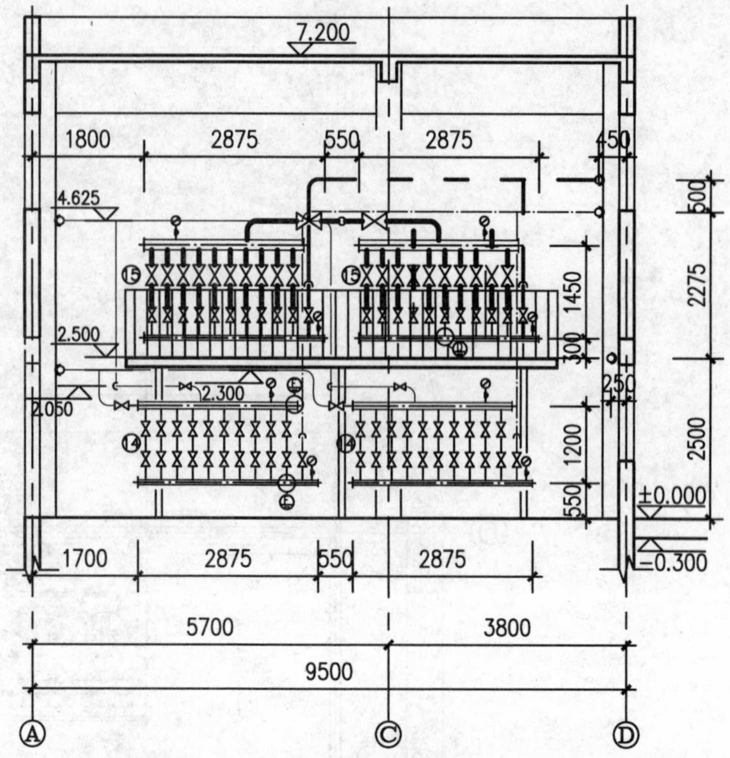

3-3剖面

4-4剖面

100mm厚沥青浸泡的硬垫木

项目负责人		审定人		设计人		工程编号		工程名称	江山集团18000t低温冷库	图名	氨机房剖面图(一)	图号	JFL08
专业负责人		审核人		校核人		出图日期		项目名称	制冷机房				

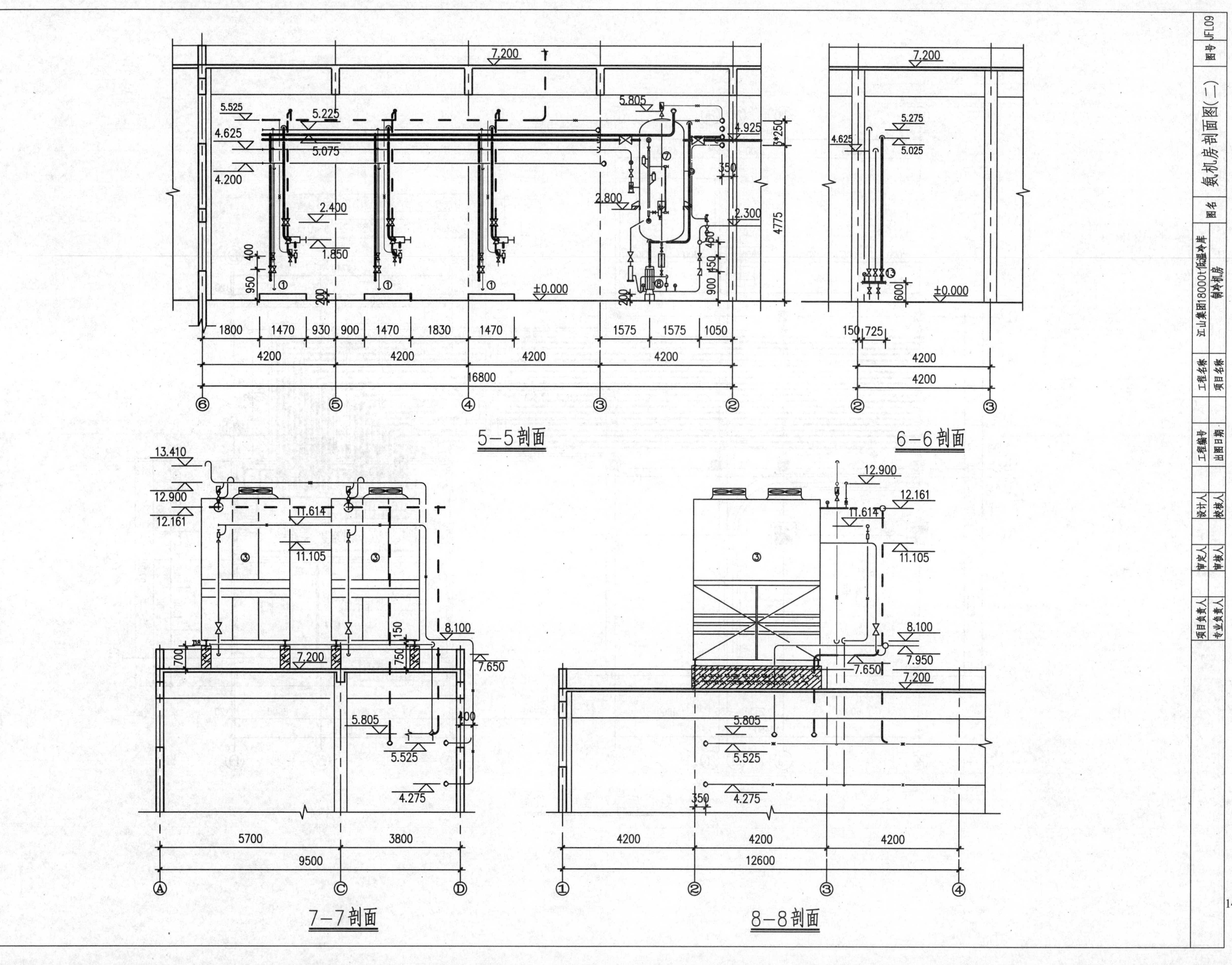

5-5剖面
6-6剖面
7-7剖面
8-8剖面
项目负责人
专业负责人
审定人
审核人
设计人
校核人
工程编号
出图日期
工程名称
项目名称
江山集团18000t低温冷库
制冷机房
图名
氨机房剖面图(二)
图号
JFL09

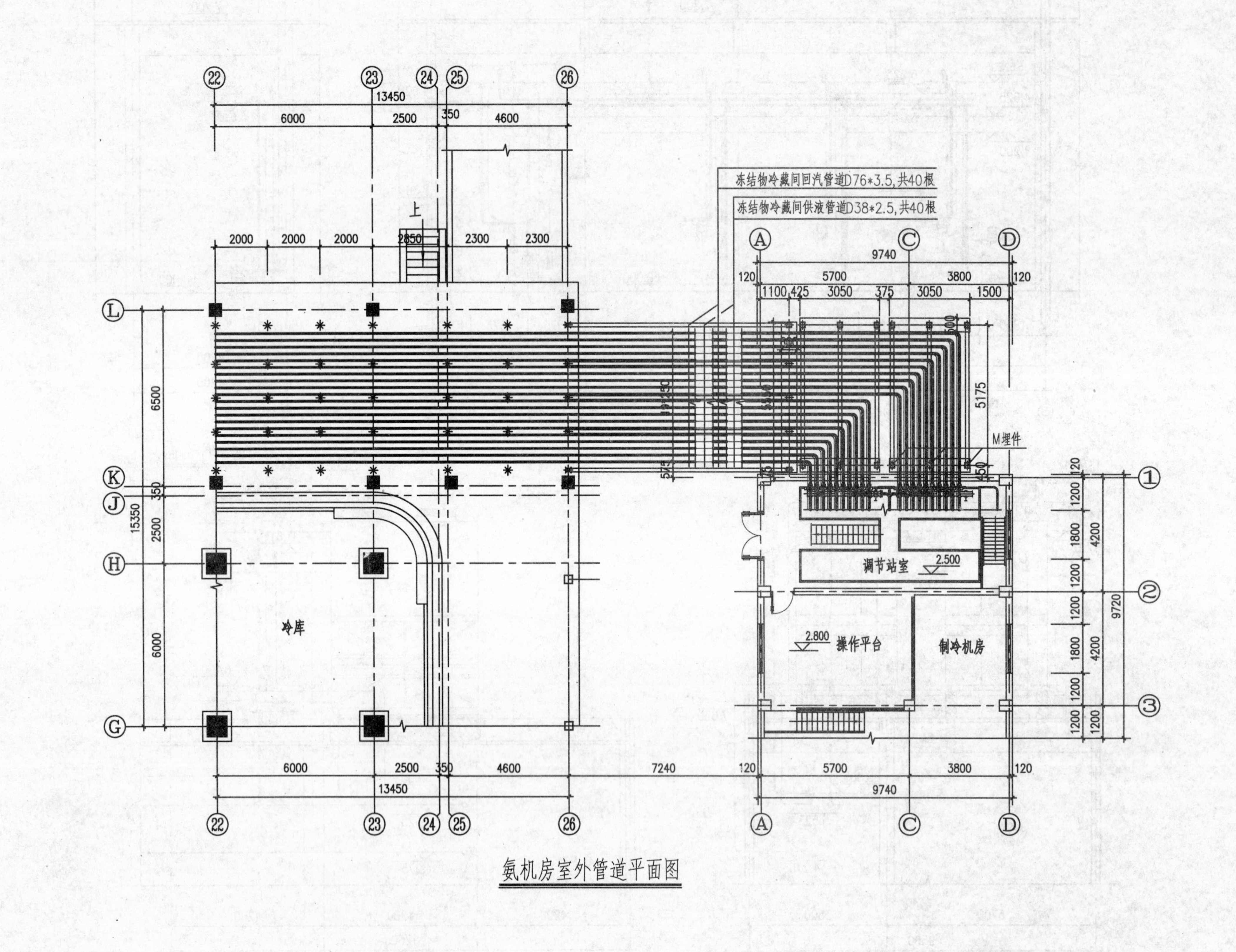

氨机房室外管道平面图

项目负责人		审定人		设计人		工程编号		工程名称	江山集团18000t低温冷库	图名	氨机房室外管道平面图	图号	JFL10
专业负责人		审核人		校核人		出图日期		项目名称	制冷机房				

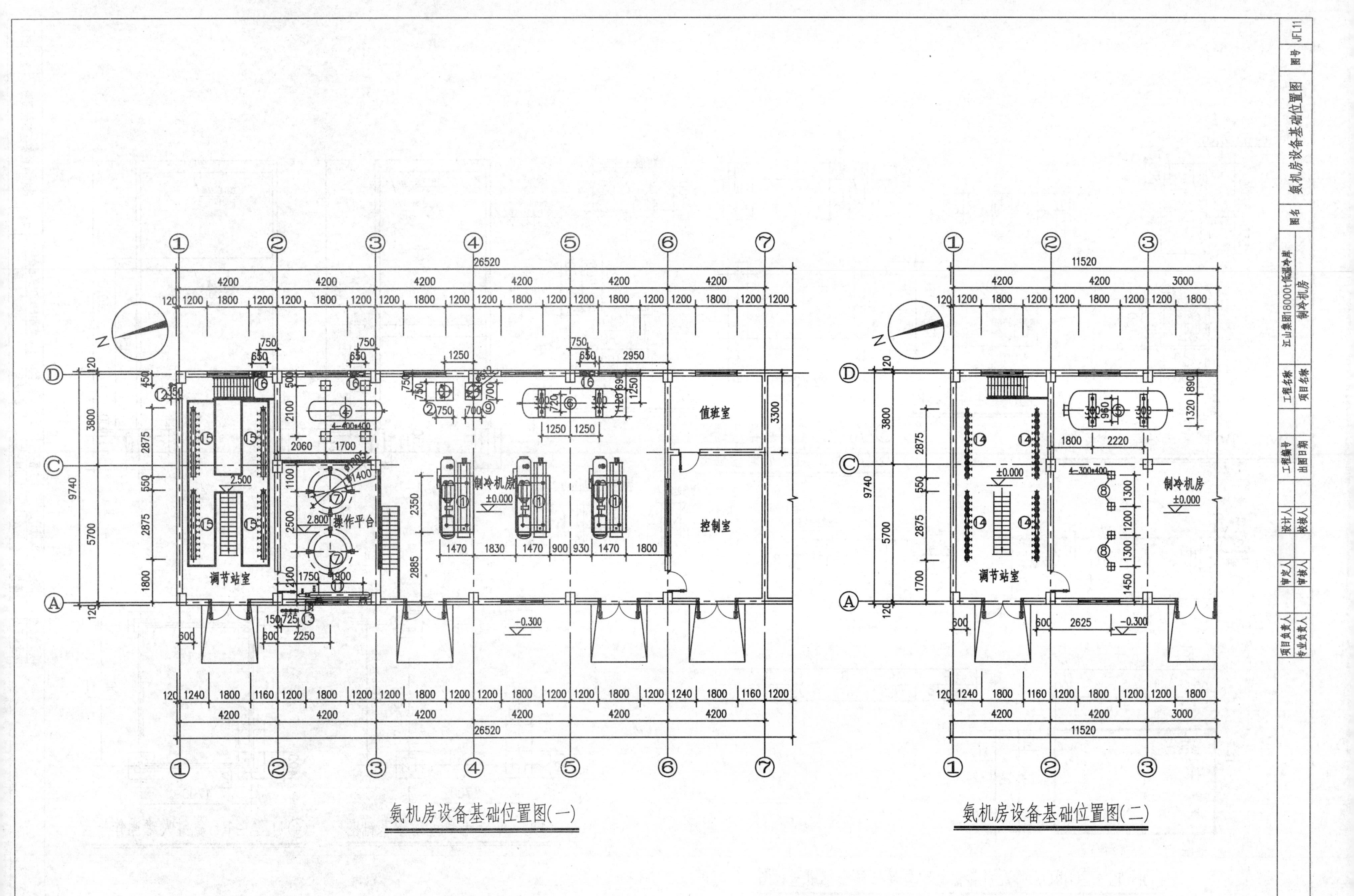

氨机房设备基础位置图(一)

氨机房设备基础位置图(二)

项目负责人	审定人	设计人	工程编号	工程名称	五山集团18000t低温冷库	图名	氨机房设备基础位置图
专业负责人	审核人	校核人	出图日期	项目名称	制冷机房	图号	JFL11

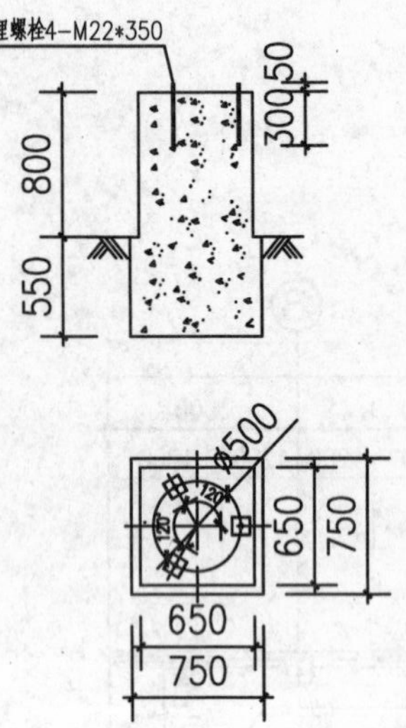

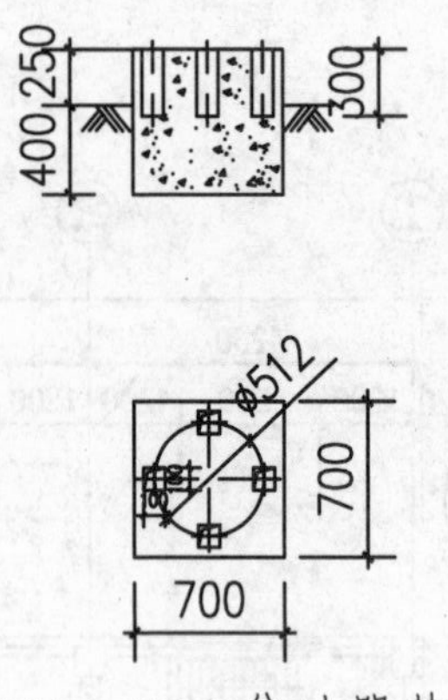

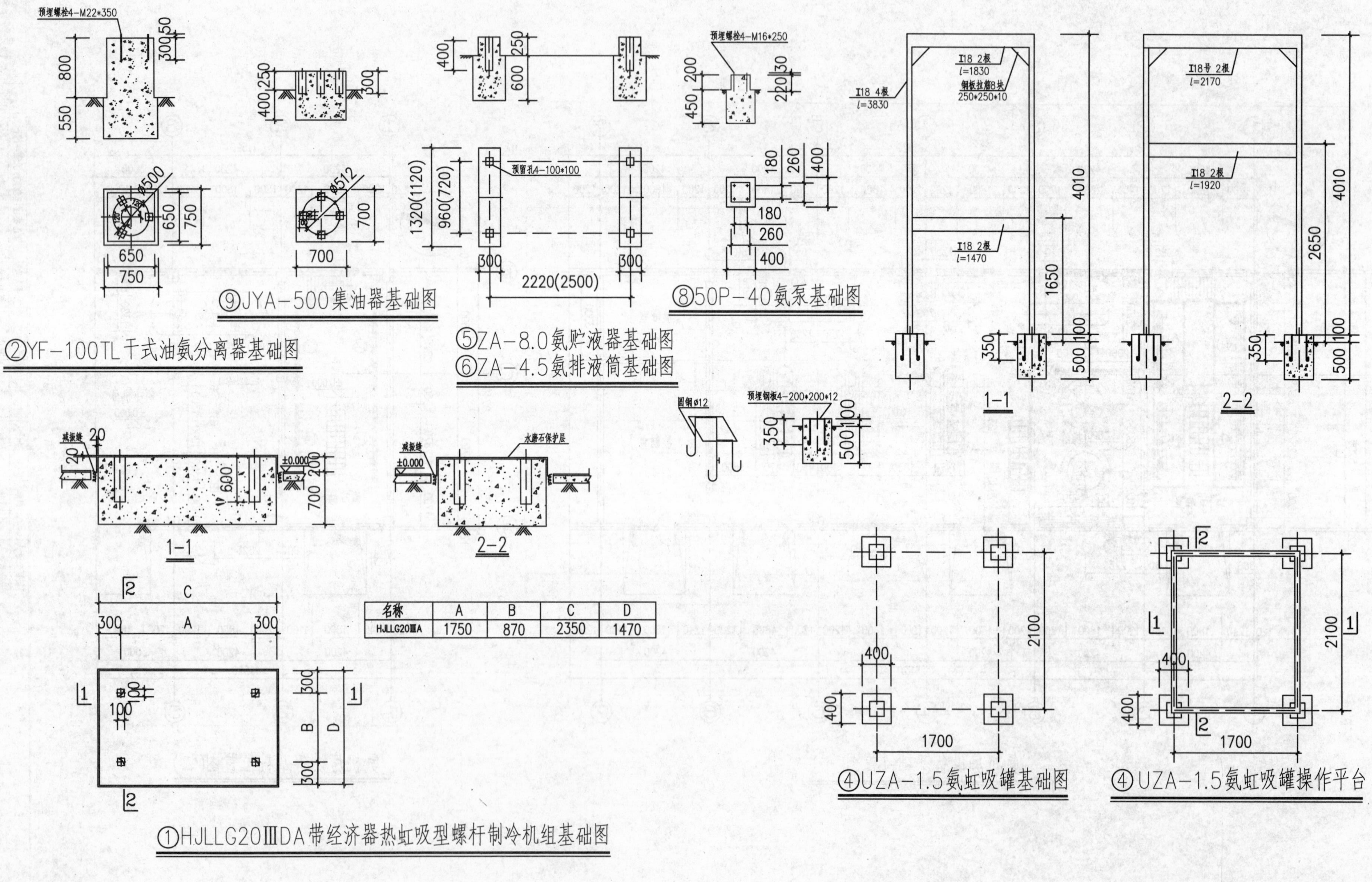

①HJLLG20ⅢDA带经济器热虹吸型螺杆制冷机组基础图

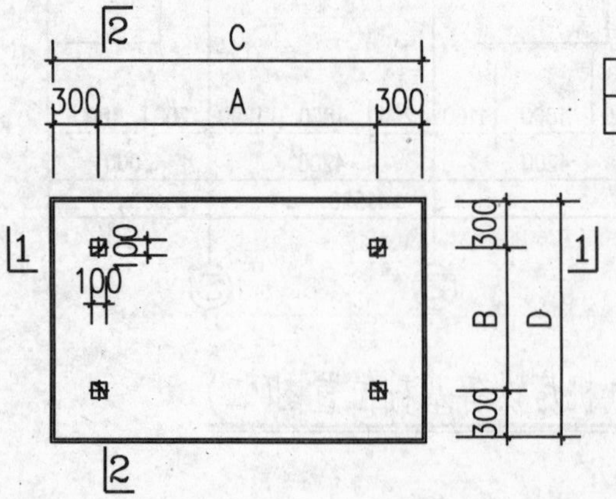

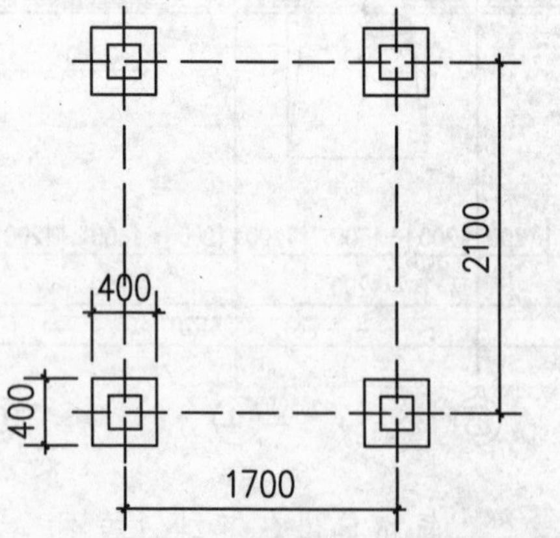

名称	A	B	C	D
HJLLG20ⅢA	1750	870	2350	1470

②YF-100TL干式油氨分离器基础图

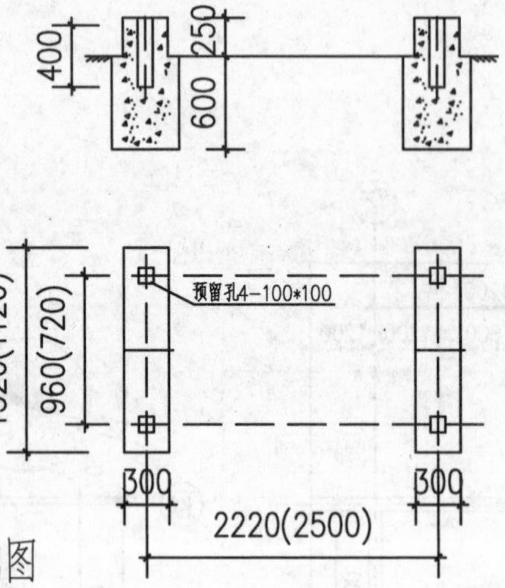

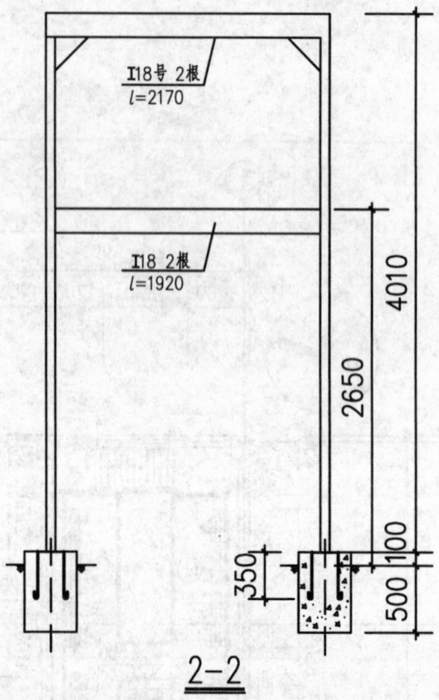

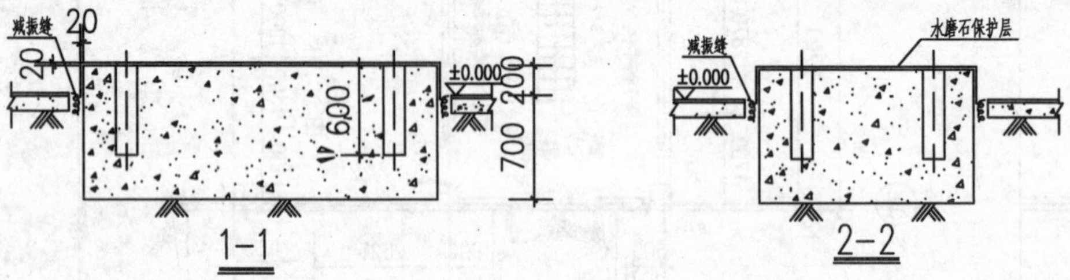

⑨JYA-500集油器基础图

⑤ZA-8.0氨贮液器基础图

⑥ZA-4.5氨排液筒基础图

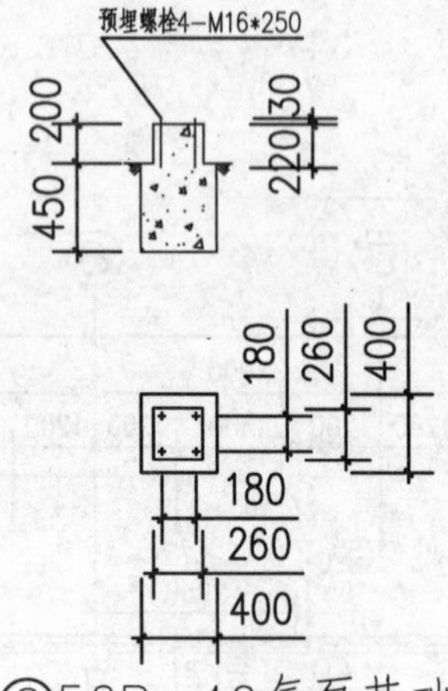

⑧50P-40氨泵基础图

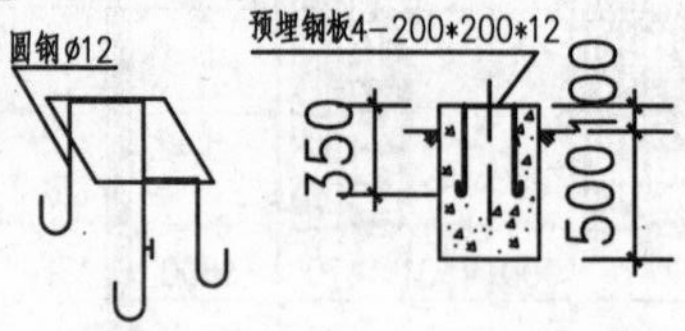

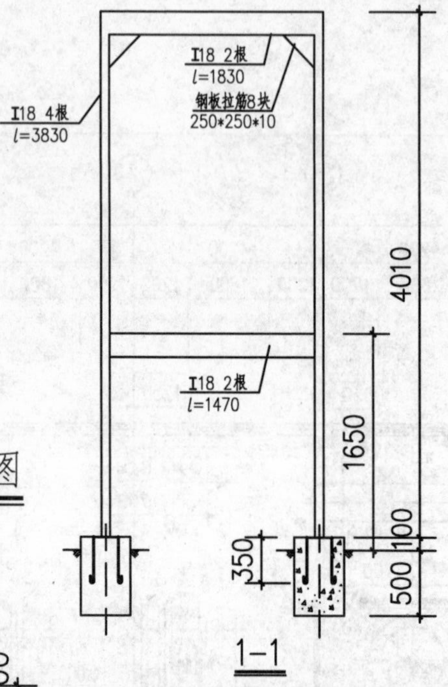

④UZA-1.5氨虹吸罐基础图

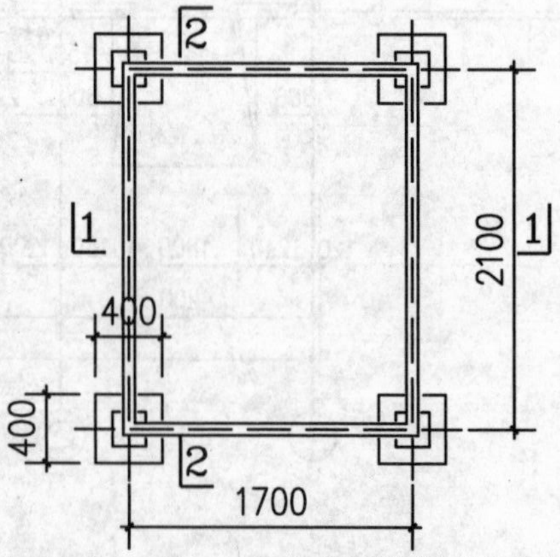

④UZA-1.5氨虹吸罐操作平台

项目负责人		审定人		设计人		工程编号		工程名称	江山集团18000t低温冷库	图名	氨机房设备基础剖面图	图号	JFL12
专业负责人		审核人		校核人		出图日期		项目名称	制冷机房				

冷间制冷工艺设计文件目录

序号	图名	图号	备注
1	图纸目录,材料表,设计说明	LJL01	A2
2	冷库制冷系统原理图	LJL02	A1
3	冷库一层制冷工艺平面图	LJL03	A1
4	冷库二层制冷工艺平面图	LJL04	A1
5	冷库三,四层制冷工艺平面图	LJL05	A1
6	冷库五层制冷工艺平面图	LJL06	A1
7	冷间剖面图(一)	LJL07	A1
8	冷间剖面图(二)	LJL08	A1
9	冷库一层及北穿堂制冷系统轴测图	LJL09	A1
10	冷库二,三层制冷系统轴测图	LJL10	A1
11	冷库四,五层制冷系统轴测图	LJL11	A1
12	U型顶排管加工图	LJL12	A2

冷间制冷工艺设备材料表

序号	设备(材料)名称	规格型号	单位	数量	备注
1	光滑U型斜式顶排管	XDG18×52-112	组	48	
2	光滑U型斜式顶排管	XDG18×44-95	组	72	
3	贯流式风幕机	DXY-175	台	28	
4	无缝钢管D76×3.5		m	5538	
	D57×3		m	596	
	D38×2.5		m	108680	
5	角钢 L70×6		m	5210	
	L50×5		m	2970	
6	槽钢 E100×48		m	815	
7	液氨		t	31.15	

说明:以上计算数量仅供参考。

冷间制冷工艺说明

一、设计范围

冷间制冷工艺设计

二、设计参数

室外计算温度32°C

室外计算相对湿度75%

冷凝温度37°C

蒸发温度-28°C

冷间温度(-18±1)°C

三、制冷系统

1.本工程以液氨为制冷工质,采用带经济器的螺杆单级压缩制冷系统,由液泵把液氨从制冷机房输送到冷库系统。

2.冷间冷却设备均为双层斜式顶排管,融霜采用热氨及手动除霜相结合方式进行。

四.温度控制

冷间温度遥测,在制冷机房显示及打印。

五.其他说明

1.土建施工时制冷工艺人员要密切注意制冷排管及管道预埋吊点位置,若发现不符时及时纠正。

2.管道包扎保温层的范围见<<氨制冷系统安装工程施工及验收规范>>,保温材料为聚氨酯泡沫现场发泡,外包铝合金保护壳,铝合金板厚度为0.5mm,聚氨酯泡沫塑料的导热系数不得大于0.030W/(m·K)。

3.管道穿冷库和机房外墙时,保温层需贯穿不能中断,保温管道与洞孔之间的空隙用沥青碎软木填实。

4.保温管道与支架之间必须垫上硬木垫。

5.管道保护层铝合金保护壳外标注表示工质流向的箭头。

6.管道保温层厚度见下表:

管径(mm)	18~32	38~76	89~159	219~325
厚度(mm)	60	70	80	100

项目负责人	审定人	设计人	工程编号	工程名称	江山集团18000t低温冷库	图名	图纸目录,材料表,设计说明	图号	LJL01
专业负责人	审核人	校核人	出图日期	项目名称	冷库				

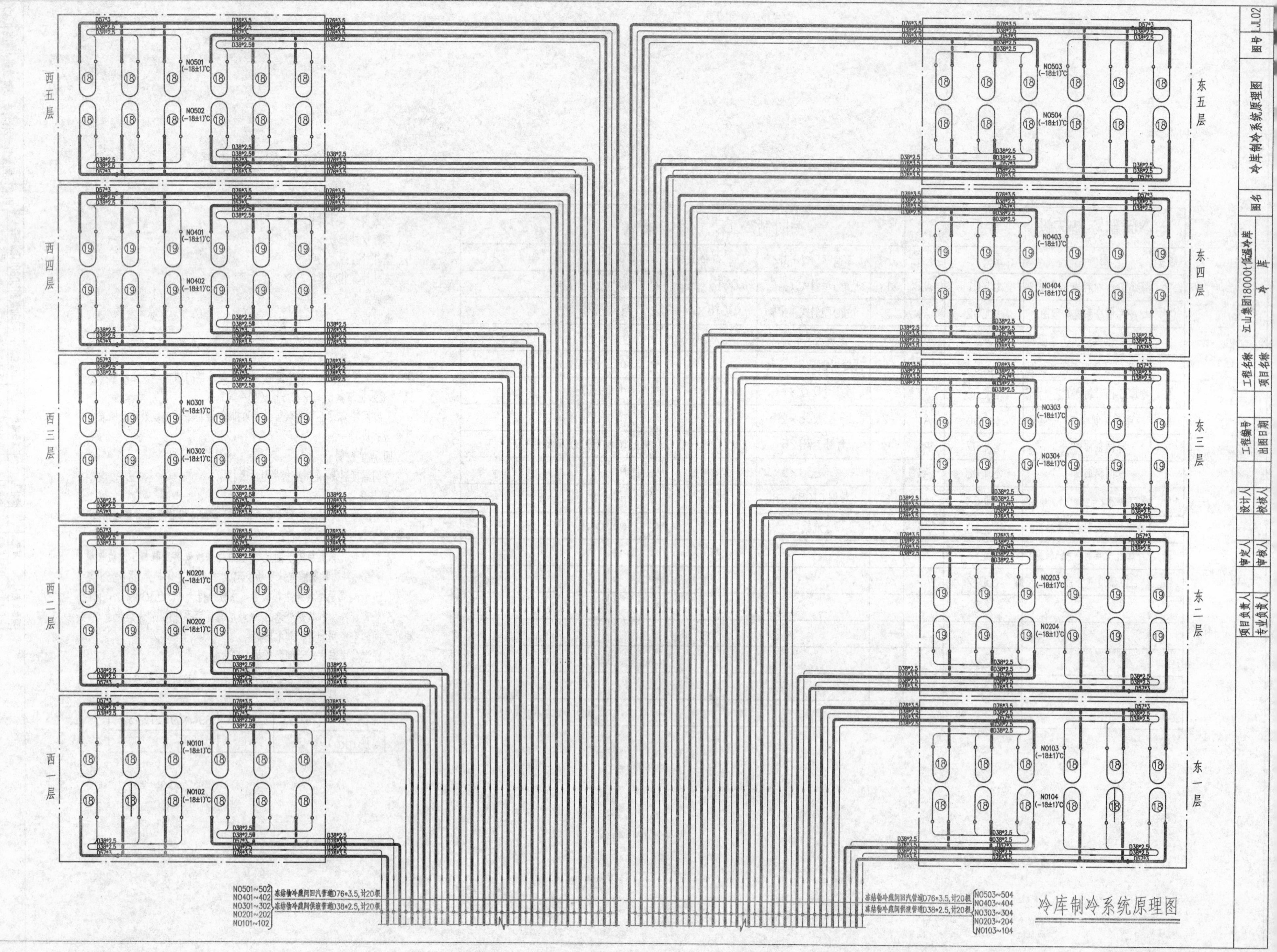
西五层
西四层
西三层
西二层
西一层
东五层
东四层
东三层
东二层
东一层
N0501 (−18±1)℃
N0502 (−18±1)℃
N0401 (−18±1)℃
N0402 (−18±1)℃
N0301 (−18±1)℃
N0302 (−18±1)℃
N0201 (−18±1)℃
N0202 (−18±1)℃
N0101 (−18±1)℃
N0102 (−18±1)℃
N0503 (−18±1)℃
N0504 (−18±1)℃
N0403 (−18±1)℃
N0404 (−18±1)℃
N0303 (−18±1)℃
N0304 (−18±1)℃
N0203 (−18±1)℃
N0204 (−18±1)℃
N0103 (−18±1)℃
N0104 (−18±1)℃
N0501~502
N0401~402
N0301~302
N0201~202
N0101~102
冻结物冷藏间回汽管道D76*3.5，计20根
冻结物冷藏间供液管道D38*2.5，计20根
N0503~504
N0403~404
N0303~304
N0203~204
N0103~104
冷库制冷系统原理图
项目负责人
专业负责人
审定人
审核人
设计人
校核人
工程编号
出图日期
工程名称
江山集团18000t低温冷库
项目名称
冷　库
图名
冷库制冷系统原理图
图号
LJL02

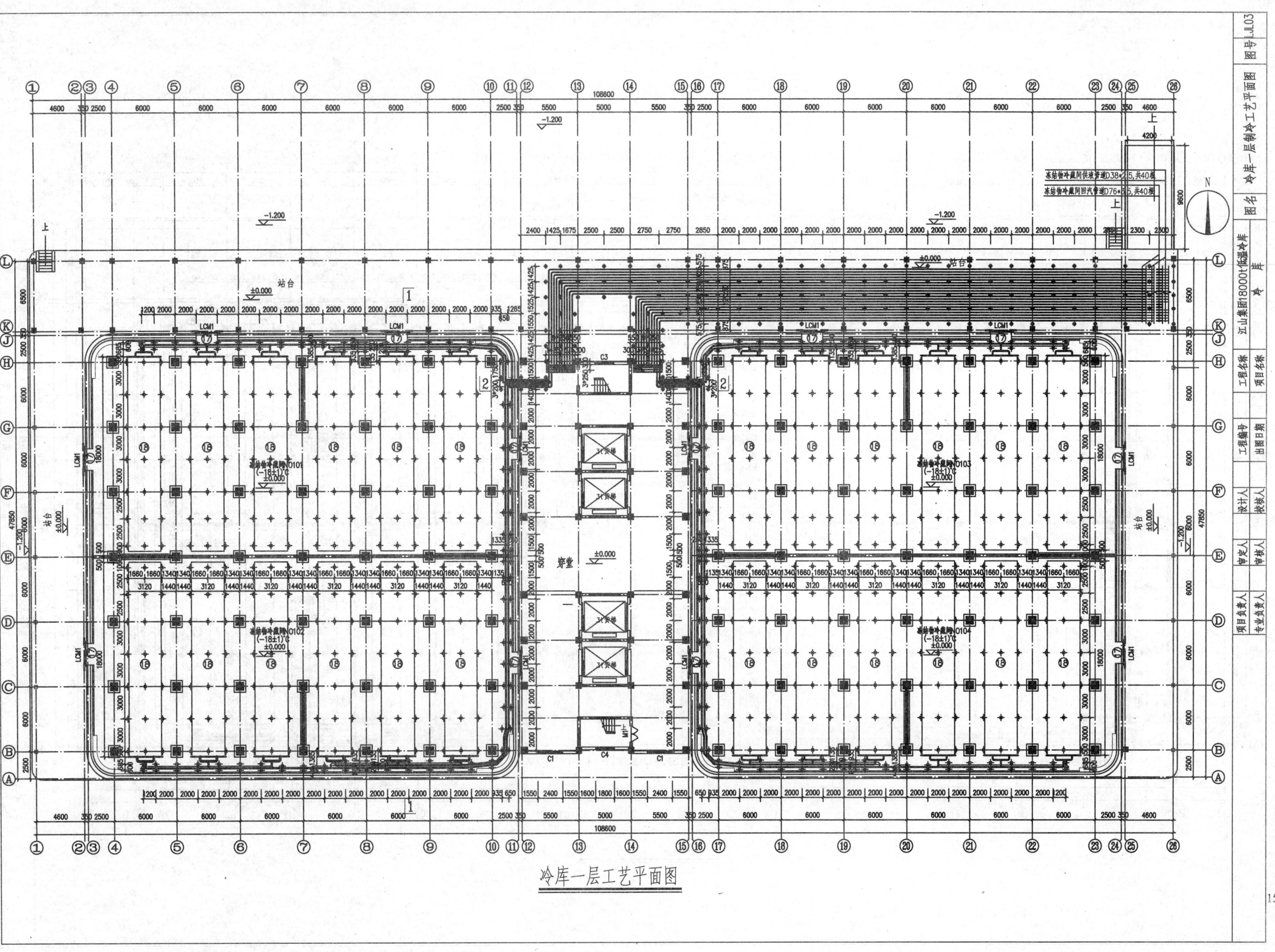

图号 LJL03
图名 冷库一层制冷工艺平面图
江山集团18000t低温冷库
冷库
工程名称
项目名称
工程编号
出图日期
设计人
校核人
审定人
审核人
项目负责人
专业负责人
冻结物冷藏间供液管道D38×2.5,共40根
冻结物冷藏间回汽管道D76×3.5,共40根
冻结物冷藏间0101 (−18±1)℃ ±0.000
冻结物冷藏间0102 (−18±1)℃ ±0.000
冻结物冷藏间0103 (−18±1)℃ ±0.000
冻结物冷藏间0104 (−18±1)℃ ±0.000
站台
穿堂
108600
47850

冷库一层工艺平面图

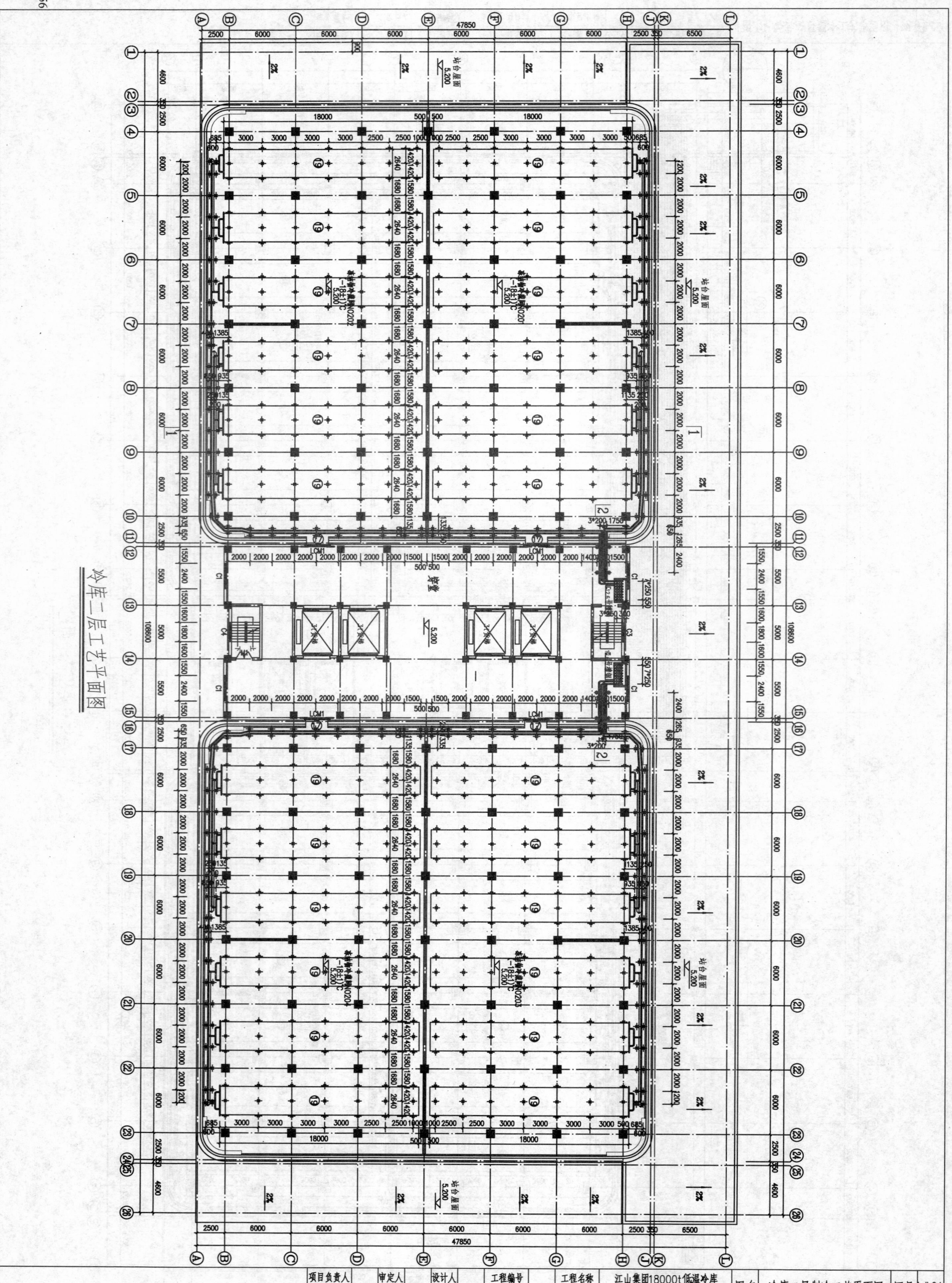

冷库二层工艺平面图

项目负责人		审定人		设计人		工程编号		工程名称	江山集团18000t低温冷库	图名	冷库二层制冷工艺平面图	图号	LJL04
专业负责人		审核人		校核人		出图日期		项目名称	冷 库				

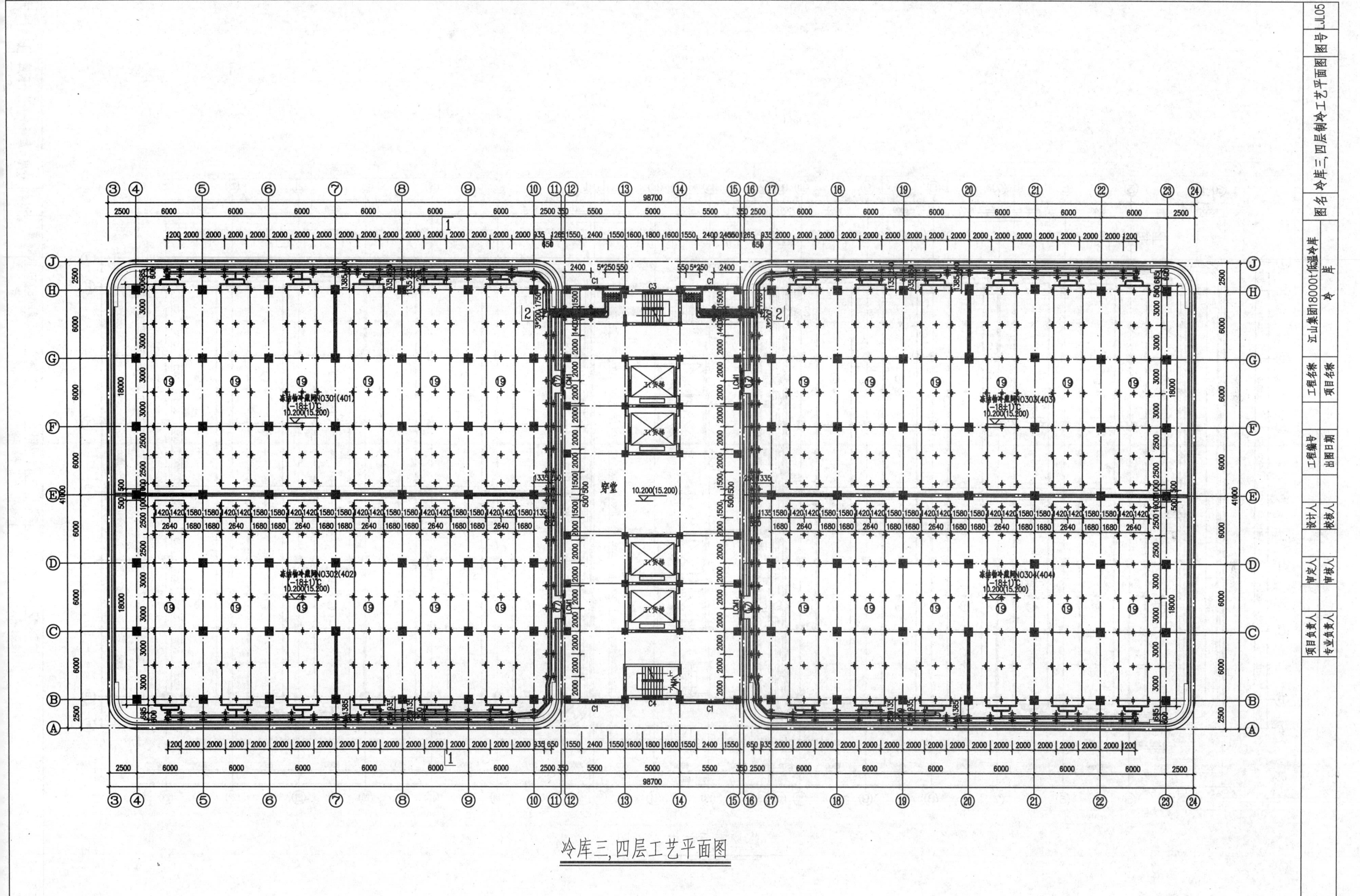

图名 冷库三,四层制冷工艺平面图
图号 LJL05
工程名称 江山集团18000t低温冷库
项目名称 冷库
工程编号
出图日期
设计人
校核人
审定人
审核人
项目负责人
专业负责人
冻结物冷藏间N0301(401)
冻结物冷藏间N0302(402)
冻结物冷藏间N0303(403)
冻结物冷藏间N0304(404)
(−18±1)℃
10.200(15.200)
穿堂
98700
41000
18000

冷库三,四层工艺平面图

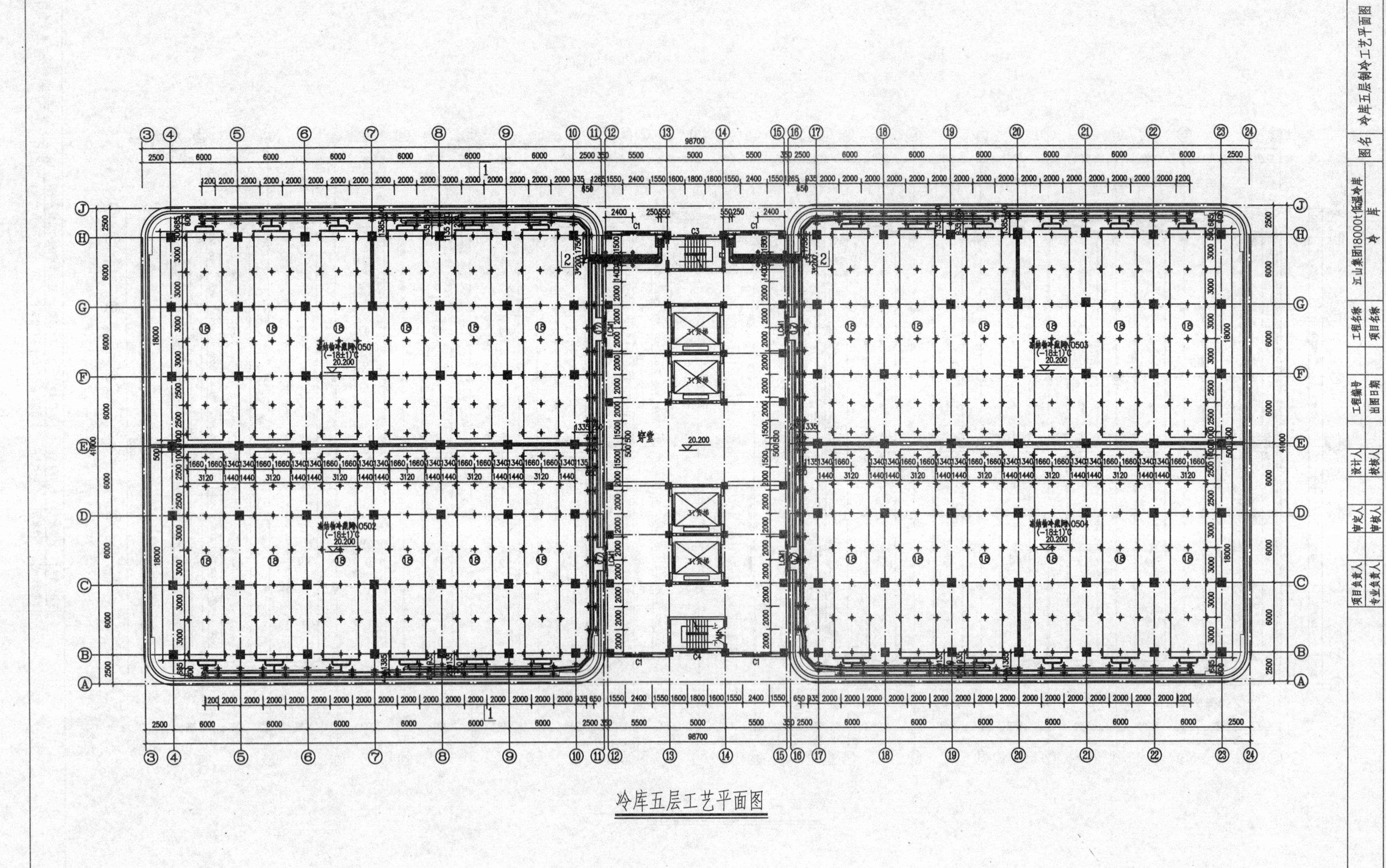

冷库五层工艺平面图
冻结物冷藏间0501
冻结物冷藏间0502
冻结物冷藏间0503
冻结物冷藏间0504
(-18±1)°C
20.200
穿堂
98700
41000
项目负责人
专业负责人
审定人
审核人
设计人
校核人
工程编号
出图日期
工程名称
项目名称
江山集团18000t低温冷库
冷库
图名
冷库五层制冷工艺平面图
图号
LJL06

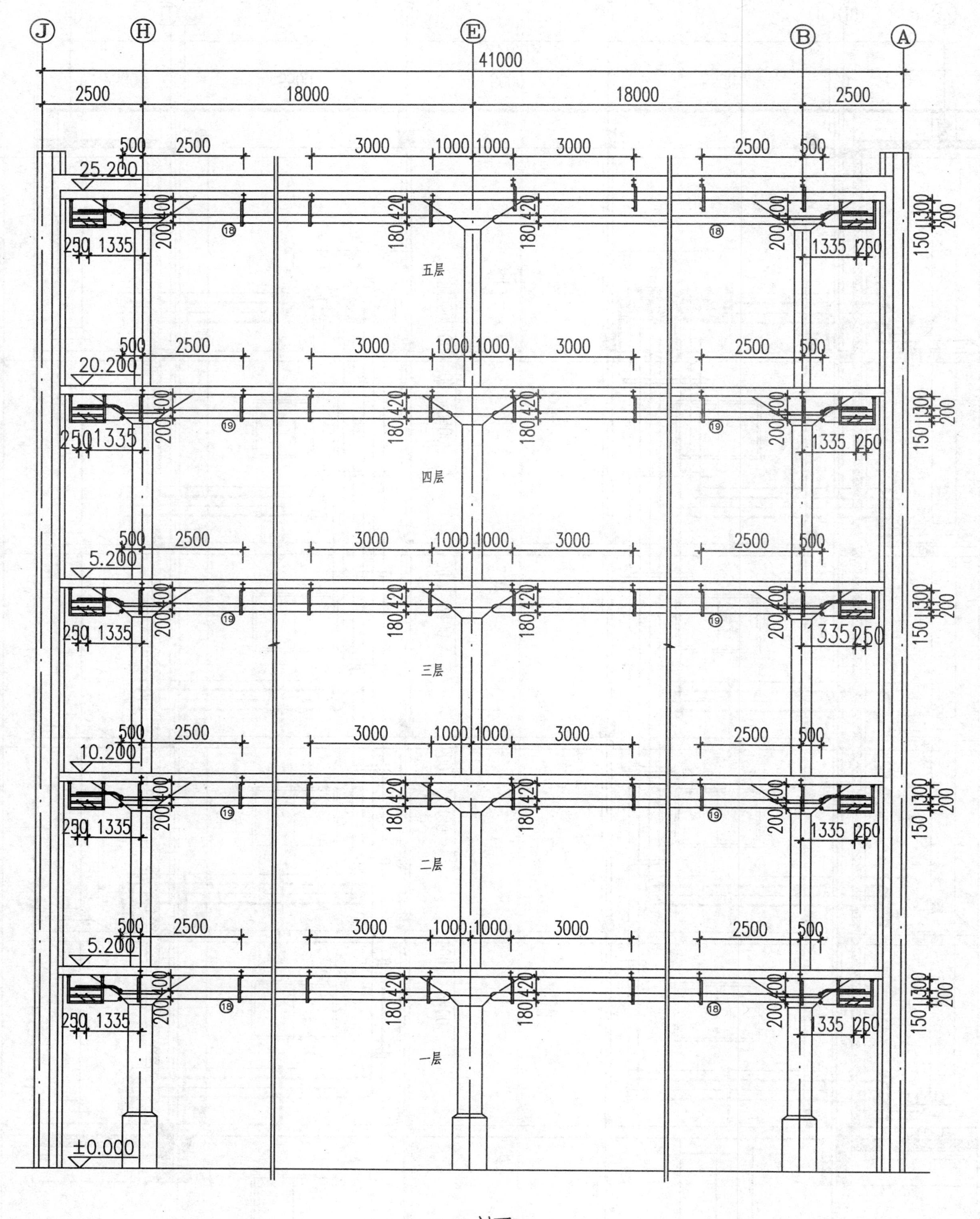

1-1剖面

项目负责人	审定人	设计人	工程编号	工程名称	江山集团18000t低温冷库	图名	冷间剖面图(一)	图号	LJL07
专业负责人	审核人	校核人	出图日期	项目名称	冷　库				

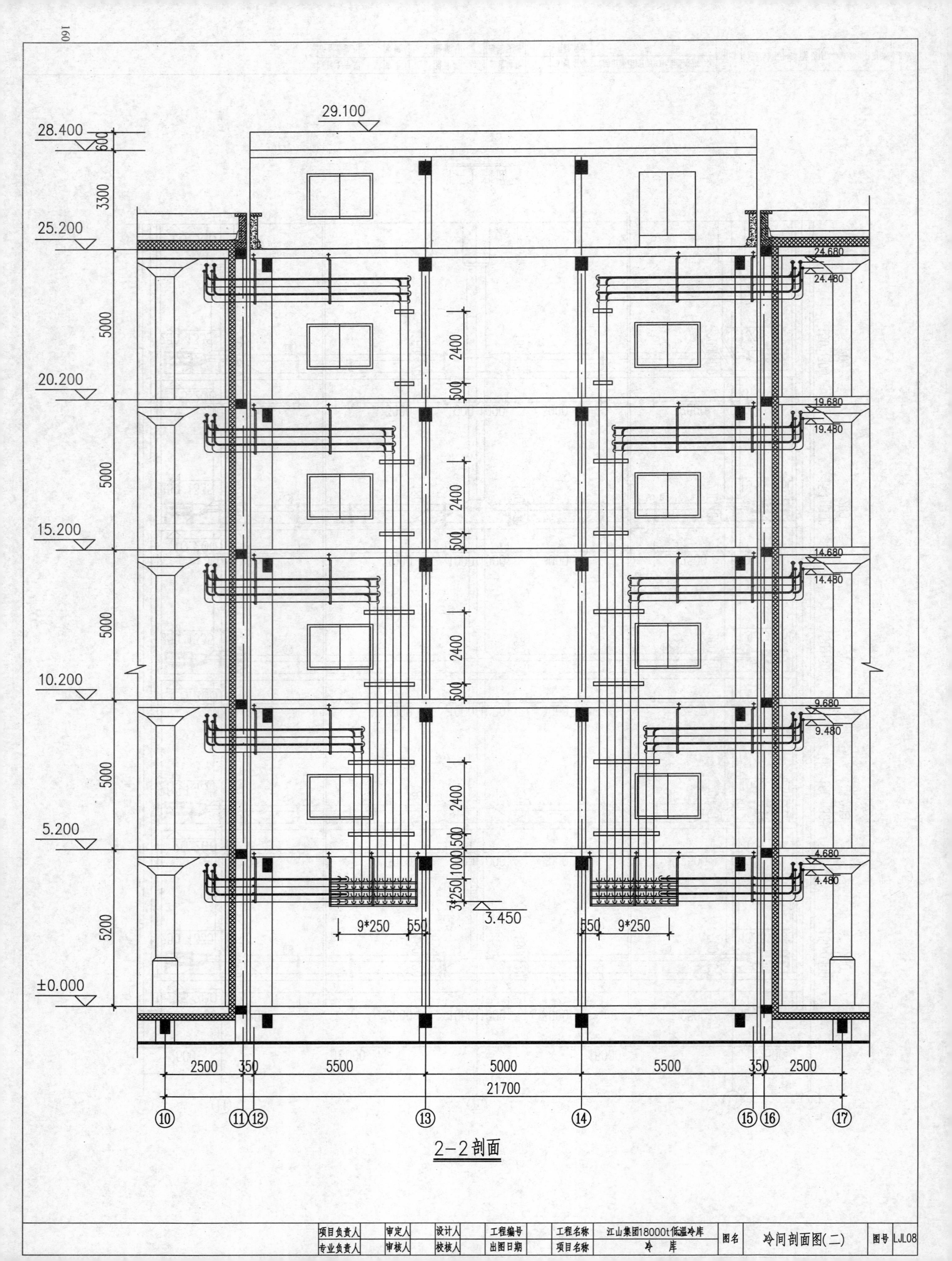
29.100
28.400
600
3300
25.200
24.680
24.480
5000
2400
500
20.200
19.680
19.480
15.200
14.680
14.480
10.200
9.680
9.480
5.200
4.680
4.480
1000
3*250
3.450
9*250
550
5200
±0.000
2500
350
5500
5000
21700
10
11
12
13
14
15
16
17
2-2剖面
项目负责人
审定人
设计人
工程编号
工程名称
江山集团18000t低温冷库
图名
冷间剖面图(二)
图号
LJL08
专业负责人
审核人
校核人
出图日期
项目名称
冷　库

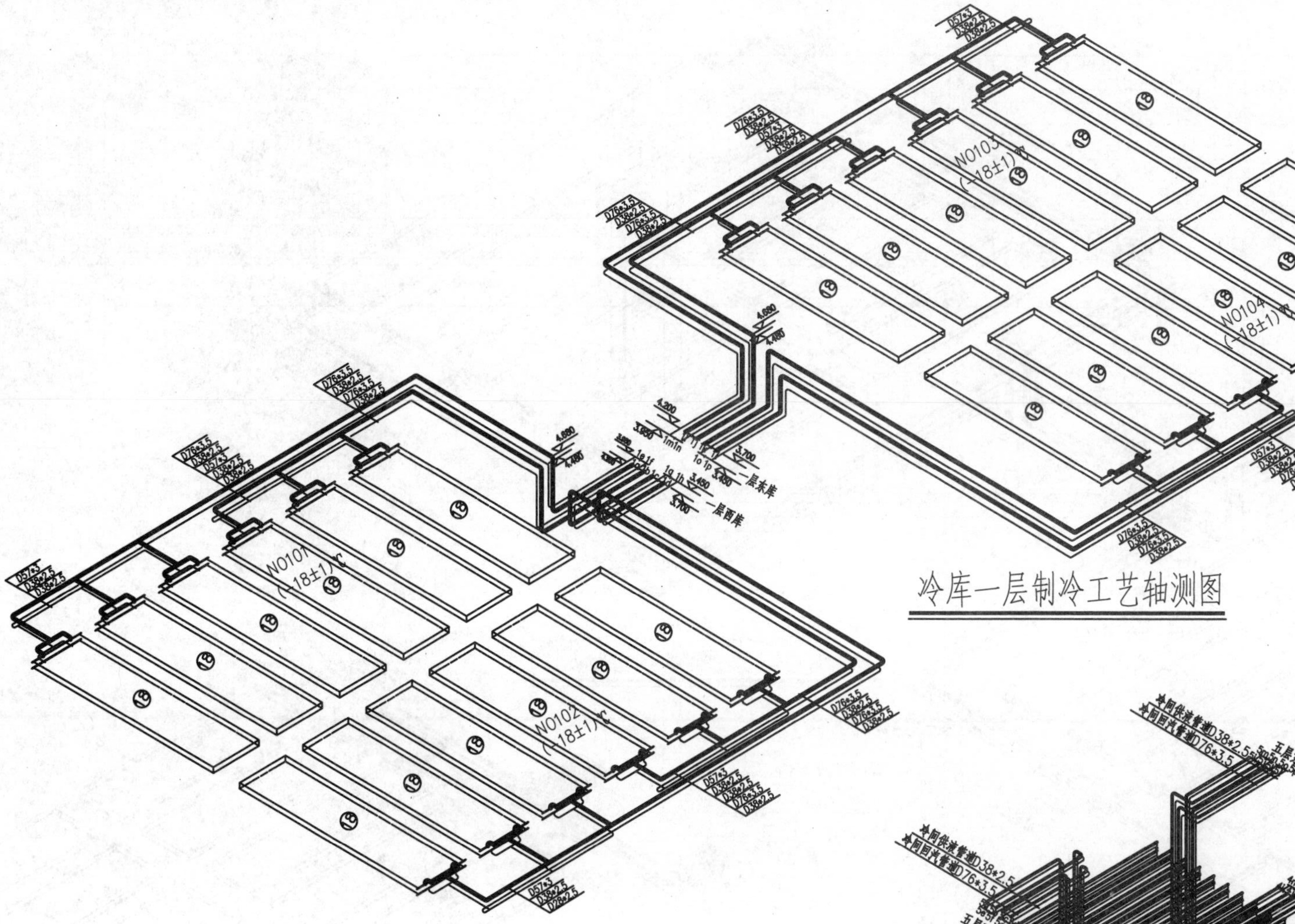

N0101
(-18±1)℃
N0102
(-18±1)℃
N0103
(-18±1)℃
N0104
(-18±1)℃
一层供库
一层回库

冷库一层制冷工艺轴测图

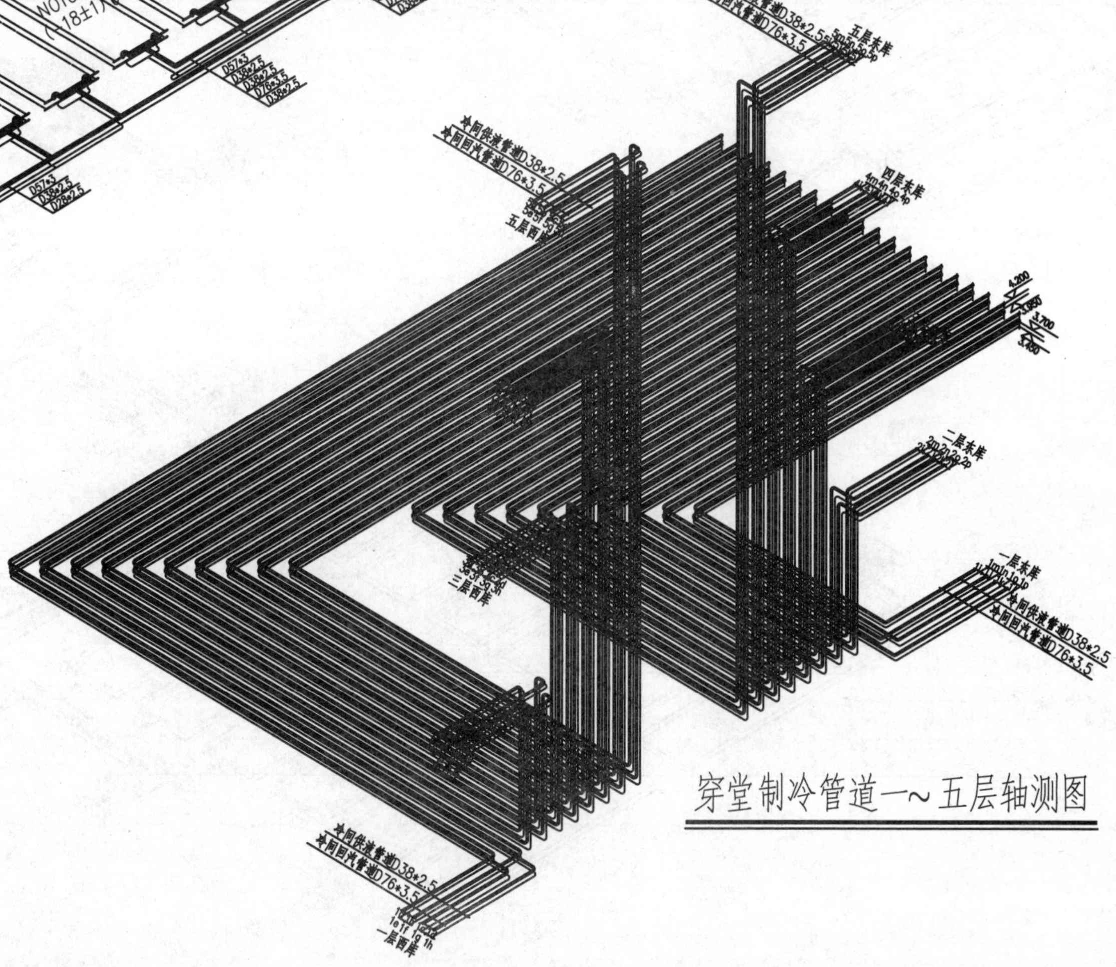

冷间供液管道D38*2.5
冷间回气管道D76*3.5
五层供库
四层供库
二层供库
一层供库
一层回库

穿堂制冷管道一~五层轴测图

项目负责人	审定人	设计人	工程编号	工程名称	江山集团18000t低温冷库	图名	冷库一层及北穿堂制冷系统轴测图
专业负责人	审核人	校核人	出图日期	项目名称	冷　库	图号	LJL09

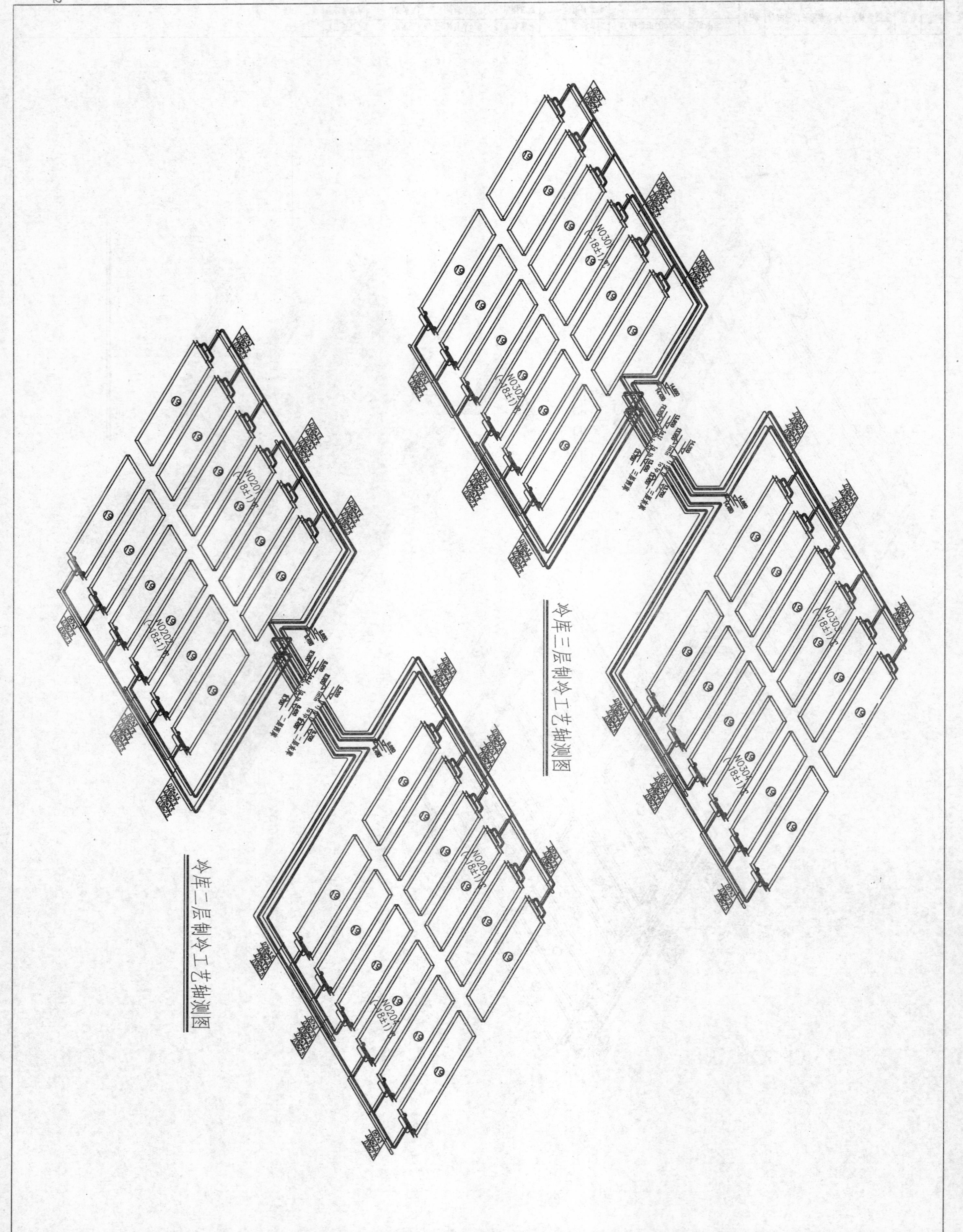
冷库二层制冷工艺轴测图
N0201 (-18±1)℃
N0202 (-18±1)℃
N0203 (-18±1)℃
N0204 (-18±1)℃
冷库三层制冷工艺轴测图
N0301 (-18±1)℃
N0302 (-18±1)℃
N0303 (-18±1)℃
N0304 (-18±1)℃
项目负责人
审定人
设计人
工程编号
工程名称
江山集团18000t低温冷库
图名
冷库二～三层制冷系统轴测图
图号
LJL10
专业负责人
审核人
校核人
出图日期
项目名称
冷　库

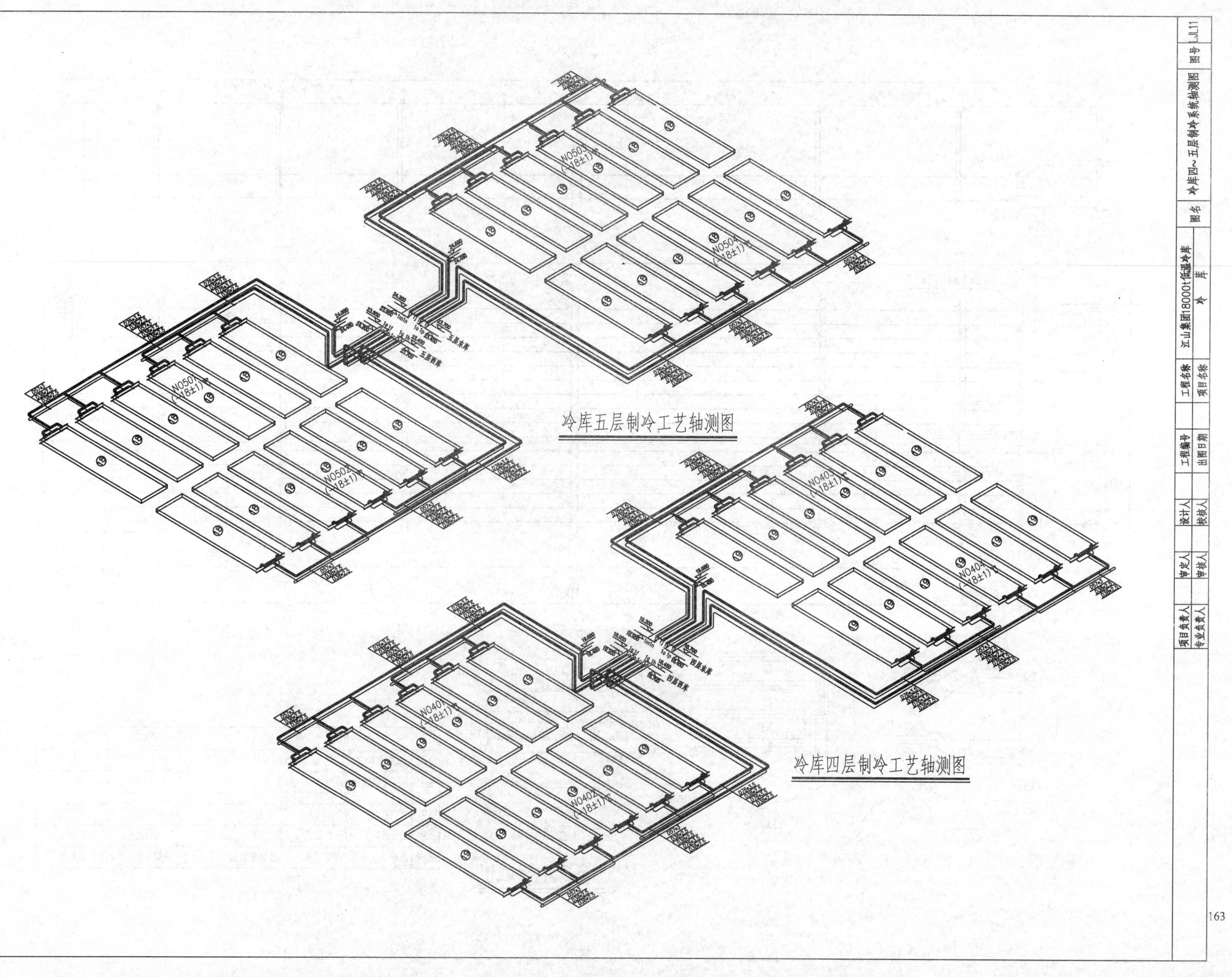
W0503
(-18±1)℃
W0504
(-18±1)℃
W0501
(-18±1)℃
W0502
(-18±1)℃
五层水库
五层回库
冷库五层制冷工艺轴测图
W0403
(-18±1)℃
W0404
(-18±1)℃
W0401
(-18±1)℃
W0402
(-18±1)℃
四层水库
四层回库
冷库四层制冷工艺轴测图
项目负责人
专业负责人
审定人
审核人
设计人
校核人
工程编号
出图日期
工程名称
江山集团18000t低温冷库
项目名称
冷库
图名
冷库四~五层制冷系统轴测图
图号
LJL11

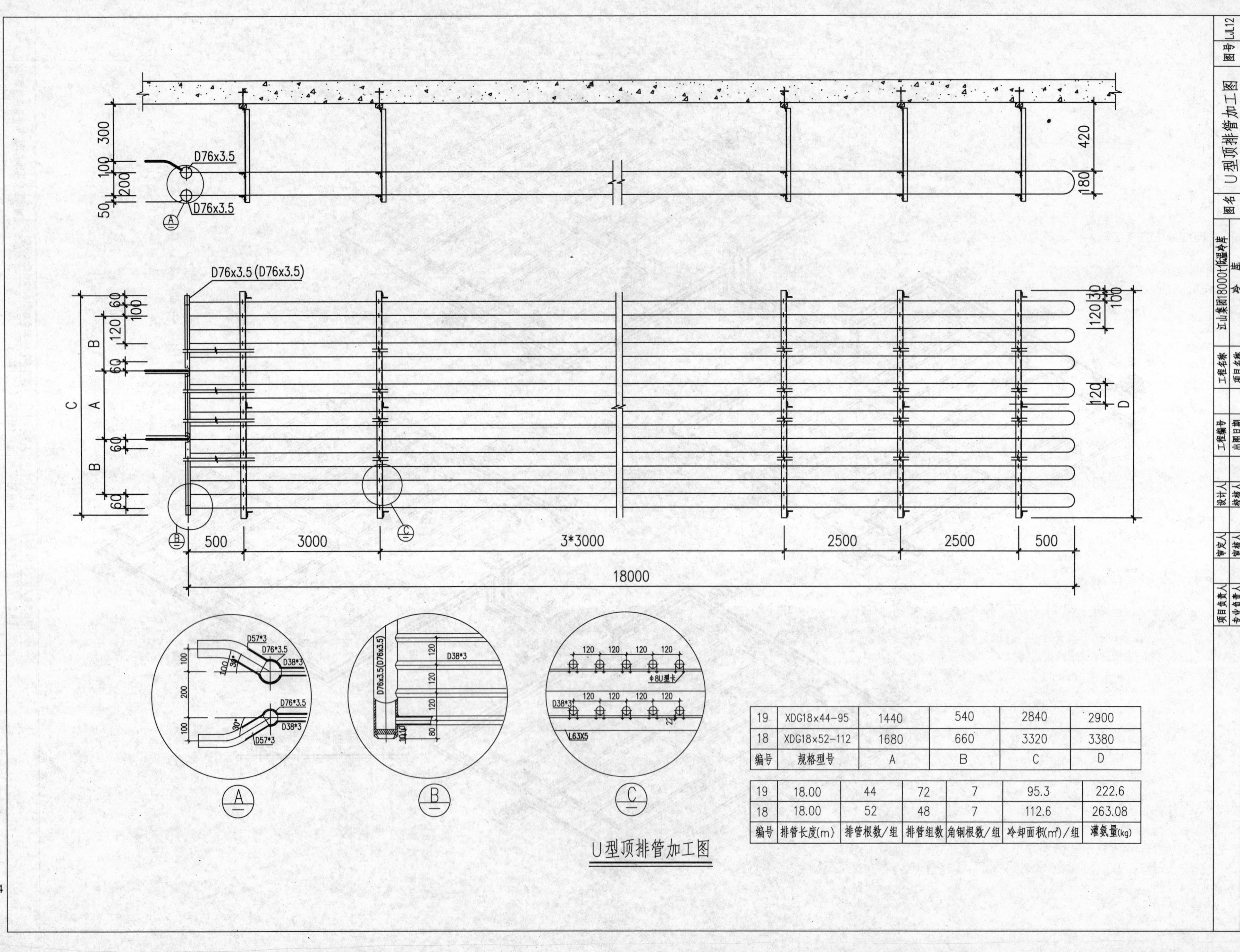

编号	规格型号	A	B	C	D
19	XDG18×44-95	1440	540	2840	2900
18	XDG18×52-112	1680	660	3320	3380

编号	排管长度(m)	排管根数/组	排管组数	角钢根数/组	冷却面积(m²)/组	灌氨量(kg)
19	18.00	44	72	7	95.3	222.6
18	18.00	52	48	7	112.6	263.08

U型顶排管加工图

项目负责人	审定人	设计人	工程编号	工程名称	江山集团18000t低温冷库	图名	U型顶排管加工图	图号	LJL12
专业负责人	审核人	校核人	出图日期	项目名称	冷 库				

实例9　金鼎集团25000t低温/3000t高温冷库制冷系统设计

制冷系统设计说明

一、设计依据

1.本设计依据<<冷库设计规范>>(GB50072-2001)及建设单位的具体要求进行设计,室外计算参数参照郑州地区气象资料。

2.设计参数

夏季室外计算温度31°C

夏季通风计算温度32°C

夏季室外平均湿球计算温度27.9°C

夏季室外计算相对湿度75%

夏季通风计算相对湿度44%

冷凝温度t_k=37°C

蒸发温度　冷却物冷藏间t_o=0°C

　　　　　冻结物冷藏间t_o=-28°C

冷却物冷藏间冷间温度(0±1)°C,冻结物冷藏间冷间温度(-18±1)°C。

3.生产指标:冷却物冷藏间冷藏能力3000t,冻结物冷藏间冷藏能力约25000t。

二、冷间概况

该冷库为高低温冷库,冷库总建筑面积约为23148m²,其中地下一层为冷却物冷藏间,共计4个高温冷间,主要储藏水果蔬菜,采用吊顶式冷风机对其降温;地上为冻结物冷藏间,共计20个低温冷间,主要储藏肉类低温食品(如猪牛羊肉类、家禽及其鱼类海鲜产品),冷间配置顶排管作为蒸发器,满足冷量要求。其特点是干耗小、降温快。

为保证冷库正常降温,要求高温冷间每间每日进货量不得大于该间冷藏吨位的8%,即高温冷间每日的总进货量不得大于240t;低温冷间每间每日进货量不得大于该间冷藏吨位的5%,即低温冷间每日的总进货量不得大于1250t。

三、氨压缩机及辅助设备的选用

本工程制冷系统采用氨(R717)作为制冷工质。压缩机均选用采用带高效卧式油分离器的螺杆式氨制冷压缩机组,油冷却器为液氨油冷却,冷凝器采用蒸发式冷凝器。制冷系统分为两个蒸发温度系统,高温冷间为蒸发温度-10℃系统,低温冷间为蒸发温度-28℃系统。

1.压缩机的选用:-28°C蒸发温度制冷系统选用带经济器的螺杆制冷压缩机HJLLG20ⅢA四台,每台制冷机在37/-28°C条件下,产冷量为300kW,4台计1200kW,能够满足低温系统的要求;-10°C蒸发温度制冷系统选用带经济器的螺杆制冷压缩机HJLLG20ⅢA一台(便于和低温制冷机组调配),该制冷机组在37/-10°C条件下,产冷量为700kW,满足高温系统的要求。

2.主要辅助设备的选用

-28°C蒸发温度制冷系统选用2台DX-8型低压循环贮液筒,每台低压循环贮液筒配置3台CAM2/6屏蔽氨泵(2用1备);-10°C蒸发温度制冷系统选用1台DX-8型低压循环贮液筒,每台低压循环贮液筒配置3台CAM2/4屏蔽氨泵(2用1备);选用1台YF-800T干式油氨分离器,主要用于除霜热氨的分油;1台氨虹吸罐HZAP10;2台TZFL-2000型蒸发式冷凝器;2台ZA-8.0高压贮液器;1台ZA-5排液桶等辅助设备。

四、制冷系统简介

1.-28°C制冷系统采用带经济器液氨冷却的螺杆制冷机组进行蒸汽压缩制冷循环;为便于调配,-10°C制冷系统选用带经济器液氨冷却的螺杆制冷机组进行蒸汽压缩制冷循环,在高温冷间降温时可关闭经济器的供液阀,作为单级压缩系统使用。

2.供液方式:高低温制冷系统均采用氨泵强制供液。-10℃高温系统利用从高压贮液器出来的高压液体通过低压循环贮液筒上的电磁主阀、节流阀,变为低压液体进入低压循环贮液筒内;-28℃低温系统利用从高压贮液器出来的高压液体经经济器过冷后通过低压循环贮液筒上的电磁主阀、节流阀,变为低压液体进入低压循环贮液筒内,然后均由氨泵直接送到液体分配站,分配到各个冷间内的蒸发器制冷,蒸发后的低温气体经气体分配站返回低压循环贮液筒内进行汽液分离,分离后的低压气体被压缩机吸入,经制冷机压缩变为高温高压气体,进入蒸发式冷凝器冷凝,冷凝后的高压液体进入高压贮液器储存使用。

3.除霜方法:冷却物冷藏间(高温冷库)均采用吊顶冷风机降温,在霜层较厚时采用热氨和水相结合的除霜方法;冻结物冷藏间(低温冷库)的所有冷间均采用蒸发式顶排管制冷降温,在霜层较厚时,采用热氨和人工相结合的除霜方法,除霜后的液体均返回排液桶内静置排油,然后经加压再进入低压循环贮液筒。

五、自动控制及安全保护

1.为减轻查库压力,本设计采用库温巡回检测,冷间温度的变化可在制冷机房直接观察,为校对温度的准确性,仍需在冷间设置玻璃水银温度计。

2.氨压缩机安全保护:有高低压保护、断水保护、油压保护等。

3.氨泵回路自动控制程序和保护装置:

(1)液位控制:每台低压循环贮液筒设置二套UQK-40浮球液位控制器,其中一套控制ZCL-50YB电磁主阀的启闭,使低压循环贮液筒保持35%的正常液位(液位降至35%-30mm时电磁主阀开启供液,液位升至35%+30mm时电磁主阀关闭停止供液);另一套起安全保护作用,当低压循环贮液筒液位升至70%时就发出报警信号,并报警停止氨泵工作,操作人员应及时处理,当冷间温度达到要求时人工指令停泵。

(2)氨泵的安全保护:RT260A差压控制器是防止氨泵空转遭受破坏,保护氨泵在上述情况下运转,差压控制器调至0~50kPa,时间继电器调至8~10s,在此时间内达不到调定压力,则证明氨泵没有上液自动停泵(铃响和灯显示),人工排除故障后再重新启动氨泵;ZZRN-50逆止阀的作用是防止液体倒流而使氨泵倒转;ZZRP-32自动旁通阀(此阀压力调至30kPa),当氨泵出口液体过剩,压头过高,氨泵上液压力超过30kPa时,将液体经自动旁通阀旁通至低压循环贮液筒,以保护冷间正常降温。

4.元件的调试与安装:

(1)UQK40型浮球液位控制器:安装时以起始液面为准(起始液面标在阀体外壳下部,画有"A_"为氨液起始面),并在正侧两个方向的垂直吊线,下部液体平衡管应倾斜15°以上,以免油污堵塞。阀体内部充注低温氨液,阀体外部一般不包隔热层,切忌将其上盖密封橡皮放正压紧,以免水汽抽吸进入汽包室内,使阀失灵。继电器不能接错,要求达到向上浮上液位动作,向下浮下液位动作,接错液位计线路将造成严重事故。连接报警液位计的接头应接在上液位的位置,即电气盒内接线头"o"处,接错,浮球上升将不能发出报警信息,造成严重事故。

(2)ZCL-32型电磁主阀:安装及拆卸时应仔细阅读使用说明书,弄清其工作压力及零部件相应位置。安装前若发现肮脏或生锈必须拆卸清理;因主阀的关闭依靠活塞组件的自重和弹簧力,因此要注意正侧两个方向的吊线,不得倾斜。法兰焊接时,当点焊定位后应将主阀拆下,然后续焊,否则法兰烧红使主阀受热,引起挠曲变形影响精度;主阀法兰焊接完成后必须仔细检查烧焊房间一段管道,不得使焊渣、焦渣、氧化皮等存流物日后进入阀内损坏阀芯。

(3)RT260A型差压控制器:安装时最好立装,下端波纹管接高压,上端波纹管接低压,控制器接在氨泵的两侧。安装时先检查控制器面板是否密封压紧,以免潮湿气体及氨气侵入腐蚀零件;差压控制器安装前应试校,检查调定值是否准确,继电器发出讯号是否及时。

(4)ZZRN-50型逆止阀:安装时应注意流向不能装反,两法兰相对螺孔必须对正,否则不便拆装。阀体两端定位止口一深一浅,组装时应将阀口阀尾两端对齐。

(5)ZZRP-32型自动旁通阀:安装前应校验测试,检查关闭是否严密,安装前必须调定压力,调定压力时一人观察泵排出压力,一人观察低压循环筒内压力,相互配合。使低压循环筒内的压力处于规定的主阀压力时,调节氨泵出口手动阀,使氨泵排出压力升到预调压力,迅速转动调节杆,使在调定压力值时正好打开,如果尚未调好,泵排出压力即超过调定值,此时再调也不准,须重新使泵压力由下往上升,达到调定值迅速调好。调好后再复校一次,如正好在调定值时阀开,说明已调好。

六、技术要求

1.根据国家规范<<工业金属管道设计规范>>(GB50316-2000)有关规定,本工程管道材料的选择为:设计温度-20°C以上的管道,选用钢号为10或20的无缝钢管;设计温度-45°C以上的管道,选用钢号为16MnDG的无缝钢管。

2.本设计的管道为工业金属管道,类、级别为GC2(1)。

3.制冷系统的管道应采用无缝钢管,其质量应符合现行国家标准<<输送流体用无缝钢管>>(GB/T8163-1999)及<<低温管道用无缝钢管>>(GB/T18984-2003)的要求,应根据管内的最低工作温度选用钢号。制冷管道系统应采用氨专用阀门和配件,其公称压力不应小于2.5MPa(表压),并不得有铜质和镀锌、镀锡的零配件。

项目负责人		审定人		设计人		工程编号		工程名称	金鼎集团25000t低温/3000t高温冷库	图名	制冷系统设计说明(一)	图号	JFL01
专业负责人		审核人		校核人		出图日期		项目名称	制冷机房				

4. 制冷系统部分水平管道坡度要求:

管道名称	坡度要求	坡度范围(‰)
氨压缩机至油分离器的排气管	坡向油分器	3~5
氨压缩机进气管	坡向低循筒	3~5
油分器、氨分器与冷凝器的放油管	坡向集油器	2~3
调节站的供液管	坡向调节站	1~3

5. 系统水平管道的水平度2‰,系统竖直管道的垂直度2‰,系统标高的允许偏差±5mm,系统管道长度的偏差±5mm。

6. 系统中所有管道内外壁均除锈、排污,管道安装完毕且经试压、试漏合格后,外刷防锈漆、银灰漆各两道。

7. 凡支撑隔热层管道的吊支架均设置硬木垫,所需硬木垫均应经防腐处理后方可使用。

8. 制冷设备及管道的保温均采用聚氨酯现场发泡,外包0.5mm厚的彩钢板。

技术特性表(压力为表压)			
冷凝压力(MPa)	1.33	工作温度(°C)	80
设计压力(MPa)	2.0	设计温度(°C)	100
制冷剂名称	氨(R717)		
焊缝系数φ	1	腐蚀裕度(mm)	1.5

技术特性表(压力为表压)			
蒸发压力(MPa)	0.416	蒸发温度(°C)	5
设计压力(MPa)	1.4	设计温度(°C)	0
制冷剂名称	氨(R717)		
焊缝系数φ	1	腐蚀裕度(mm)	1.5

技术特性表(压力为表压)			
蒸发压力(MPa)	0.191	蒸发温度(°C)	-10
设计压力(MPa)	1.4	设计温度(°C)	-15
制冷剂名称	氨(R717)		
焊缝系数φ	1	腐蚀裕度(mm)	1.5

技术特性表(压力为表压)			
蒸发压力(MPa)	0.032	蒸发温度(°C)	-28
设计压力(MPa)	1.4	设计温度(°C)	-33
制冷剂名称	氨(R717)		
焊缝系数φ	1	腐蚀裕度(mm)	1.5

七、其他要求

1. 设计中有些设备与样本不完全吻合,请按设计要求定货,在设备定货时请与设备制造厂家密切配合。

2. 施工图纸中氨制冷机房室内地坪比冷库一层室内地坪低1m,施工图纸中各建筑物地坪标高的标注均按建筑图的标高标注,施工时请注意。

3. 本工程制冷机房与冷库等需要供冷的房间均较远,制冷管道较长,管道的膨胀量较大,在管道安装施工时,管道的弯头半径应使用3.5倍管道直径的弯头。

4. 两贮氨器底部均加装DN50的液体平衡管,-28℃系统两低压循环贮液筒底部均加装DN100的液体平衡管,氨油分离器出气口位置与设备样本所示的相反,详见其平、剖面图及系统图。

5. 屏蔽氨泵配置最大、最小流量孔板(安装事项见设备安装说明)。

6. 各种手动、自控阀门及过滤器等安装事项参照其附带的安装说明。

7. 制冷系统各放空气点放空气时每次只开一个放空气阀。

8. 制冷工艺中设备及管道的安装应符合<<制冷设备、空气分离设备安装工程施工及验收规范>>(GB50274-98)、<<压缩机、风机、泵安装工程施工及验收规范>>(GB50275-98)、<<工业设备及管道绝热工程设计规范>>(GB50264-97)及<<氨制冷系统安装工程施工及验收规范>>(SBJ 12-2000)的要求,未尽事宜参照国家有关规范之规定。

项目负责人		审定人		设计人		工程编号		工程名称	金鼎集团25000t低温/3000t高温冷库	图名	制冷系统设计说明(二)	图号	JFL02
专业负责人		审核人		校核人		出图日期		项目名称	制冷机房				

主要制冷设备及材料表

序号	设备(材料)名称	规格型号	单位	数量	备注
1	带经济器螺杆制冷压缩机组	HJLLG20ⅢA	台	4	
		HJLLG20ⅢA	台	1	
2	干式油氨分离器	YF-80TL	台	1	
3	蒸发式冷凝器	TZFL-2000	台	2	
4	氨虹吸罐	HZAP10	台	1	
5	氨贮液器	ZA-8.0	台	2	
6	氨排液筒	ZA-5.0	台	1	
7	低压循环贮液筒	XD-8.0	台	3	
8	屏蔽氨泵	CAM2/4	台	3	
		CAM2/6	台	6	
9	集油器	JYA-500	台	1	
10	低压集油器	DJY-1	台	3	
11	自动型空气分离器	ZKF-1	台	1	
12	紧急泄氨器	JXA-159	台	1	
13	加氨站		组	1	
14	供液调节站	长1800mm	组	1	
		长2850mm	组	4	
15	回汽调节站	长1800mm	组	1	
		长2850mm	组	4	
16	润滑油再生机组	YC-120	台	1	
17	贮油筒	D=800	台	1	
18	齿轮油泵	2CY1.1/14.5-1	台	1	
19	防爆型轴流风机	T35-11N005	台	4	
20a	氨用吊顶风机	ADL-210S	台	20	
20b	氨用吊顶风机	ADL-255S	台	6	
21	光滑U型斜式顶排管	XDG17.5×56-117	组	56	
22	光滑U型斜式顶排管	XDG17.5×48-100	组	84	
23	贯流式冷风幕	DXY-175	组	30	
24	轴流换气风机	T40-5	台	2	
25	氨用节流阀	L61F-25 DN50	个	3	
		L61F-25 DN32	个	3	

说明：材料用量以实际消耗为准，表中数量仅供参考。

图纸目录

序号	图号	名称	页数	备注
1	JFL01	制冷系统设计说明(一)	1	A2
2	JFL02	制冷系统设计说明(二)	1	A2
3	JFL03	图纸目录，主要设备及材料表	1	A2
4	JFL04	氨机房制冷系统原理图	1	A1
5	JFL05	氨机房制冷系统轴测图(一)	1	A1
6	JFL06	氨机房制冷系统轴测图(二)	1	A1
7	JFL07	氨机房制冷工艺平面图(一)	1	A2
8	JFL08	氨机房制冷工艺平面图(二)	1	A2
9	JFL09	蒸发式冷凝器基础位置，工艺平面图	1	A2
10	JFL10	氨机房剖面图(一)	1	A2
11	JFL11	氨机房剖面图(二)	1	A2
12	JFL12	氨机房剖面图(三)	1	A2
13	JFL13	氨机房剖面图(四)	1	A2
14	JFL14	氨机房剖面图(五)	1	A2
15	JFL15	氨机房室外管道平面图	1	A2
16	JFL16	氨机房设备基础位置图	1	A2
17	JFL17	氨机房设备基础剖面图	1	A1

项目负责人	审定人	设计人	工程编号	工程名称	金鼎集团25000t低温/3000t高温冷库	图名	图纸目录，主要设备及材料表	图号	JFL03
专业负责人	审核人	校核人	出图日期	项目名称	制冷机房				

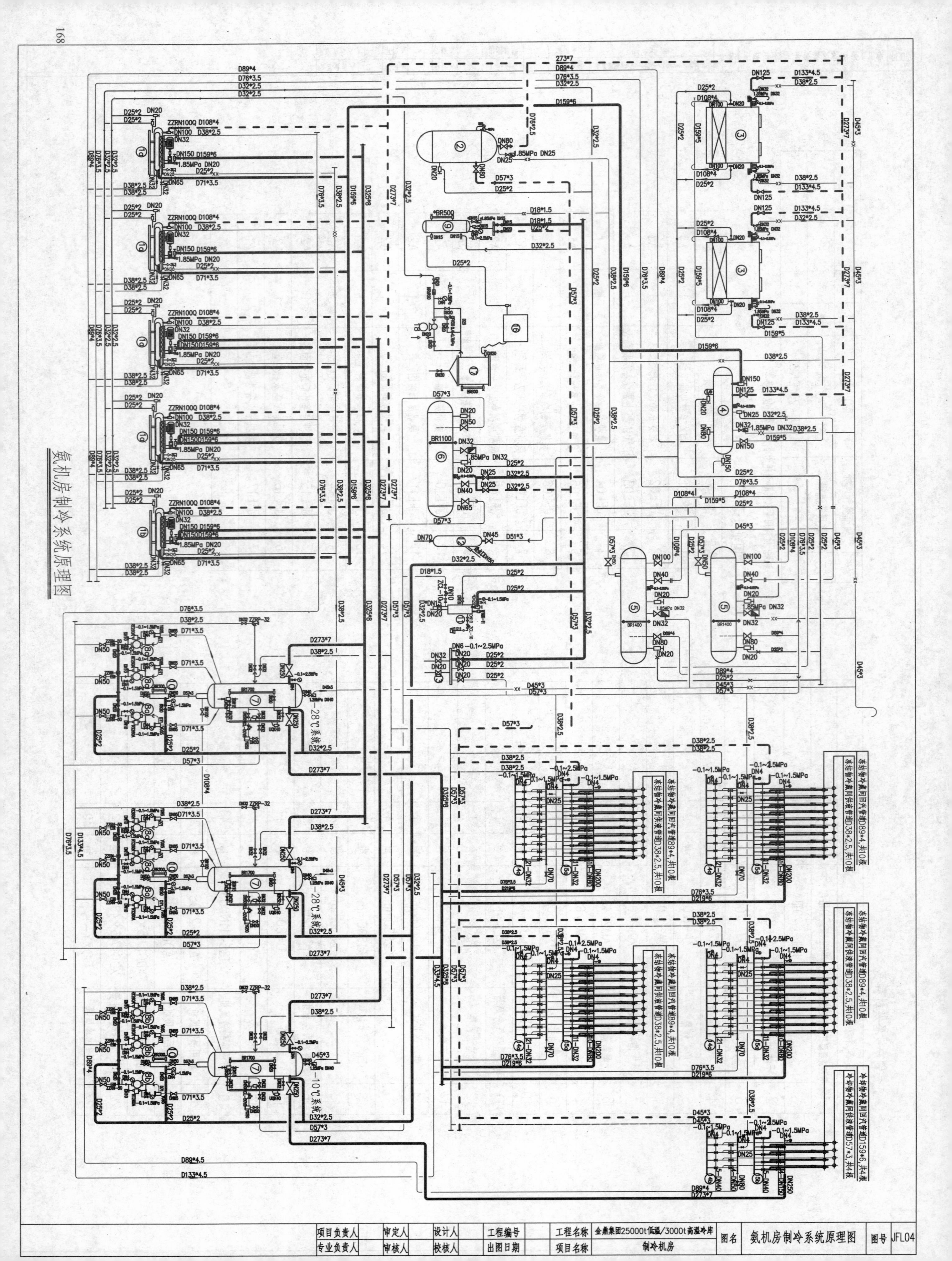

氨机房制冷系统原理图
-28℃系统
-28℃系统
-10℃系统
冻结物冷藏间回汽管道D89*4,共10根
冻结物冷藏间供液管道D38*2.5,共10根
冷却物冷藏间回汽管道D159*6,共4根
冷却物冷藏间供液管道D57*3,共4根
项目负责人
专业负责人
审定人
审核人
设计人
校核人
工程编号
出图日期
工程名称
项目名称
金鼎集团25000t低温/3000t高温冷库
制冷机房
图名
氨机房制冷系统原理图
图号
JFL04

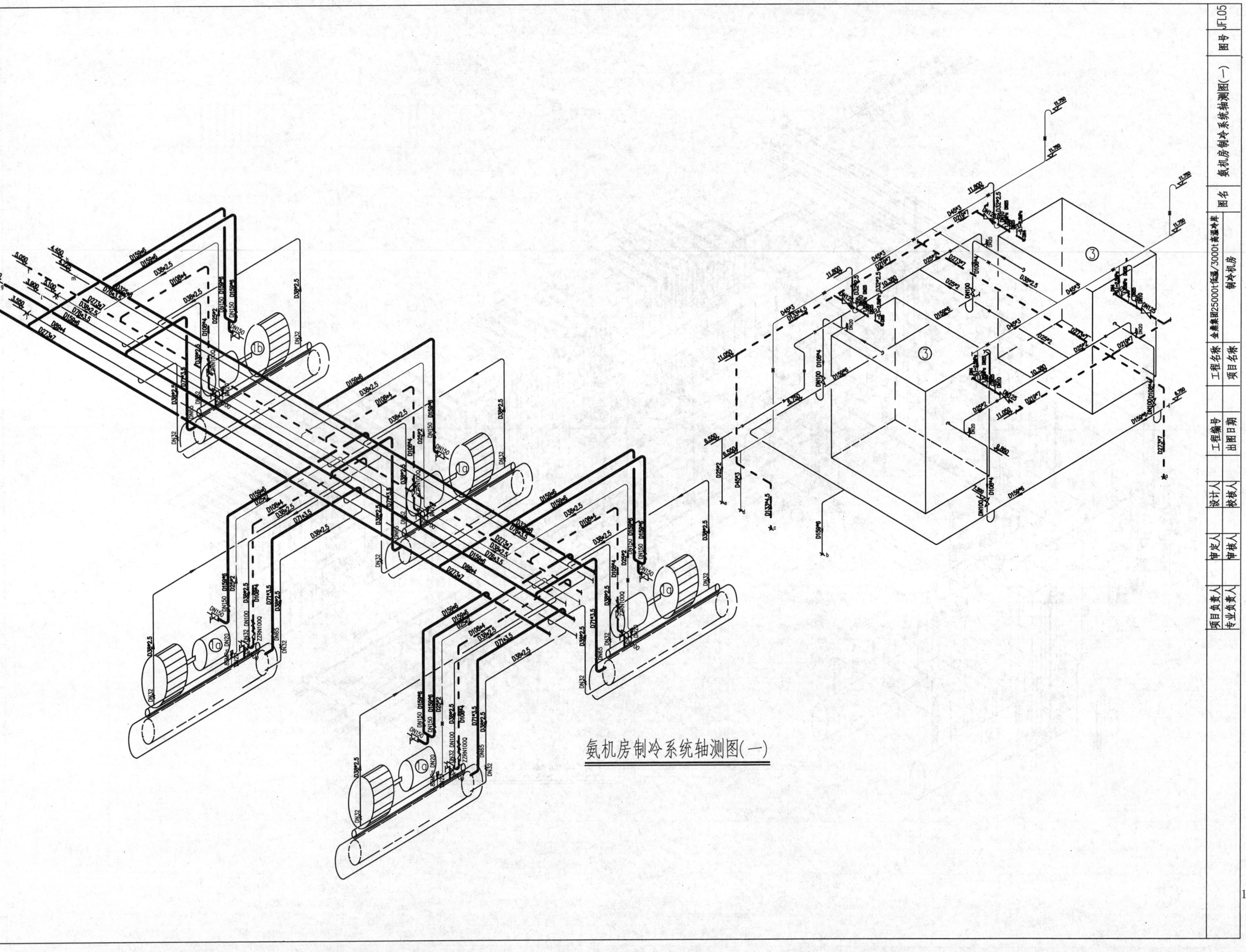

氨机房制冷系统轴测图(一)

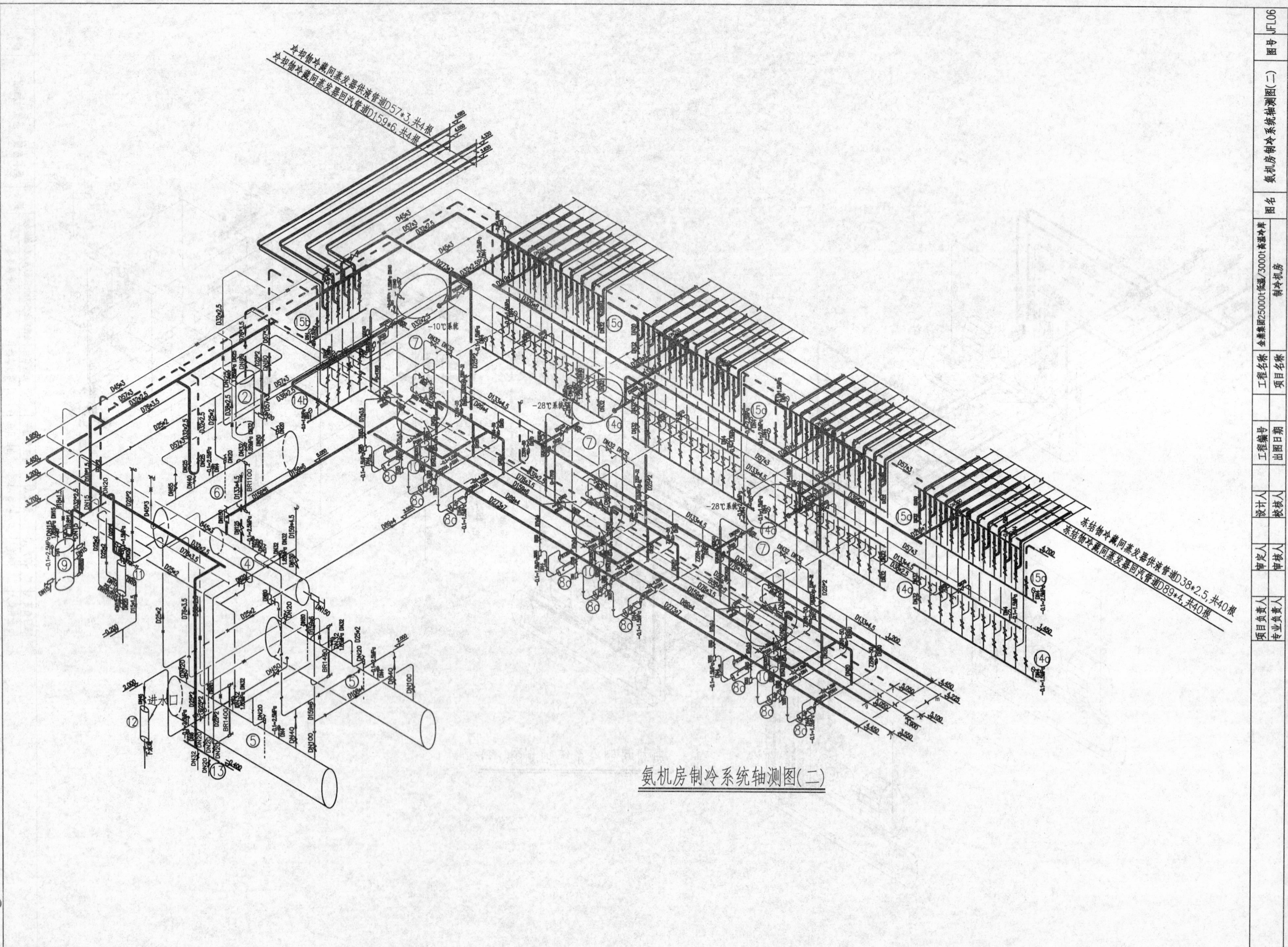
冷却物冷藏间蒸发器供液管道D57*3,共4根
冷却物冷藏间蒸发器回汽管道D159*6,共4根
冻结物冷藏间蒸发器供液管道D38*2.5,共40根
冻结物冷藏间蒸发器回汽管道D89*4,共40根
进水口
-10℃系统
-28℃系统
氨机房制冷系统轴测图(二)
项目负责人
审定人
设计人
工程编号
工程名称
金鼎集团25000t低温/3000t高温冷库
专业负责人
审核人
校核人
出图日期
项目名称
制冷机房
图名
氨机房制冷系统轴测图(二)
图号
JFL06

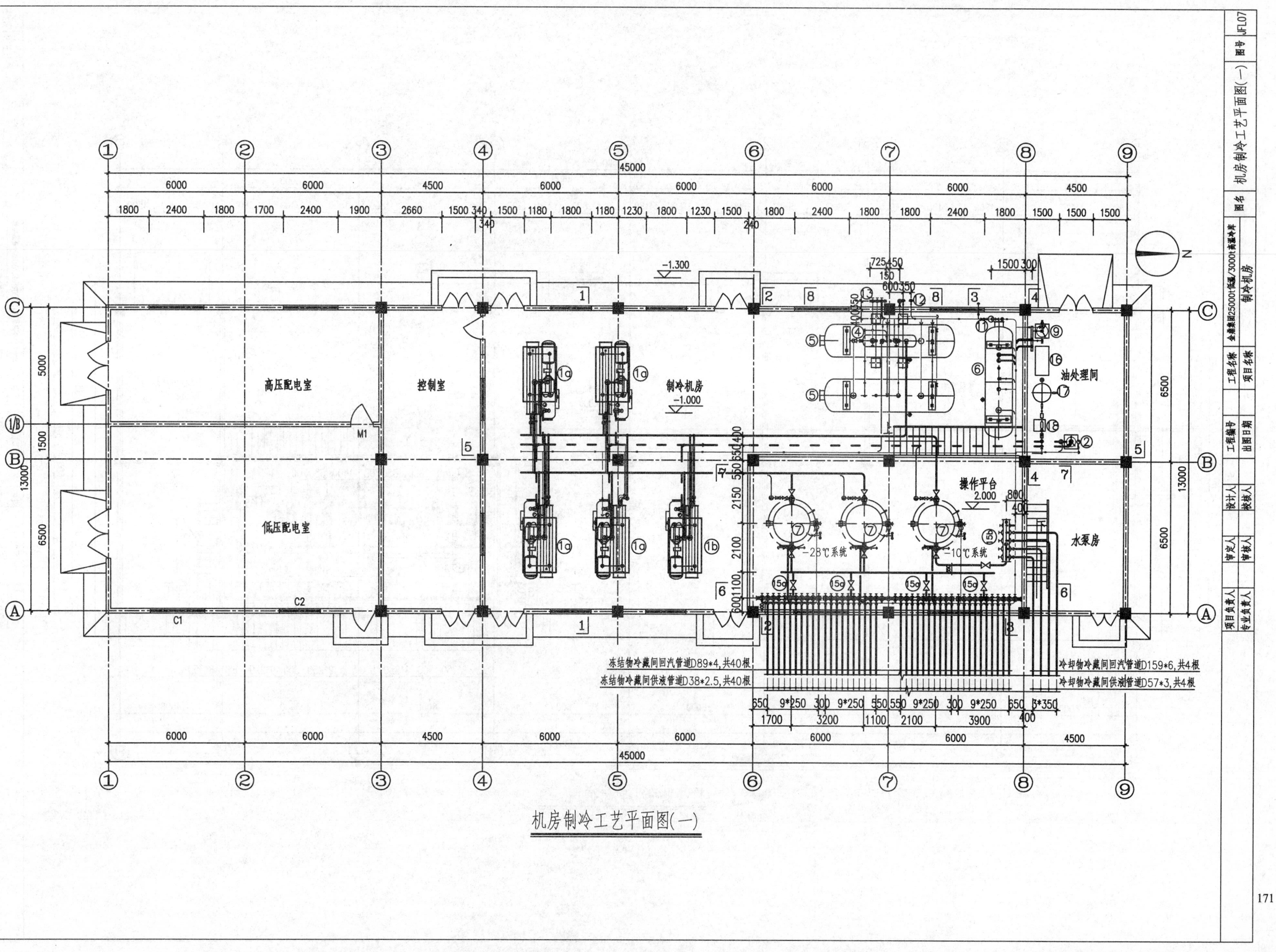

高压配电室
低压配电室
控制室
制冷机房
-1.000
-1.300
操作平台
2.000
油处理间
水泵房
-28℃系统
-10℃系统
冻结物冷藏间回汽管道D89*4,共40根
冻结物冷藏间供液管道D38*2.5,共40根
冷却物冷藏间回汽管道D159*6,共4根
冷却物冷藏间供液管道D57*3,共4根
M1
C1
C2
45000
13000
项目负责人
专业负责人
审定人
审核人
设计人
校核人
工程编号
出图日期
工程名称
项目名称
金鑫集团25000t低温/3000t高温冷库
制冷机房
图名
机房制冷工艺平面图(一)
图号
JFL07

机房制冷工艺平面图(一)

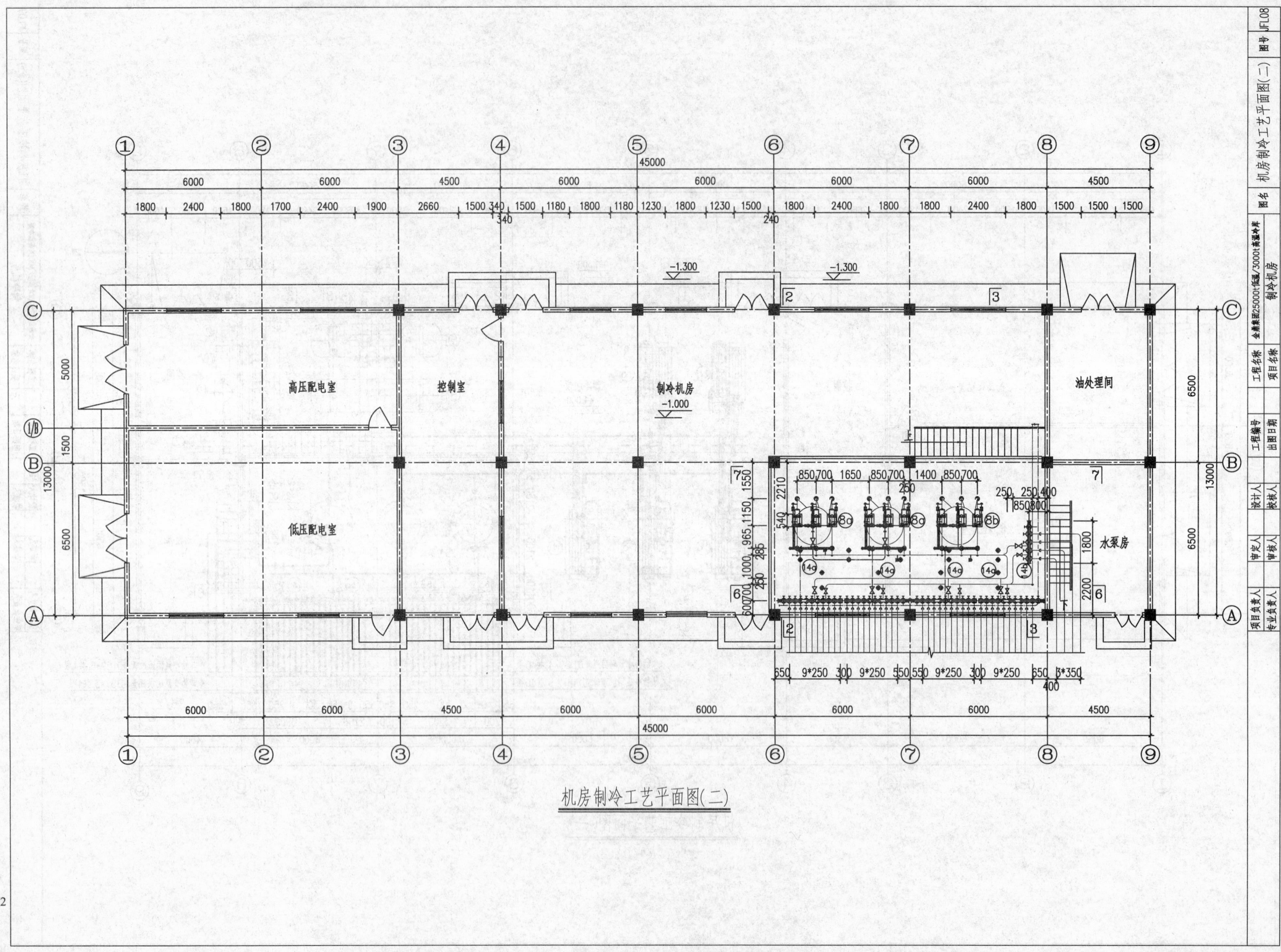
机房制冷工艺平面图(二)
低压配电室
高压配电室
控制室
制冷机房
-1.000
-1.300
油处理间
水泵房
13000
6500
1500
5000
45000
6000
4500
项目负责人
专业负责人
审定人
审核人
设计人
校核人
工程编号
出图日期
工程名称
金鼎集团25000t低温/3000t高温冷库
项目名称
制冷机房
图名
机房制冷工艺平面图(二)
图号
JFL08

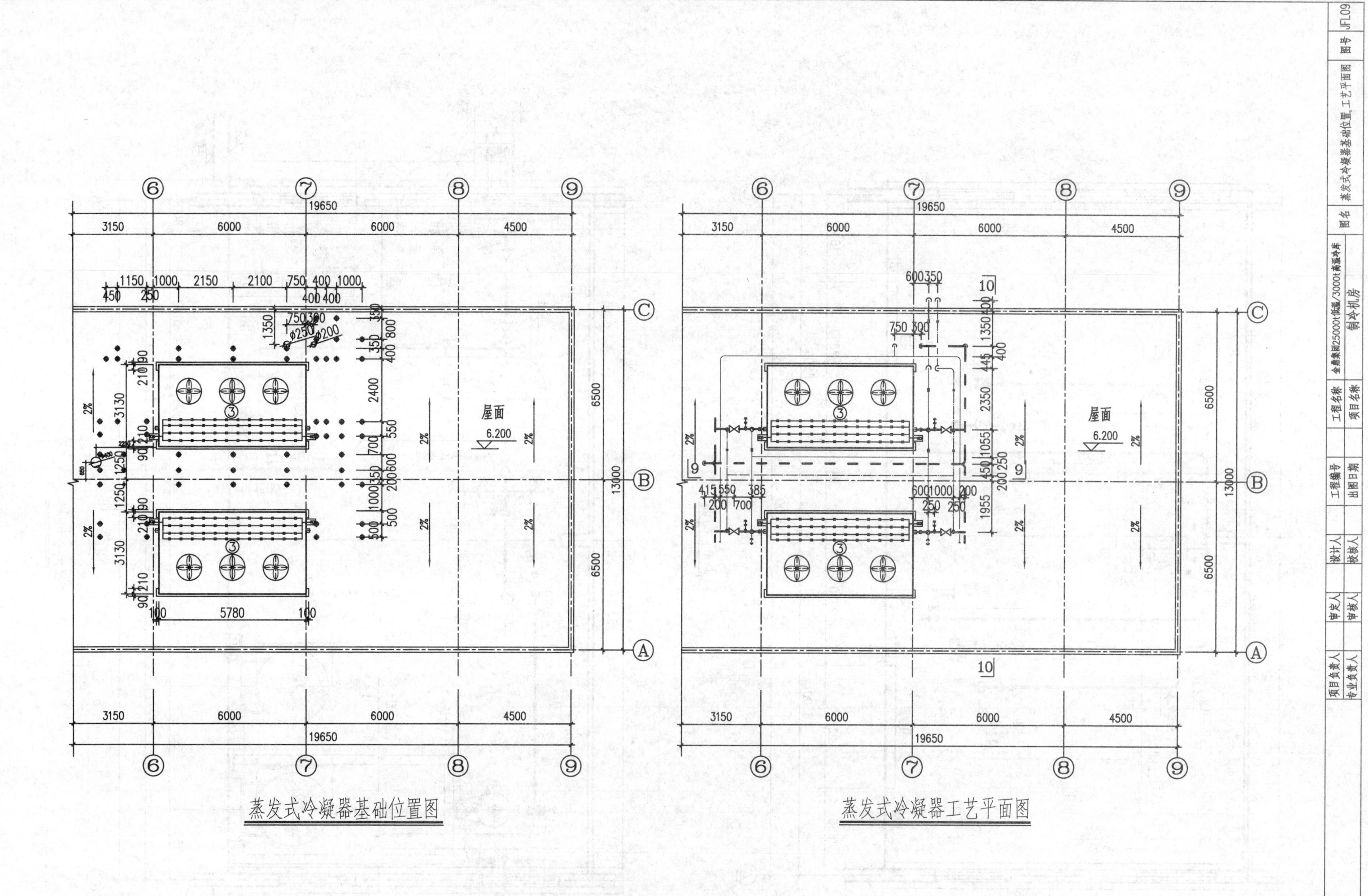

蒸发式冷凝器基础位置图
蒸发式冷凝器工艺平面图
屋面
6.200
项目负责人
专业负责人
审定人
审核人
设计人
校核人
工程编号
出图日期
工程名称
项目名称
金鼎集团25000t低温/3000t高温冷库
制冷机房
图名
蒸发式冷凝器基础位置、工艺平面图
图号
JFL09

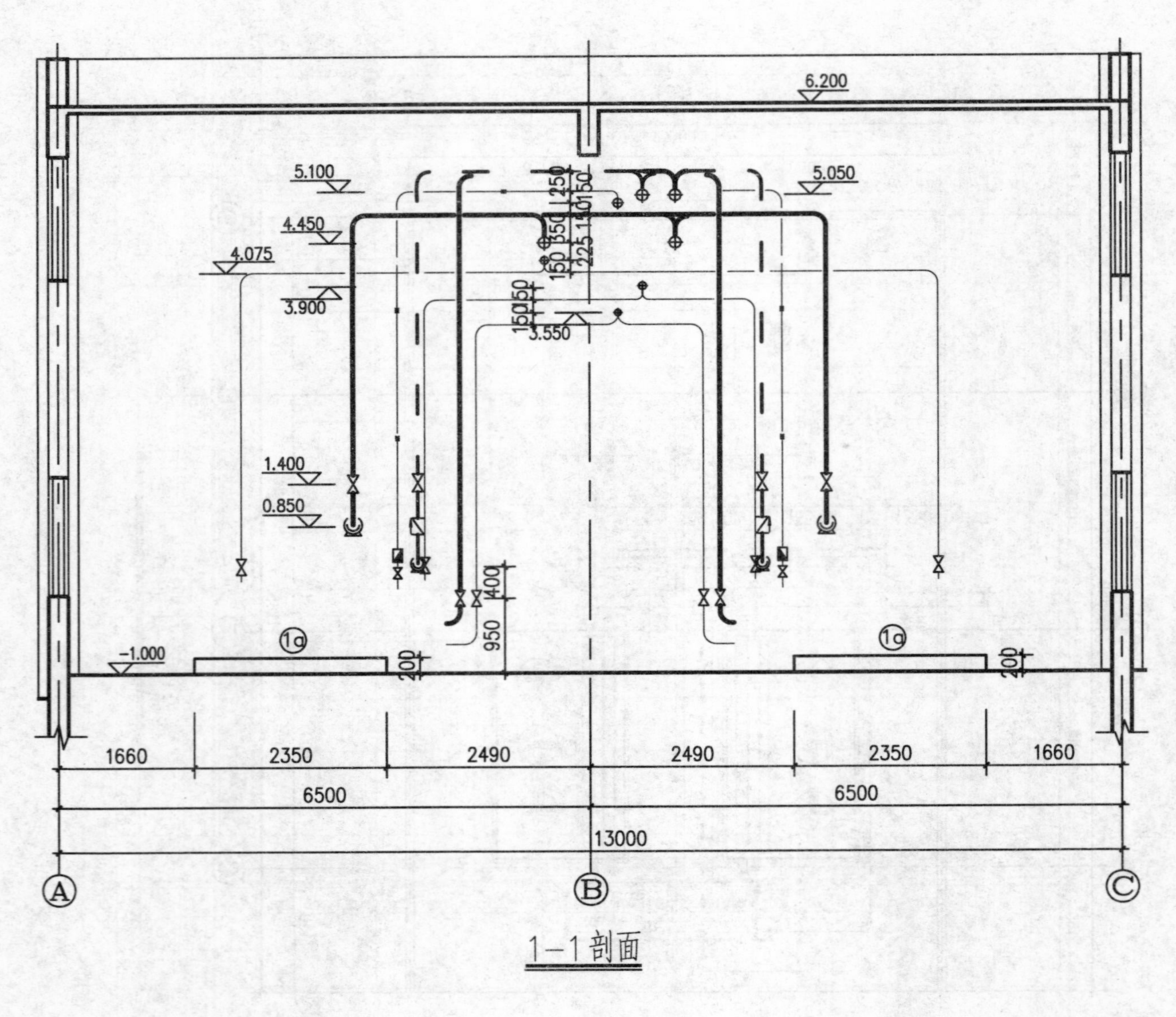

1-1剖面

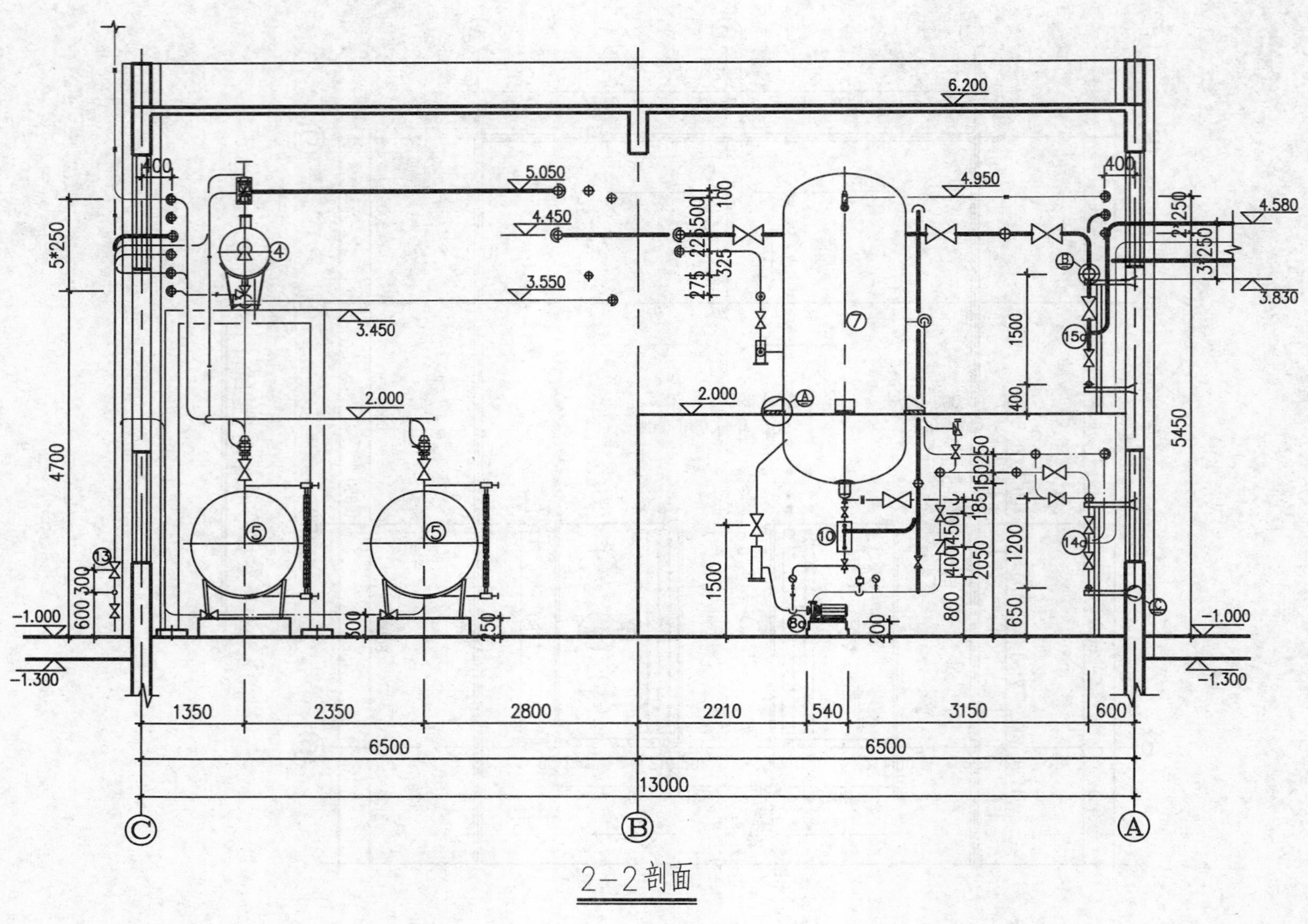

2-2剖面

项目负责人	审定人	设计人	工程编号	工程名称	金鼎集团25000t低温/3000t高温冷库	图名	氨机房剖面(一)	图号	JFL10
专业负责人	审核人	校核人	出图日期	项目名称	制冷机房				

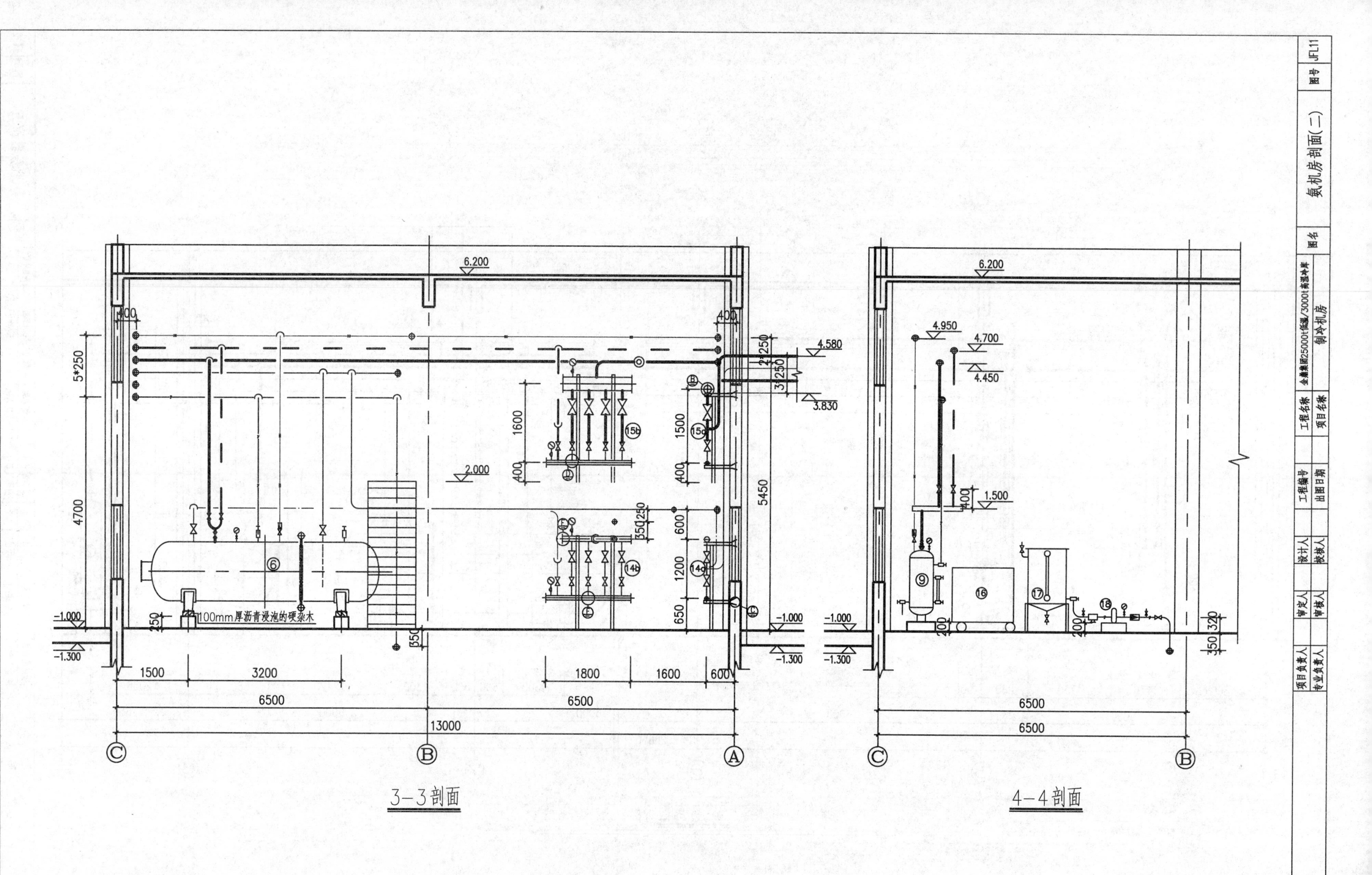

3-3剖面
4-4剖面
100mm厚沥青浸泡的硬杂木
6.200
4.950
4.700
4.450
4.580
3.830
2.000
1.500
-1.000
-1.300
5*250
4700
1500
3200
1800
1600
600
6500
13000
5450
项目负责人
专业负责人
审定人
审核人
设计人
校核人
工程编号
出图日期
工程名称
金鹰集团25000t低温/3000t高温冷库
项目名称
制冷机房
图名
氨机房剖面(二)
图号
JFL11

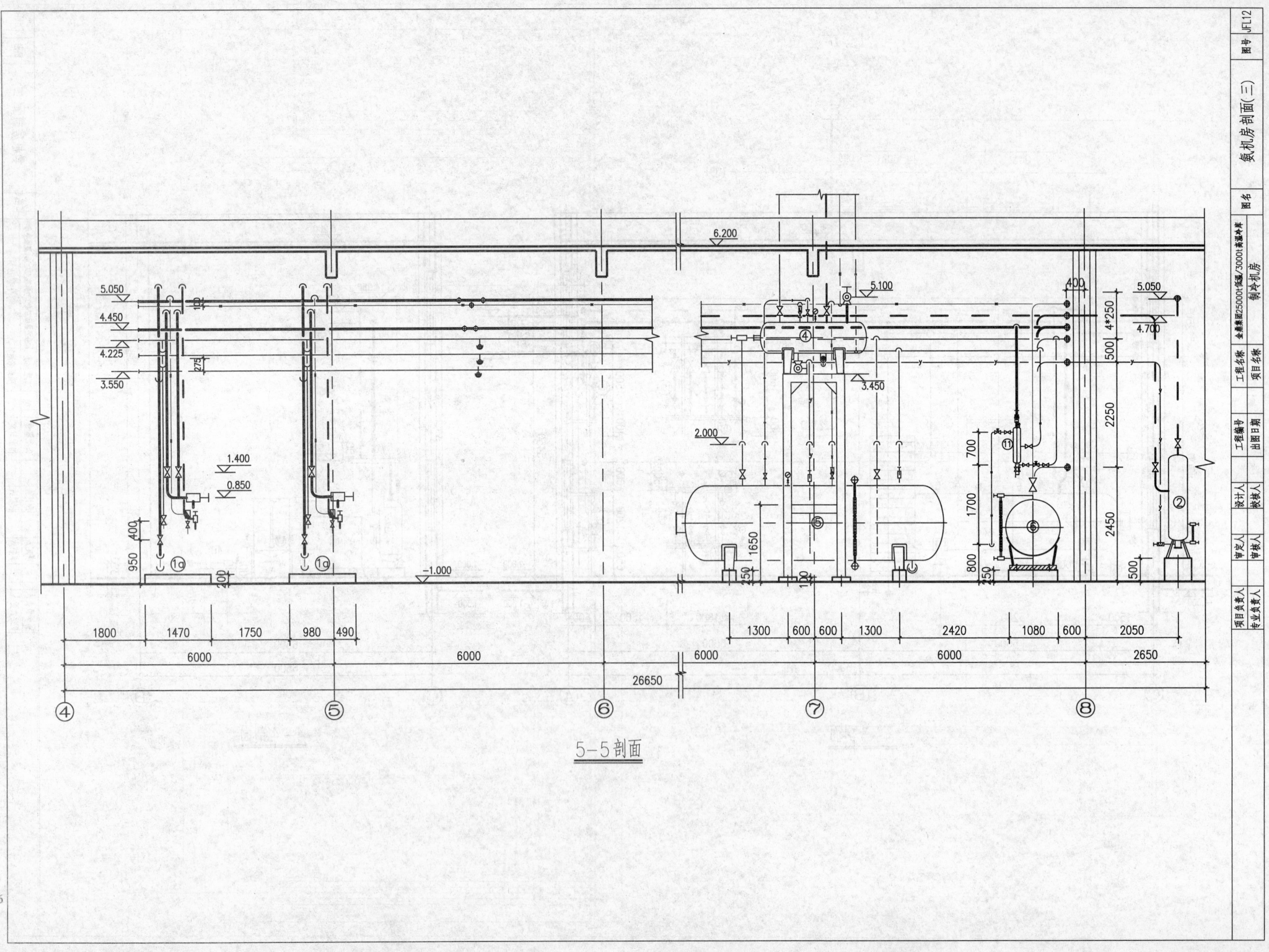

5-5剖面
项目负责人
专业负责人
审定人
审核人
设计人
校核人
工程编号
出图日期
工程名称
金鼎集团25000t低温/3000t高温冷库
项目名称
制冷机房
图名
氨机房剖面(三)
图号
JFL12

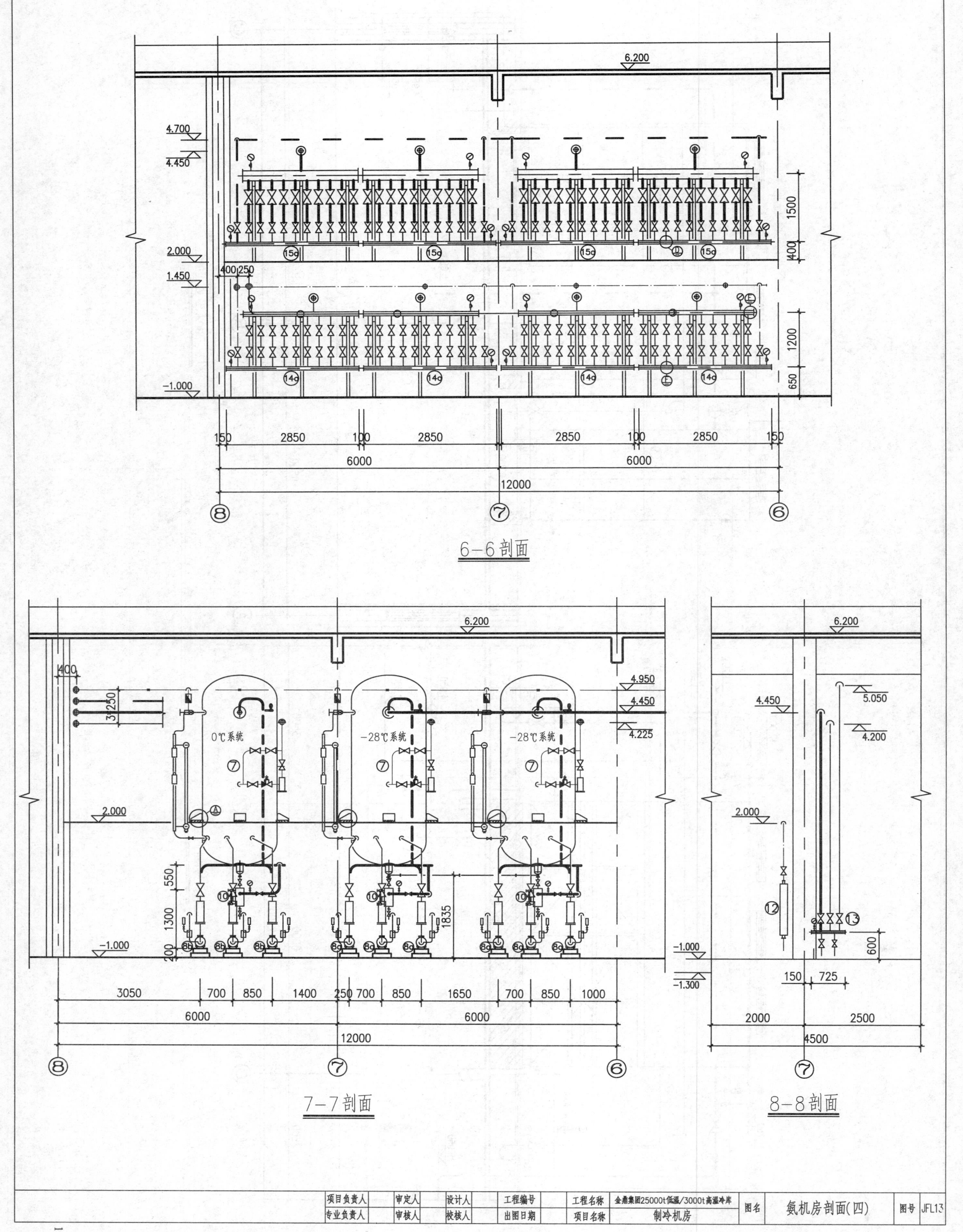
6.200
4.700
4.450
2.000
1.450
400 250
-1.000
1500
400
1200
650
15a
14a
150
2850
100
6000
12000
8
7
6
6-6剖面
400
3250
0℃系统
-28℃系统
4.950
4.450
4.225
2.000
550
1300
200
1835
3050
700
850
1400
250
1650
1000
7-7剖面
5.050
4.200
-1.300
725
2500
4500
8-8剖面
项目负责人
专业负责人
审定人
审核人
设计人
校核人
工程编号
出图日期
工程名称
金鼎集团25000t低温/3000t高温冷库
项目名称
制冷机房
图名
氨机房剖面(四)
图号
JFL13

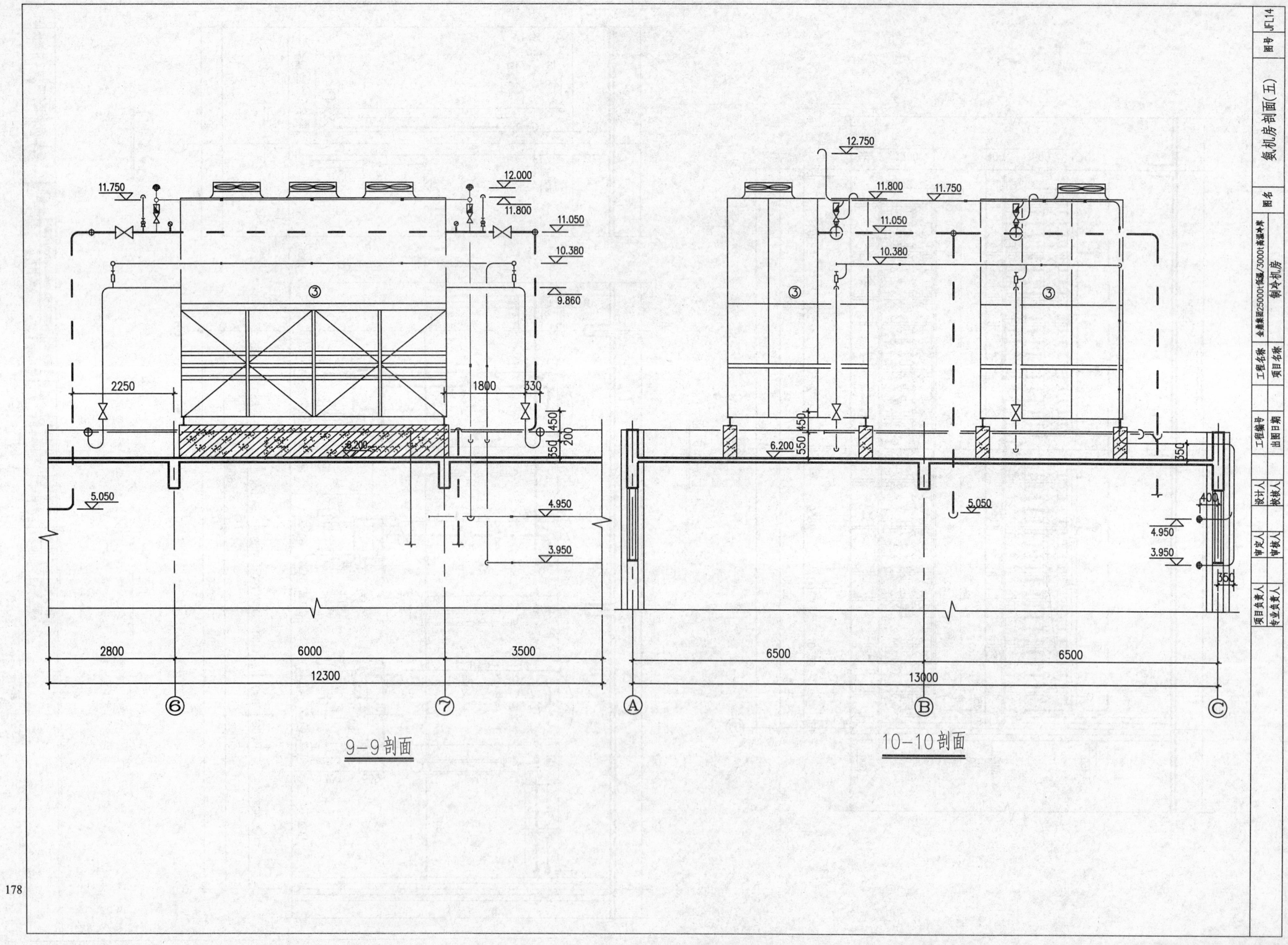
11.750
12.000
11.800
11.050
10.380
9.860
③
2250
1800
330
450
200
350
6.200
5.050
4.950
3.950
2800
6000
3500
12300
⑥
⑦
9-9剖面
12.750
11.800
11.750
11.050
10.380
③
③
450
550
6.200
350
5.050
400
4.950
3.950
350
6500
6500
13000
Ⓐ
Ⓑ
Ⓒ
10-10剖面
项目负责人
专业负责人
审定人
审核人
设计人
校核人
工程编号
出图日期
工程名称
金鼎集团25000t低温/3000t高温冷库
项目名称
制冷机房
图名
氨机房剖面(五)
图号
JFL14

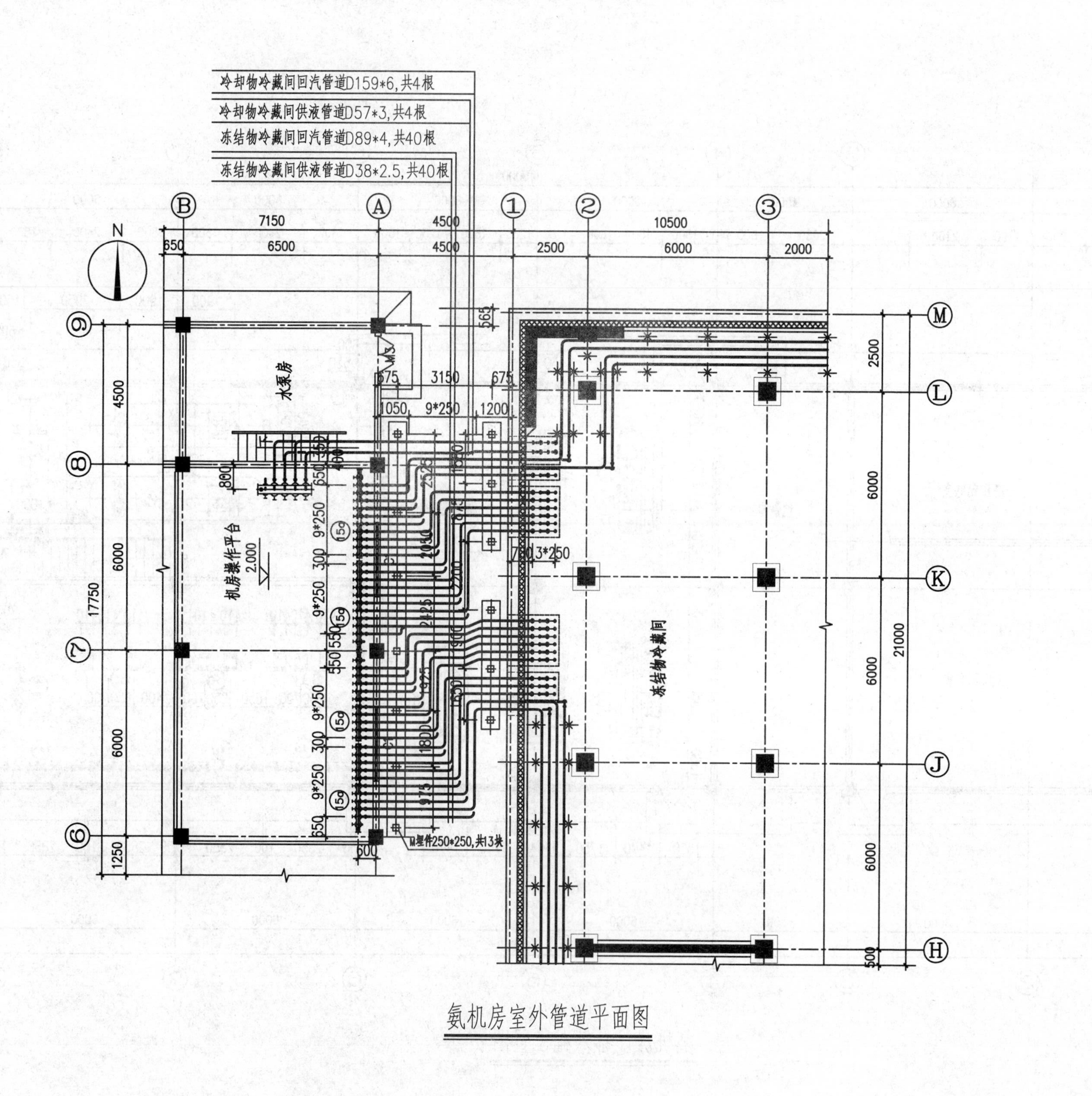

氨机房室外管道平面图

项目负责人		审定人		设计人		工程编号		工程名称	金鼎集团25000t低温/3000t高温冷库	图名	氨机房室外管道平面图	图号	JFL15
专业负责人		审核人		校核人		出图日期		项目名称	制冷机房				

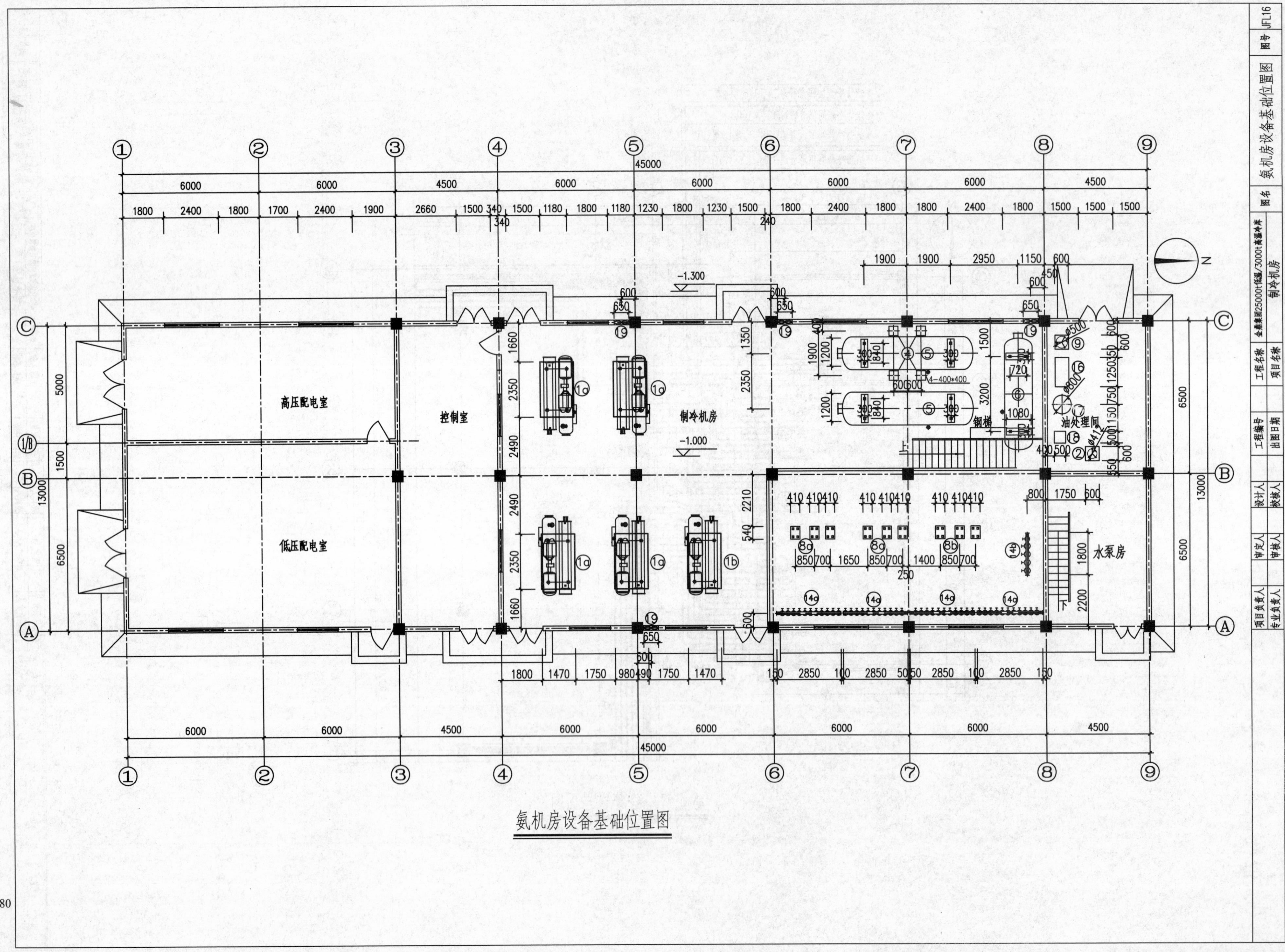

高压配电室
低压配电室
控制室
制冷机房
钢梯
油处理间
水泵房
氨机房设备基础位置图
项目负责人
审定人
设计人
工程编号
工程名称
金鼎集团25000t低温/3000t高温冷库
图名
氨机房设备基础位置图
图号
JFL16
专业负责人
审核人
校核人
出图日期
项目名称
制冷机房

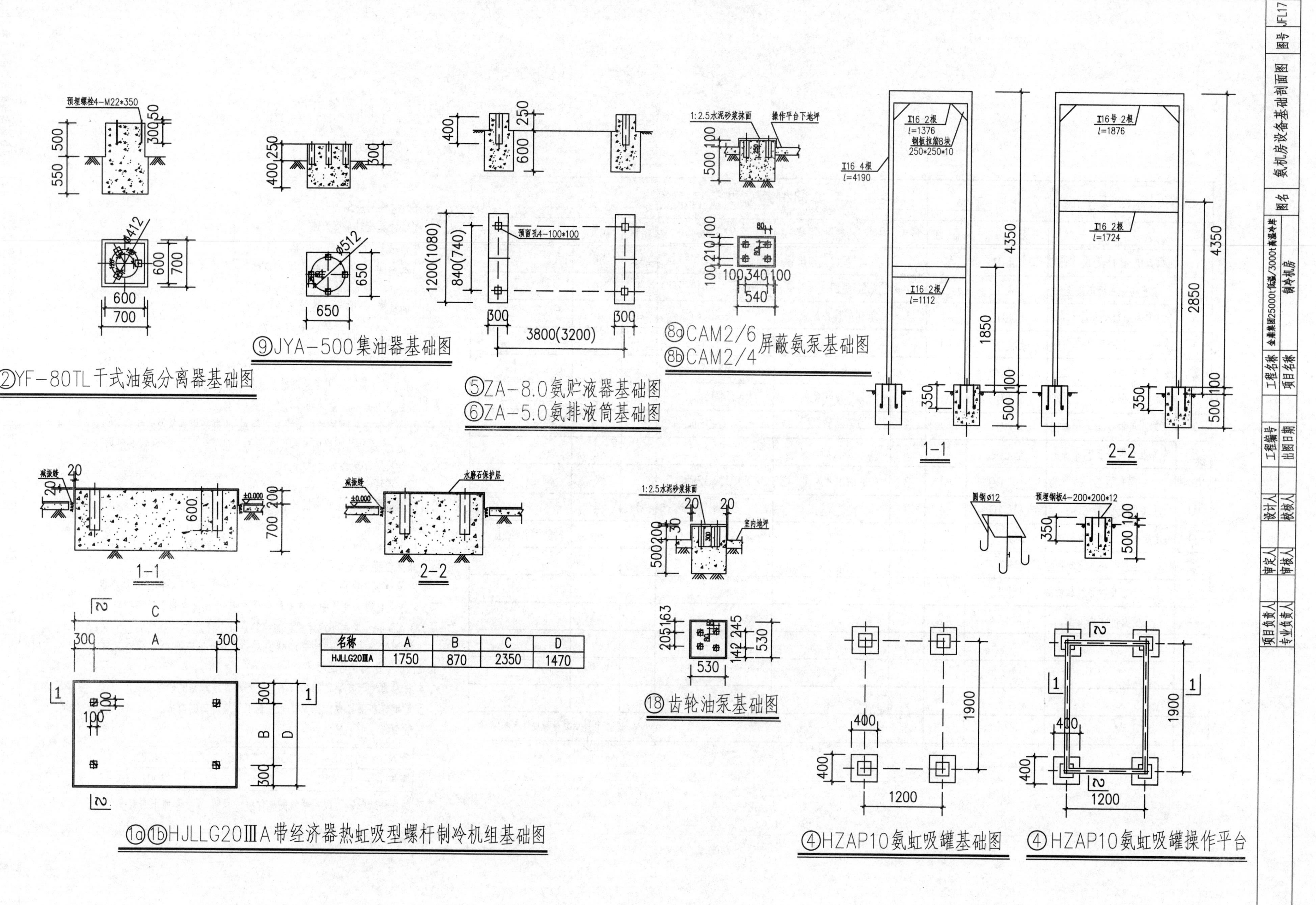

名称	A	B	C	D
HJLLG20ⅢA	1750	870	2350	1470

冷间制冷工艺设计文件目录

序号	图名	图号	备注
1	图纸目录,材料表,设计说明	LJL01	A2
2	库房制冷系统原理图	LJL02	A1
3	冷库负一层制冷工艺平面图	LJL03	A1
4	冷库一层制冷工艺平面图	LJL04	A1
5	冷库二层制冷工艺平面图	LJL05	A1
6	冷库三层制冷工艺平面图	LJL06	A1
7	冷库四层制冷工艺平面图	LJL07	A1
8	冷库五层制冷工艺平面图	LJL08	A1
9	冷间剖面图(一)	LJL09	A1
10	冷间剖面图(二)	LJL10	A1
11	冷库负一,一层制冷系统轴测图	LJL11	A1
12	冷库二,三层制冷系统轴测图	LJL12	A1
13	冷库四,五层制冷系统轴测图	LJL13	A1
14	U型顶排管加工图	LJL14	A2

冷间制冷工艺设备材料表

序号	设备(材料)名称	规格型号	单位	数量	备注
1	光滑U型斜式顶排管	XDG17.5×56-117	组	56	
2	光滑U型斜式顶排管	XDG17.5×48-100	组	84	
3	氨用吊顶冷风机机	ADL-255S	台	6	
		ADL-210S	台	20	
4	轴流风幕机	DXY-175	台	36	
5	轴流换气风机	D40-5	台	2	
6	防雨型新风口	900*350	个	2	
7	防火阀	500*320	个	2	
8	电动对开风阀	400*320	个	4	
9	格栅风口	400*320	个	4	
10	液氨		t	37.2	冷间内液氨贮存量

说明:以上计算数量仅供参考。

冷间制冷工艺说明

一、设计范围

冷间制冷工艺设计

二、设计参数

室外计算温度31°C

室外计算相对湿度75%

冷凝温度37°C

蒸发温度 冷却物冷藏间-10°C

冻结物冷藏间-28°C

冷间温度 冷却物冷藏间(0±1)°C

冻结物冷藏间(-18±1)°C

三、制冷系统

1.本工程以液氨为制冷工质,冷却物冷藏间采用螺杆单级压缩制冷机组,冻结物冷藏间采用带经济器的螺杆单级压缩制冷机组,分别由氨泵把液氨从制冷机房输送到各自冷间。

2.冷却物冷藏间采用吊顶冷风机降温,融霜采用热氨及水除霜相结合方式进行;冻结物冷藏间冷却设备均为双层斜式顶排管,融霜采用热氨及手动除霜相结合方式进行。

四、温度控制

冷间温度遥测,在制冷机房显示及打印。

五、其他说明

1.土建施工时制冷工艺人员要密切注意制冷排管、冷风机及管道预埋吊点位置,若发现不符时及时纠正。

2.管道包扎保温层的范围见<<氨制冷系统安装工程施工及验收规范>>,保温材料为聚氨酯泡沫塑料现场发泡,外包蓝色彩钢板保护壳,厚度为0.35mm,聚氨酯泡沫塑料的导热系数不得大于0.030W/(m·K)。

3.管道穿冷库和机房外墙时,保温层需贯穿不能中断,保温管道与洞孔之间的空隙用聚氨酯填实。

4.保温管道与支架之间必须垫上经热沥青浸泡后的硬木垫。

5.管道保护层彩板保护壳外标注表示工质流向的箭头。

6.管道保温层厚度见下表:

管径(mm)	18~32	38~76	89~159	219~325
厚度(mm)	60	70	80	100

7.库房外墙管簇可以用聚氨酯整体发泡保温,厚度参照上表数据。

项目负责人	审定人	设计人	工程编号	工程名称	金鼎集团25000t低温/3000t高温冷库	图名	图纸目录,材料表,设计说明	图号	LJL01
专业负责人	审核人	校核人	出图日期	项目名称	冷库				

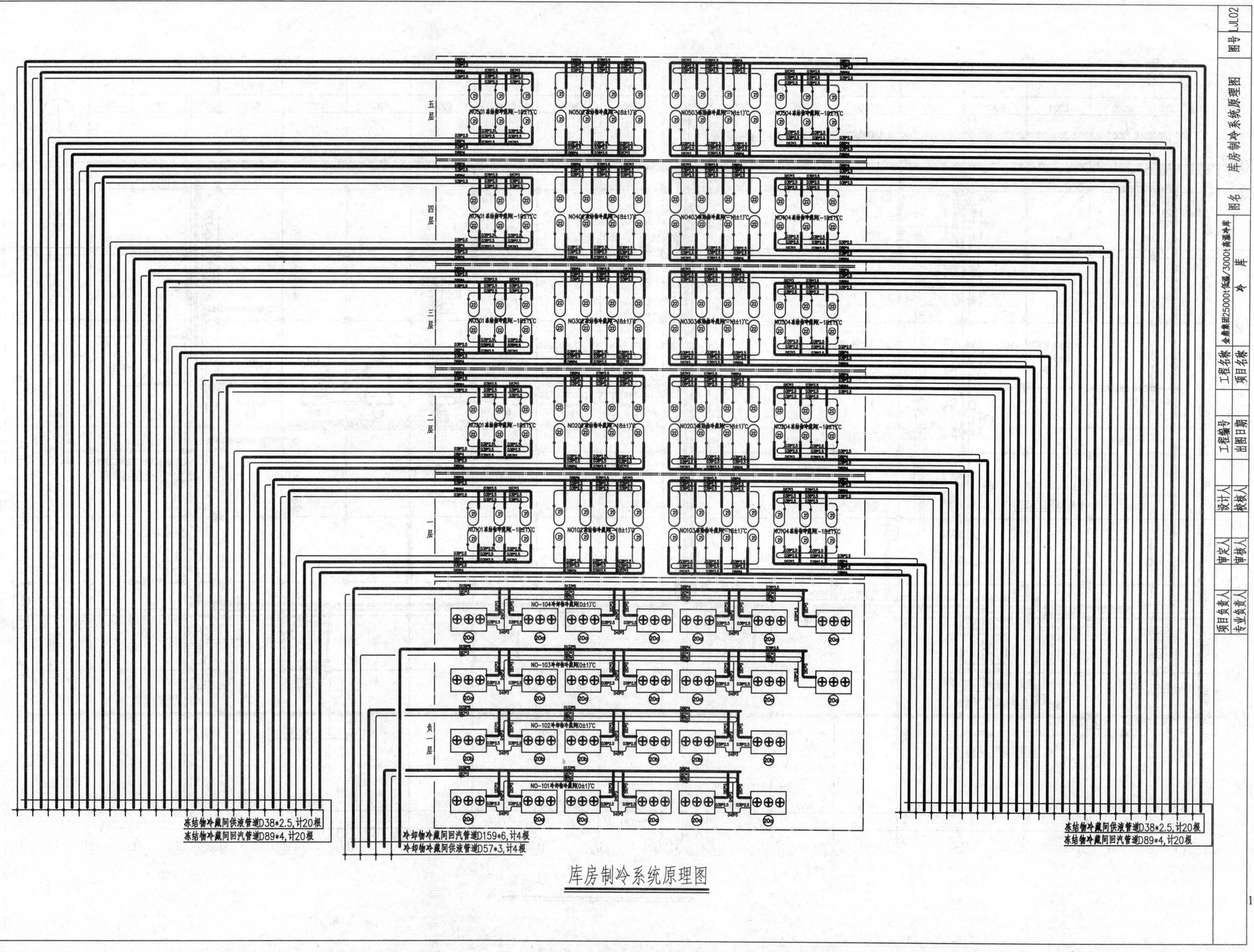

图号 LJL02
图名 库房制冷系统原理图
工程名称 金鼎集团25000t低温/3000t高温冷库
项目名称 冷　库
工程编号
出图日期
设计人
校核人
审定人
审核人
项目负责人
专业负责人
五层
四层
三层
二层
一层
负一层
NO-104冷却物冷藏间(0±1)°C
NO-103冷却物冷藏间(0±1)°C
NO-102冷却物冷藏间(0±1)°C
NO-101冷却物冷藏间(0±1)°C
冻结物冷藏间供液管道D38*2.5,计20根
冻结物冷藏间回汽管道D89*4,计20根
冷却物冷藏间回汽管道D159*6,计4根
冷却物冷藏间供液管道D57*3,计4根
冻结物冷藏间供液管道D38*2.5,计20根
冻结物冷藏间回汽管道D89*4,计20根

库房制冷系统原理图

冷库负一层制冷工艺平面图

冷却物冷藏间NO-101 (0±1)℃ -5.200

冷却物冷藏间NO-102 (0±1)℃ -5.200

冷却物冷藏间NO-103 (0±1)℃ -5.200

冷却物冷藏间NO-104 (0±1)℃ -5.200

X-1新风系统

X-2新风系统

防雨型新风口900*350

格栅风口400*320

电动对开风阀400*320

帆布软连接150mm

甲级防火卷帘

炉堂

LCM1

50790

50810

103170

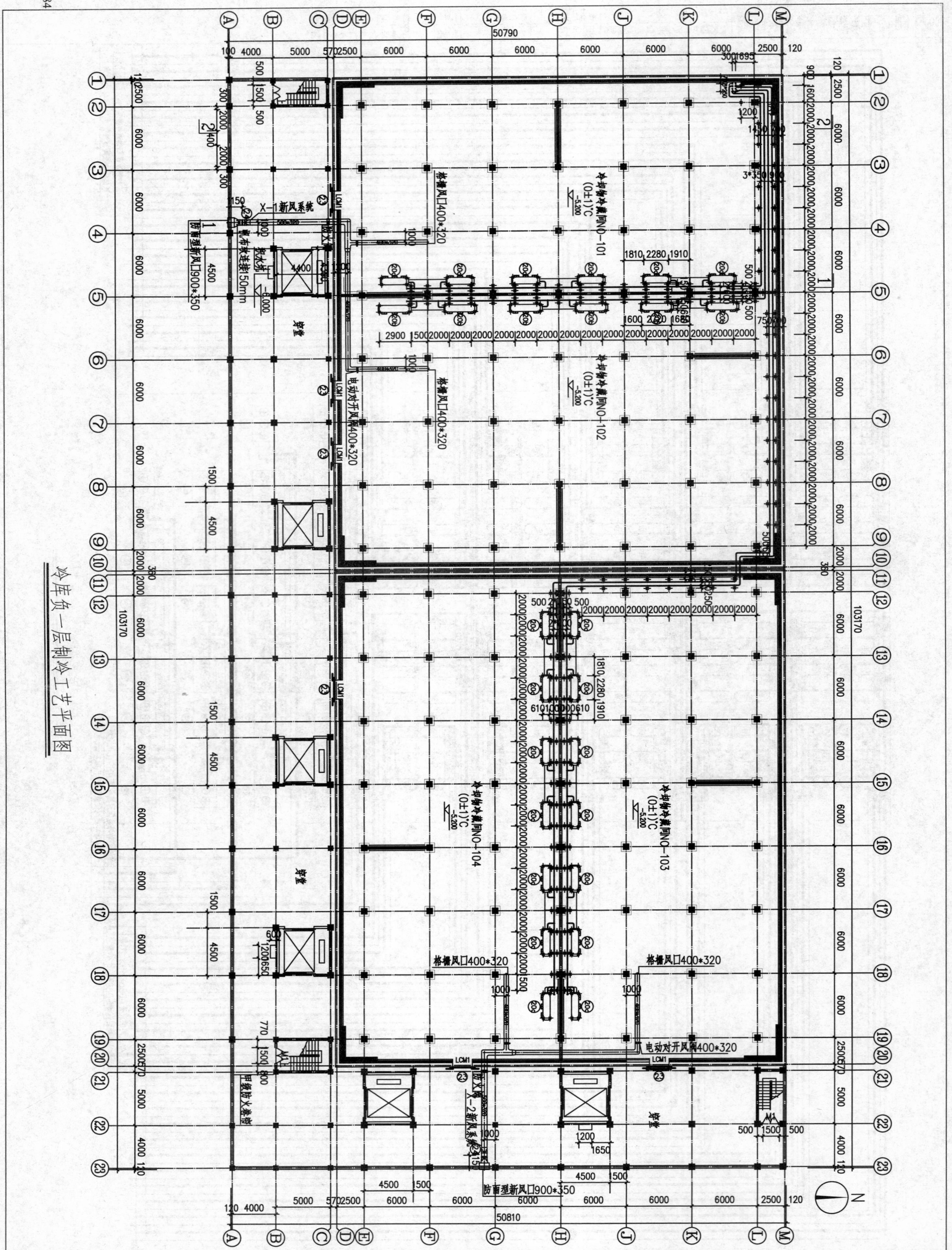

项目负责人	审定人	设计人	工程编号	工程名称	金鼎集团25000t低温/3000t高温冷库	图名	冷库负一层制冷工艺平面图	图号	LJL03
专业负责人	审核人	校核人	出图日期	项目名称	冷　库				

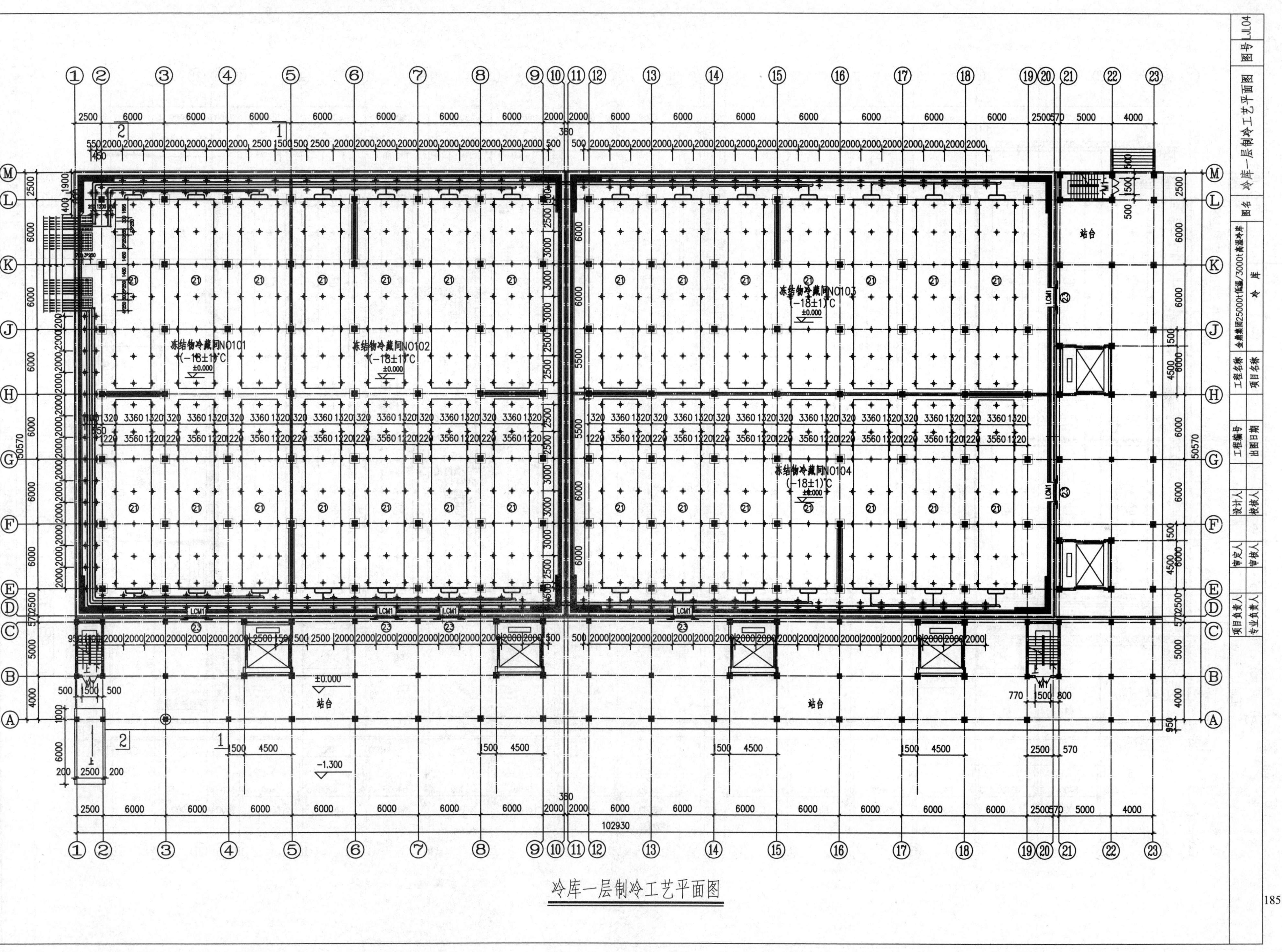

冷库一层制冷工艺平面图

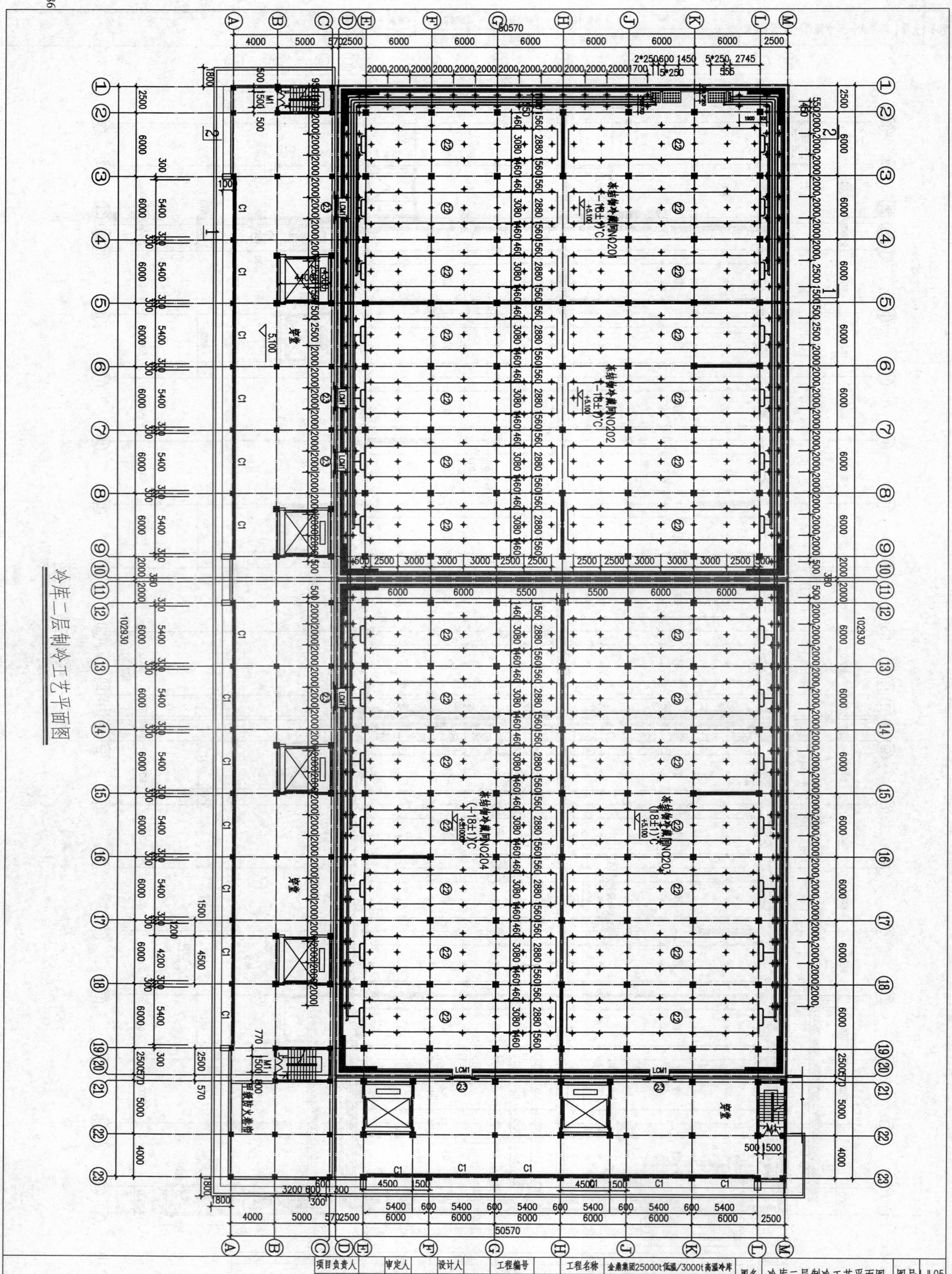

冷库二层制冷工艺平面图

冻结物冷藏间NO201 (−18±1)°C +5.100

冻结物冷藏间NO202 (−18±1)°C +5.100

冻结物冷藏间NO203 (−18±1)°C +5.100

冻结物冷藏间NO204 (−18±1)°C +5.100

穿堂

甲级防火卷帘

项目负责人		审定人		设计人		工程编号		工程名称	金鼎集团25000t低温/3000t高温冷库	图名	冷库二层制冷工艺平面图	图号	LJL05
专业负责人		审核人		校核人		出图日期		项目名称	冷　库				

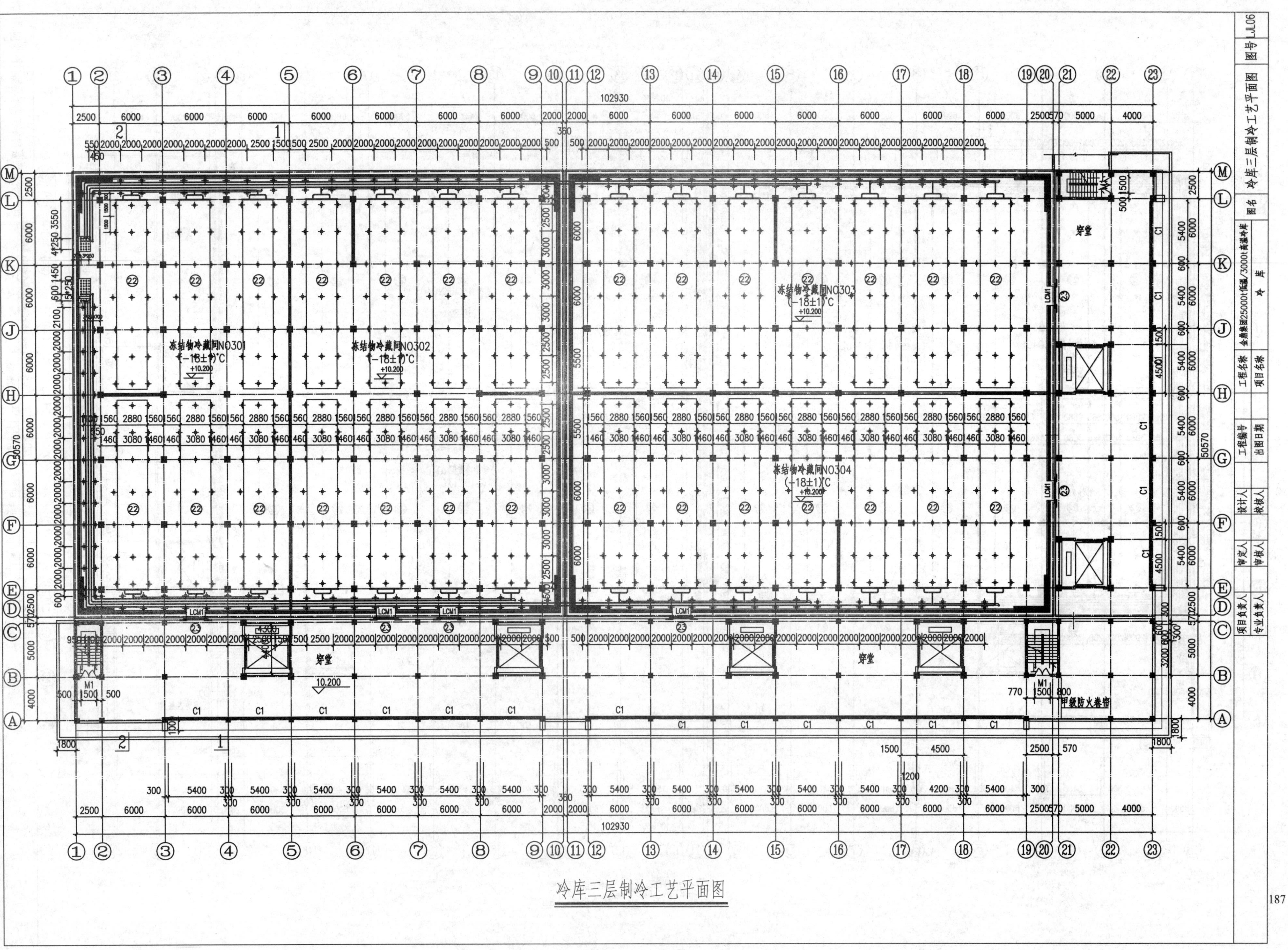

冷库三层制冷工艺平面图

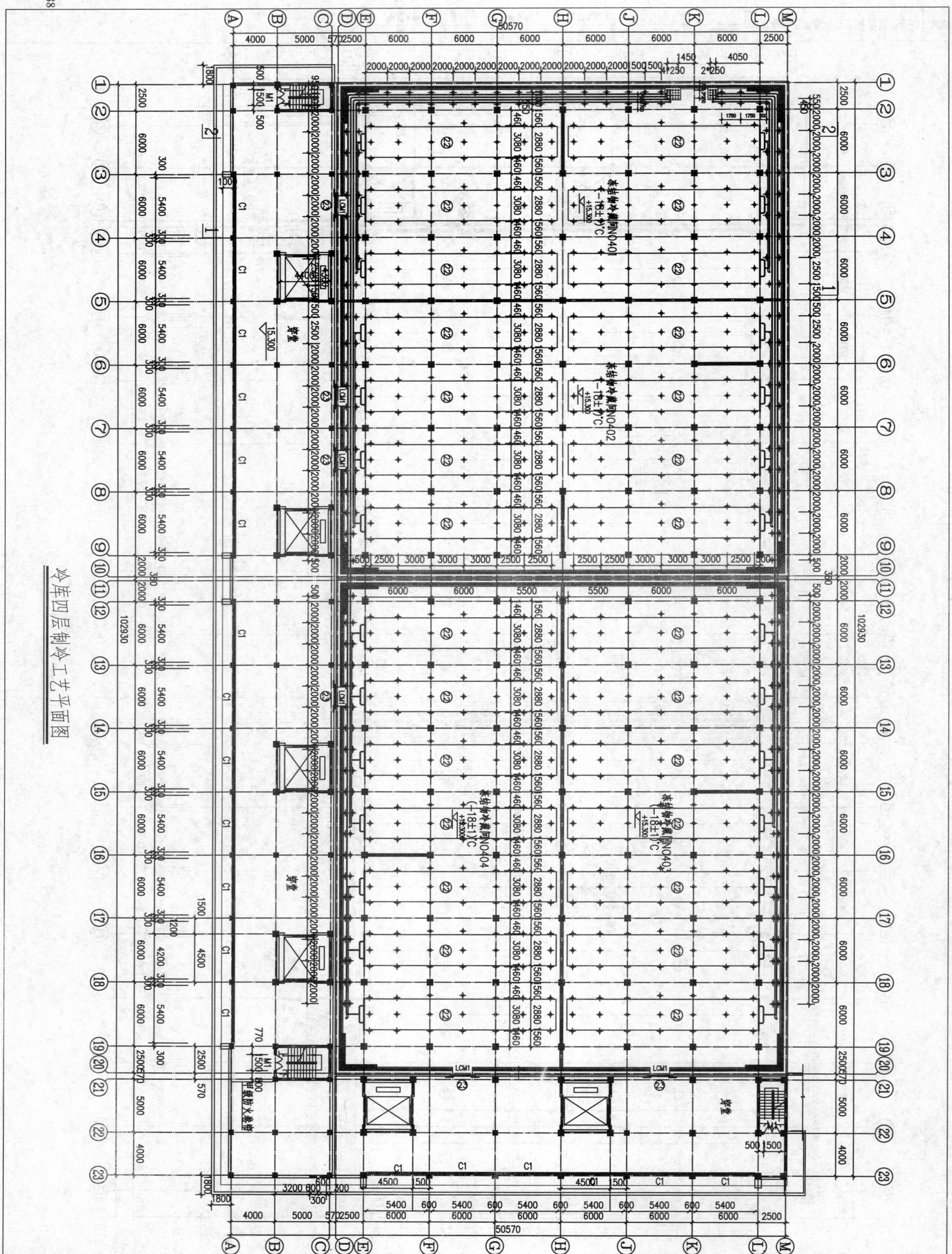

冷库四层制冷工艺平面图

冻结物冷藏间NO401 (-18±1)°C +15.300

冻结物冷藏间NO402 (-18±1)°C +15.300

冻结物冷藏间NO403 (-18±1)°C +15.300

冻结物冷藏间NO404 (-18±1)°C +15.300

穿堂 15.300

穿堂

甲级防火卷帘

50570

102930

项目负责人	审定人	设计人	工程编号	工程名称	金鼎集团25000t低温/3000t高温冷库	图名	冷库四层制冷工艺平面图	图号	LJL07
专业负责人	审核人	校核人	出图日期	项目名称	冷　库				

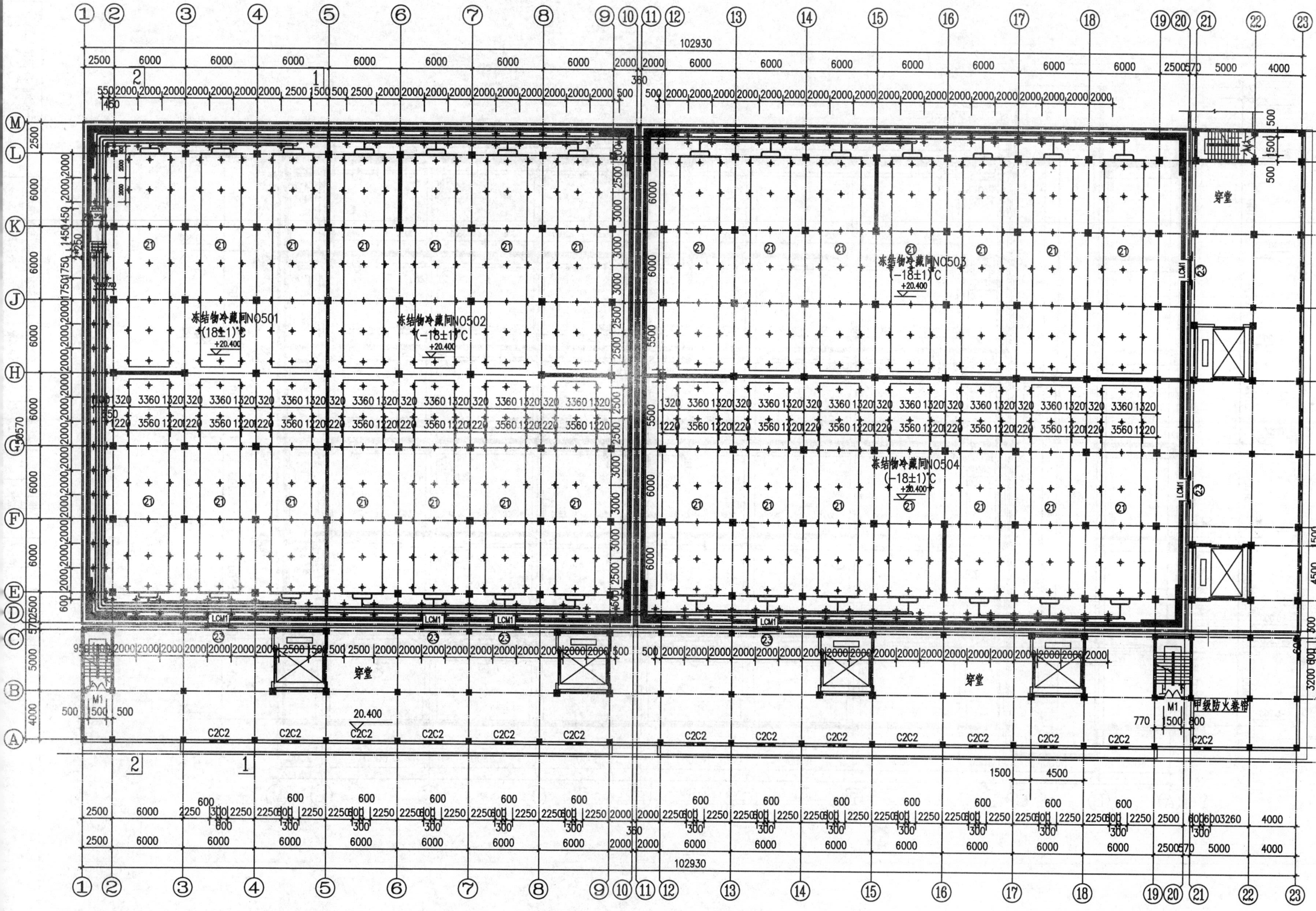

冻结物冷藏间N0501
(-18±1)℃
+20.400

冻结物冷藏间N0502
(-18±1)℃
+20.400

冻结物冷藏间N0503
(-18±1)℃
+20.400

冻结物冷藏间N0504
(-18±1)℃
+20.400

穿堂

穿堂

穿堂

甲级防火卷帘

20.400

102930

50570

冷库五层制冷工艺平面图

项目负责人	审定人	设计人	工程编号	工程名称	金鼎集团25000t低温/3000t高温冷库	图名	冷库五层制冷工艺平面图	图号
专业负责人	审核人	校核人	出图日期	项目名称	冷库			LJL08

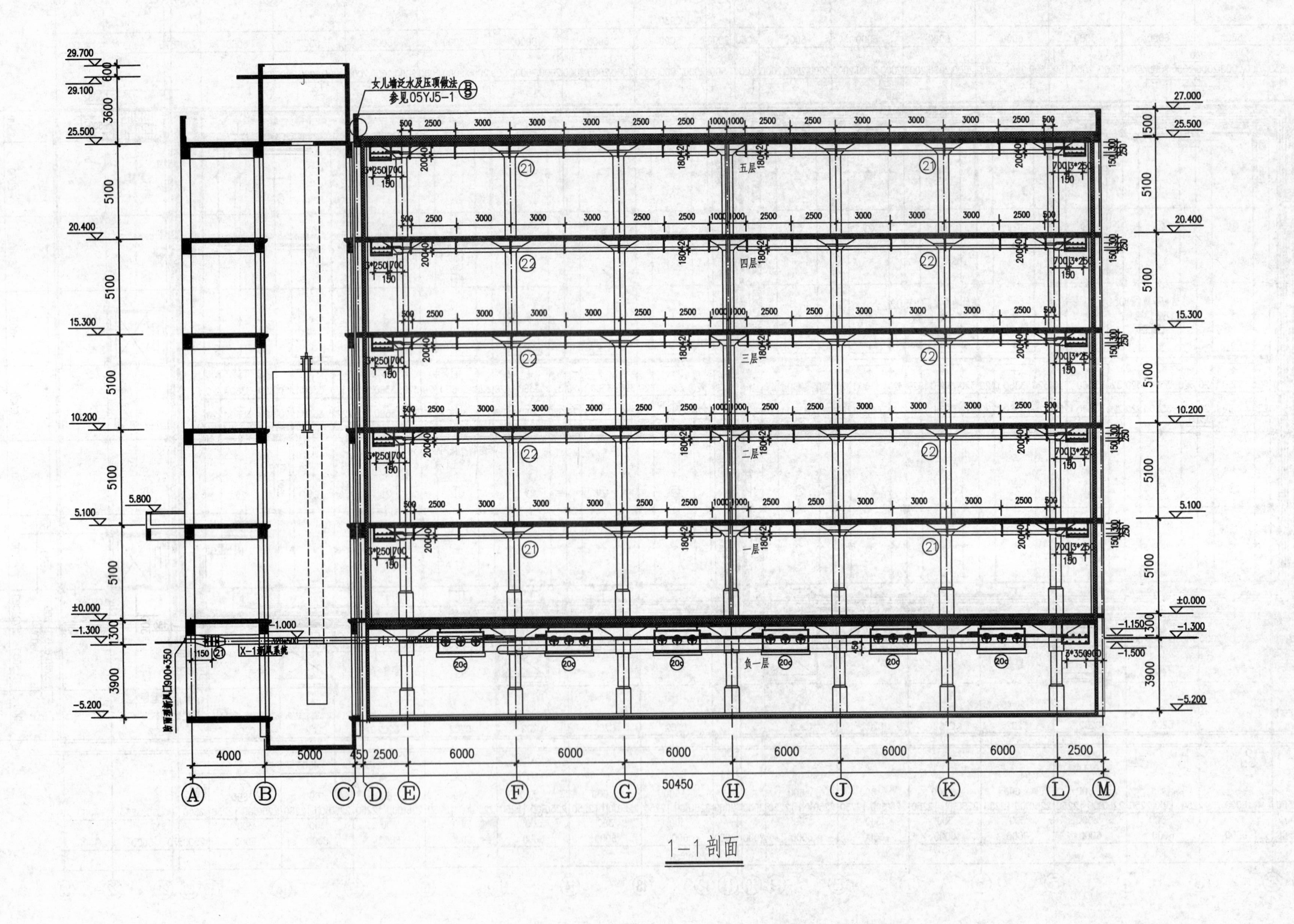

项目负责人		审定人		设计人		工程编号		工程名称	金鼎集团25000t低温/3000t高温冷库	图名	冷间剖面图(一)	图号	LJL09
专业负责人		审核人		校核人		出图日期		项目名称	冷 库				

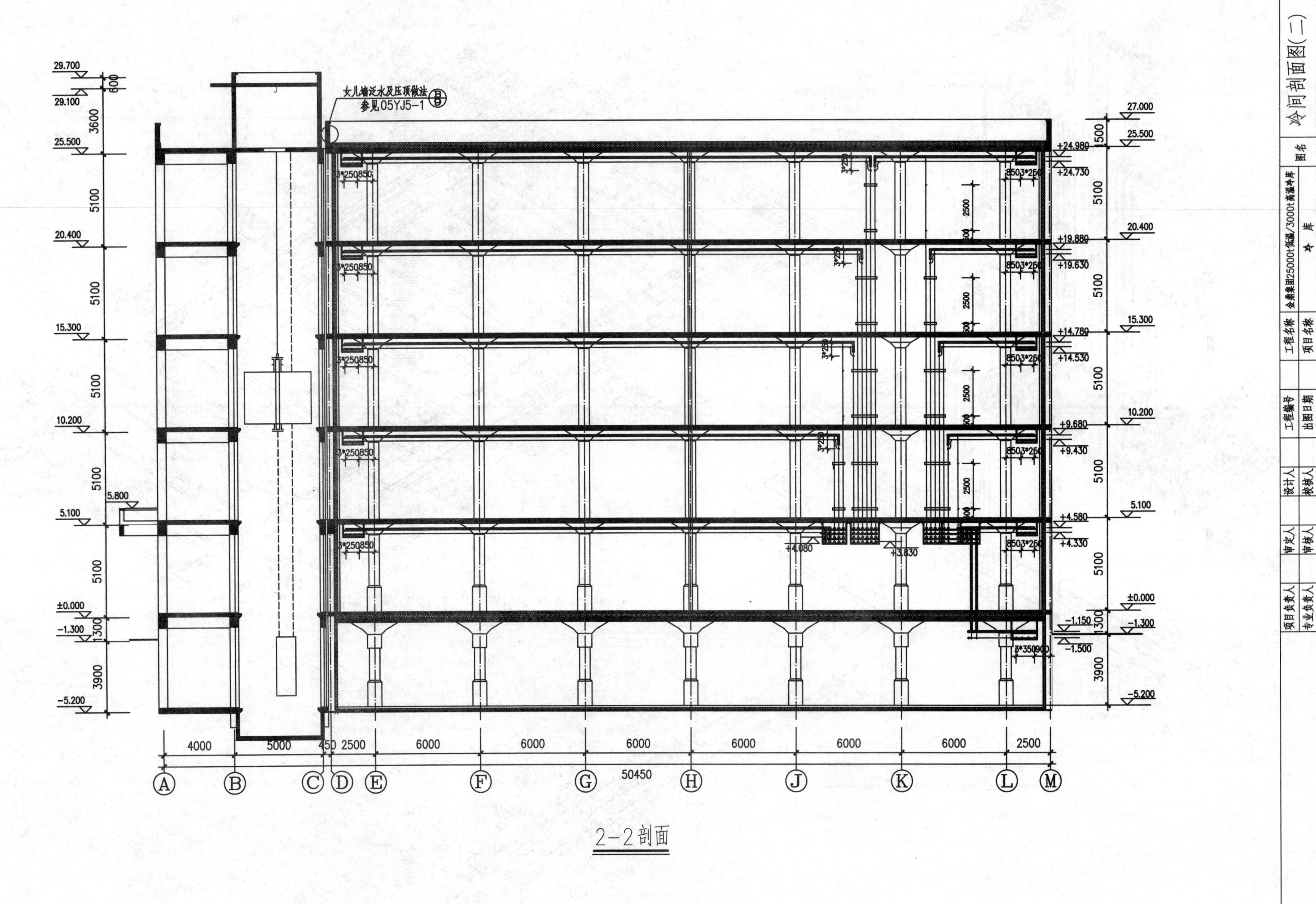

女儿墙泛水及压顶做法
参见05YJ5-1
29.700
29.100
25.500
20.400
15.300
10.200
5.800
5.100
±0.000
-1.300
-5.200
27.000
+24.980
+24.730
+19.880
+19.630
+14.780
+14.530
+9.680
+9.430
+4.580
+4.330
-1.150
-1.500
+4.080
+3.830
4000
5000
450
2500
6000
50450
A
B
C
D
E
F
G
H
J
K
L
M
冷间剖面图(二)
图号 LJL10
工程名称
金鼎集团25000t低温/3000t高温冷库
项目名称
冷库

2-2剖面

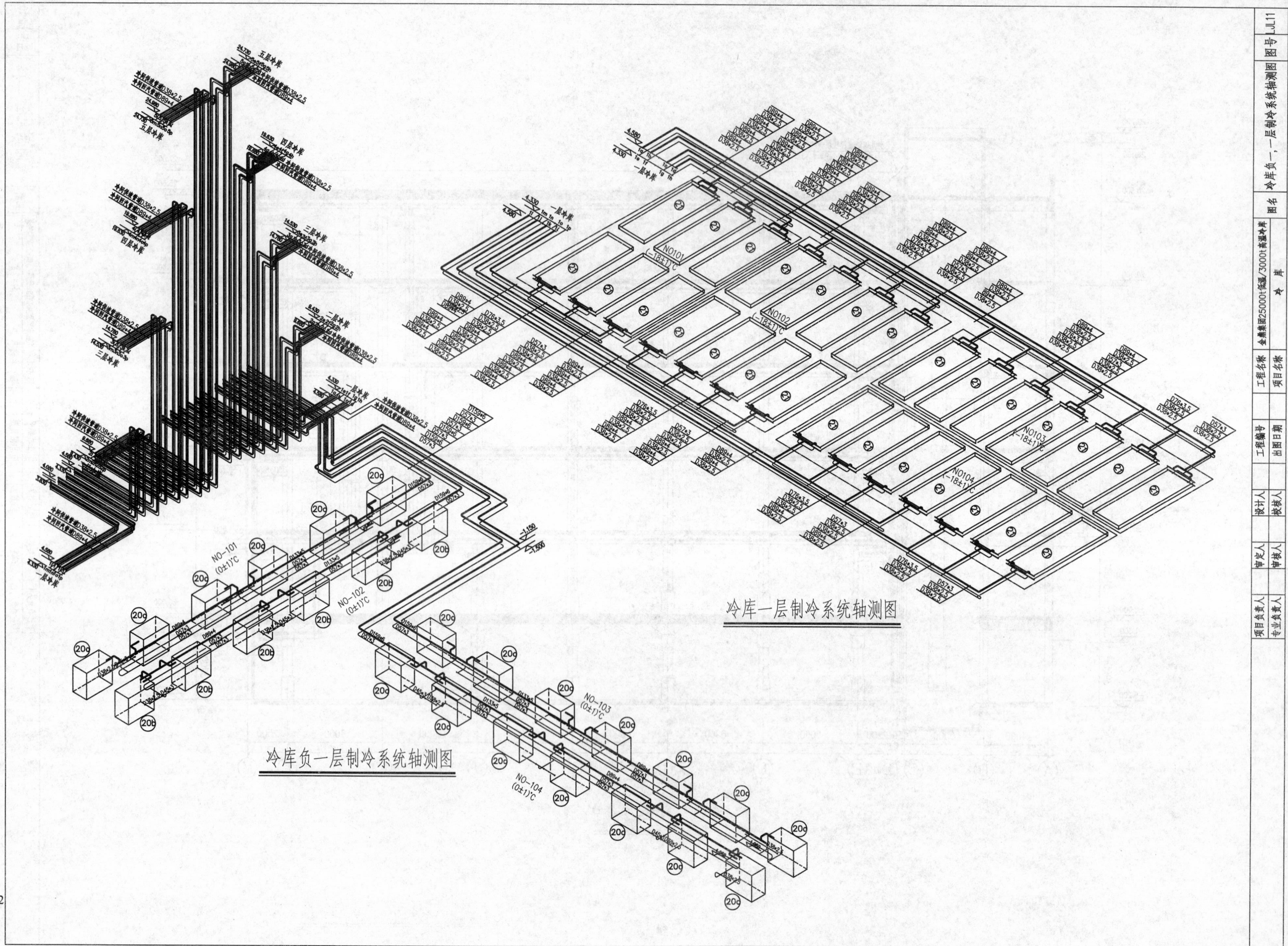
冷库负一层制冷系统轴测图
冷库一层制冷系统轴测图
NO-101 (0±1)°C
NO-102 (0±1)°C
NO-103 (0±1)°C
NO-104 (0±1)°C
NO101 (-18±1)°C
NO102 (-18±1)°C
NO103 (-18±1)°C
NO104 (-18±1)°C
五层冷库
四层冷库
三层冷库
二层冷库
一层冷库
项目负责人
审定人
设计人
工程编号
工程名称
金鼎集团25000t低温/3000t高温冷库
专业负责人
审核人
校核人
出图日期
项目名称
冷 库
图名
冷库负一、一层制冷系统轴测图
图号
LJL11

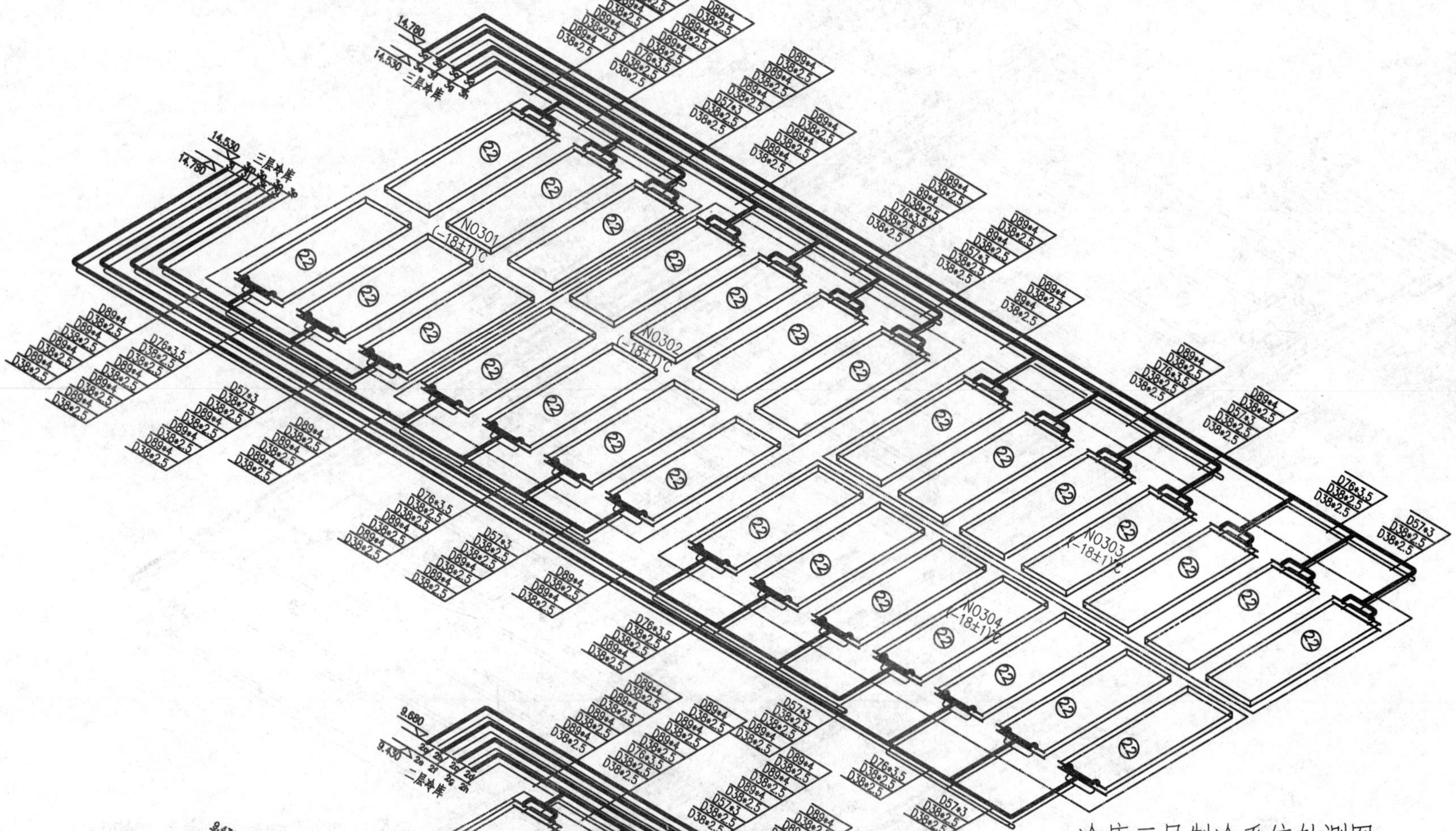

NO0301
(-18±1)℃

NO0302
(-18±1)℃

NO0303
(-18±1)℃

NO0304
(-18±1)℃

冷库三层制冷系统轴测图

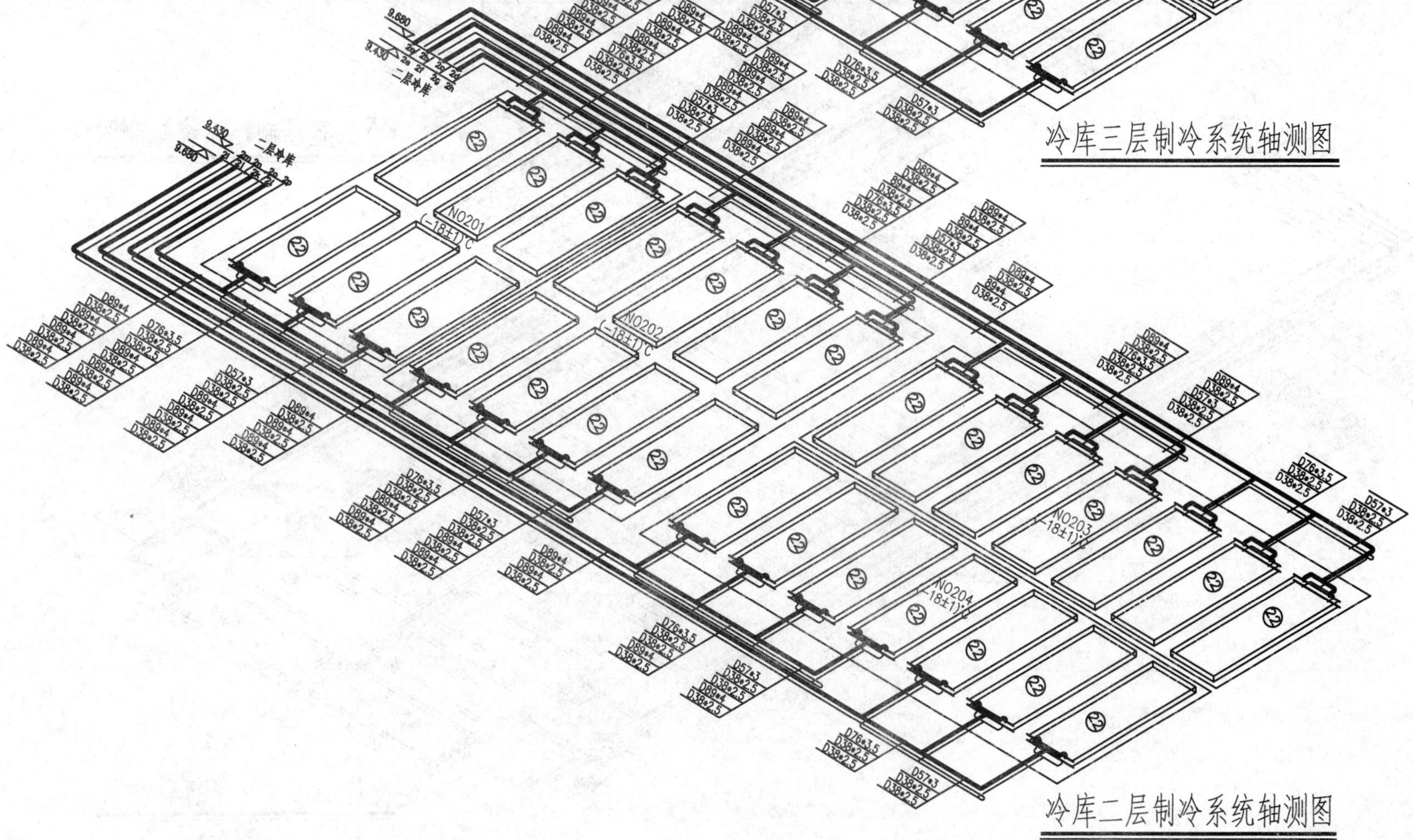

NO0201
(-18±1)℃

NO0202
(-18±1)℃

NO0203
(-18±1)℃

NO0204
(-18±1)℃

冷库二层制冷系统轴测图

项目负责人	审定人	设计人	工程编号	工程名称	金鼎集团25000t低温/3000t高温冷库	图名	冷库二、三层制冷系统轴测图	图号	LJL12
专业负责人	审核人	校核人	出图日期	项目名称	冷库				

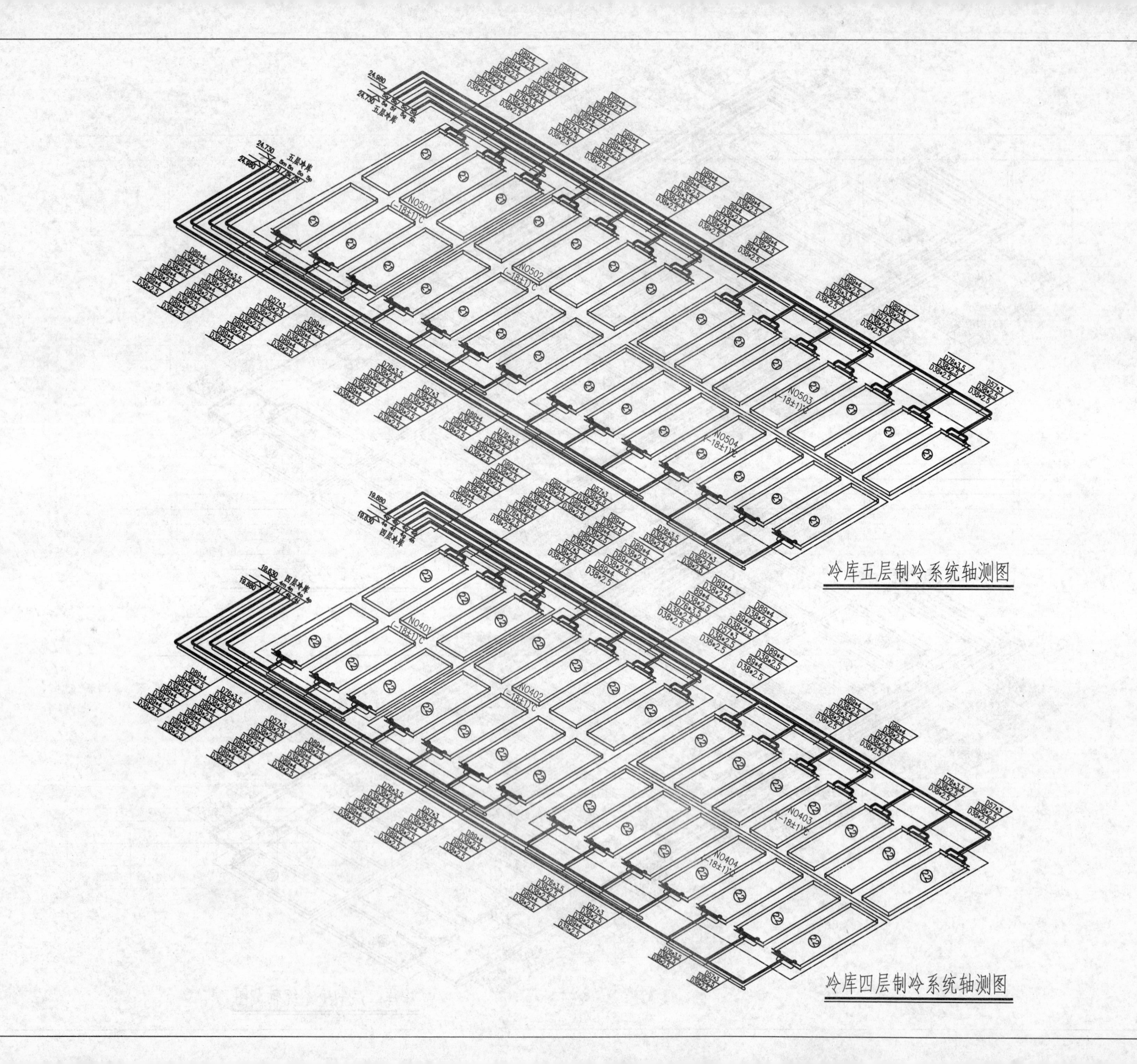

项目负责人		审定人		设计人		工程编号		工程名称	金鼎集团25000t低温/3000t高温冷库	图名	冷库四,五层制冷系统轴测图	图号	LJL13
专业负责人		审核人		校核人		出图日期		项目名称	冷 库				

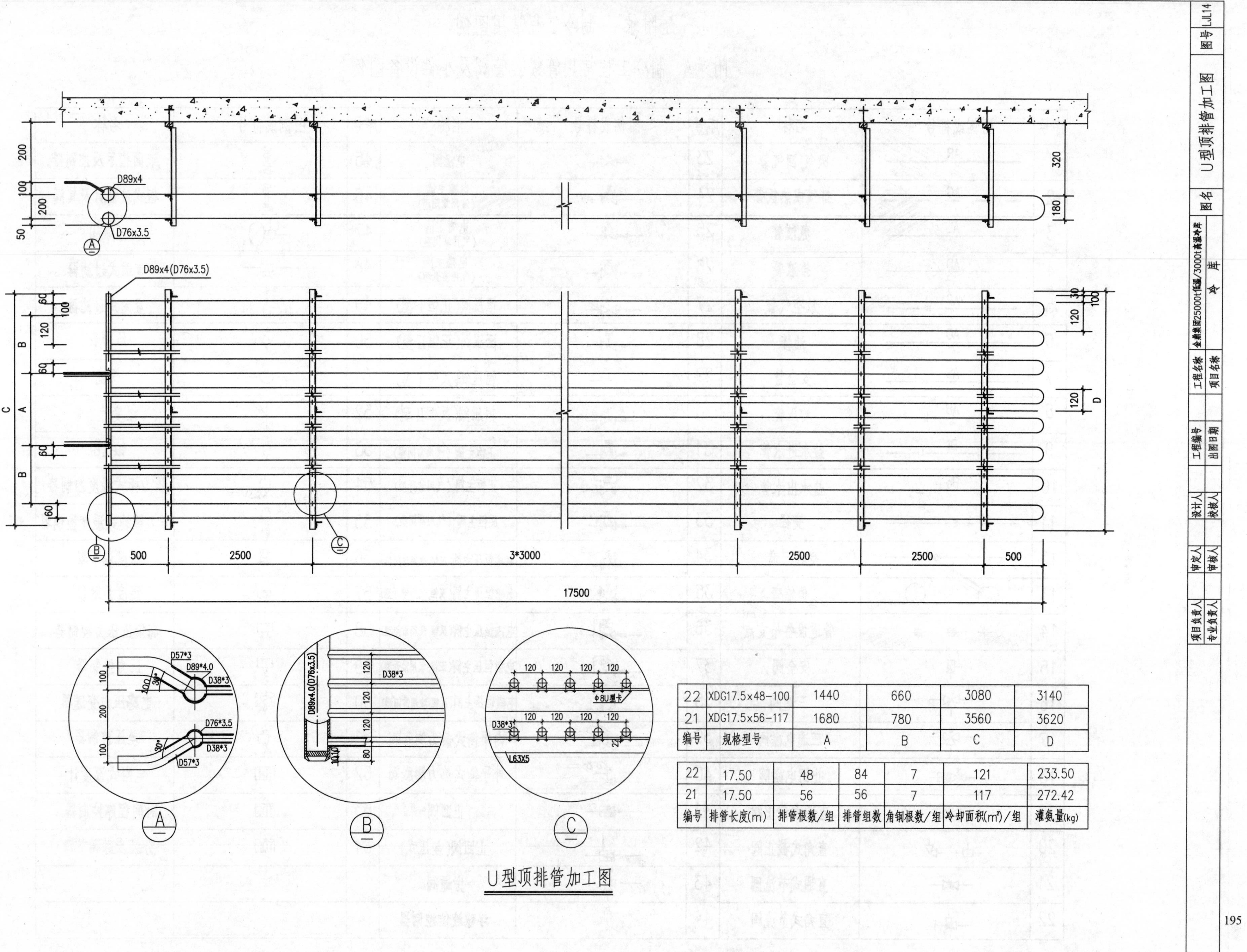

编号	规格型号	A	B	C	D
22	XDG17.5x48-100	1440	660	3080	3140
21	XDG17.5x56-117	1680	780	3560	3620

编号	排管长度(m)	排管根数/组	排管组数	角钢根数/组	冷却面积(m^2)/组	灌氨量(kg)
22	17.50	48	84	7	121	233.50
21	17.50	56	56	7	117	272.42

U型顶排管加工图

附录　制冷工程常用图例

附录A　制冷工程常用管线、管阀及小件设备图例

序号	图例或符号	名称	序号	图例或符号	名称	序号	图例或符号	名称
1	AR	吸气、回气管	23		电磁阀	45		液面指示及控制器
2	AG	排气或热氨管	24		电磁主阀（液用常闭型）	46		板式液面计及其阀
3	AL	氨液管	25		电磁主阀（气用常闭型）	47		浮球阀
4	AD	排液管	26		电磁主阀（气用常开型）	48		直通式过滤器
5	AP	放空气管	27		恒压阀（正恒Ⅰ型）	49		直角式过滤器
6	y AO y	油管	28		恒压阀（正恒Ⅱ型）	50		压力表
7	AS	安全管	29		恒压阀（反恒Ⅰ型）	51		视镜
8	AB	均压管	30		恒压阀（反恒Ⅱ型）	52		温度计套管
9	Lj Bi Lj	盐水进水管	31		正恒主阀（气用常闭型）	53		铂电阻
10	Lc Bo Lc	盐水出水管	32		正恒主阀（气用常开型）	54		压力棒式温度控制器
11		变径	33		反恒主阀（气用常闭型）	55		压力螺旋式温度控制器
12		变径三通	34		电磁恒压主阀（正恒、气用常闭型）	56		温度调节器
13		伸缩弯	35		电磁恒压主阀（双恒、气用常开型）	57		温度指示仪
14		管道设备吊支点	36		电磁恒压主阀（反恒、气用常闭型）	58		高低压压力控制器
15		安全阀	37		电磁恒压主阀（正恒、气用常开型）	59		压力控制器
16		三通阀	38		电磁恒压主阀（反恒、液用常闭型）	60	YSG	电感压力变送器
17		三通电磁阀	39		内平衡式热力膨胀阀	61		差压控制器
18		止回电磁阀	40		外平衡式热力膨胀阀	62	RH	电阻式湿度计
19		直通式截止阀	41		止回阀	63	TDS	时间程序控制器
20		直角式截止阀	42		止回阀（差压式）	64	TDF	分级步进调节器
21		直通式节流阀	43		旁通阀			
22		直角式节流阀	44		浮球液位控制器			

附录B 单线式管道及阀件图例

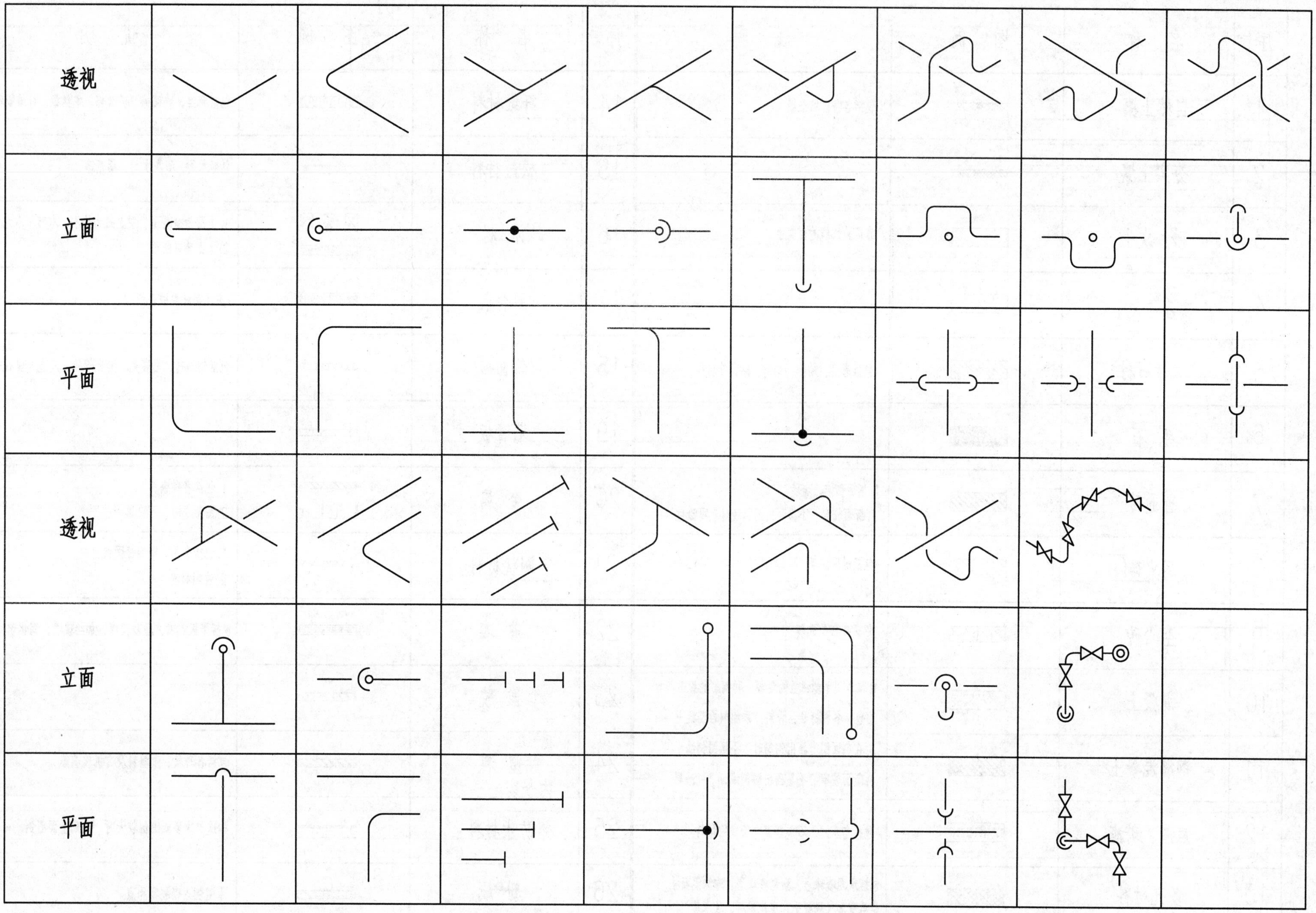

透视								
立面								
平面								
透视								
立面								
平面								

附录C 常用建筑材料图例

序号	名称	图例	说明	序号	名称	图例	说明
1	自然土壤		包括各种自然土壤	14	纤维材料		包括麻丝、玻璃棉、矿渣棉、木丝板、纤维板等
2	夯实土壤			15	松散材料		包括木屑、石灰木屑、稻壳等
3	砂、灰土		靠近轮廓线的点较密	16	木材		1.上图为横断面，左上图为垫木、木砖、木龙骨 2.下图为纵断面
4	砂砾石 碎砖三合土			17	胶合板		应注明×层胶合板
5	天然石材		包括岩层、砌体、铺地、贴面等材料	18	饰面砖		包括铺地砖、马赛克、陶瓷锦砖、人造大理石等
6	毛石			19	石膏板		
7	普通砖		1.包括砌体、砌砖 2.断面较窄，不易画出图例线时，可涂红	20	金属		1.包括各种金属 2.图形小时，可涂黑
8	耐火砖		包括耐酸砖等	21	网状材料		1.包括金属、塑料等网状材料 2.注明材料
9	空心砖		包括各种多孔砖	22	玻璃		包括平板玻璃、磨砂玻璃、加丝玻璃、钢化玻璃等
10	混凝土		1.仅适用于能承重的混凝土和钢筋混凝土 2.包括各种标号、骨料、添加剂的混凝土	23	橡胶		
11	钢筋混凝土		3.在剖面图上画出钢筋时，不画图例线 4.断面较窄，不易画出图例线时，可涂黑	24	塑料		包括各种软、硬塑料及有机玻璃等
12	焦渣、矿渣		包括与水泥、石灰等混合而成的材料	25	防水材料		构造层次多或比例较大时，采用上面图例
13	多孔材料		包括水泥珍珠岩、沥青珍珠岩、泡沫混凝土、非承重加气混凝土、泡沫塑料、软木等	26	粉刷		本图例点以较稀的点

参考文献

[1] 中国建筑标准设计所.全国民用建筑工程设计技术措施(暖通空调·动力)[M].北京:中国计划出版社，2009.

[2] 中华人民共和国国家标准.GB 50072—2010　冷库设计规范[S].北京:中国计划出版社，2010.

[3] 中华人民共和国国家标准. GB 50019—2003　采暖通风与空气调节设计规范[S].北京:中国计划出版社，2003.

[4] 中华人民共和国国家标准. GB/T 50114—2001　暖通空调制图标准[S].北京:中国计划出版社，2002.

[5] 商业部设计院.冷库制冷设计手册[M].北京:中国农业出版社，1991.